UI设计从业必读

按钮+菜单+加载+转场 UI交互动效设计教程

王 欣 编著

電子工業出版社
Publishing House of Electronics Industry
北京·BEIJING

内容简介

UI交互设计是设计人与UI之间的“对话”，交互设计的目的包括对UI的有用性、易用性和吸引性方面进行设计和改善。近年来，随着互联网的发展，特别是进入数字时代，多媒体的应用让交互设计的研究显得更加多元化。产品的功能越来越复杂，提高产品用户体验的需求越来越迫切，这些对交互设计提出了越来越高的要求。

本书从研究交互设计与用户体验的关系开始，图文并茂、循序渐进地讲解了UI交互设计的基础、UI设计规范、交互设计的UI布局、UI中各种元素的交互设计方法和技巧，并且向读者介绍了交互动效设计的相关知识，通过对交互动效案例的讲解，使读者能够轻松掌握交互动效的制作方法和技巧，全面提升读者的UI交互设计水平，达到学以致用的目的。

本书适合学习UI设计的初、中级读者阅读，也可以作为各类在职设计人员在实际UI设计工作中的参考用书。

图书在版编目（CIP）数据

按钮+菜单+加载+转场UI交互动效设计教程 / 王欣编著. -- 北京 : 电子工业出版社, 2021.1

（UI设计从业必读）

ISBN 978-7-121-40176-3

Ⅰ. ①按… Ⅱ. ①王… Ⅲ. ①人机界面－程序设计－教材 Ⅳ. ①TP311.1

中国版本图书馆CIP数据核字(2020)第245282号

责任编辑：陈晓婕

印　　刷：北京捷迅佳彩印刷有限公司

装　　订：北京捷迅佳彩印刷有限公司

出版发行：电子工业出版社

北京市海淀区万寿路173信箱　邮编：100036

开　　本：787×1092　1/16　印张：16　字数：409.6千字

版　　次：2021年1月第1版

印　　次：2023年9月第3次印刷

定　　价：89.80元

凡所购买电子工业出版社图书有缺损问题，请向购买书店调换。若书店售缺，请与本社发行部联系，联系及邮购电话：(010) 88254888，88258888。

质量投诉请发邮件至zlts@phei.com.cn，盗版侵权举报请发邮件至dbqq@phei.com.cn。

本书咨询联系方式：(010) 88254161~88254167转1897。

有人的地方，就存在交互，交互行为的产生是和人紧密相关的。交互设计最初作为应用哲学的一个分支，从人类诞生之初就产生了，人和人之间、人和物之间都可以产生交互行为。我们所说的交互设计，主要就是指对人和物之间的交互手段、交互行为、交互方式的设计。

本书紧跟移动端交互设计的发展趋势，向读者详细介绍UI交互设计的相关知识，并且讲解目前流行的交互动效设计制作，通过基础知识与实战操作相结合的方式，使读者在理解交互设计的基础上能够在UI界面设计中灵活应用，并且能够在UI中实现各种不同的交互动效，真正做到学以致用。

内容安排

本书共分为6章，由浅入深地对UI交互设计知识进行讲解，帮助读者在了解UI交互设计知识的同时将这些知识合理运用于实际的UI设计中，帮助读者完成从基本概念的理解到实际操作方法与技巧的掌握。

第1章　UI交互设计基础。本章主要向读者介绍有关UI设计、UI交互设计的基础知识，包括交互设计与用户体验的关系、交互设计的基本流程，以及进行交互设计的过程中各关键步骤的分析等内容，使读者对交互设计有全面的认识和理解。

第2章　UI设计规范。本章全面细致地向读者介绍iOS和Android系统的UI设计规范，通过对设计规范的学习，使读者在针对不同系统的UI进行设计时更加得心应手，设计出更规范的移动端UI。

第3章　交互设计的UI布局。本章主要向读者介绍UI布局、格式塔原理等相关内容，有效提升UI的可用性，并且对UI的交互设计表现方式及特点进行介绍。

第4章　界面元素的交互设计。本章向读者介绍UI交互设计的细节与表现方式，使读者能够理解并掌握UI中不同元素的交互表现形式，从而有效地提升UI的交互体验。

第5章　UI交互动效基础。本章向读者介绍有关UI交互动效的基础知识，使读者能够深入理解交互动效，并向读者介绍制作UI交互动效的相关软件和基础表现方法。

第6章　UI交互动效设计与实现。本章向读者介绍UI中各种元素交互动效的表现形式和方法，并通过案例使读者掌握UI交互动效的制作方法。

本书特点

- 通俗易懂的语言

本书采用通俗易懂的语言全面地向读者介绍各类UI交互设计所需的基础知识和操作技巧，确保读者能够理解并掌握相应的功能与操作。

- 基础知识与实战案例结合

本书采用基础知识和实战案例相结合的讲解模式，书中所使用的案例都具有很强的商业性和专业性，不仅能够帮助读者强化知识点，还能帮助读者拓展思路和激发创造性。

- 技巧和知识点的归纳总结

本书在基础知识和实战案例的讲解过程中列出了大量的提示和技巧，这些信息都是结合作者长期的UI交互设计经验与教学经验归纳出来的，可以帮助读者更准确地理解和掌握相关的知识点和操作技巧。

- 多媒体资源包辅助学习

为了增加读者的学习渠道，增强读者的学习兴趣，本书配有多媒体教学资源包。资源包中提供了本书中所有实例的相关素材和源文件，以及相关的教学视频，使读者可以跟着本书进行相应的案例操作，并能够快速应用于实际工作中。

读者对象

本书适合学习UI设计的初、中级读者阅读。本书充分考虑到初学者可能遇到的困难，讲解全面、深入，结构安排循序渐进，使读者在掌握知识要点后能够有效总结，并通过实例分析巩固所学知识，提高学习效率。

编　者

CONTENTS 目录

第1章 UI交互设计基础

第2章 UI设计规范

第3章 交互设计的UI布局

第4章 界面元素的交互设计

第5章 UI交互动效基础

第6章 UI交互动效设计与实现

读者服务

读者在阅读本书的过程中如果遇到问题，可以关注“有艺”公众号，通过公众号与我们取得联系。此外，通过关注“有艺”公众号，您还可以获取更多的新书资讯、书单推荐、优惠活动等相关信息。

扫一扫关注“有艺”

资源下载方法：关注“有艺”公众号，在“有艺学堂”的“资源下载”中获取下载链接，如果遇到无法下载的情况，可以通过以下三种方式与我们取得联系。

1. 关注“有艺”公众号，通过“读者反馈”功能提交相关信息；
2. 请发邮件至 art@phei.com.cn，邮件标题命名方式：资源下载 + 书名；
3. 读者服务热线：（010）88254161~88254167 转 1897。

投稿、团购合作：请发邮件至 art@phei.com.cn。

第1章 UI交互设计基础

进入信息时代，多媒体的运用使得UI交互设计变得多元化，多学科、多角度的剖析让交互设计理论更加丰富，市场上出现了越来越多的基于交互设计的互联网产品，而这些互联网产品也大量吸收了交互设计的理论，使产品能够给用户带来更好的用户体验。本章主要向读者介绍UI设计和UI交互设计的相关基础知识，使读者对UI设计的概念、UI交互设计的基本内容、UI交互设计的流程等有更加全面深入的理解。

1.1 UI设计概述

随着智能手机和平板电脑等移动设备的普及，移动设备已经成为人们日常生活中不可缺少的一部分，各种类型的移动端App软件层出不穷，极大地丰富了移动设备的应用。

用户不仅期望移动设备的软、硬件拥有强大的功能，也注重操作界面的直观性、便捷性，期望其能够提供轻松愉快的操作体验。

1.1.1 什么是UI设计

UI即User Interface（用户界面）的简称，UI设计则是指对软件的人机交互、操作逻辑、界面美观三个方面的整体设计。好的UI设计不仅可以让软件变得有个性、有品位，还可以使用户的操作变得更加舒适、简单、自由，充分体现产品的定位和特点。UI设计包含范畴比较广泛，包括软件UI设计、网站UI设计、游戏UI设计、移动端UI设计等，如图1-1所示为软件UI设计和移动端UI设计。

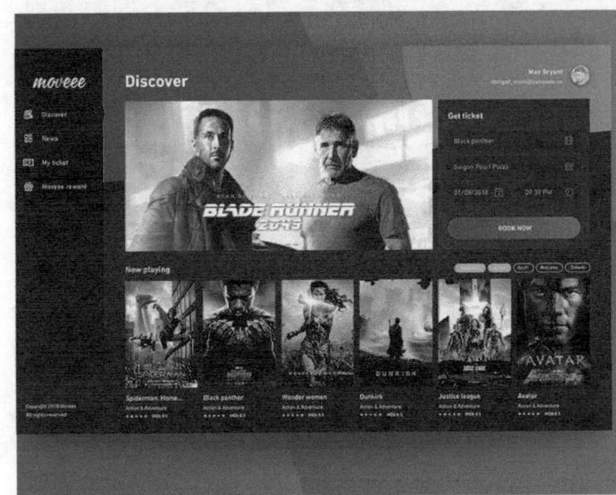

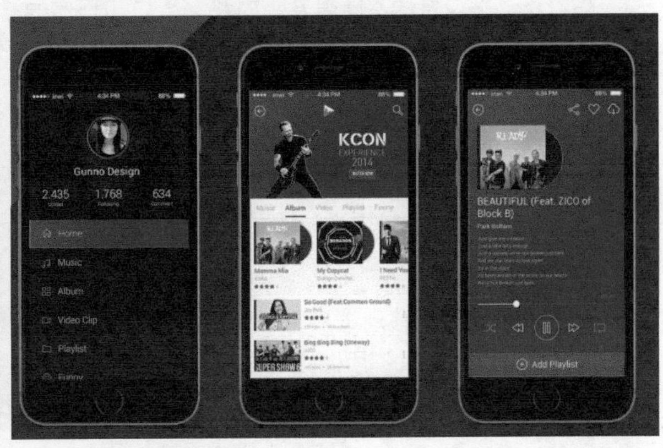

图1-1 软件UI设计和移动端UI设计

UI设计不仅仅是单纯的美术设计，它需要根据使用者、使用环境、使用方式、最终用户进行设计，是一门纯粹的、科学性的艺术设计。一个友好美观的界面会给用户带来舒适的视觉享受，拉近人机之间的距离，所以UI设计需要和用户研究进行紧密的结合，是一个不断为最终用户设计满意视觉效果的过程。

提示：UI 设计不仅需要客观的设计思想，还需要科学、人性化的设计理念。如何在本质上提升产品用户界面的设计品质？这不仅需要考虑界面的视觉设计，还需要考虑人、产品和环境三者之间的关系。

1.1.2 UI设计常用术语

了解用户体验设计领域的相关专业术语，如GUI、UI、UE等，可以帮助我们进一步加深对该领域的认识。

- UI（User Interface）

UI是指用户界面，包含用户在整个产品使用过程中相关界面的软硬件设计，囊括了GUI、UE及ID，是一种相对广义的概念。

- GUI（Graphic User Interface）

GUI是指图形用户界面，可以简单地理解为界面美工，主要完成产品软硬件的视觉界面部分，比UI的范畴要窄。目前国内大部分的UI设计其实做的是GUI，设计师大多出自美术院校相关专业。

- ID（Interaction Design）

ID是指交互设计，简单地讲就是指对人与计算机等智能设备之间的互动过程进行流畅性的设计，一般由软件工程师来实施。

- UE（User Experience）

UE是指用户体验，即关注用户的行为习惯和心理感受，研究用户怎样才能够更加得心应手地使用产品。

- UED/UXD（User Experience Designer）

UED/UXD是指用户体验设计师，国外企业在产品设计开发中十分重视用户体验设计，这与国际上比较注重人们的生活质量密切相关；目前国内相关行业特别是互联网企业在产品开发过程中，越来越多地认识到这一点，很多著名的互联网企业都已经拥有了自己的UED团队。

1.1.3 UI设计的特点

随着移动端设备的不断普及，对移动端应用程序的需求越来越多，移动操作系统厂商都不约而同地建立移动端应用程序市场，如苹果公司的App Store、谷歌公司的Android Market、微软公司的Windows Phone Marketplace等，给用户带来巨量的应用软件。

这些应用软件的界面各式各样，在众多的应用软件使用过程中，用户最终会选择界面视觉效果良好，并且具有良好用户体验的应用软件。那么怎样的移动端应用UI设计才能够给用户带来好的视觉效果和良好的用户体验呢？接下来向读者介绍移动端UI设计的一些特点。

- 第一眼体验

当用户首次启动移动端应用程序时，在脑海中首先想到的问题是：我在哪里？我可以在这里做什么？接下来可以做什么？所以应用程序在刚被打开时就要能够回答用户的这些问题。如果一个应用程序能够在前数秒的时间里告诉用户这是一款适合他的产品，那么他一定会更加深层次地进行发掘。

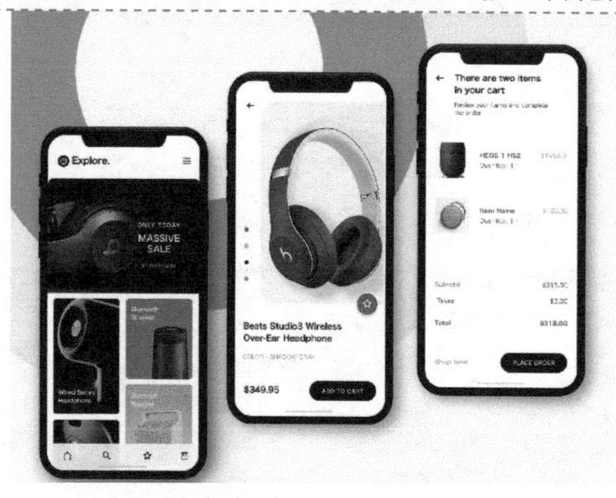

图1-2 耳机产品App界面设计

图1-3 色块在App界面设计中的应用

图1-2所示的耳机产品App界面设计，重点突出耳机产品，从而给用户留下深刻的印象。界面首页采用了独特的瀑布流布局方式，富有现代感与个性。整个界面采用无彩色的配色，有效地突出了产品，并且使产品的购买流程更加流畅、清晰，方便用户购买。

色块是移动端界面设计中常用的一种表现方式，通过色块用户可以容易地区分屏幕中不同的内容。图1-3所示的App界面设计，使用不同颜色来表现不同的功能操作图标和不同的信息内容，使信息和功能的表现更加突出，并且大色块更容易引导用户使用手进行触摸操作。

● 便捷的输入方式

在多数时间里，人们只使用一个拇指来操作App，所以在设计时不要执拗于多点触摸，以及复杂精密的流程，要让用户可以迅速地完成屏幕和信息间的切换和导航，快速地获得所需要的信息，珍惜用户每次的输入操作。

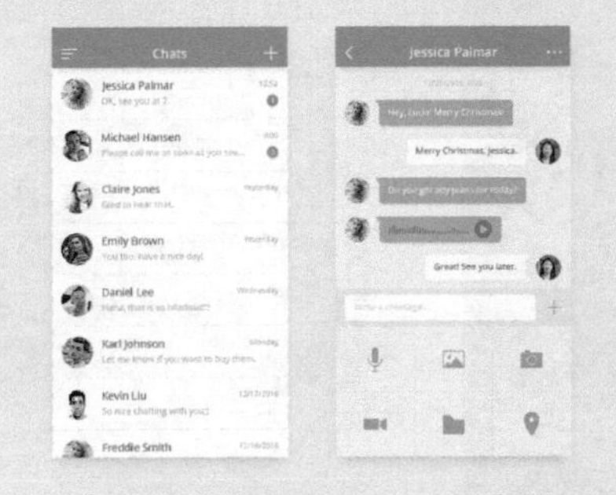

图1-4 移动端App的聊天界面

图1-5 移动端App的搜索界面

图1-4所示为移动端App的聊天界面，该App为用户提供了多种聊天方式，用户不仅可以输入传统的文字，还可以发送语音、视频、图片、定位等，并且将这些交流方式的选择权交给用户，让用户自己选择，使用户的操作和使用更加方便。

图1-5所示为移动端App的搜索界面，该界面会自动在搜索框下方列出用户最近的历史搜索记录及推荐的热门搜索关键词，方便用户快速搜索。当用户在搜索文本框中输入内容时，系统会根据用户所输入的内容在搜索文本框下方列出相应的联想关键词，这些细节能够使用户的操作变得更加方便。

● 呈现用户所需

用户通常会利用一些时间间隙来做一些小事情，而将更多的时间用来做一些自己喜欢的事情。因此，不要让用户等待App来做某件事情，而是要尽可能地提升App的表现，改变UI，让用户所需的结果呈现得更快。

图1-6 天气App界面设计

图1-7 餐饮美食App界面设计

天气App界面最核心的信息就是天气信息，所以需要进行重点表现。图1-6所示的天气App界面设计，使用纯白色作为背景色，突出界面中天气信息，并且在界面顶部使用高纯度的色彩，使天气信息的表现更加直观、清晰。

餐饮美食类的移动端App界面设计需要重点突出美食，通过精美的食物图片来吸引用户。图1-7所示的餐饮美食App界面设计，通过美食图片搭配少量的说明文字，吸引用户的关注。精美的图片比大段的文字内容更具吸引力。

● 适当的横向呈现方式

对于用户来说，横向呈现带来的体验是完全不同的。

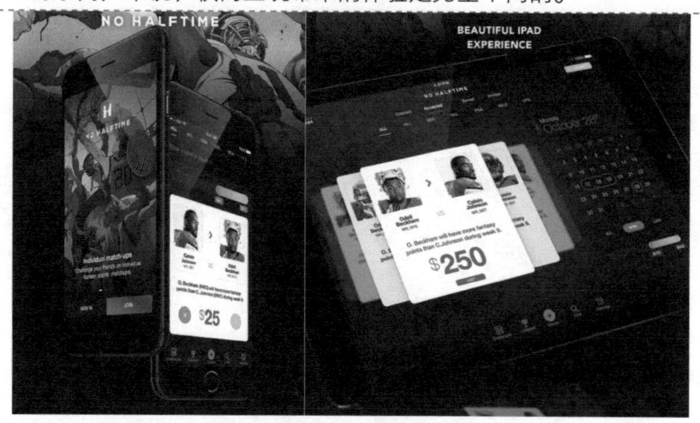

图1-8 App界面在手机与平板电脑中的呈现方式

图1-8所示为同一款App分别在手机与平板电脑中的呈现方式。

平板电脑提供了更大的屏幕空间，可以合理地安排更多的信息内容，而手机屏幕的空间相对较小，适合展示重要的信息内容。通过横屏竖屏不同的展示方式，可以给用户带来不同的体验。

● 制作个性App

每个人的性格不同，喜欢的App风格也各不相同，制作一款与众不同的App，总会有喜欢它的用户。

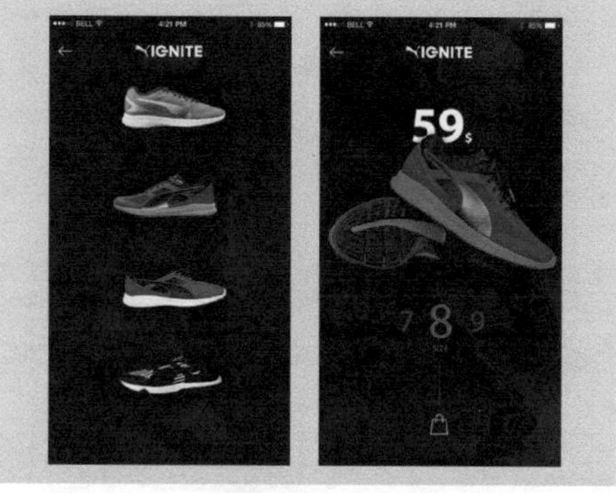

图1-9 运动鞋电商App界面设计

图1-10 机票预订App界面设计

图1-9所示的运动鞋电商App界面设计，打破了传统电商App界面的布局和表现方式，采用极简的布局方式：以运动鞋产品图片的展示为主，几乎没有文字信息内容；产品详情页同样是以产品图片的展示为主，搭配少量关键信息。整个App界面非常个性，给人带来独特的视觉体验。

图1-10所示的机票预订App界面设计，使用大号的粗体文字来表现机票的相关信息内容，使其在界面中的表现效果非常突出，而座位的选择则使用了非常直观的方式——使用机舱内部的实景图片作为背景，在图片上直接标注相应的座位，使用户在选择座位时更加直观、便捷。

● 不忽视任何细节

不要低估一个App组成中的每一项。精心撰写的介绍和清晰、精美的图标会让App显得出类拔萃，用户会察觉到设计师所投入的精力。

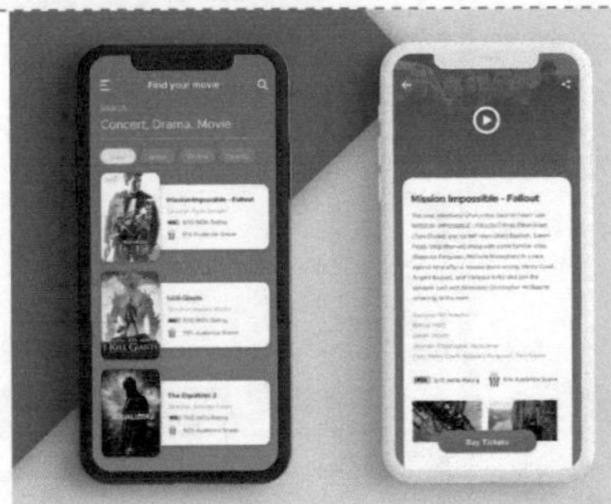

图1-11 影视票务类App界面设计

App界面重要的是实用，所以通用性一定要强，并且需要注意界面的设计细节，做到操作界面的统一，使用户能够快速熟悉了解操作界面。图1-11所示的影视票务类App界面设计，多个界面保持了统一的设计风格，使用白色背景来突出重要信息，使界面具有视觉层次感，界面中没有过多复杂的设计，从而使用户的操作更加便捷。

1.2 了解UI交互设计

有人的地方就存在交互，交互行为的产生是和人紧密相关的。交互设计（Interaction Design）最初作为应用哲学的一个分支，从人类诞生之初就产生了，人和人之间、人和物之间都可以产生交互行为。

1.2.1 什么是交互

交互，即“交流互动”，其实交互离我们的日常生活很近，例如，我们在大街上遇到熟人打个招呼，简单的几句话，搭配眼神和动作，向对方传递礼貌、亲近等，这就可以理解为人与人之间的交互。

那么人和机器之间的交互是什么样的呢？举个例子，如果你想解锁一个手机，你与手机的交互可能是下面这样的场景：

——按手机上的“Home”键（嗨，手机，好久不见！）

——手机屏幕亮了，但需要输入解锁密码（你好，是老王来了吗？）

——输入密码（是的）

——手机解锁成功，进入主界面

通过上面人与手机交互的场景，我们可以这样来理解交互：当人和一件事物（无论是人、机器、系统、环境等）发生双向的信息交流和互动，这就是一种交互行为。

需要注意的是，这种交流和互动必须是双向的，如果只有一方的信息输出展示，而没有另一方的参与，那么只能是信息展示而不是交流互动。

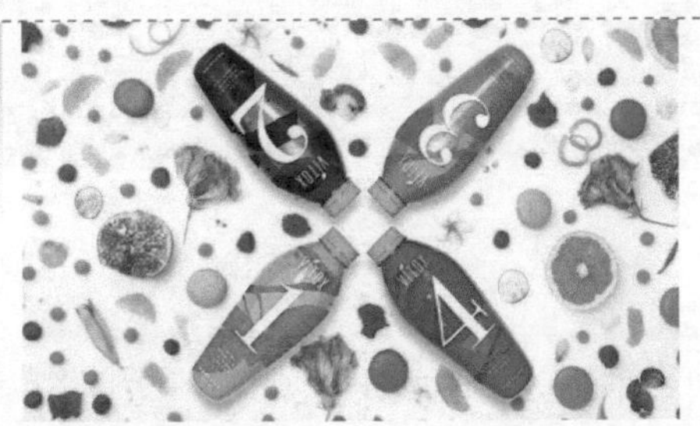

图1-12 果汁饮料产品的包装设计

图1-12所示的是一款果汁饮料产品的包装设计，包装只是单方面的信息展示，用户只能从中获取信息，而不能反馈信息，所以只是一种信息展示而不是交互。

图1-13 用户登录框

图1-13所示的用户登录框，当用户在登录框中输入信息时，登录表单会给用户相应的反馈，特别是当用户输入错误的信息时，登录框会根据错误的类型给用户相应的信息提示，这种人与界面之间的信息交流，就是交互。

1.2.2 什么是交互设计

交互设计，又称“互动设计”（Interaction Design），是指设计人与产品或服务互动的一种机制。交互设计在于定义产品（软件、移动设备、人造环境、服务、可穿带设备及系统的组织结构等）在特定场景下对相关界面的反应方式，通过对界面和行为进行交互设计，从而让用户使用设置好的步骤来完成目标。

从用户的角度来说，交互设计是一种如何让产品易用、有效且让人愉悦的技术，它致力于了解目标用户和他们的期望，了解用户在同产品交互时彼此的行为，了解“人”本身的心理和行为特点。同时还包括了解各种有效的交互方式，并对它们进行增强和扩充。交互设计还涉及多个学科，以及与交互设计领域人员的沟通。

本书介绍的互联网交互设计，主要是指人与互联网产品（网站、移动端App、智能穿戴设备等）的交互行为的设计。

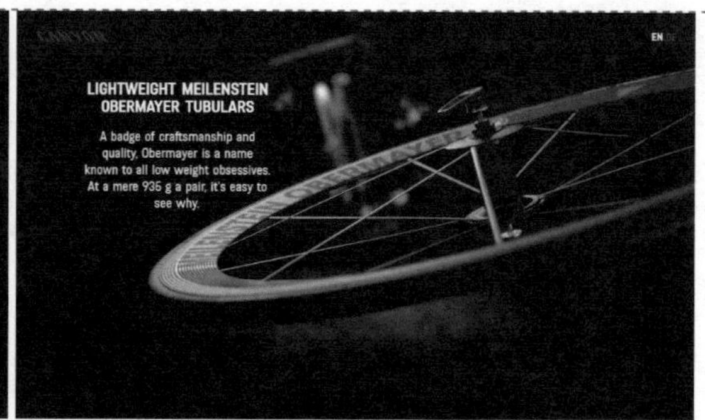

图1-14 自行车宣传介绍网站

图1-14所示的一个自行车宣传介绍网站，该网站的设计打破了传统的图片与文字结合的介绍方式，而是采用交互操作方式来介绍该自行车及其各部件。当用户在网页中滚动鼠标时，页面中的产品图片会进行360°旋转展示，并分别对其重要的组成部分进行介绍，简洁的介绍方式加上独特的创意，给人留下深刻的印象。

图1-15 社交类App界面设计

图1-15所示的社交类App界面设计，当用户在界面中滑动时，人物图片会以动画的方式进行切换，模拟了现实世界中卡片翻转切换的动画效果，给用户带来较强的视觉动感，也为用户在App中的操作增添了乐趣。

1.2.3 了解UI交互设计师

许多人认为UI交互设计师就是画流程图、线框图的，其实这种说法是非常片面的，虽然流程图和线框图确实是UI交互设计的一种表现方式，但这种说法忽略了在这些可视化产物之外，设计师所进行的思考工作。

UI交互设计师的相关工作如图1-16所示。

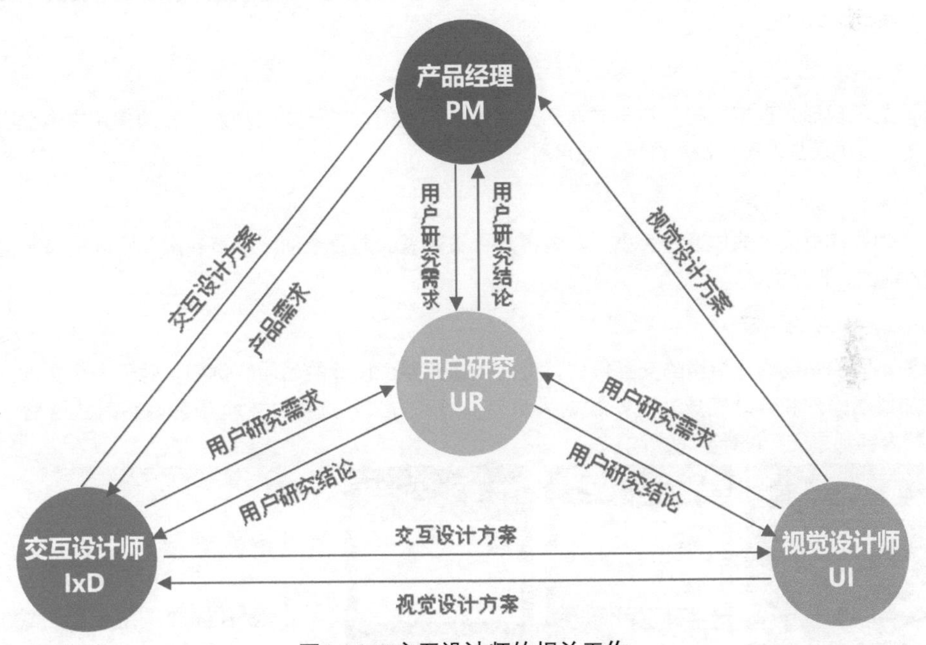

图1-16 UI交互设计师的相关工作

● 产品经理（PM）

负责产品需求的收集、整理、归纳、挖掘，组织人员进行需求讨论，进行产品规划，与UI设计师、交互设计师、开发人员、运营人员沟通，并推进、跟踪产品开发到上线，上线后再根据运营人员收集的用户反馈、需求进行下一版本开发、迭代。

● 用户研究（UR）

负责产品的问卷调查，手机用户需求反馈，不断完善自己的产品，给用户带来更好的体验。大型互联网公司才会有用户研究工程师这个职位，很多小公司是没有的。

● 交互设计师（IxD）

在出现软件图形界面之前，长期以来UI设计师就是指交互设计师。一个产品在进行编码设计之前需要做的工作就是交互设计，并且确定交互模型、交互规范。

交互设计师主要负责对产品进行行为设计和界面设计，行为设计是指用户在产品中进行各种操作后的效果设计，界面设计包括界面布局、内容展示等众多界面展现方式的设计。

● 视觉设计师（UI）

目前，国内大部分的UI设计者都是从事界面设计的图形设计师，也被称为“美工”，但实际上视觉设计师并不是单纯意义上的美术人员，而是软件产品的外形设计师。

UI设计师需要对产品设计需求有良好的理解能力，并完成需要的视觉设计提案。通过团队协作设定产品整体界面视觉风格并进行创意规划，配合团队高效地开展系统化的视觉设计。

1.2.4 交互设计需要考虑的内容

如果说产品的UI设计是“形”，那么交互设计就是“法”，通过“形”与“法”的相互融合提升产品的用户体验。在进行产品的交互设计时需要考虑的事情很多，并不是随便在界面中放一些内容和控件那么简单。

● 确定需要这个功能

当看到策划文案中的一个功能时，要确定该功能是否需要，有没有更好的形式将其融入其他功能中，直至确定必须保留。

● 选择最好的表现形式

不同的表现形式直接影响用户与界面的交互效果。例如，对于提问功能，必须使用文本框吗？单选列表框或下拉列表是否可行？是否可以使用滑块？

● 设定功能的大致轮廓

一个功能在页面中的位置、大小，其内容是否被遮盖、是否滚动。既节省屏幕空间，又不会给用户造成输入前的心理压力。

● 选择适当的交互方式

针对不同的功能选择恰当的交互方式，有助于提升整个设计的品质。例如，对于一个文本框来说，是否添加辅助输入和自动完成功能？数据采用何种对齐方式？选中文本框中的内容时是否显示插入光标？这些内容都是交互设计要考虑的。

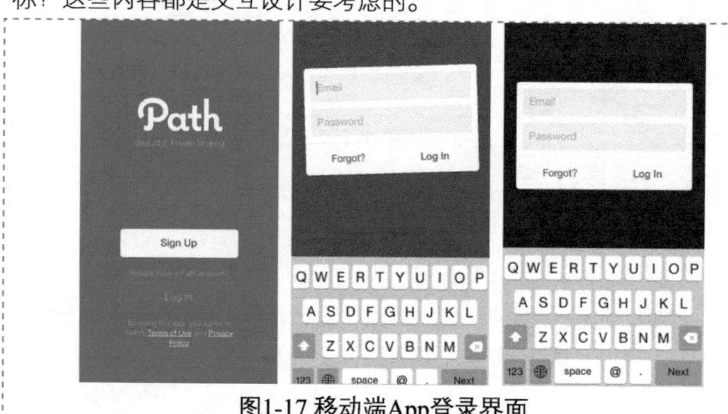

图1-17 移动端App登录界面

图1-17所示的移动端App登录界面采用了弹出式的动画交互方式，在第一时间取悦用户。轻微的弹入和渐隐效果使得登录页面看起来非常鲜活。

在产品设计初期，最先要解决的是“有没有”的问题，其次才是“好不好”的问题。而用户研究工程师和交互设计师解决的正是“好不好”的问题，所以很多创业公司和小型公司都会对相关职位进行精简。首先被精简掉的一般是用户研究工程师的职位，其次是交互设计师，很多公司由产品经理或UI设计师兼做交互设计的工作。

1.2.5 交互设计需要遵循的习惯

在进行交互设计时，可以充分发挥个人的想象力，使界面在方便操作的前提下更加丰富美观。但是无论怎么设计，都要遵循用户的一些习惯，如地域文化、操作习惯等。将自己化身为用户，找到用户的习惯是非常重要的。

接下来分析要遵循用户哪些方面的习惯。

- 遵循用户的文化背景

一个群体或民族的习惯是需要遵循的，如果违背了这种习惯，产品不但不会被接受，还可能使产品形象大打折扣。

- 用户群的人体机能

不同用户群的人体机能也不相同，例如，老人一般视力不好，需要较大的字体；盲人看不见，要在触觉和听觉上着重设计。不考虑用户群的特定需求，产品注定会失败。

- 坚持以用户为中心

设计师设计出来的产品通常是被他人使用的，所以在设计时，要坚持以用户为中心，充分考虑用户的需求，而不是以设计师本人的喜好为主。要将自己变成用户，融入整个产品设计，这样才能设计出被广大用户接受的产品。

- 遵循用户的浏览习惯

用户在浏览产品界面的过程中，通常会形成一种特定的浏览习惯。例如，首先会横向浏览，然后下移一段距离后再次横向浏览，最后会在界面的左侧快速纵向浏览。这种习惯一般不会改变，在设计时最好先遵循用户的习惯，然后再从细节上进行超越。

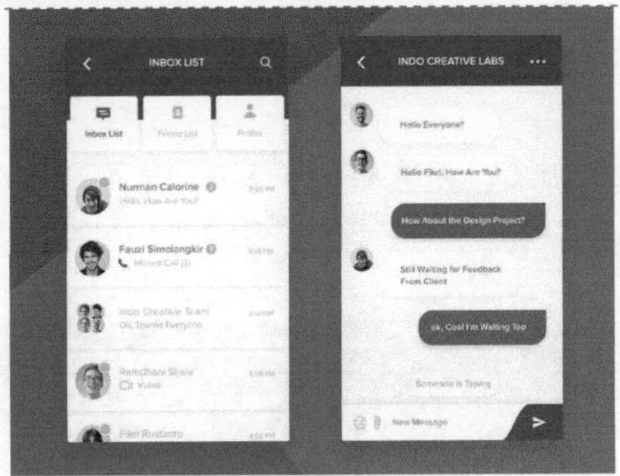

图1-18 移动端App聊天界面设计

图1-18所示的为移动端App聊天界面设计，越来越多的App开始使用对话框或者气泡的设计形式来呈现信息，这种设计形式不会打断用户的操作，并且符合用户的行为习惯。

1.3 交互设计与用户体验的关系

在网络发展的初期，由于技术和产业发展的不成熟，交互设计更多地追求技术创新或者功能实现，很少考虑用户在交互过程中的感受，这使得很多网络交互设计过于复杂化或者过于技术化，用户理解和操作起来困难重重，因而大大降低了用户参与网络互动的兴趣。随着数字技术的发展及市场竞争的日趋激烈，很多交互设计师开始将目光转向如何为用户创造更好的交互体验，从而吸引用户参与到网络交互中来。于是，用户体验（User Experience）逐渐成为交互设计首要的关注点和重要的评价标准。

1.3.1 什么是用户体验

用户体验是用户在使用产品或服务的过程中建立起来的一种纯主观的心理感受。从用户的角度来说，用户体验是产品在现实世界的表现和使用方式，渗透到用户与产品交互的各个方面，包括用户对品牌特征、信息可用性、功能性、内容性等方面的体验。不仅如此，用户体验还是多层次的，并且贯穿于人机交互的全过程，既有对产品操作的交互体验，又有在交互过程中触发的认知、情感体验，包括享受、美感和娱乐。从这个意义上来讲，交互设计就是创建新的用户体验的设计。

用户体验设计的范围很广，而且在不断地扩张，关于用户体验的定义有多重描述，不同领域的人有不同的阐述。

用户体验这一领域的建立，正是为了全面地分析和透视一个人在使用某个产品、系统或服务时的感受，其研究的重点在于产品、系统或服务给用户带来的愉悦度和价值感，而不是其性能和功能的表现。

1.3.2 六种基础体验

用户体验是主观的、分层次的和多领域的，我们可以将其分为以下六种基础体验，如图1-19所示。

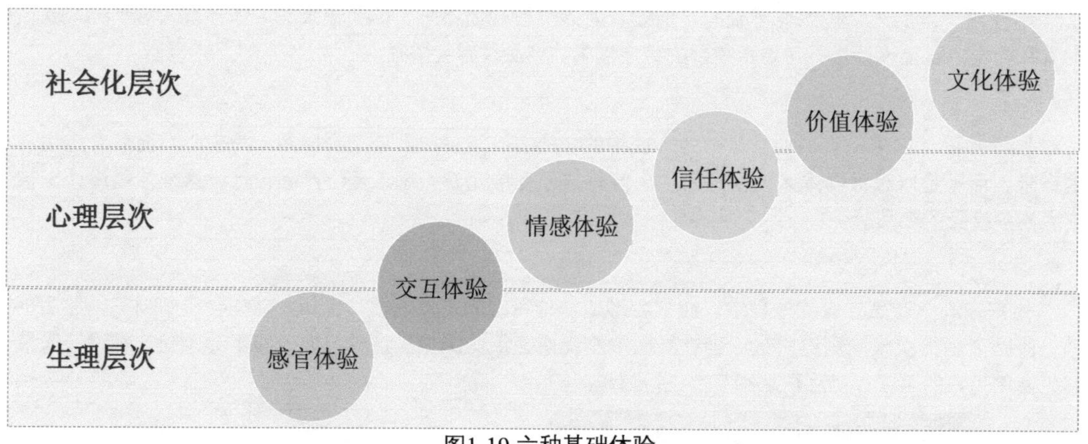

图1-19 六种基础体验

● 感官体验

感官体验是用户在生理上的体验，强调用户在使用产品、系统或服务过程中的舒适性。感官体验，涉及移动端UI设计的便捷性、界面布局的规律、界面色彩搭配的合理性等多个方面，这些都是给用户带来的最基本的视听体验，是用户最直观的感受。

图1-20 音乐类App界面设计

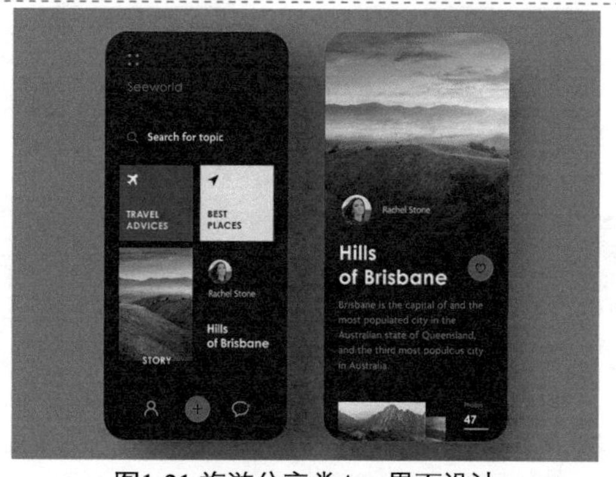

图1-21 旅游分享类App界面设计

图1-20所示的音乐类App界面设计，使用纯白色作为界面的背景色，界面的控件和信息表现非常清晰，使用高饱和度的橙色到红色渐变作为主色，为界面的表现增添了动感、热情。整个界面富有活力，给人带来很好的感官视觉体验。

图1-21是一个旅行分享类App界面设计，使用深灰色作为界面的背景色，体现出时尚感与现代感，在界面中并没有装饰性元素，重点突出风景图片，搭配简洁的说明文字，使界面表现清晰、易读，让人感觉舒适。

● 交互体验

交互体验是用户在操作过程中的体验，强调易用性和可用性，主要包括人机交互和人与人之间的交互两方面。针对移动端应用的特点，交互体验涉及到用户使用过程中的复杂度与使用习惯的易用问题、数据表单的可用性设计问题，还包括如何吸引用户的交互流程设计等问题。

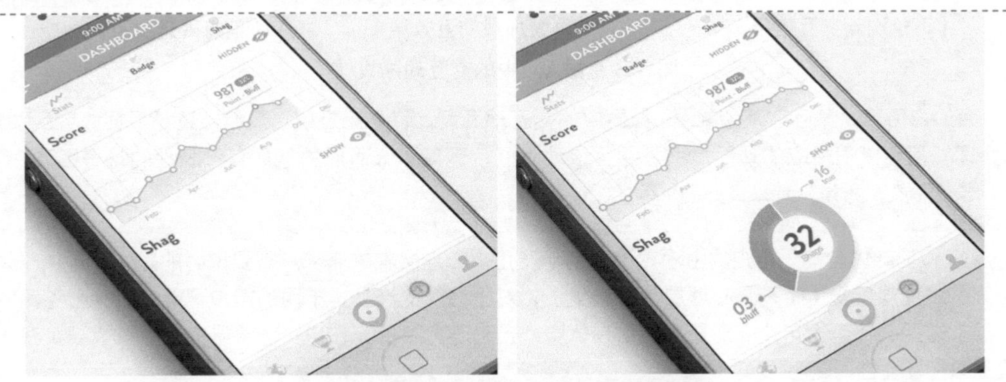

图1-22 与数据统计相关的移动端界面设计

图1-22所示为与数据统计有关的移动端界面设计，无论是数据折线图还是轮状图都采用简短的交互动效进行表现，能够很好地吸引用户，表现出界面的动感，突出信息。

● 情感体验

情感体验是用户心理方面的体验，强调产品、系统或服务的友好度。首先产品、系统或服务应该给用户一种可亲近的心理感觉，并在不断交流过程中逐步形成一种良好的、友善的互动意识，最终用户与产品、系统或服务之间固化为一种能延续的友好体验。

● 信任体验

信任体验是一种涉及从生理、心理到社会的综合体验，强调其可信任性。由于互联网世界的虚拟性特点，安全需求是首先被考虑的内容之一，因此信任理所当然被提升到一个十分重要的地位。用户信任体验，首先需要建立心理上的信任，这需要借助于产品、系统或服务的可信技术，以及网络社会的信用机制逐步建立起来。信任是用户在网络中实施各种行为的基础。

● 价值体验

价值体验是一种用户经济活动的体验，强调商业价值。在经济社会中，人们的商业活动是以交换为目的，最终实现其使用价值，人们在产品使用的不同阶段中通过感官、心理和情感等不同方面和不同层次的影响，以及在企业和产品品牌、影响力等社会认知因素的共同作用下，最终得到与商业价值相关的主观感受，这是用户在商业社会活动中最重要的体验之一。

● 文化体验

文化体验是一种涉及社会文化层次的体验，强调产品的时尚元素和文化性。绚丽多彩的外观设计、诱人的价值、超强的产品功能和完善的售后服务固然是用户所需要的，但依然缺少那种令人振奋、耳目一新或“惊世骇俗”的消费体验，如果对时尚元素、文化元素或某个文化节点进行发掘、加工和提炼，并与产品进行有机结合，将容易给人带来一种完美的文化体验。

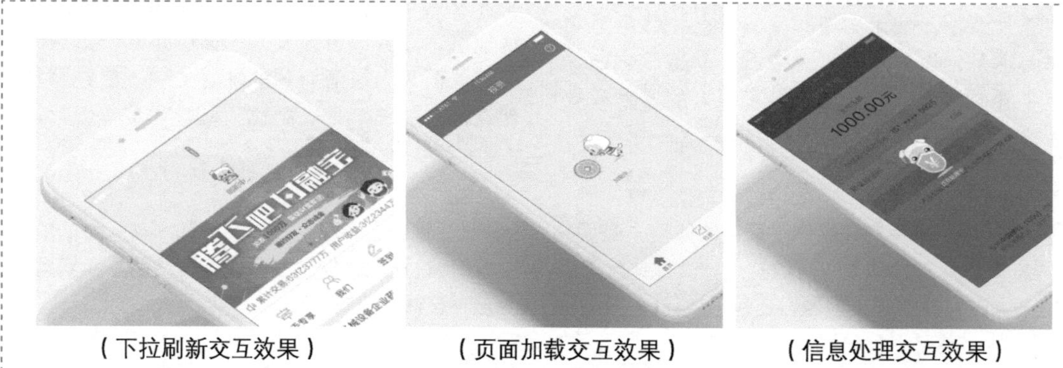

（下拉刷新交互效果）（页面加载交互效果）（信息处理交互效果）

图1-23 金融App中的交互动画设计

图1-23所示是某互联网金融App界面中的交互动画设计，无论是刷新页面，还是页面内容的加载和处理，都会出现相应的动画提示，并且该动画提示运用了卡通形象与具有代表性的符号图形来表现，非常形象，为用户带来良好的体验。

这六种基础体验基于用户的主观感受，都涉及用户心理层次的需求。需要说明的是，正是由于体验来自人们的主观感受（特别是心理层次的感受），对于相同的产品，不同的用户可能会有完全不同的用户体验。因此，不考虑用户心理需求的用户体验一定是不完整的，在用户体验研究中尤其需要关注人的心理需求和社会性问题。

1.3.3 UI交互设计的重要性

移动设备的交互体验是一种“自助式”的体验，没有可以事先阅读的说明书，也没有任何操作培训，完全依靠用户自己去寻找互动的途径。即便被困在某处，也只能自己想办法，因此交互设计极大地影响了用户体验。好的交互设计应该尽量避免给用户的参与造成任何困难，并且在出现问题时及时提醒用户并帮助用户尽快解决，从而保证用户的感官、认知、行为和情感体验的最佳化。

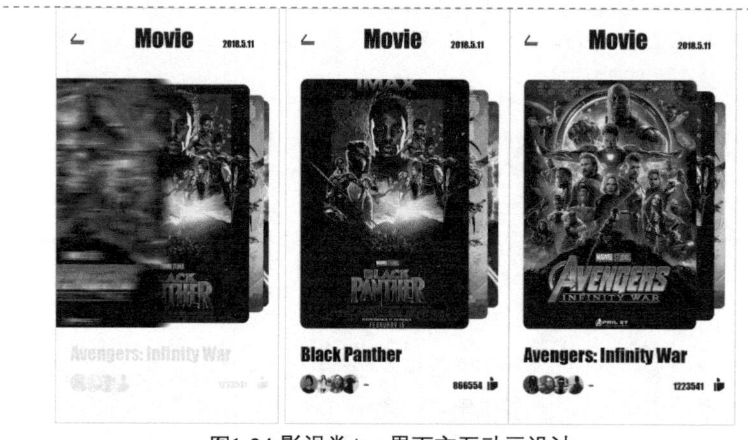

图1-24 影视类App界面交互动画设计

图1-24所示的影视类App将电影海报封面以卡片的形式堆叠在其界面中，能够有效地引导用户在界面中进行滑动切换操作。当用户左右滑动时，电影封面会以动感模糊的形式切换为下一张电影海报，表现出界面内容的层次感。

反过来，用户体验又对交互设计起着非常重要的指导作用，用户体验是交互设计的首要原则和检验标准。从了解用户的需求入手，到对用户的各种可能体验进行分析，再到最终的用户体验测试，交互设计始终将对用户体验的关注贯穿于设计的全过程。即便是一个小小的设计决策，设计师也应该从用户体验的角度去思考。

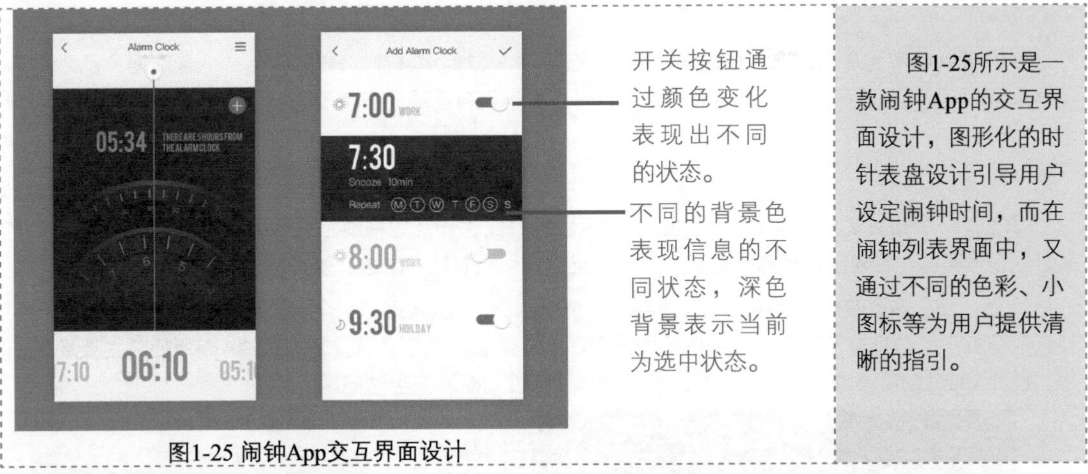

图1-25 闹钟App交互界面设计

图1-25所示是一款闹钟App的交互界面设计，图形化的时针表盘设计引导用户设定闹钟时间，而在闹钟列表界面中，又通过不同的色彩、小图标等为用户提供清晰的指引。

1.3.4 交互设计的五要素

交互设计和其他设计门类如平面设计、建筑设计、工业设计等，都是一种有目的、有计划的创作行为，但是它们所设计的对象却截然不同。其他设计门类的对象是信息、材质、空间，而交互设计的对象是行为。

想象一下我们平时是如何使用购物App购买商品的？

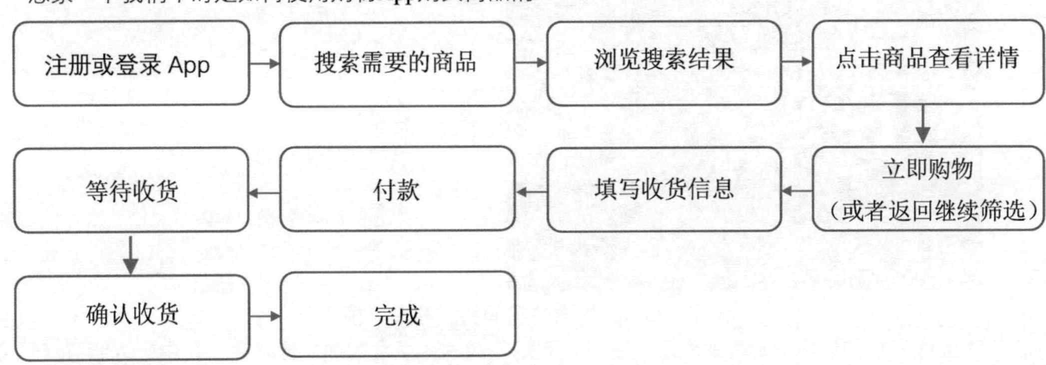

利用互联网产品满足一个需求，是需要通过一步步行为（点击、滑动、输入等）来实现的，而交互设计师则负责设计这些行为，让用户知道自己在哪？能去哪？怎么去？

交互设计的五个要素分别是：用户、行为、目标、场景、媒介。

- 用户

产品立项后，确定产品定位，去了解用户，一定要以研究目标用户为主。从不同渠道去收集目标用户的需求，筛选需求，确定需求优先级，确保需求是真实的。

- 行为和目标

使用产品时，不同用户可能有不同目标，一个用户也有可能有多个目标。研究用户的目标是为了确定需求、清楚产品要满足用户多少个目标，交互设计师再根据不同的目标去设计相应的行为流程。错误的目标或者烦琐的行为流程，都会导致用户放弃产品。

按照用户不同的目标，用户行为流程可以分为：渐进式、往复式、随机式。关于用户行为流程将在本书 1.6 节中进行详细介绍。

● 媒介

媒介可以理解为产品形态，如App、网站、公众号、微信小程序、H5宣传页……互联网产品常见的媒介是App和网站。不同的媒介有不同的特点，一定要根据自己的业务类型来选择适当的媒介，同时应该考虑性价比。

● 场景

场景是一个很容易被忽视的问题，随着智能手机的快速普及，移动互联网时代的到来，用户使用产品时的场景变得非常复杂，可能是在嘈杂的地铁里，也可能是站在路边、躺在床上等。

例如，大家熟悉的打车软件，一般都会有两个App，一个乘客端、一个司机端，司机端的用户是正在开车的司机，而司机为了安全一般会把手机固定在车载架上，这个场景就是司机端App所处的主要场景，那么设计App时就要考虑车内光线问题、司机操作便捷性问题和安全性问题。

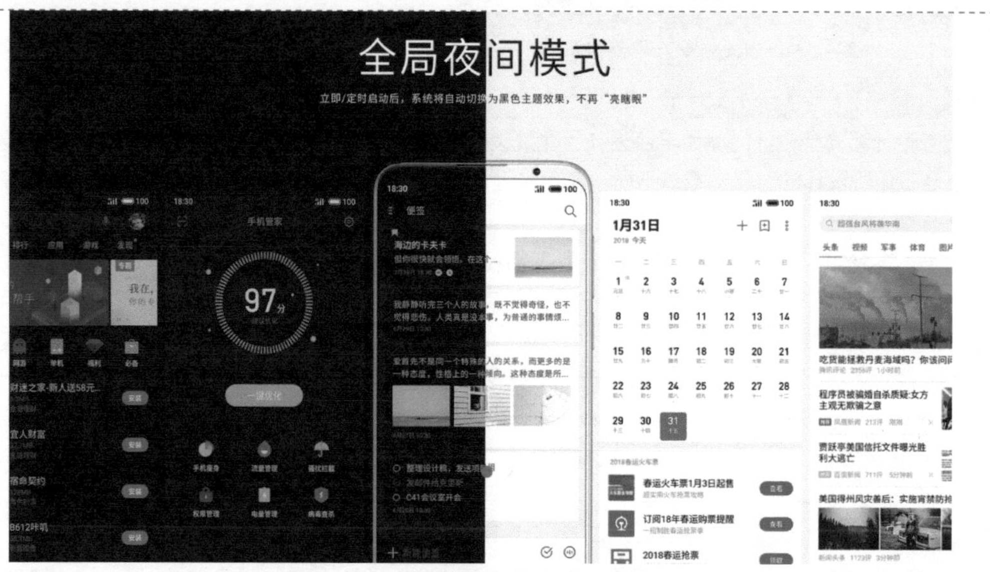

图1-26 App界面的夜间模式和白天模式

在光线充足的环境中，阅读黑底白字时，眼睛疲劳的速度会加快。但在夜间，由于人眼已经适应了黑暗环境，疲劳感不会增加。现在很多App都会设计夜间模式，夜间模式通常都会采用深色背景搭配浅色内容，深色背景与夜间周围环境保持一致，从而使用户获得良好的视觉体验。例如，图1-26所示的App界面设计，白天界面模式会使用传统的白色背景，而夜间模式则会使用深灰色背景，从而为用户带来更好的用户体验。

1.4 交互设计的基本流程

不少人对交互设计存在一定的误解，认为"交互设计就是画线框流程图，只需要使用软件制作出界面的控件布局和跳转链接就可以了"。而事实上，完整的交互设计，包括用户需求分析、信息架构搭建、交互原型设计、交互文档输出等一系列流程。

交互设计师通常关注的是产品的设计实现层面，即如何解决问题。解决问题的过程并非一蹴而就，其输出物也不单是一个设计方案。我们需要通过分析得到解决方案，也需要确定对应的衡量指标及预期要达到怎样的效果。

图1-27所示为常见的交互设计基本流程，如果忽略了前期的需求分析、信息架构设计等核心步骤，直接进入到产品原型设计阶段，那么这样一个缺乏严谨分析过程、缺乏设计目标指导的方案，不可能是一个出色的产品交互设计方案。

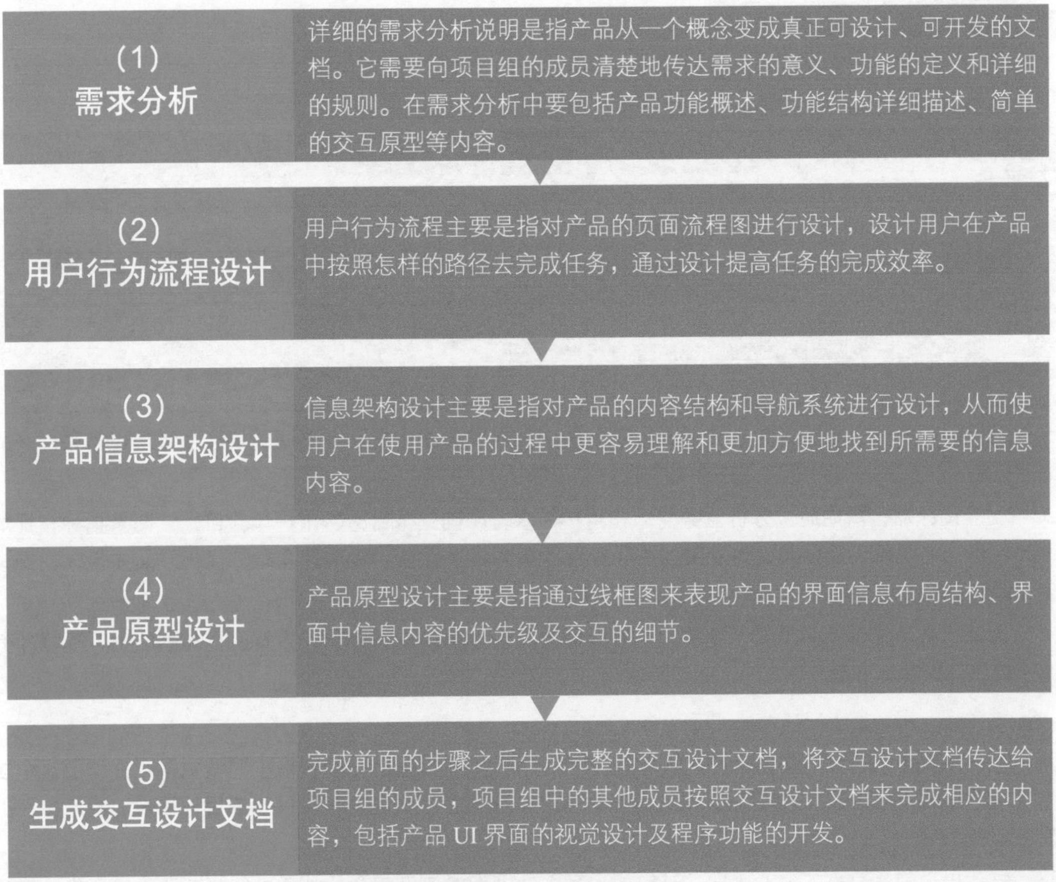

(1)
需求分析
详细的需求分析说明是指产品从一个概念变成真正可设计、可开发的文档。它需要向项目组的成员清楚地传达需求的意义、功能的定义和详细的规则。在需求分析中要包括产品功能概述、功能结构详细描述、简单的交互原型等内容。
(2)
用户行为流程设计
用户行为流程主要是指对产品的页面流程图进行设计，设计用户在产品中按照怎样的路径去完成任务，通过设计提高任务的完成效率。
(3)
产品信息架构设计
信息架构设计主要是指对产品的内容结构和导航系统进行设计，从而使用户在使用产品的过程中更容易理解和更加方便地找到所需要的信息内容。
(4)
产品原型设计
产品原型设计主要是指通过线框图来表现产品的界面信息布局结构、界面中信息内容的优先级及交互的细节。
(5)
生成交互设计文档
完成前面的步骤之后生成完整的交互设计文档，将交互设计文档传达给项目组的成员，项目组中的其他成员按照交互设计文档来完成相应的内容，包括产品 UI 界面的视觉设计及程序功能的开发。

图1-27 交互设计的基本流程

1.5 产品需求分析

需求分析是产品交互设计的第一步，那么需求从何而来呢？产品需求通常有两种来源，主动需求和被动需求，如图1-28所示。

需求来源
主动需求
交互设计师主动挖掘产品需求
被动需求
产品经理提出需求
需求分析

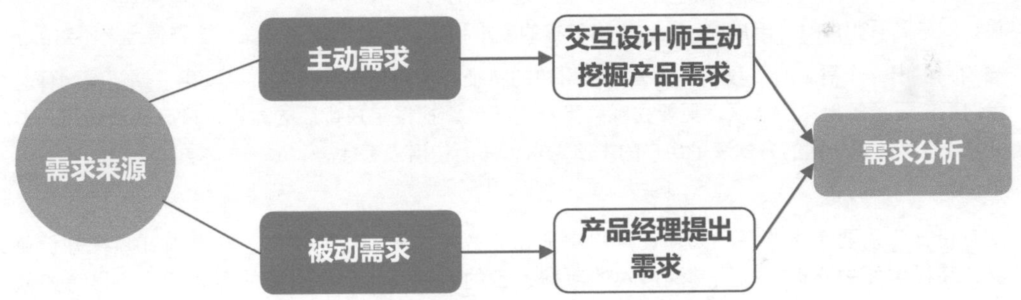

图1-28 产品需求分析示意图

主动需求，即交互设计师主动挖掘产品需求，通过数据分析、用户调研、收集用户反馈、可用性测试等手段，挖掘出产品需求。在与产品经理沟通、确认过后，通过需求分析的过程，提炼出设计目标，进而输出解决方案。

被动需求，即产品经理提出的产品需求，交互设计师需要与产品经理沟通，确认需求的可行性，然后通过需求分析的过程，提炼出设计目标，进而输出解决方案。

1.5.1 需求分析的误区

● 误区一：需求分析是产品经理的事

首先，我们了解一下产品经理和交互设计师的岗位职责划分。

产品经理岗位职责	交互设计师岗位职责
✧ 产品战略和发展规划，商业价值分析，市场分析。 ✧ 需求的挖掘、分析、管理、排序，输出产品需求文档。 ✧ 协调资源，协调团队合作，推动产品目标的实现。	✧ 分析业务需求，明确业务目标、用户体验目标、衡量指标，提炼设计目标。 ✧ 输出流程图、信息架构图、交互原型方案及文档。 ✧ 持续跟踪优化产品体验，挖掘更多可能性。

产品经理和交互设计师关注的层面是不同的，其思维方式也是完全不同的。产品经理通常关注产品的业务层面，交互设计师通常关注产品的设计实现层面。

交互设计师，前期通过分析业务需求和用户需求，明确业务目标、用户体验目标、衡量指标，提炼设计目标；中期输出流程图、信息架构图、交互原型方案及文档；后期持续跟踪优化产品体验，挖掘更多可能性。

因此，交互设计师必须要了解需求，并且需要具备对需求进行分析、拆解、提炼的能力，这样才有助于输出好的设计方案。

● 误区二：把自己当成目标用户

在日常工作中，我们在讨论用户需求时，常常会不由自主地陷入这种状态："我觉得用户需要这个功能""我觉得如何如何"，交互设计师在分析需求时，经常会不经意地把自己当成目标用户，陷入自己的臆想当中。

制作用户画像是当下行业内比较认可的一种方法，即对目标用户的特征进行勾勒。用户画像一般分为三个部分：用户的基础属性、用户特征描述、用户目标。

我们在搭建用户画像时，通常采用定量的用户数据和定性的研究相结合的方式来输出用户画像。当我们讨论用户需求时，可以尝试把典型用户带入产品中，看其需不需要这个功能。

● 误区三：设计就是听用户的

设计就是要听用户的，用户说什么，提出怎样的要求和建议，我们就怎么做，这样肯定是不对的。

当用户提出一个需求时，我们需要去思考用户的特征、使用场景和行为，以及用户期望得到什么效果。我们不仅要了解用户的需求，更要去观察用户的行为，挖掘用户背后的动机，只有搞清楚用户背后的动机，才有可能以一定的方式满足用户的本质需求，才能让用户满意。

● 误区四：只关注用户需求，忽略业务需求

交互设计师需要考虑的是，如何让用户需求和业务需求之间达到平衡。交互设计师在分析业务需求时，同样需要去分析、挖掘其深层次的目标、目的，以及实现该业务的衡量指标。思考如何将业务目标转化为用户行为，并由此指导交互方案的设计。这样得到的方案才能尽量满足用户需求和业务需求。

1.5.2 需求分析的路径

需求分析的路径主要分为四个阶段：业务需求分析、用户需求分析、确认用户目标、提炼设计目标。

● 业务需求分析

业务需求分析描述的是如何解决用户的痛点，从而满足用户的需求，并从中实现商业目的。业务需求强调方案设计的阶段性成果和最根本动机，由业务目标和业务目的构成，如图1-29所示。

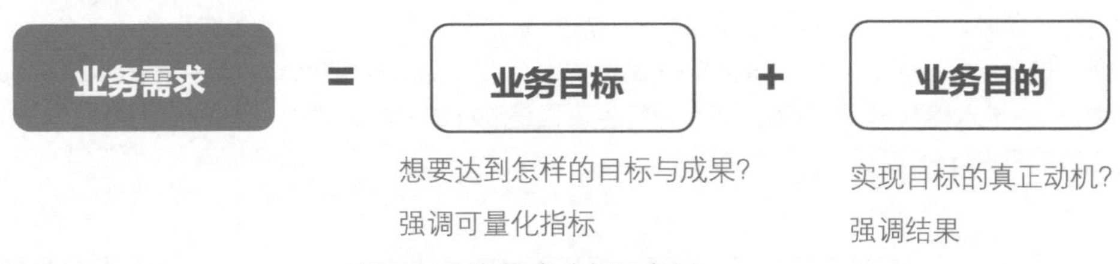

图1-29 业务需求分析示意图

● 用户需求分析

用户为什么要使用我们的产品？必然是产品满足了用户的某些需求，或者是为用户解决了某些问题。

目标用户

首先，需要确定产品的目标用户。产品满足的是目标用户的需求，我们分析的也是目标用户的需求。

用户画像

通过访谈、问卷、现场观察等方法来获取一些真实用户的信息、特征、需求，并抽象提炼出一组典型的用户描述，以帮助我们分析用户需求和用户体验目标。

场景分析

结合用户画像中典型用户的信息、特征、需求，构建典型用户的使用场景。通过构建用户场景，可以发现典型用户在场景中的思考过程和行为，并且可以得知，在该场景下，理想的使用体验是怎样的，为分析整理用户需求和体验目标提供了重要依据。

● 确认用户目标

结合目标用户的特征、典型用户场景、用户行为，分析得出用户需求和用户体验目标。

下面以注册功能为例，介绍如何获取用户体验目标。

用户需求	用户场景	用户行为	用户体验目标	衡量指标
流畅的注册流程	首次使用本产品	填写用户注册信息并提交信息	快速地了解并开始体验产品	注册用户数量

● 提炼设计目标

客户端产品，通常采用“创造动机、排除担忧、解决障碍”这三大关键因素分解法提炼设计目标。

动机：用户使用产品前的动机（可以满足用户什么需求）。

担忧：用户使用产品前可能面临的担忧。

障碍：用户在使用过程中可能面对的障碍。

通过对业务目标和用户体验目标的分析，得到用户的动机、担忧、障碍等关键因素，并针对每个小的因素给出解决方案，即提炼出设计目标。

1.6 用户行为流程设计

用户行为是指用户与特定产品交互的方式。在需求正确的情况下，目标用户依然觉得所开发的产品不好用，多半是用户完成某任务时行为流程遇到了问题。这些问题可能是不符合用户心理模型、行为路径过长、支线任务太多干扰到主线任务等。

1.6.1 用户行为流程的分类

交互设计中的用户行为流程可以分为三种：渐进式、往复式、随机式。

- 渐进式

当用户为了完成某种任务时才会产生行为，所以可以从任务的角度去思考行为。当用户使用产品具有明确的任务时，例如，“使用京东App购买一部iPhone 8手机”，这是一个非常明确的任务，用户的行为流程是：打开京东App → 搜索iPhone 8 → 浏览搜索结果→ 选择自营iPhone 8 → 浏览商品详情页面 → 加入购物车 → 进入购物车 → 付款。该用户行为流程是线性的、渐进式的，任务很明确时的行为流程称为“渐进式的用户行为流程”。

- 往复式

当任务变成了用户想购买一部手机时，但还不确定具体的品牌型号，这时的任务是模糊的。用户会在搜索页面和产品详情页面之间来回切换，以便进行对比从而找到合适的手机。这时用户的行为流程是：打开京东App → 搜索手机产品 → 浏览搜索结果 → 查看商品详情 → 返回搜索结果页 → 继续查看其他商品，直到找到心仪的手机并完成付款，或者没有找到心仪的产品放弃任务。这种来回切换页面，对比信息的行为流程是往复式的，即任务相对模糊时的用户行为流程是往复式的。

- 随机式

试想一下，你有没有没什么想买的东西，只是想打开购物App逛逛的时候？相信很多人都有这样的情况。再想想这个时候你会干嘛？打开购物App，在各个页面寻找自己感兴趣的商品，几乎没有规律，看到哪就点到哪，不停地浏览。这时用户行为流程就是随机式的。

上面我们通过购物 App 来说明用户行为流程的三种模式，其实这三种用户行为模式也适用于其他App。大家可以拿自己平时常用的 App 思考一下，自己是为了完成哪些任务？完成相应任务时所使用的行为模式是哪种？这样会让你更加深入地理解产品用户行为路径。

1.6.2 用户行为流程的设计原则

- 减少用户行为数量

在产品的行为流程设计过程中，要尽量减少用户完成某项任务时所要经历的流程数量，从而尽可能快地达到任务目的，为用户带来便捷的操作体验。

图1-30 地图导航类产品设计

图1-30所示的地图导航类产品设计，起始地点的默认值为“我的位置”，产品通过给出默认值的形式，省略了用户输入起始地点的行为，而不是每次都让用户手动输入起始地点。当输入地址时，会使用下拉列表的形式将联想搜索结果展现出来，用户不需要输入完整的地址内容就可以在下拉列表中选择目标地点。这样的设计，能够有效减少用户行为数量。

- 为用户行为设计即时反馈

交互就是人和产品系统进行互动的过程，当用户通过点击、滑动、输入等操作方式告诉系统正在执行的操作时，系统也应该通过动态表现、切换界面、弹出提示信息等形式来反馈用户的行为。

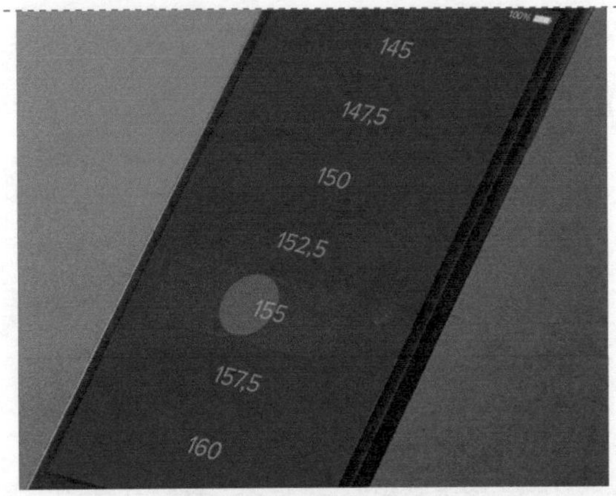

图1-31 App界面交互设计

图1-32 网络不畅时的信息反馈

图1-31所示的App界面交互设计，当用户在列表中点击某个列表选项时，该列表选项的背景会产生从中心向四周扩展的动效，从而反馈用户当前的点击操作。

当用户打开App界面时，如果当前的网络情况不佳，就应该及时给用户相应的信息反馈，避免用户长时间等待，如图1-32所示为网络不畅时的信息反馈。

● 降低用户行为难度

在产品交互设计中，使用选择项代替文本输入；使用指纹代替密码输入；使用第三方登录代替邮箱登录；将操作区域放在拇指热区；将可点击区域做得比图标大；使用滑动操作代替点击操作等，这些都是为了降低用户的行为难度，方便用户在使用产品时更快达成目标。

图1-33 微信的指纹支付功能

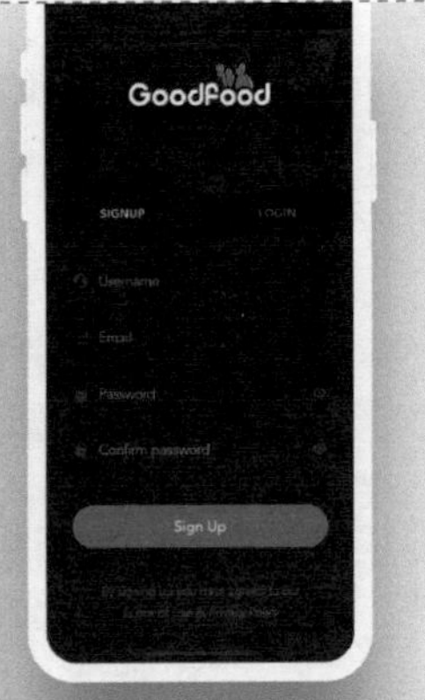

图1-34 登录界面提供第三方账号登录功能

图1-33所示是微信的指纹支付功能，传统的支付方式都是需要输入支付密码，而指纹支付只需要验证指纹就可以了，省略了输入支付密码的操作，更加方便。

许多产品的登录界面都提供了使用第三方账号登录的功能，如图1-34所示，这些第三方账号通常都是拥有庞大用户量的社交软件账号，这样可以方便用户快速登录，避开用户注册的流程。

● 减少用户等待时间

当用户做出某个行为时，总是希望得到回应，如果等待时间过长，很容易出现焦躁的情绪，从而放弃任务，影响产品的用户体验。但在现实中，由于硬件性能、网络情况、技术原因难免会出现反应时间过长的问题，这时可以通过异步处理和预加载的机制去减少等待时间，实在减少不了的，可以用有趣动画等形式，缓解用户在等待过程中的负面情绪。

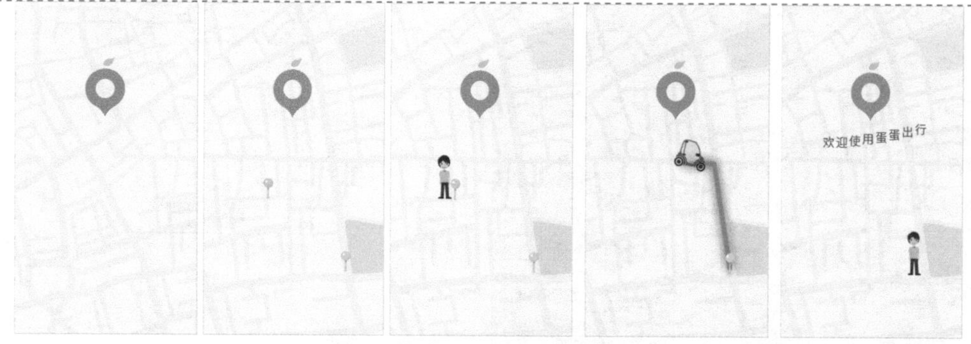

图1-35 租车App界面的加载动效

图1-35所示为租车App在界面内容载入之前添加的加载动效，简洁的地图背景与鲜明的Logo，有效地突出了品牌。该界面还通过动效表现出发地与到达地，通过汽车沿线的运动，很好地表现出该App的特点，将界面的加载过程与该App的特点相结合。

● 不轻易中断用户行为

用户在使用产品的过程中，界面突然弹出临时对话框，提示软件更新，或者让用户去应用商店评价软件，不少人都会抓狂。如果一定要通过临时对话框提示用户去执行某个操作，一定要选择一个合适的时机，如将软件更新提示放在刚打开App的时候。

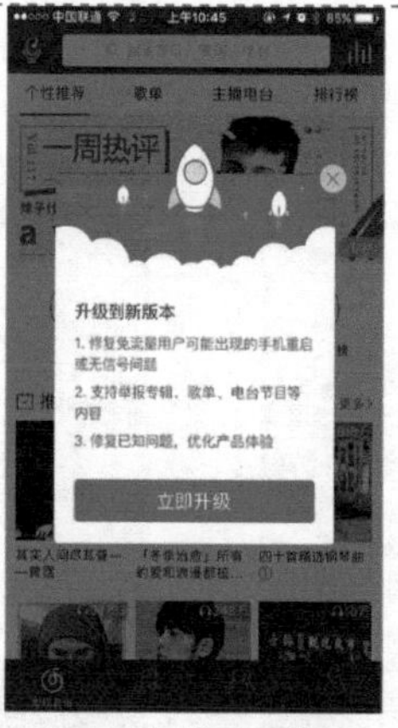

图1-36 软件更新提示

使用消息提示框，很好地提示了用户当前有新的消息，但是又不会中断用户当前的行为。

图1-37 消息提示框

如图1-36所示，软件更新提示被放在刚打开App时，此时用户没有开始执行某个任务，所以不存在中断任务流程的说法。用户可以选择更新软件，或者跳过更新软件继续执行相应的任务。

如果只是提示用户，并不需要用户执行某个操作时，可以用消息提示框的形式代替对话框，如图1-37所示，既告知了用户又没有中断用户行为。

1.7 产品信息架构设计

当一个产品需要帮助其用户更好地从大量数据中获取信息时，就需要考虑信息架构了。越是以信息查询、获取、消费、生产等为核心业务的产品，信息架构就显得越重要。所以，如今大部分的内容型产品、社区、电商App等，都需要考虑信息架构的问题。

1.7.1 什么是产品信息架构

信息架构的英文全称为“Information Architecture”，简称“IA”，是指在信息环境中，影响系统组织、导览及分类标签的组合结构。简单来说，就是对信息组织、分类进行结构化设计，以便信息的浏览和获取。信息架构最初应用在数据库设计中，在交互设计中，主要用来解决内容设计和导航的问题，即如何以最佳的信息组织方式来诠释产品信息内容，以便用户能够更加方便、快捷地找到所需要的信息。因此，通俗地讲，信息架构就是合理的信息展现形式，通过合理的信息架构使产品信息内容能够有组织、有条理地进行呈现，从而提高用户的交互效率。

通过优化产品的组织系统、标签系统、搜索系统、导航系统来合理组织产品需要承载的信息，让用户通过浏览、搜索、提问等方式快速寻找到自己需要的信息。

1.7.2 如何进行产品信息架构设计

产品信息架构设计的本质其实就是分类，当我们有意识地对产品的功能和信息内容进行分类时，其实已经开始做信息架构设计了。那怎么进行分类呢？通常我们需要考虑以下四个方面的因素。

- 考虑功能的相似性

通过分类把有相似性质的功能放在一起，然后以大的类别为基础作为产品的主框架，以小的类别作为子框架进行补充，这样就形成了整个产品框架。例如，微信消息是一种非常重要的传达信息的方式，有好友的消息、群消息、公众号消息、文件小助手的消息、微信运动消息等，这些产品提供的服务虽然不同，但是内容的展示和访问都是通过消息这种方式来进行的，所以把所有这些消息都统一分在了“微信”栏目中，把探索性质的“扫一扫”“看一看”等功能都放在了“发现”栏目中，这就是基于功能相似性的原则进行的分类。

图1-38 微信App界面

图1-38所示的微信App界面，所有的消息类内容都放置在“微信”栏目中，而所有探索性质的功能，如“扫一扫”“朋友圈”等，都放置在“发现”栏目中。

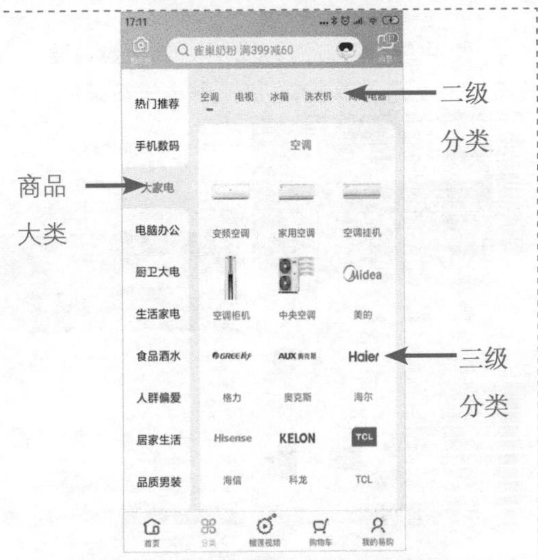

图1-39 电商App界面中的商品分类

图1-39所示的电商App界面，对于商品的分类更加细致，从商品的大类到商品的二级分类，再到商品的三级分类，这样细致的分类使用户更容易找到合适的目标商品。

- 考虑功能和功能之间的关系

产品功能之间的关系一般有并列、包含、互斥等关系。如果是包含的关系就可以设置纵向信息架构，比如买东西时的挑选、下单、支付、邮寄之间就是上下游包含的关系，要邮寄必须得先支付、要支付必须先下单、要下单先要经过挑选；如果是并列的，两个功能之间没有关系，那就可以设置横向信息架构。

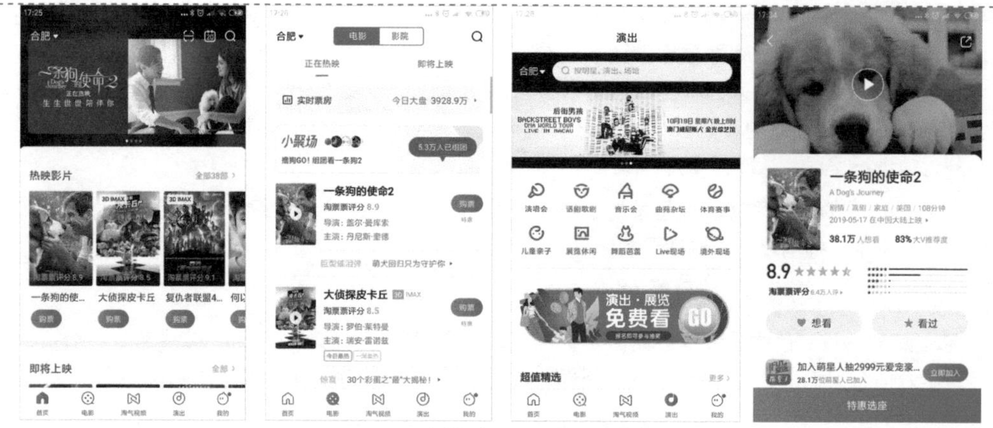

图1-40 在线购票App界面设计

图1-40是一个在线购票App的界面设计，界面底部的各栏目属于并列关系，属于横向信息架构。例如，在“电影”栏目中用户可以选择购买当前正在上映的电影票，而在“演出”栏目中用户则可以购买演唱会、话剧等演出票，这样的栏目划分非常清晰。而如果用户需要购买电影票或者演出票，那么购票的相关功能，如选择电影、选择影院、选择场次、选择座位、支付等，这些功能属于包含关系，属于纵向信息架构。

● 考虑功能的使用频率

使用的频率越高，说明这个功能越重要，越要把这个功能放在容易触及的地方，在进行信息架构设计时，优先考虑以这个功能为核心进行架构。

图1-41 综合性电商App

图1-42 共享单车App界面设计

图1-41所示的综合性电商App，搜索功能肯定是其核心功能之一，也是使用频率非常高的功能，所以在电商App的界面设计中，通常将搜索栏放在界面顶部显眼的位置进行突出表现。

对于共享单车来说，“扫码用车”是整个App中使用频率最高的功能，也是该App的核心功能，所以在共享单车App中需要重点突出“扫码用车”功能的表现，如图1-42所示。

● 系统的扩展性

产品从无到有，从有到长大，从长大到变强是一步一步进行的，产品功能也是不断增加并完善的，在刚开始进行产品信息架构设计时，我们并不清楚未来会增加什么功能，但是我们得做好增加功能时不会推翻系统重新再来的准备，这就要求我们在设计产品信息架构时，要考虑系统以后的扩展性。

好的产品，一般信息架构都是非常稳定的。微信从诞生到现在，大大小小增加了很多功能，但是其核心的信息架构一直没有变过，这就是因为在最开始设计时，就考虑到了系统的扩展性。

信息架构是在符合设计目标、满足用户需求的前提下，将信息条理化。不管采用何种原则组织分类信息，重要的是要能够反映用户的需求。通常，在一个信息架构合理的交互网站中，用户不会刻意注意到信息组织的方式，只有在他们找不到所需要的信息或者在寻找信息时出现了困惑，才会注意到信息架构的不合理性。

1.8 产品原型设计

通过用户调研、竞品分析确定产品功能需求范围后，制作产品原型有很重要的意义。原型是一种让用户提前体验产品、交流设计构想、展示复杂系统的方式。就本质而言，原型是一种沟通工具。

1.8.1 什么是原型设计

线框图描绘的是页面功能结构，它不是设计稿，也不代表最终布局，线框图所展示的布局，最主要的作用是描述功能与内容的逻辑关系。

产品原型是用于表达产品功能和内容的示意图。一份完整的产品原型要能够清楚地交代：产品包括哪些功能、内容；产品分为几个页面；功能、内容在界面中如何布局；用户行为流程的具体交互细节如何设计等。原型图是最终系统的代表模型或者模拟，比线框图更加真实、细致。图1-43所示为移动端应用产品的线框图和原型图。

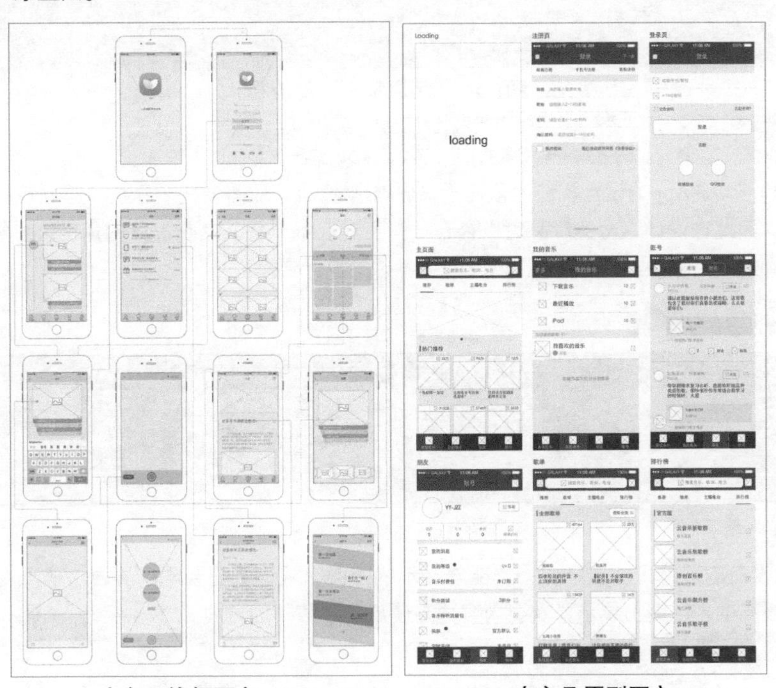

（产品线框图）　（产品原型图）

图1-43 移动端应用产品的线框图和原型图

原型设计的核心目的在于测试产品，没有哪一家互联网公司可以不经过测试，就直接上线产品和服务。产品原型在识别问题、减少风险、节省成本等方面有着不可替代的价值。

1.8.2 原型设计的流程

在开始设计产品原型之前，设计师往往需要了解以下几个问题：

制作产品原型的目的是什么？

产品原型的受众是谁?

产品原型有多大效率帮助我们传达设计或测试设计?

有多少时间制作产品原型? 需要什么级别的保真程度?

产品原型设计的流程如图1-44所示。

步骤一 绘制草图	绘制草图的目标是提炼想法，绘制草图要避免陷入审美细节，尽可能快速地导出想法才是关键。
步骤二 演示与讨论	演示与讨论的目标是把一些想法拿出来跟团队成员一起分享，然后进一步完善想法。在演示过程中要做好记录，演示和讨论的时间可以对半分。
步骤三 制作原型	在明确了想法之后，就可以开始进行原型设计了。在这个阶段需要考虑很多细节，找出切实可行的方案，运用合适的原型来表达。
步骤四 测试	产品原型设计的目标之一就是让受众来检验产品是否达到了预期，因此可以请 5~6 名测试者，看看产品原型是否能够被顺畅地使用。

图1-44 产品原型设计的流程

1.9 移动端App与网站的交互差异

Web网站和移动端App的设计，前者依托于桌面PC浏览器，后者依托于手机等移动设备。不同的平台有不同的特点，因此在设计这两类产品时也存在一些差异。本节将从交互设计的角度，讲解Web网站和移动端App在交互设计上有哪些不同之处，以及需要考虑的设计要点。

1.9.1 设备尺寸不同

Web网站	移动端App
PC端显示器的分辨率较高，但是不同的显示器分辨率不同，并且浏览器窗口还可以进行缩放操作。	移动设备的尺寸相对较小，不同移动设备的分辨率差异也较大，并且移动设备支持横屏和竖屏方向的切换。

设计要点:

（1）移动设备的屏幕尺寸较小，一屏能够展示的内容有限，更需要明确界面中信息内容的重要性和优先级，优先级高的内容突出展示，次要内容适当使用“隐藏”的方式。

图1-45 备忘记事App界面设计

图1-46 运动鞋电商App界面设计

图1-45所示的移动端备忘记事App界面设计，使用不同的颜色来表现不同类型的事件记录。界面清晰、简洁，将相应的记录功能操作选项都隐藏在界面底部的“+”图标当中，当用户点击该图标时，界面会以弹出窗口的形式显示相应的隐藏选项，有效地区分了界面中信息内容的重要性和优先级。

图1-46所示的移动端运动鞋电商App界面设计，其设计非常简洁、直观。界面重点突出该运动鞋产品的相关信息，产品图片的表现最为突出，其次就是产品界面和尺码选择，接着是界面底部的红色购买按钮。重点信息一目了然、非常直观。

（2）因为移动设备的分辨率差异较大，所以移动端App在界面布局、图片、文字的显示上，需要兼顾不同移动设备的显示效果，这就要求设计师与开发人员共同配合做好适配工作。

（3）因为移动设备支持横屏、竖屏的自由切换，所以在设计移动端App时（特别是游戏、视频播放等），需要考虑用户是否有“切换手持方向”的需求，哪些情况下切换屏幕方向，界面内容如何进行切换展示等。

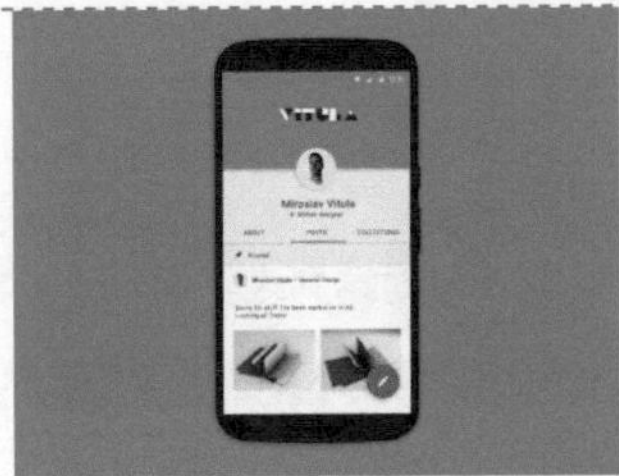

图1-47 移动端App横竖屏切换效果

如图1-47所示，该移动端App为用户提供了横竖屏切换动效，界面中的元素会随着手机屏幕横竖屏的转动而平滑过渡到相应的显示效果，为用户带来良好的交互体验。

（4）Web网站因为显示器分辨率差异较大，并且浏览器窗口尺寸可变化，设计时需要考虑好不同分辨率的页面内容展示和布局。同时，使用移动设备来浏览Web网站的需求越来越多，近几年响应式设计更为普遍。

图1-48 Web网站界面能够适配多种不同设备

随着移动互联网的发展，各种智能移动设备越来越多，而我们所设计的网站能够适应在不同的设备中进行浏览已经成为基本要求，并且当用户使用不同的设备浏览网站界面时都能够给予用户良好的体验，如图1-48所示。

1.9.2 交互方式不同

Web网站	移动端App
使用鼠标或触摸板作为交互操作媒介，多采用左键单击鼠标的操作，也支持鼠标滑过、鼠标右键等操作方式。	使用手指触控移动设备屏幕进行交互操作，除了通用的点击操作，还支持滑动、捏合等各种复杂的手势。

设计要点：

（1）相比鼠标，手指触摸范围更大，较难精确控制点击位置，所以App界面中的点击区域要设置得大一些，不同点击元素之间的间隔也不能太近。

（2）移动端App支持丰富的手势操作。例如，通过向左滑动选项，可以显示该选项的“删除”“取消关注”等相关选项，这种操作方式的特点是快捷高效，但是对于初学者来说有一定的学习成本。在合理设计快捷操作方式的同时，还需要支持通用的点击方式来完成任务的操作流程。

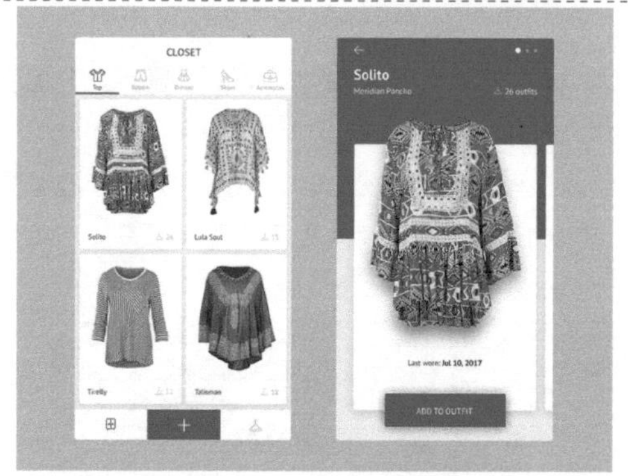

图1-49 移动端App界面设计

图1-50 移动端列表界面

图1-49所示的移动端App界面设计，为了便于用户使用手指进行触摸点击操作，各选项的可点击区域都设置得较大，并且各选项之间也保持了一定的间隔，从而使用户更容易操作，并且界面中重要的功能选项按钮都使用了鲜艳的色彩进行突出表现。

图1-50所示的移动端列表界面，在该界面中当用户向左滑动某个列表项时，在该列表项的右侧就会出现“删除”选项，用户点击“删除”选项，就可以将该列表项删除，这是在移动端App界面中常见的一种交互操作方式。

（3）移动端App以单手操作为主，界面上的重要元素需要在用户单手点击范围之内，或者提供快捷的手势操作。

（4）Web网站支持鼠标滑过的效果，网站中的一些提示信息通常采用鼠标滑过展开/收起的交互方式，但是移动端App界面则不支持这类交互效果，通常需要点击特定按钮图标来展示/收起相应信息内容。

图1-51 交互式汽车宣传网站

图1-51所示的交互式汽车宣传网站，该网站的页面设计非常简洁，只有品牌Logo和产品形象，其中产品形象的展示采用了交互设计的方式。当用户刚进入到该网站页面中时，页面会显示鼠标拖曳的动画提示，提示用户通过拖动鼠标在网站中进行交互操作，在旋转到车身相应的位置时会显示闪烁的白点，提示用户单击查看详情。这种采用交互操作进行商品宣传展示的方式，可以有效增强用户与产品之间的互动，使用户得到一种愉悦感。

1.9.3 使用环境不同

Web网站	移动端App
通常使用者是在室内办公，使用时间相对较长。	使用者可以长时间使用，也可以利用碎片化的时间使用，并且使用环境多样化，使用者坐、站、躺、行走，姿势不一。

设计要点：

（1）使用移动端App时，用户很容易被周边环境所影响，对界面上展示的内容可能没那么容易留意到；长时间使用时更适合沉浸式浏览，有时用户可能没有足够的时间，浏览内容有限，类似“收藏”等功能则比较实用；用户在移动过程中更容易误操作，需要考虑如何防止误操作、如何从错误中恢复。

（2）使用Web网站的环境相对固定，用户更为专注。

1.9.4 网络环境不同

Web网站	移动端App
通常是在室内固定场所使用网站，所以网络相对稳定，而且基本无须担心流量问题。	用户使用环境复杂，在移动过程中可能会从网络通畅环境进入信号较差的环境。

设计要点：

（1）移动端用户，在使用移动流量的情况下对流量比较重视，对于需要耗费较多流量的操作，需要给用户明确的提示，在用户允许的前提下才能继续使用。

（2）在使用移动端App时，常常会遇到网络异常的情况，需要重视这类场景下的错误提示，以及如何从错误中恢复的方法。

图1-52 使用数据流量的提示说明

当用户在使用移动数据流量进行浏览时，如果执行视频播放或者下载文件等需要耗费较多流量的操作时，一定要给用户明确的提示说明，如图1-52所示，待用户同意后再继续相应的操作，这样也是为用户考虑。

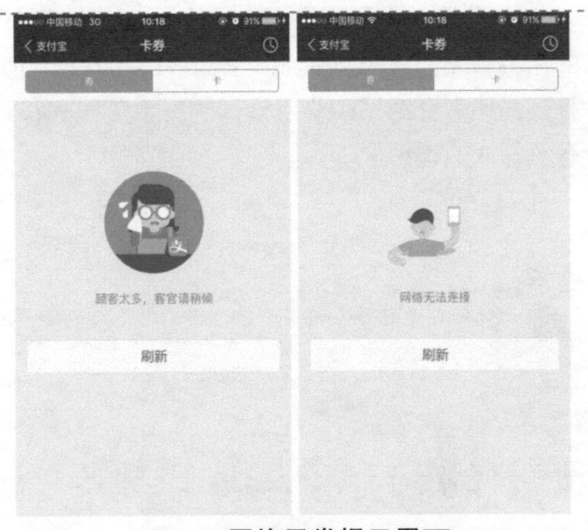

图1-53 网络异常提示界面

移动端常常会遇到网络不稳定或不流畅的情况，所以App需要设计当网络不稳定或异常情况下的提示界面，如图1-53所示，通过卡通形象与简短的文字说明，表现效果直观、形象，并且为用户提供了“刷新”按钮，用户点击后可以刷新当前界面。

1.9.5 基于位置服务的精细度不同

Web网站	移动端App
网站中的定位功能通常只能够获取用户当前所在的城市。	移动端App中的定位功能可以较为精确地获取当前用户所在的具体位置。

设计要点：

移动端App可以合理地利用用户的位置，给用户提供一些服务。例如，地图类App，可以直接搜索“我的位置”到目的地的路线；生活服务类App，可以查询“我的位置”附近的美食、商场、电影院等，这样的方式省去了用户手动输入当前位置的操作，更加智能化。

图1-54 百度地图移动端App界面

图1-54所示的是百度地图的移动端App，当用户启动并进入该App界面时，它会对用户当前所在的位置进行精确地定位，并显示在地图中。当用户点击界面底部的“发现周边”选项时，会基于用户当前的位置显示出附近的美食、酒店等相关信息；当用户点击底部的“路线”选项时，会跳转到路线导航界面，并默认起始点为用户当前所在位置，用户只需要输入终点即可，非常方便。

1.10 本章小结

UI交互设计主要服务于产品界面，其作用在于通过在界面中设计合理的交互操作，从而有效提升产品的用户体验。本章向读者介绍了有关UI设计的相关知识，以及交互设计与用户体验的相关理论知识，并且还向读者介绍了UI交互设计的基本流程和移动端App与网站交互设计的差异，从而使读者对UI交互设计有更深入的理解。

读书笔记

第2章 UI设计规范

很多初学者在开始做移动端UI设计时，往往对UI设计的尺寸规范并不是十分清楚，很多时候都是凭借自己的感觉和经验去设计UI，导致设计出来的界面总是不那么尽如人意。本章将向读者全面细致地介绍iOS系统和Android系统UI设计常用的一些尺寸规范和方法，如控件间距、适配、标注等，通过对设计规范的学习，融会贯通，才能够设计出规范的移动端UI。

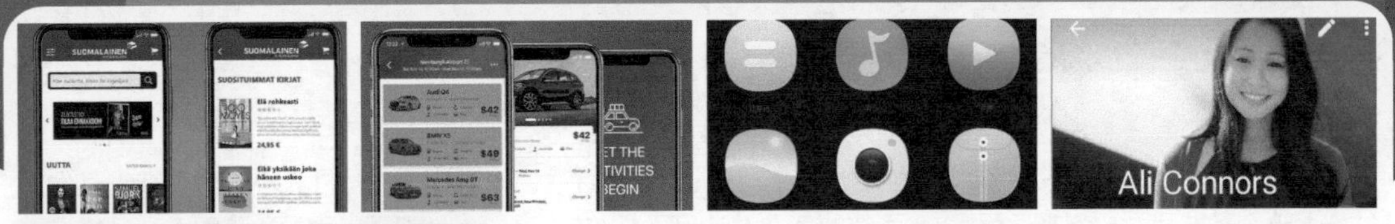

2.1 了解iOS系统

iOS系统是由苹果公司开发并应用于iPhone、iPad等智能移动设备的操作系统。iOS系统的操作界面精致美观、稳定可靠、简单易用，受到了全球用户的青睐。在学习iOS系统的相关设计规范之前，必须掌握一些基础概念。

2.1.1 iOS系统的屏幕分辨率

● 像素

像素是一个单位，可以将其看作一个小方格。像素并没有固定的物理尺寸，它的物理尺寸是由载体的物理尺寸决定的。在像素小方格里面包含了颜色，无数的像素小方格按照相应的位置进行排列显示，就组成了画面。在相同尺寸的屏幕上，像素格越多，屏幕的显示效果越清晰。

假设有两个屏幕都是16像素，一个屏幕的尺寸是4 cm × 4 cm，另一个是8 cm × 8 cm，如图2-1所示。由此可以看出，像素并没有物理尺寸，像素的物理尺寸是由载体的尺寸决定的。

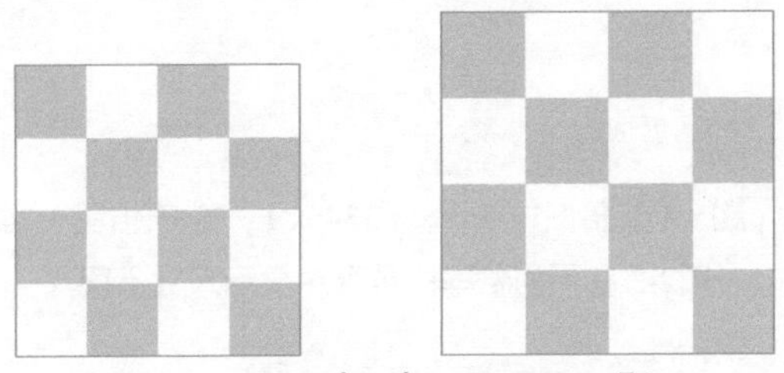

（4cm×4cm，即1px=1cm）（8cm×8cm，即1px=2cm）

图2-1 像素相同尺寸不同的两个屏幕

假设有两个屏幕，屏幕尺寸都是4 cm × 4 cm，一个屏幕是16像素，另一个屏幕是32像素，如图2-2所示。由此可以看出，同样的尺寸范围内，像素越多显示效果越清晰。

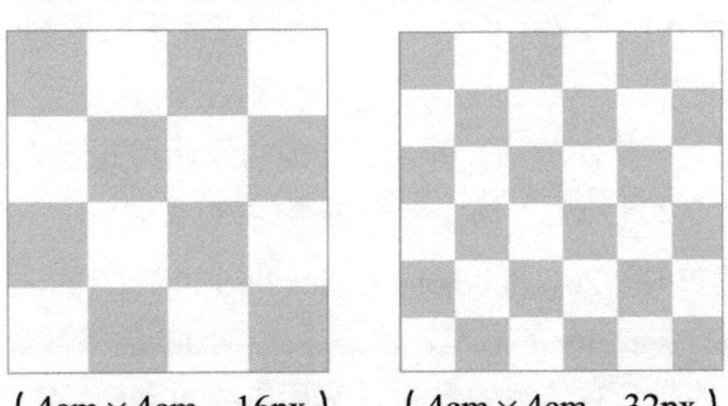

（4cm×4cm，16px）（4cm×4cm，32px）

图2-2 像素不同尺寸相同的两个屏幕

● PPI与DPI

PPI是像素密度，是指每英寸所包含的像素点数量。

DPI是打印精度，是指每英寸所能够打印的点数。

PPI 影响的是屏幕上显示的精度，DPI 影响的是打印出来的精度。像素是设计师的最小设计单位，点则是 iOS 系统开发的最小单位。

2.1.2 逻辑点与倍图

● 逻辑点

不同型号的iPhone，其屏幕尺寸也有所不同。因此，在设计时，以其中一个尺寸大小作为基准，其他尺寸按照这个基准尺寸比例来适配。iOS系统的基准设计尺寸是375 × 667（也就是俗称的一倍图），逻辑点单位为pt。一倍图里的1pt是1px，放到二倍图里，1pt就是2px，在三倍图里就是3px。所以我们提供给开发人员的一倍图，开发人员能够根据pt这个单位，知道其余倍率的图里面元素和组件的大小。

如图2-3所示，同样是88pt大小的圆角矩形，在不同倍率的屏幕中显示尺寸是不同的。

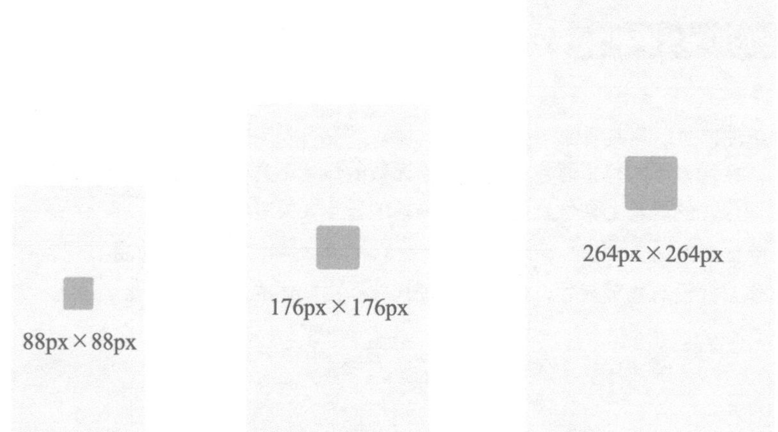

（一倍图 375px × 667px）（二倍图 750px × 1 334px）　（三倍图 1 242px × 2 208px）

图2-3 在不同倍率的屏幕中显示尺寸不同

● 什么是一倍图、二倍图、三倍图

iOS系统的一倍图、二倍图和三倍图的设计尺寸介绍如下：

一倍图的设计尺寸是375 px × 667 px，主要针对的是iPhone 4以前的机型，目前已经被淘汰；

二倍图的设计尺寸是750 px × 1 334 px，主要针对的主流机型是iPhone 6 / 6S / 7 / 8；

三倍图的设计尺寸是1 242 px × 2 208 px，主要针对的主流机型是iPhone 6 Plus / 6S Plus / 7 Plus / 8 Plus，以及最新的iPhone X和iPhone XS。

如果按照二倍图的1.5倍得到三倍图的话，那么三倍图的设计尺寸应该是1 125 px × 2 001 px，为什么三倍图的设计尺寸是1 242px × 2 208 px呢？这主要跟屏幕的PPI有关。

iPhone 6 / 6S / 7 / 8的屏幕PPI是326，而iPhone 6 Plus / 6S Plus / 7 Plus / 8 Plus的屏幕PPI是401。理论上，苹果应该使用401/326×@2x=@2.46x的素材，但是由此得出的倍率数值包含小数，也很难切图，所以苹果为了方便开发人员，采用的是@3x倍率的素材，然后再缩放到@2.46x倍率上，苹果选取了一个大概的比例87%来作为最终的缩放比例。

iPhone X / XS采用的是三倍图，其设计尺寸是1 125 px × 2 436 px，所以在iPhone X / XS上使用的是@3x倍率的切图素材。

● 一倍图、二倍图、三倍图的应用

既然可以实现一稿适配，开发人员根据一倍图的尺寸，按比例实现两倍图、三倍图就可以了，那么为什么还要分一倍图、两倍图、三倍图呢？其实这里的倍图，主要是针对UI中元素的切图而言的（例如，界面中的图标，它们要放在不同大小的屏幕上，就需要配合适当的倍数，也就是@2x、@3x）。

虽然设计师只需要提供一套设计稿，开发人员只需要根据所提供的一套设计稿进行开发就可以了，但是切图则需要提供几套，不然在二倍图的界面中只使用一倍的切图进行放大，显示效果会模糊不清。所以，一倍的界面需要使用一倍切图素材，二倍的界面需要使用二倍的切图素材，三倍的界面需要使用三倍的切图素材，以此类推。

目前，iPhone 4 以前的机型已经没有人在使用了，所以在针对 iOS 系统的 UI 设计稿进行切图时，只需要提供二倍和三倍的两套切图素材就可以了，并不需要提供一倍的切图素材。

2.2 iOS系统UI设计规范

在对UI进行设计之前，首先要清楚所设计的UI适用于哪种操作系统，不同的操作系统对UI设计有着不同的要求。本节将向读者介绍iOS系统对于UI设计的相关规范要求。

2.2.1 iPhone常用屏幕尺寸和分辨率

目前主流的iPhone手机有iPhone 6 / 6S / 7 / 8（4.7英寸）、iPhone 6 Plus / 6S Plus / 7 Plus / 8 Plus（5.5英寸）和iPhone X / XS（5.8英寸），如图2-4所示，它们都采用了Retina视网膜屏幕。

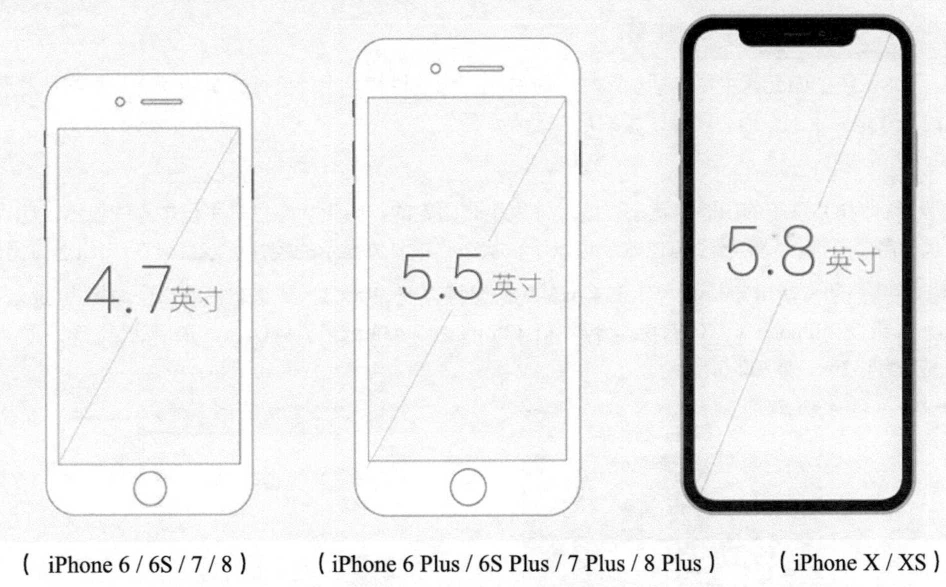

（iPhone 6 / 6S / 7 / 8）（iPhone 6 Plus / 6S Plus / 7 Plus / 8 Plus）（iPhone X / XS）

图2-4 主流的手机屏幕尺寸

不同型号的iOS系统设备屏幕尺寸各不相同，其中主流的iPhone 6 / 6S / 7 / 8使用的是二倍率的分辨率，而iPhone 6 Plus / 6S Plus / 7 Plus / 8 Plus和iPhone X / XS则使用的是三倍率的分辨率，iPad则主要使用二倍率的分辨率。可以简单地理解为在二倍率的情况下，1pt=2px；在三倍率的情况下，1pt=3px。不同型号的iOS系统设备屏幕尺寸和分辨率如表2-1所示。

表2-1　iOS系统设备常用屏幕尺寸和分辨率

设备名称	屏幕尺寸	逻辑分辨率(pt)	物理分辨率(px)	PPI	倍率
iPhone 1 / 3G / 3GS	3.5 in	320 × 480	320 × 480	163	@1x
iPhone 4 / 4S	3.5 in	320 × 480	640 × 960	326	@2x
iPhone 5 / 5S / 5C / SE	4.0 in	320 × 568	640 × 1 136	326	@2x
iPhone 6 / 6S / 7 / 8	4.7 in	375 × 667	750 × 1 334	326	@2x
iPhone 6 plus / 6S plus / 7 plus / 8 plus	5.5 in	414 × 736	1 242 × 2 208	401	@3x
iPhone X / XS	5.8 in	375 × 812	1 125 × 2 436	458	@3x
iPhone XR	6.1 in	414 × 896	828 × 1 792	326	@2x
iPhone XS Max	6.5 in	414 × 896	1 242 × 2 688	458	@3x
iPad 1 / 2	9.7 in	768 × 1 024	768 × 1 024	132	@1x
iPad Mini 2 / Mini 4	7.9 in	768 × 1 024	1 536 × 2 048	326	@2x
iPad Pro / Air 2 / Retina	9.7 in	768 × 1 024	1 536 × 2 048	264	@2x
iPad Pro 10.5	10.5 in	834 × 1 112	1 668 × 2 224	264	@2x
iPad Pro 12.9	12.9 in	1 024 × 1 366	2 048 × 2 732	264	@2x

根据目前的市场调查数据分析，使用iOS系统的移动设备中，750 px × 1 334 px物理像素分辨率的设备比例最高，其次是1 242 px × 2 208 px物理像素分辨率的设备。为了便于适配不同型号的iPhone手机屏幕，在设计基于iOS系统的相关UI时，通常以750 px × 1 334 px物理分辨率为基准进行设计。

2.2.2　界面元素尺寸规范

基于iOS系统的UI元素主要包括状态栏、导航栏、标签栏和可设计区域，其中状态栏、导航栏和底部标签栏的尺寸是固定的，而可设计区域的尺寸是浮动的。

● 状态栏

在设计针对iOS系统的UI时，状态栏的尺寸大小是固定的，因为状态栏是手机本身的显示，UI设计无法干涉也不需要干涉，只需要预留位置就可以了，状态栏中具体显示的控件可以直接在UIKit里面调用。

目前，我们通常使用750 px × 1 334 px的物理分辨率来设计UI，其状态栏的高度固定为40px，如图2-5所示。如果使用iPhone X / XS的物理分辨率1 125 px × 2 436 px来设计UI，其采用的是@3x倍率，状态栏高度固定为132px，如图2-6所示。

图2-5 状态栏高度

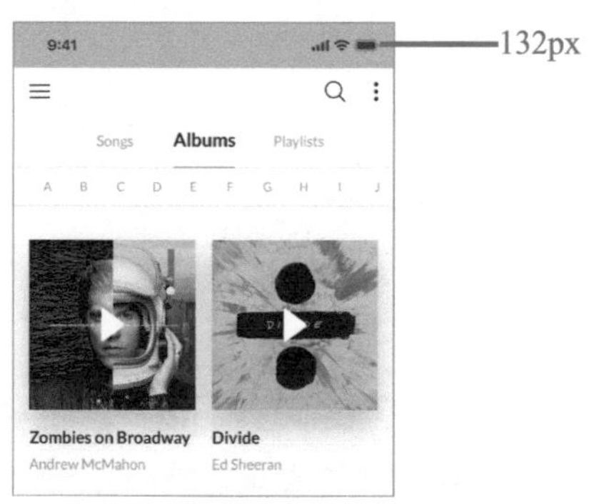

图2-6 状态栏高度

● 导航栏

在针对iOS系统的UI设计中，导航栏的尺寸也是固定的，如果使用750 px × 1 334 px的物理分辨率来设计UI，其导航栏的高度固定为88px，如图2-7所示。如果使用iPhone X / XS的物理分辨率1 125 px × 2 436 px来设计UI，其采用的是@3x倍率，导航栏高度固定为132px，如图2-8所示。

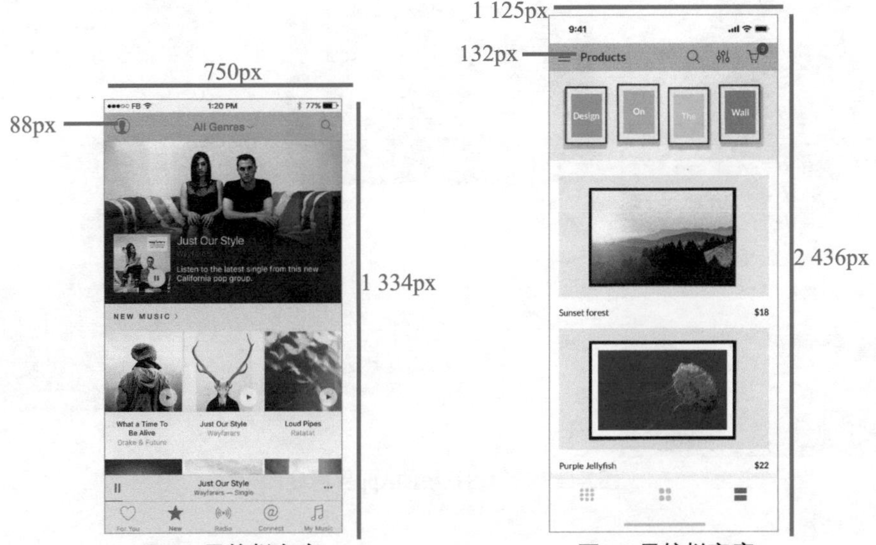

图2-7 导航栏高度　　图2-8 导航栏高度

● 标签栏

在针对iOS系统的UI设计中，界面底部标签栏的尺寸同样也是固定的，底部标签栏中的内容可以根据不同的产品需求进行设计。

如果使用750 px × 1 334 px的物理分辨率来设计UI，其标签栏的高度固定为98px，如图2-9所示。如果使用iPhone X / XS的物理分辨率1 125 px × 2 436 px来设计UI，其采用的是@3x倍率，标签栏高度固定为147px，如图2-10所示。

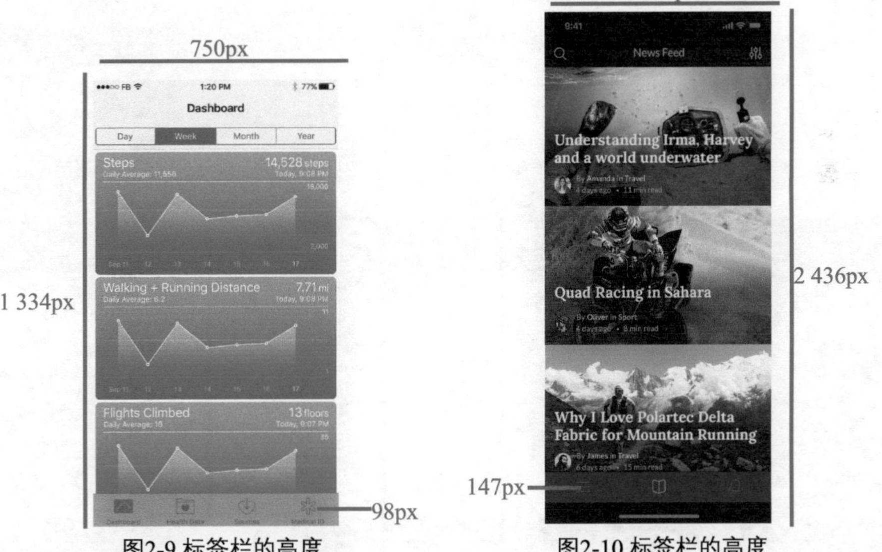

图2-9 标签栏的高度　　图2-10 标签栏的高度

图2-11所示为基于iOS系统的App界面设计，界面底部的标签栏高度都为98px，但是实际在手机上，右侧两个界面底部的标签栏看起来会高一些，舒适一些，因为图标的大小，字号的大小、间距等，都会

影响视觉效果的呈现。

图2-11 基于iOS系统的App界面设计

● 可设计区域

在基于iOS系统的UI设计中，除了界面顶部的状态栏、导航栏和界面底部的标签栏，界面中的其他区域都属于可设计区域。界面顶部的状态栏和导航栏固定显示在界面的顶部，标签栏固定显示在界面的底部，中间可设计区域可以往下延展，有些界面没有底部标签栏，可以忽略。

在移动端App界面的设计中，有些界面中的内容较少，一屏就能够显示所有的内容，如图2-12所示。而有些界面中的内容较多，就需要多屏来展示所有的内容，用户在浏览时需要向下滑动界面才能完整地浏览该界面中的内容，如图2-13所示。

可设计区域

图2-12 一屏显示界面所有内容

可设计区域

图2-13 需要滑动界面查看内容

2.2.3 字体规范

文字是UI中的核心元素之一，是产品传达给用户的主要内容，文字在UI设计中的作用是非常重要的。那么，在基于iOS系统的UI设计中对字体的选择、字号大小都有哪些规定呢?

● 字体

在iOS 9系统之前，在PC端使用的中文字体是“华文黑体”，在MAC端使用的中文字体是“黑体简体”和“冬青黑体简体”，如图2-14所示。在PC端和MAC端英文字体使用的都是Helvetica Neue系列字体，如图2-15所示。

图2-14 “华文黑体”字体

图2-15 Helvetica Neue系列字体

从iOS 9系统开始，苹果推出了全新的中文字体：苹方，字形更加优美，在屏幕中的显示效果也更加清晰、易读，苹方字体共有六种字重可供选择，如图2-16所示，极大地满足了UI设计的需求和阅读需求。

在英文字体方面，从iOS 9系统开始，也采用了全新的英文字体：San Francisco，其同样有六种字重可供选择，如图2-17所示。该字体包含两种类型，分别是San Francisco Text和San Francisco Display，San Francisco Text 适用于界面中小于19pt的文字，而San Francisco Display适用于界面中大于20pt的文字。

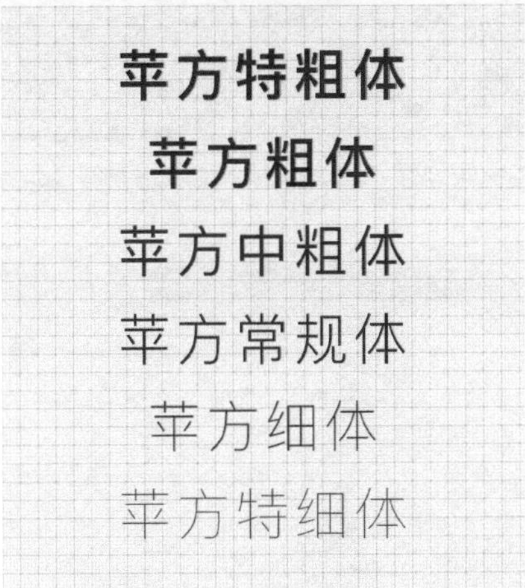

图2-16 “苹方”字体的六种字重

图2-17 San Francisco字体的六种字重

图2-18所示是iOS 8系统与iOS 9系统UI的对比，注意观察两个界面中的文字，最直观的感受是数字1、2、7由弯曲的笔画变成直线笔画，因为iOS 9系统中的中文面积稍大，所以日期与时间的行距也稍稍增大了一些。

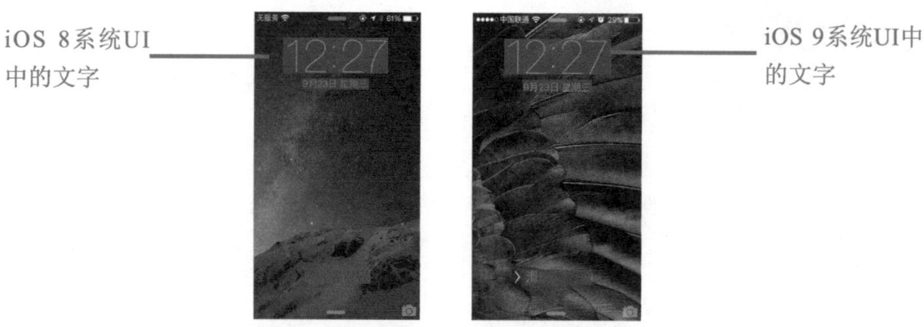

图2-18 iOS 8系统与iOS 9系统UI对比

● 字号大小

在iOS系统的UI设计中，以@2x倍率为例，界面中使用的字号大小一般在10～28pt。字号大小主要根据产品的属性进行设定。有一点需要注意，字号大小必须为偶数，且上下级的字号差为2～4个字号。例如，大标题为28pt，则二级标题应为26pt或24pt。

在iOS系统中，无论是中文字体还是英文字体都具有多种字重，为不同的文字选择不同的字重进行表现，可以区分界面中的重要信息和次要信息，进行信息层级的划分。iOS系统中不同元素字号和字重的选择如表2-2所示。

表2-2　iOS系统中不同元素字号、字重的选择

元素	字号(pt)	字重	字间距(pt)	行距(pt)
标题1	28	Light	13	34
标题2	22	Regular	16	28
标题3	20	Regular	19	24
大标题	18	Semi-Bold	-24	22
正文	18	Regular	-24	22
标注	16	Regular	-20	21
副标题	16	Regular	-16	20
注脚	14	Regular	-6	18
说明1	12	Regular	0	16
说明2	10	Regular	6	13

图2-19所示为iOS系统App界面中不同位置的中文字号设置；图2-20所示为iOS系统App界面中不同位置的英文字号设置。

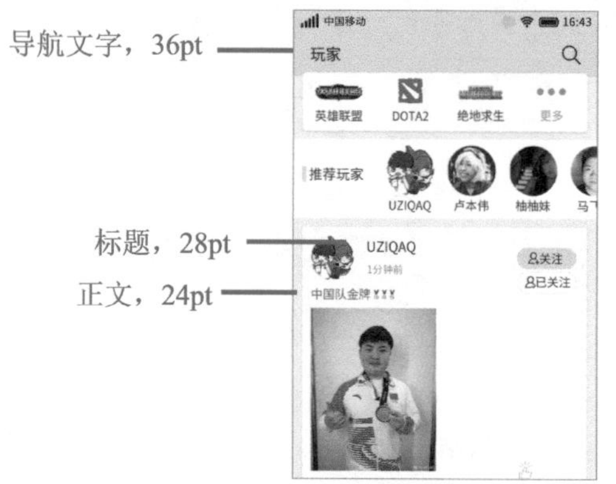

图2-19 不同位置的中文字号设置

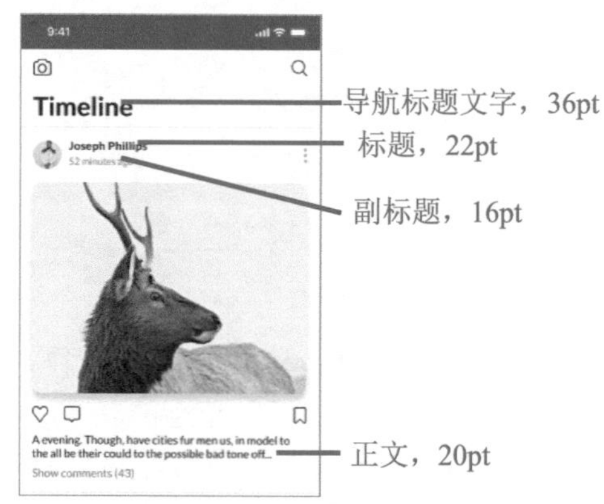

图2-20 不同位置的英文字号设置

● 文字颜色

为了避免造成界面效果过于正式和沉重，界面中的字体颜色一般不会使用纯黑色，而是使用深灰色或者浅灰色，如图2-21所示。这样既保证文字内容清晰易读，又保证页面效果的和谐统一。

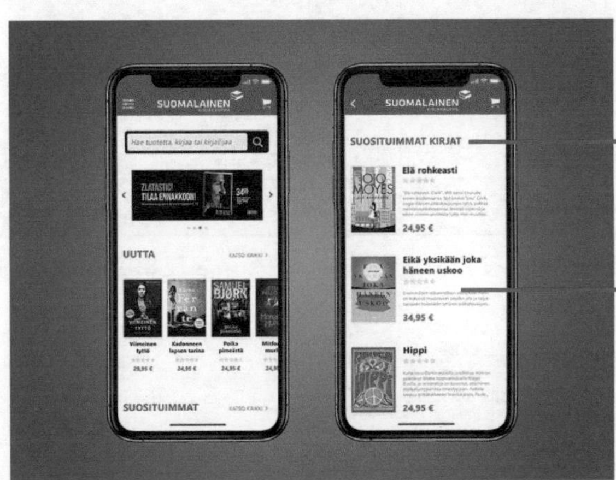

栏目标题文字，使用大号加粗字体，并且使用红色进行突出表现。

商品标题名称使用深灰色加粗文字，正文使用浅灰色细体文字，价格则使用加色粗红文字，表现出明显的层次感。

图2-21 App界面中的文字颜色设置

2.2.4 图标规范

图标是UI设计中最常见的元素之一，在iOS系统中常用的图标包括App Store图标、App启动图标、Spotlight图标、设置图标等，分别如图2-22、图2-23、图2-24、图2-25所示。

图2-22 App Store图标　图2-23 App启动图标　图2-24 Spotlight图标　图2-25 设置图标

图标设计的好坏将直接影响浏览者对该款App的兴趣和对功能的理解。在iOS系统中对于图标的尺寸有着明确的规范，如表2-3所示为iOS系统中不同用途的图标尺寸要求。

表2-3　iOS系统中不同用途的图标尺寸要求

设备名称	App Store图标(px)	启动图标(px)	Spotlight图标(px)	设置图标(px)
iPhone 1 / 3G / 3GS	1 024 × 1 024	57 × 57	29 × 29	29 × 29
iPhone 4 / 4S / 5 / 5S / 5C / 6 / 6s / SE / 7 / 8	1 024 × 1 024	120 × 120	80 × 80	58 × 58
iPhone 6 Plus / 6S Plus / 7 Plus / 8 Plus	1 024 × 1 024	180 × 180	120 × 120	87 × 87

表2-3 iOS系统中不同用途的图标尺寸要求（续表）

设备名称	App Store图标（px）	启动图标（px）	Spotlight图标（px）	设置图标（px）
iPhone X / XS / XR / XS Max	1 024 × 1 024	180 × 180	120 × 120	87 × 87
iPad 1 / 2 / Mini 1	1 024 × 1 024	76 × 76	40 × 40	29 × 29
iPad Air 1/ Air 2 /Mini 2 / Mini 3 / Mini 4	1 024 × 1 024	152 × 152	80 × 80	58 × 58
iPad Pro 10.5 / 12.9	1 024 × 1 024	167 × 167	80 × 80	58 × 58

在基于iOS系统的UI设计中，导航栏、工具栏和标签栏常常通过设计图标来表现相应的功能，如图2-26所示。

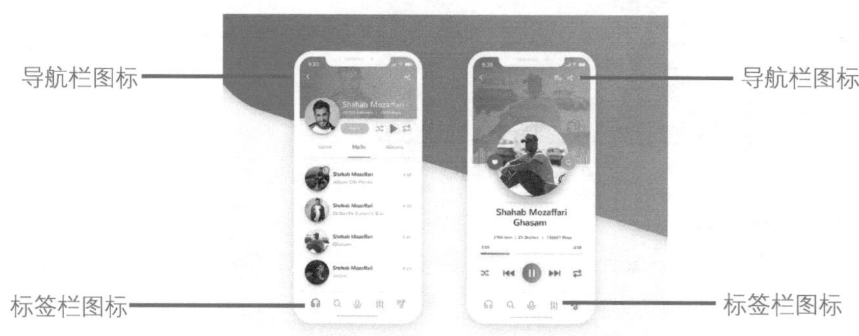

图2-26 使用图标设计相应的功能

导航栏、工具栏和标签栏中的图标同样也具有一定的尺寸要求，如表2-4所示。

表2-4 iOS系统中导航栏、工具栏和标签栏中的图标尺寸要求

设备名称	导航栏和工具栏图标（px）	标签栏图标（px）
iPhone SE / 6 / 6S / 7 / 8	44 × 44	50 × 50（最大96 × 64）
iPhone 6 Plus / 6s Plus / 7 Plus / 8 Plus	66 × 66	75 × 75（最大144 × 96）
iPhone X / XS / XR / XS Max	66 × 66	75 × 75（最大144 × 96）
iPad / iPad mini / iPad Pro	44 × 44	50 × 50（最大96 × 64）

在App界面设计中，功能图标不是单独的个体，通常是由许多不同的图标构成的系列，它们贯穿于整个App的所有界面并向用户传递信息。一套 App图标应该具有相同的风格，包括造型规则、圆角大小、线框粗细、图形样式和个性细节等元素都应该具有统一的规范，如图2-27所示。

该系列图标具有统一的线框粗细、统一的色彩、统一的风格，给用户高度统一的视觉体验。

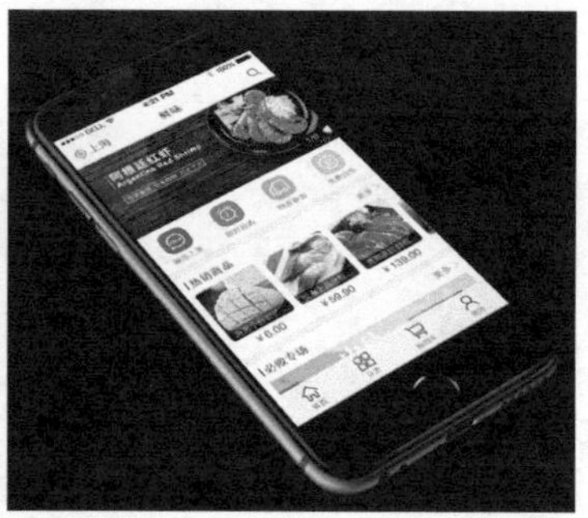

图2-27 相同风格的一套App图标

2.2.5 按钮规范

用户每天都会接触各种按钮，从现实世界到虚拟的界面，从桌面端到移动端，按钮是如今UI设计中最常见的元素之一，同时也是最关键的控件。

iOS系统中的按钮设计需要考虑两方面的规范，分别是按钮状态和按钮样式。

● 按钮状态

iOS系统中的按钮主要包含四种状态：普通状态（normal）、选中状态（selected）、按下状态（highlighted）、不可点击状态（disabled），如图2-28所示。

图2-28 iOS系统中按钮的四种状态

● 按钮样式

iOS系统中的按钮样式主要包含三种：直角按钮、圆角按钮（圆角为8px）、全圆角按钮，如图2-29所示。

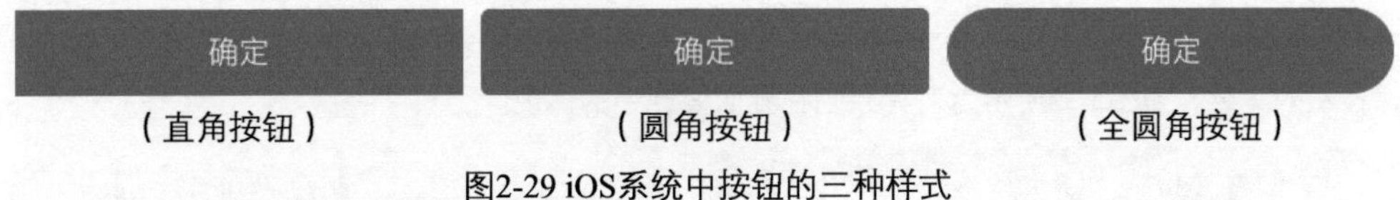

图2-29 iOS系统中按钮的三种样式

图2-30所示为iOS系统中的按钮设计表现效果。

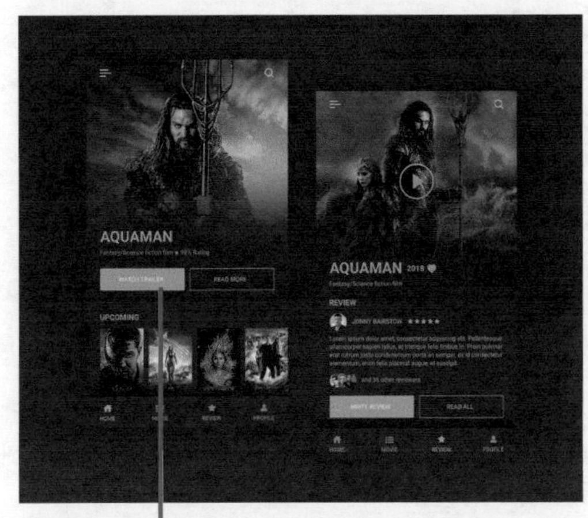

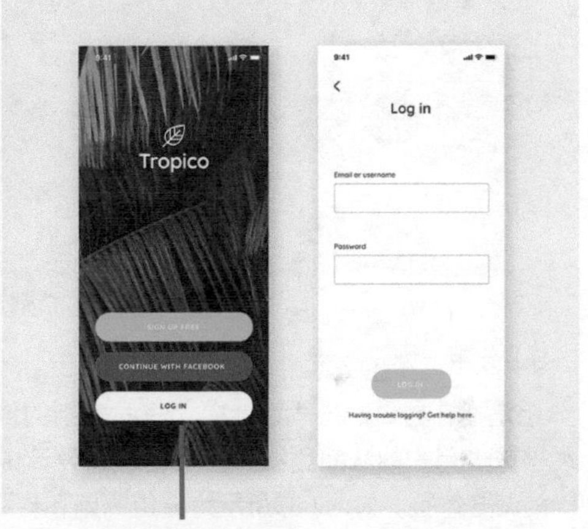

在该UI中，将两个直角按钮并列放置，一个为纯色按钮，另一个为线框按钮，很好地区别了两个按钮的功能。

该App登录界面为用户提供了三种登录方式，使用三个不同颜色的全圆角按钮表现，样式统一，不同颜色又能够起到区分作用。

图2-30 iOS系统中的按钮设计

2.2.6 版式布局规范

版式设计也被称为“版面编辑”，即在有限的版面空间里，将版面的构成要素如文字、图片和控件等内容，根据特定的方式进行排列组合。

● 排版基础原则

优秀的UI排版需要考虑用户的阅读习惯和设计美感。在UI设计过程中，需要注意三个基础原则，从而保证界面的整洁、美观。

（1）对齐

对齐是版式设计中最基础、最重要的原则之一。在界面中，内容排版设计遵循对齐原则，能够使界面表现出整齐统一的外观，给用户带来有序一致的浏览体验，如图2-31所示为对齐原则在UI设计中的体现。

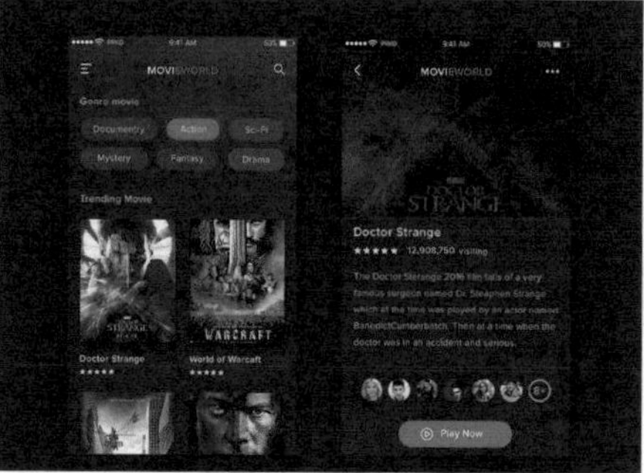

图2-31 对齐原则在UI设计中的体现

（2）对称

对称是以视觉上一个可见或不可见的轴线为分界，在轴线两边以同形同量的样式存在的艺术形式。在移动端App界面设计中，引导、登录、注册界面等常常都会应用对称的形式进行设计，使界面呈现出一种和谐自然的美感，如图2-32所示为对称原则在界面设计中的体现。

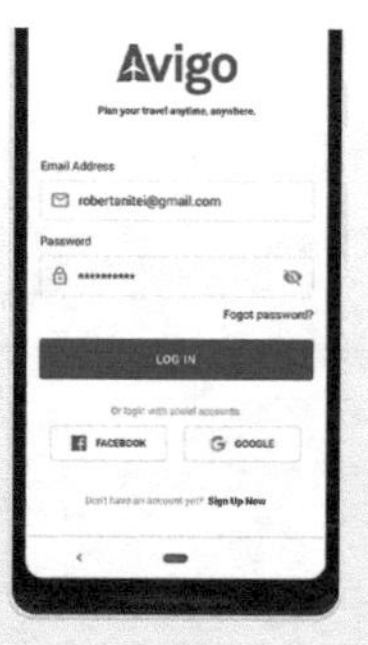

图2-32 对称原则在界面设计中的体现

（3）分组

分组是指在界面的排版设计中，将同类别的信息组合在一起，直观地呈现在用户面前，这样的排版设计能够减少用户的认知负担。在移动端UI设计中最常见的分组方式就是卡片，能够为用户提供专注而又明确的浏览体验。如图2-33所示为分组原则在界面设计中的体现。

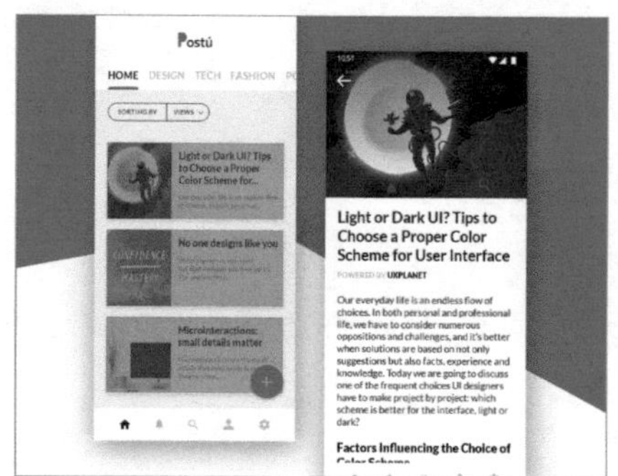

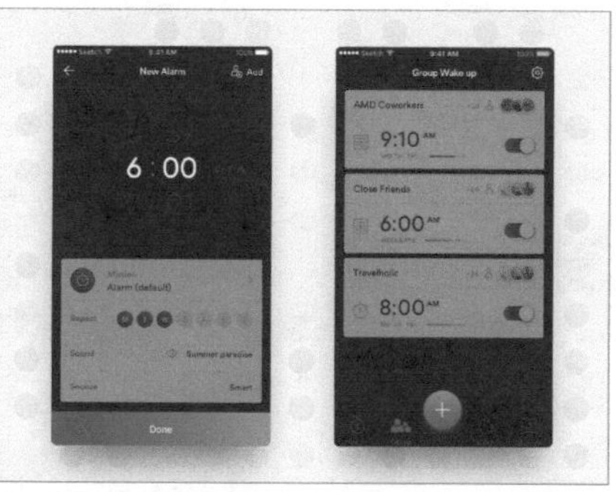

图2-33 分组原则在界面设计中的体现

● 常见布局形式

在UI设计过程中，界面排版布局形式并没有固定的模式，可以根据产品的设计风格来决定版面内容的布局形式，其中最常见的布局形式是列表式布局和卡片式布局。

（1）列表式布局

列表是一种非常容易理解的表现形式，在UI界面设计中，大多数App界面都会使用列表式布局。列表式布局的特点在于能够在较小的屏幕中有条理地显示多条信息内容，用户通过在屏幕中上下滑动能够获得大量的信息反馈，如图2-34所示为应用列表式布局的UI设计。

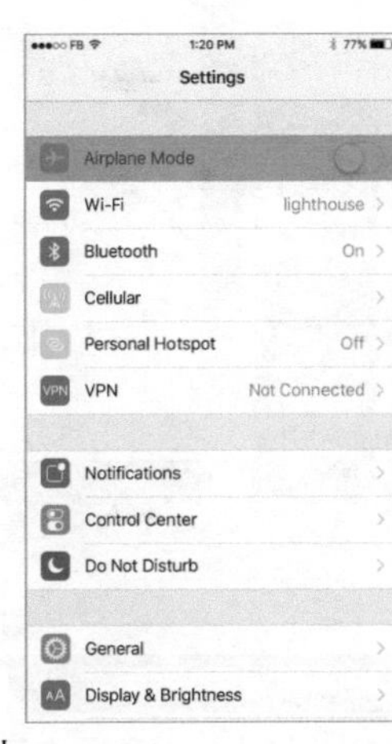

图2-34 应用列表式布局的UI设计

使用列表式布局需要注意，列表的最小高度是 80px，最大高度可以视列表的内容而定，也就是说 UI 中的列表高度一定要大于 80px。

（2）卡片式布局

卡片式布局的表现形式非常灵活。卡片式布局的特点在于，每张卡片的内容和形式都相互独立，互不干扰，所以可以在同一个界面中出现不同的卡片承载不同的内容。而由于每张卡片都是独立存在的，其信息量相对列表更加丰富。

在UI设计中使用卡片式布局时，通常情况下卡片的背景颜色都是白色的，而卡片之间的间距颜色一般是浅灰色的。当然，不同的UI设计风格，颜色也会有所不同，重要的是卡片与卡片之间要有明显的分隔，从而增强信息之间的层次感。如图2-35所示为应用卡片布式局的UI设计。

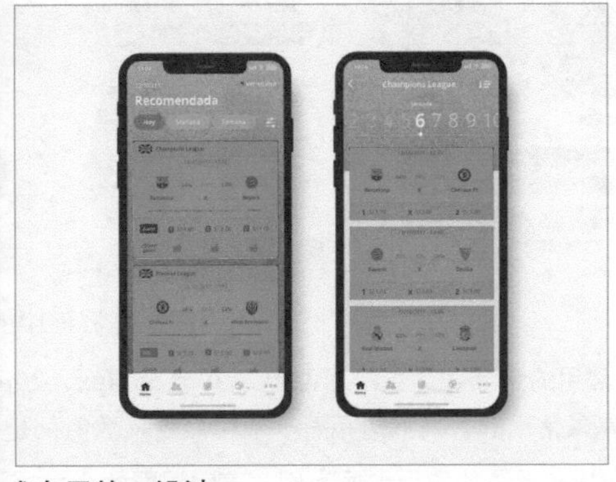

图2-35 应用卡片式布局的UI设计

在以图片信息为主的UI布局中，例如，电商App中的商品列表界面等，常使用双栏卡片的布局形式，这种形式与卡片式布局类似，但是双栏卡片式布局能够在一屏里显示更多的内容（一屏至少四张卡片）。同时，由于左右两栏分开显示，用户可以更加方便地对比左右两栏卡片的内容。如图2-36所示为应用双栏卡片式布局的UI设计。

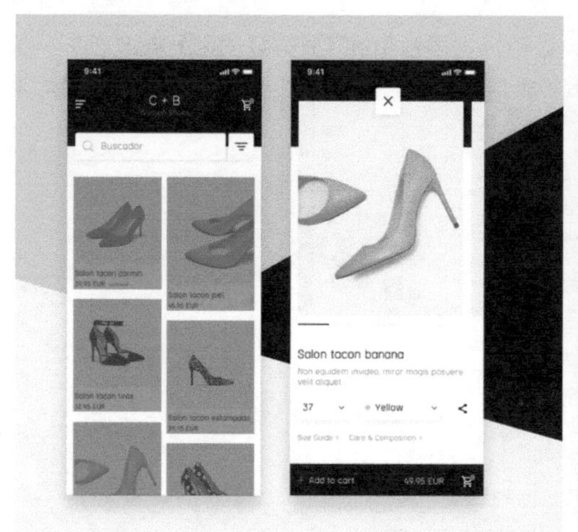

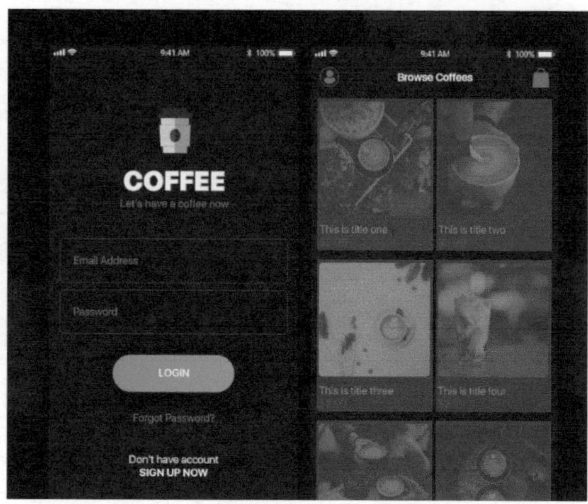

图2-36 应用双栏卡片式布局的UI设计

2.2.7 边距和间距设置规范

在移动端UI设计中，对界面中元素的边距和间距制定规范是非常重要的，界面是否简洁、美观、通透，都与界面元素的间距和边距设置有关。

- 全局边距

全局边距是指界面中的整体内容到屏幕边缘的距离，整个App中的所有界面都应该以此来进行规范，从而达到界面整体视觉效果的统一。合理的全局边距设置可以很好地引导用户垂直向下浏览。如图2-37所示为界面设计中的全局边距设置。

图2-37 界面中的全局边距设置

常用的全局边距大小有32px、30px、24px、20px等，当然除了这些还有更大或者更小的边距，但这些都是最常用的，而且边距有一个特点就是数值都是偶数。

以iOS系统的原生界面为例，不同界面的全局边距大小均为30px，如图2-38所示。

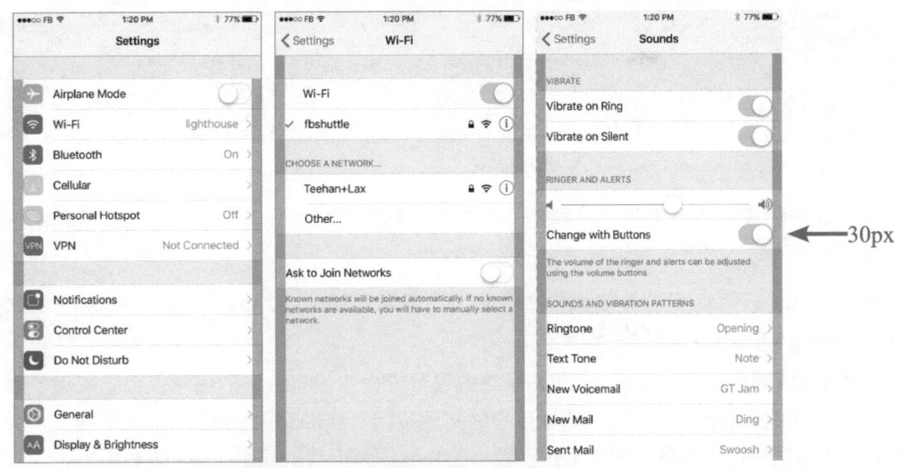

图2-38 iOS系统原生界面全局边距

在实际应用中应该根据产品的不同视觉风格设置不同的全局边距，让全局边距成为界面的一种设计语言，如图2-39所示为界面设计中的全局边距设置。

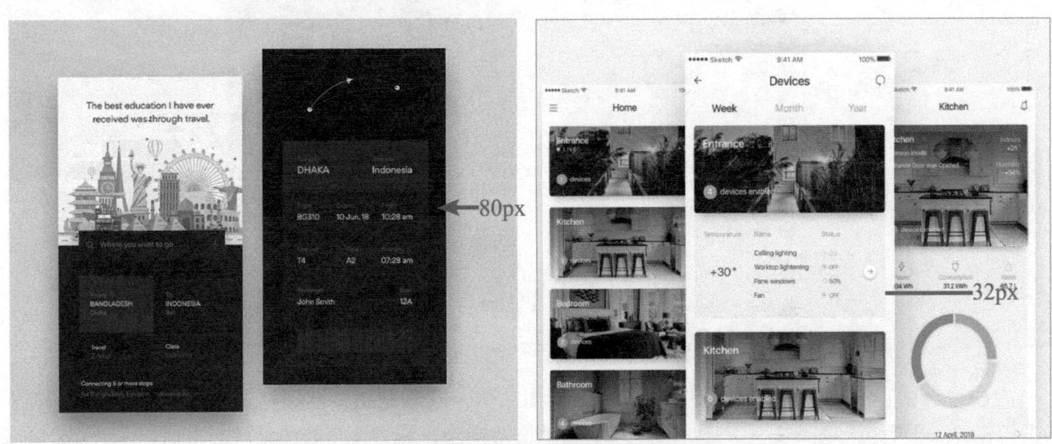

图2-39 界面设计中的全局边距设置

还有一种界面全局边距设置方式就是不留全局边距，这种方式通常被应用在卡片式布局中的图片通栏显示，如图2-40所示为不设置全局边距的界面效果。

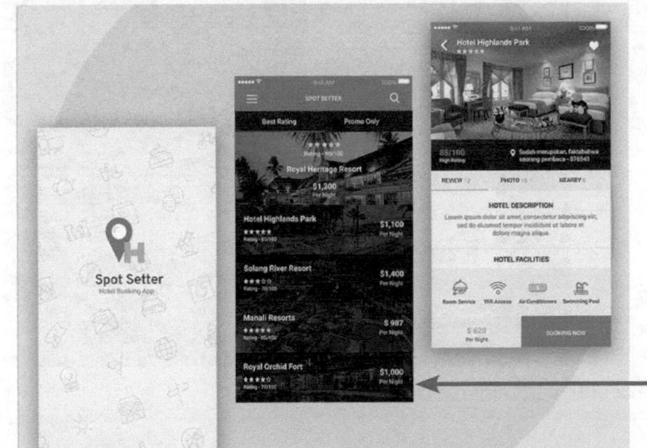

这种图片通栏显示的方式，更容易让用户将注意力集中到每个图文内容本身，其视觉流在向下浏览时因为没有留白的引导被图片直接割裂，反而造成视觉在图片上停留的时间更长。

图2-40 不设置全局边距的界面效果

在对界面的全局边距进行设置时，30px是非常舒服的距离，也是绝大多数界面的首选全局边距设置。界面的全局边距最小为20px，这样的全局边距可以在界面中展示更多的内容，不建议设置比20px更小的全局边距，这样只会导致界面内容过于拥挤，给用户的浏览带来视觉负担。

● 卡片间距

在移动端UI设计中，卡片式布局是一种常见的界面布局形式，至于卡片与卡片之间的间距设置则需要根据界面的风格，以及卡片承载信息的多少来决定。

通常情况下，界面中卡片与卡片之间的间距多采用20px、24px、30px、40px的设置，最小不低于16px，过小的间距会让用户产生紧张情绪。

以iOS系统的原生界面为例，在iOS系统的设置界面中没有太多的信息，因此采用了较大的70px作为卡片间距，如图2-41所示，有利于减轻用户的阅读负担；而iOS系统的通知中心承载了大量的信息，过大的间距会使浏览变得不连贯，因此采用了较小的16px作为卡片的间距，如图2-42所示。

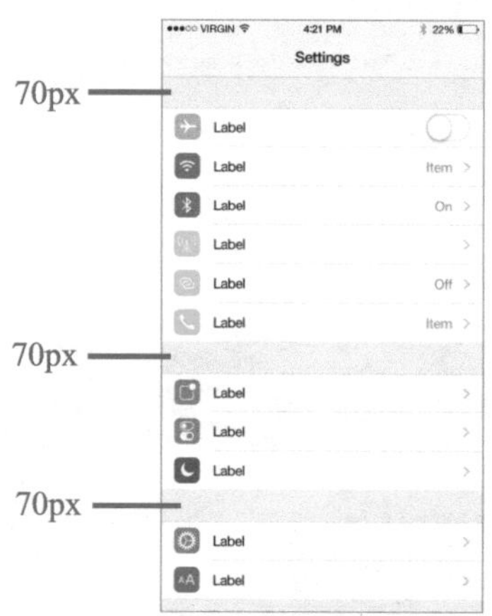

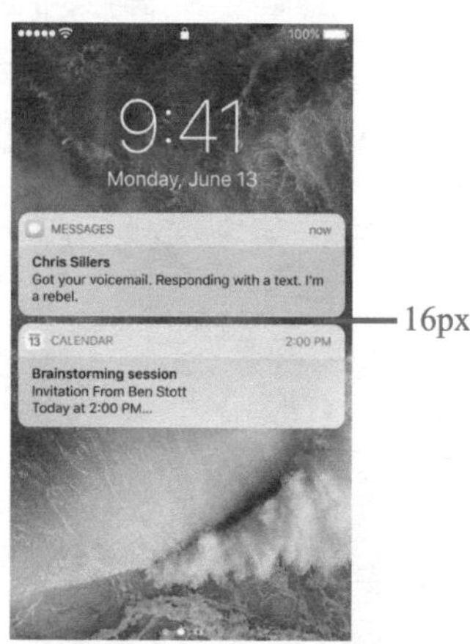

图2-41 iOS系统原生界面的卡片间距　图2-42 iOS系统通知的卡片间距

在UI设计中，卡片间距的设置是灵活多变的，并没有一个固定值，要根据产品的实际需求和设计风格进行设置。平时也可以多截图测量一下各类App的卡片间距，看得多了就能够融会贯通，卡片间距的设置自然会更加合理，更加得心应手。如图2-43所示为界面设计中的卡片间距设置。

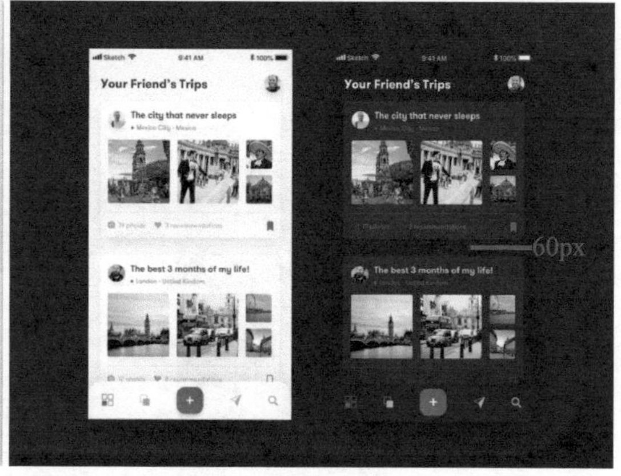

图2-43 界面设计中的卡片间距设置

● 内容间距

在移动端UI设计中，除了界面中固定的状态栏、导航栏、标签栏和各种控件图标，最重要的就是界面中内容的排版布局设计，而在排版布局设计中内容之间的间距设置同样非常重要。

邻近性原则是指单个元素之间的相对距离会影响我们感知它们是如何组织在一起的，互相靠近的元素看起来属于一组，而那些距离较远的则自动划分在组外。在 UI设计中对内容进行布局时，一定要重视邻近性原则的应用，如图2-44所示的界面设计。

每一个选项的名称都与对应的图标距离较近，与其他选项的图标距离较远，让用户的浏览变得更加直观。

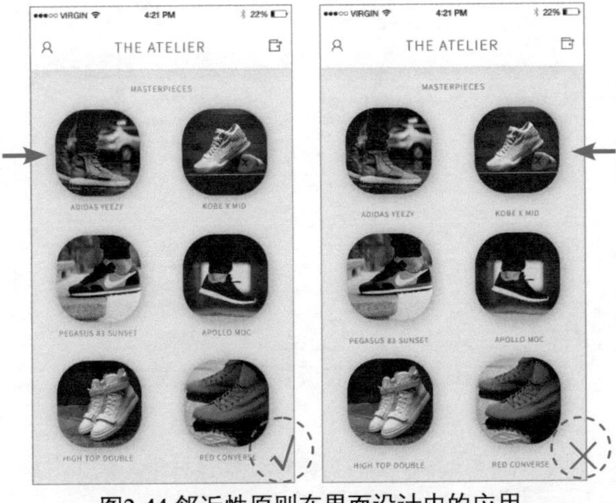

如果选项名称与对应的图标距离较远，就无法清楚地区分该选项名称对应哪个功能图标，从而让用户产生错乱的感觉。

图2-44 邻近性原则在界面设计中的应用

图2-45所示的UI设计，在界面内容排版布局时同样应用了邻近性原则，使得界面内容更加清晰、易读。

内容之间距离较近，形成一个整体。

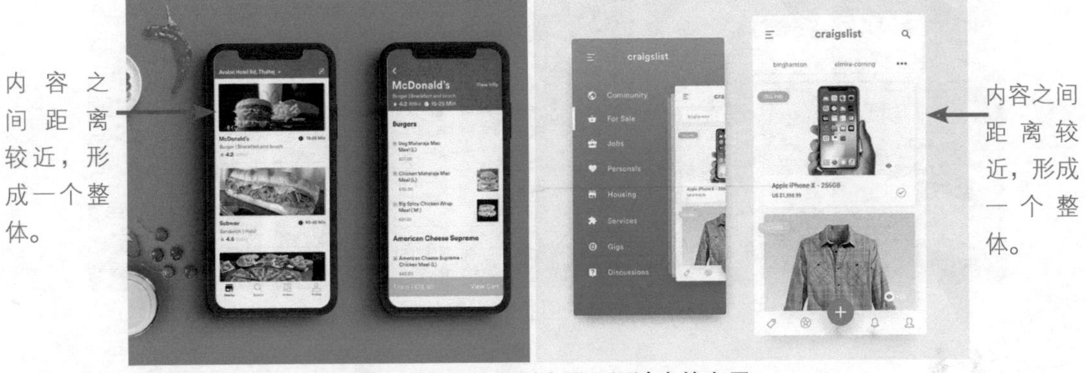

内容之间距离较近，形成一个整体。

图2-45 邻近性原则在界面设计中的应用

2.2.8 交互手势规范

iOS系统中内置了许多小巧精致的交互效果，这些交互效果使iOS系统的体验更加具有动态性，更加吸引用户。精细而恰当的交互效果，能够起到如下几个方面的作用：

传达当前的操作状态；

增强用户对操作的感知；

通过视觉化的方式向用户呈现操作结果。

用户可以在设备屏幕上执行相应的手势与iOS系统进行交互，这些交互手势与内容关系密切，并增强对对象的操控感。通过交互手势，使iPhone和iPad变得更强大、更个性化，同时也变得更智能。

在iOS系统中预设的交互手势主要包含以下九种：

● 点击

点击是最基础的交互手势，通过手指在设备屏幕上点击从而选择一个对象，如图2-46所示为点击交互操作手势效果。

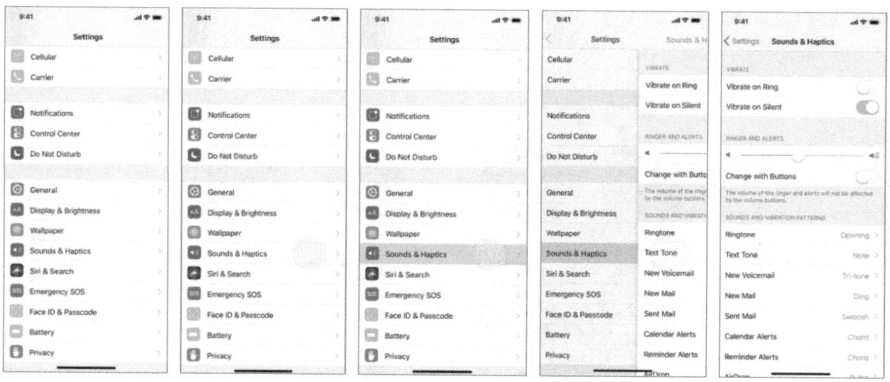

图2-46 点击交互操作手势效果

● 滑动

滑动也是我们非常熟悉的一种交互操作手势，通过在设备屏幕上使用滑动交互手势，可以快速地滚屏或者移动对象，如图2-47所示为滑动交互操作手势效果。

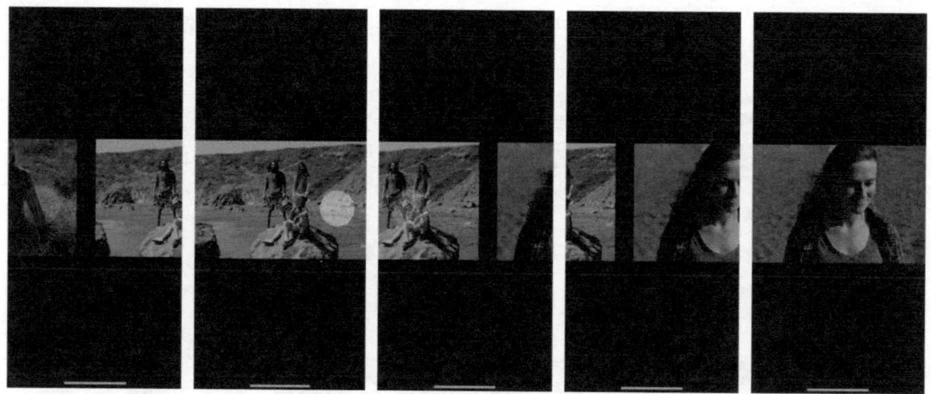

图2-47 滑动交互操作手势效果

● 双击

通过在设备屏幕上双击，可以将屏幕内容放大并置于屏幕的中间位置，同时双击交互手势还可以实现屏幕内容的快速放大和缩小的转换，如图2-48所示为双击交互操作手势效果。

图2-48 双击交互操作手势效果

● 捏合

通过在设备屏幕上使用两个手指进行捏合，可以对屏幕内容进行放大或缩小操作。两个手指向外侧扩展，可以实现屏幕内容的放大，两个手指向内侧捏合，可以实现屏幕内容的缩小，如图2-49所示为捏合交互操作手势效果。

图2-49 捏合交互操作手势效果

● 拖动

使用手指在设备屏幕上按住需要拖动的对象并在屏幕上进行拖动，可以在界面中移动该对象的位置，如图2-50所示为拖动交互操作手势效果。

图2-50 拖动交互操作手势效果

● 横扫

使用手指在设备屏幕上将某个对象按住并向某一方向滑动，可以展现出该选项的更多设置。例如，从界面顶端展开通知中心，界面列表的删除按钮，如图2-51所示为横扫交互操作手势效果。

图2-51 横扫交互操作手势效果

● 旋转

使用两个手指在设备屏幕上按住对象并进行旋转，可以对当前对象执行旋转操作，最常见的应用场景就是对图片进行旋转，如图2-52所示为旋转交互操作手势效果。

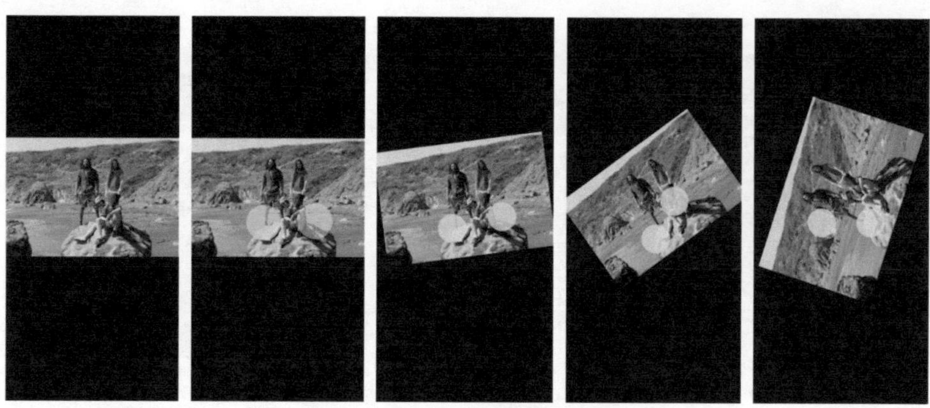

图2-52 旋转交互操作手势效果

● 长按

在iOS系统界面中对可编辑或可选择的文字用手指长按，会显示放大镜，定位光标位置，并显示出相应的操作选项，如图2-53所示为长按交互操作手势效果。

图2-53 长按交互操作手势效果

● 抖动

对设备机身进行摇晃抖动操作，可以在iOS系统中显示撤销或重做的提示信息，如图2-54所示为抖动交互操作手势效果。

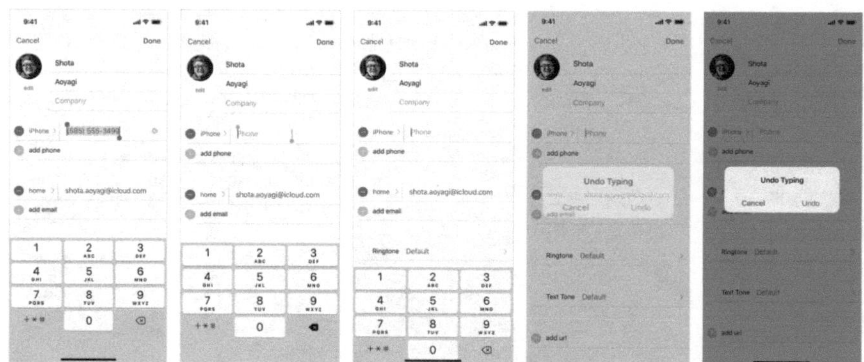

图2-54 抖动交互操作手势效果

以上是 iOS 系统中预设的九种交互操作手势。除此之外，在 App 的交互设计中，还可以发挥创意设计出更多出色的交互操作方式。关于更多的交互动效将在本书第 5 章和第 6 章中进行讲解。

2.2.9 设计适配

目前iOS系统的主流移动设备分辨率有640 px × 1 136 px（iPhone SE）、750 px × 1 134 px（iPhone 6 / 6S / 7 / 8）、1 242 px × 2 208 px（iPhone 6 Plus / 6S Plus / 7 Plus / 8 Plus）、1 125 px × 2 436 px（iPhone X / XS）、1 242 px × 2 688 px（iPhone XS Max）。

设计师在设计UI时，不可能针对每种分辨率都进行设计，因为这样的话工作量会非常庞大。在实际的设计工作中，设计师通常只需要设计一套基准设计图，然后再适配多个不同分辨率的设备即可。就目前用户基数而言，我们可以选择iPhone 6 / 6S / 7 / 8的分辨率750 px × 1 134 px作为设计的基准尺寸，向下适配iPhone SE（640 px × 1 136 px），向上适配iPhone 6 Plus / 6S Plus / 7 Plus / 8 Plus（1 242 px × 2 208 px）、iPhone X / XS（1 125 px × 2 436 px）和iPhone XS Max（1 242 px × 2 688 px），如图2-55所示。

图2-55 设计的基准尺寸

2.3 iOS系统UI设计三大原则

iOS系统UI设计的三大基本原则是：清晰、遵从和深度，这三大基本原则都是在强调UI设计的合理性。

2.3.1 视觉层——清晰

所谓清晰就是指在整个UI设计中，图标精美而清晰，文字清晰易读，界面装饰元素精巧而恰当，使用户容易理解界面的功能。UI中的空间、颜色、字体、图形和界面元素能巧妙突出重要内容并传达交互性。

- 颜色

UI设计早期比较推崇使用灰调的色彩，如图2-56所示为使用灰调色彩进行配色设计的UI。但是这种灰调的颜色会使UI显得不是特别清晰，违背了清晰的设计原则。

所以为了保证色彩辨识度，在UI设计中尽量多使用一些高饱和度的色彩进行配色设计，尽量避免使用过多的低饱和度色彩。如图2-57所示为使用高饱和度色彩进行配色设计的UI。同时，还需要关注色盲和色弱人群的使用体验。

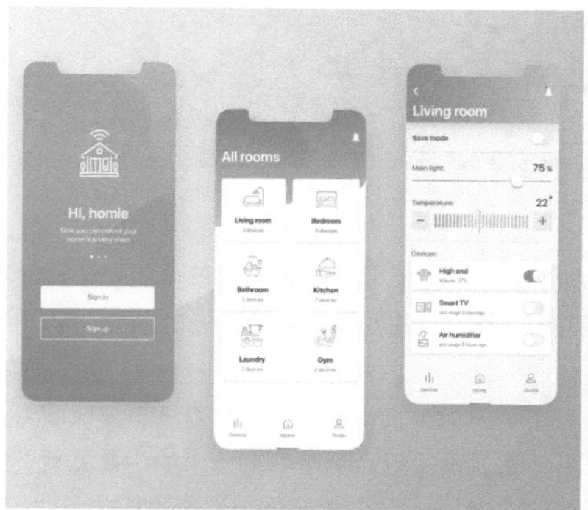

图2-56 使用灰调色彩进行配色设计的UI

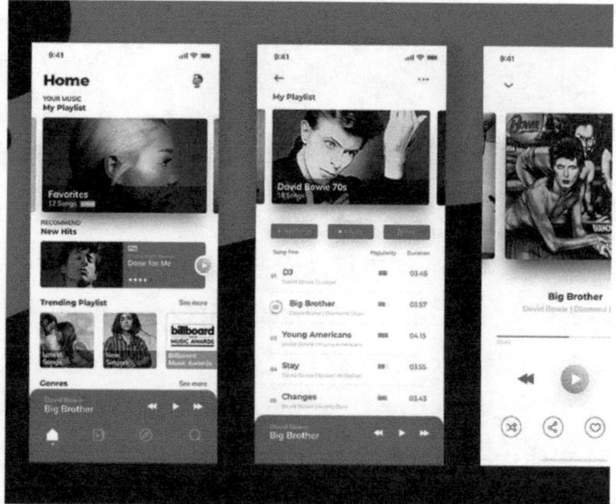

图2-57 使用高饱和度色彩进行配色设计的UI

灰调色彩是指颜色的色调偏灰，并不单指灰色，而是指低饱和度的色彩，土黄色、灰蓝色等这些颜色都属于灰调色彩。

● 排版

在对版面的信息内容进行排版布局时，首先必须要掌握的是对齐、重复、亲密、对比这四大原则，如图2-58所示的界面信息内容的排版非常清晰易读。

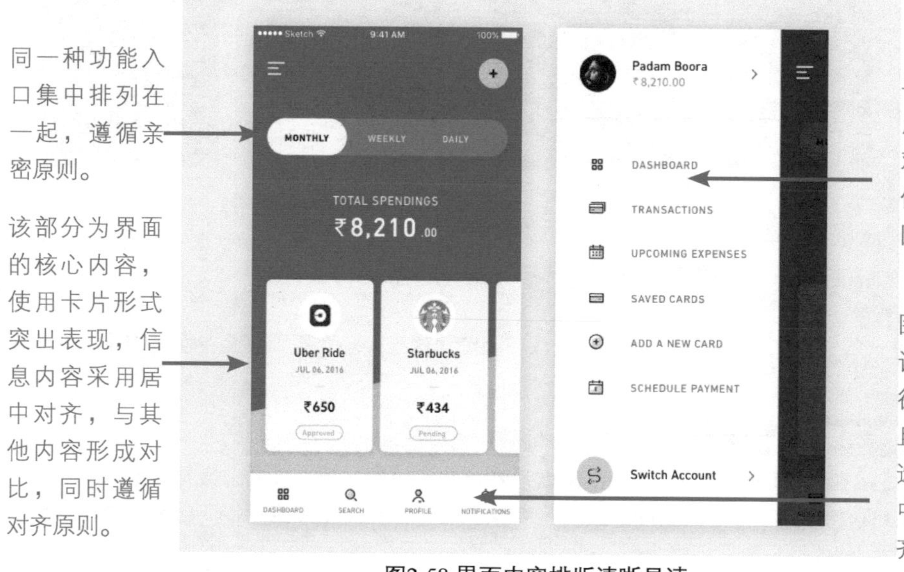

图2-58 界面内容排版清晰易读

2.3.2 交互层——遵从

遵从原则是指UI的交互，简单的理解就是“UI中的交互操作都需要遵循从哪里来回哪里去的原则”。流畅的交互动效和清晰美观的界面可以帮助用户了解与内容的交互，而不会干扰用户的使用。

例如，iOS系统自带的一些转场交互动效，以设置界面为例，当用户点击设置图标的一瞬间，设置图标会有一个由小变大的转场动效，清晰地转场到设置界面中，给用户带来非常清晰的指引，如图2-59所示。

图2-59 由小变大的转场动效

除了iOS系统自带的转场交互动效应用了遵从原则，许多App的转场效果也应用了遵从原则。图2-60所示的电商App界面转场效果，当用户在商品列表中点击某个商品图片时，该商品图片会在当前位置逐渐放大过渡到该商品的详情界面，清楚地告诉用户点击的地方被放大了。

图2-60 电商App界面的转场效果

2.3.3 结构层——深度

通过使用不同的视觉层级和真实的运动效果来传递界面的视觉层次，为UI赋予活力，并且有助于用户理解。让用户通过触摸来探索发现程序的功能不仅会使用户产生喜悦感，方便用户了解产品的功能，还能够使用户关注到额外的内容。

一个界面大体可以分为三个层级，包括主任务层（最高层级）、主任务背景层（中间层级）、界面背景层（最低层级），如图2-61所示。

主任务层

物理空间的最高层级，放置主任务元素，如主要功能入口、主要内容信息等。

主任务背景层

物理空间的中间层级，主要用于衬托主任务元素的表现效果，通常使用与界面背景形成对比的色彩。

界面背景层

物理空间的最低层级，作为整个UI的背景元素，主要起到决定界面设计风格的作用。

图2-61 界面的三个层级

在对界面内容进行交互操作时，层级的转场效果能够为用户提供一种有深度的感觉。图2-62所示的信息界面动效设计，当用户点击某条信息的“Read More”按钮时，该条信息内容的背景颜色将逐渐放大从而覆盖整个界面，而按钮也会缩小变形为评论图标，很好地体现了界面信息内容的层次转场变化。

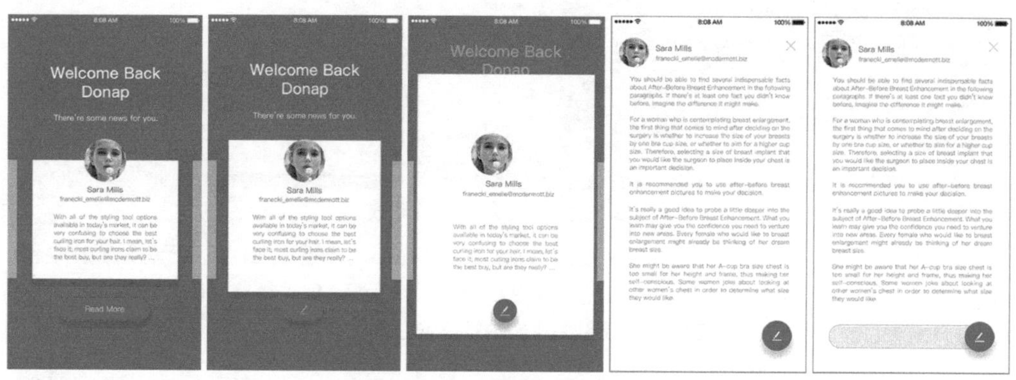

图2-62 信息界面的动效设计

2.4 了解Android系统

Android系统是一个以Linux为基础的开源移动设备操作系统，主要用于智能手机和平板电脑。Android系统是目前在智能移动设备中使用最广泛的操作系统之一，除了iPhone手机使用iOS系统，其他大多数手机使用的都是Android系统。

2.4.1 Android系统的发展

Android操作系统最初由Andy Rubin开发，主要支持手机。2005年8月由Google收购注资。2007年11月，Google与84家硬件制造商、软件开发商及电信营运商组建开放手机联盟共同研发改良Android系统，其后于2008年10月，发布了第一部Android智能手机。

随着Android系统的迅猛发展，它已经成为全球范围内具有广泛影响力的操作系统。Android系统不仅仅是一款手机的操作系统，还被广泛地应用于平板电脑、可佩戴设备、电视、数码相机等设备上，如图2-63所示为使用Android系统的移动智能设备。

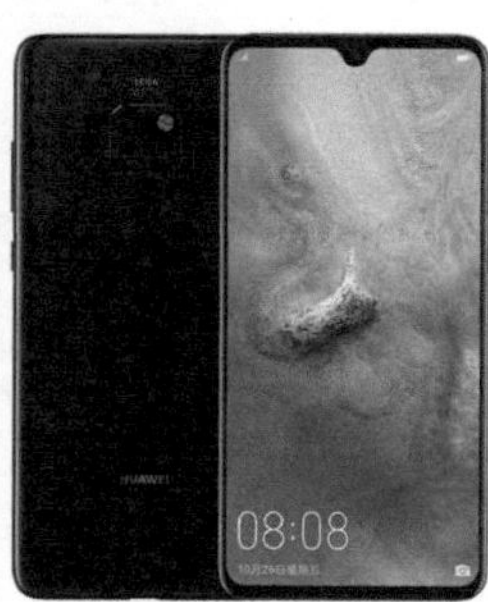

图2-63 使用Android系统的移动智能设备

2.4.2 Android系统常用单位

在开始Android系统UI设计之前，必须对Android系统常用的单位有所了解，从而方便读者更好地理解Android系统的设计规范。

● 屏幕尺寸

我们通常所说的手机屏幕尺寸，如4.7英寸、5.5英寸等，都是指手机屏幕对角线的长度，而不是手机的面积。

- px

像素，该单位在不同设备中的显示效果相同。

- pt

标准的长度单位，iOS系统的逻辑像素单位，1pt=1/72英寸。

- PPI

像素密度，与iOS系统相同，是指每英寸所包含的像素点。

- DPI

打印精度，与iOS系统相同，是指每英寸所能够打印的点数。我们所设计的UI主要用在屏幕上显示，所以使用默认值（72像素/英寸）就可以。

- 分辨率

是指屏幕垂直方向上和水平方向上的像素个数，例如，分辨率为720 px × 1 280 px，是指屏幕在水平方向有720个像素点，垂直方向有1 280个像素点。

- sp

Android系统专用字体单位。

- dp

Android系统专用长度单位，指设备的独立像素，不同的设备有不同的显示效果，它与设备的硬件有关系。

sp 和 dp 都是 Android 系统中特有的单位，都是为了保证文字在不同密度的屏幕上显示相同的效果。dp 与硬件设备有关，与屏幕密度无关；sp 与屏幕密度和硬件设备均无关。

2.4.3 单位换算

在Android系统中，字号大小的单位是sp，非文字的尺寸单位是dp，但是我们在设计UI时使用的单位都是px，那么，px与sp和dp之间是如何进行换算的呢？

sp是Android系统中的字号大小单位，以160dpi的屏幕为标准，当字号大小为100%时，1sp = 1px。

sp与px的换算公式：sp × dpi/ 160 = px。例如，设备屏幕的DPI为320dpi，1sp × 320dpi / 160 = 2px。

dp是Android系统中的非文字的尺寸单位，以160dpi的屏幕为标准，则1dp = 1px。

dp与px的换算公式：dp × dpi/ 160 = px。例如，设备屏幕的DPI为320dpi，1dp × 320dpi / 160 = 2px。

根据上述的单位换算方法，可以总结得出：在LDPI模式下，1dp=0.75px；在MDPI模式下，1dp=1px；在HDPI模式下，1dp=1.5px；在XHDPI模式下，1dp=2px；在XXHDPI模式下，1dp=3px；在XXXHDPI模式下，1dp=4px，如图2-64所示。

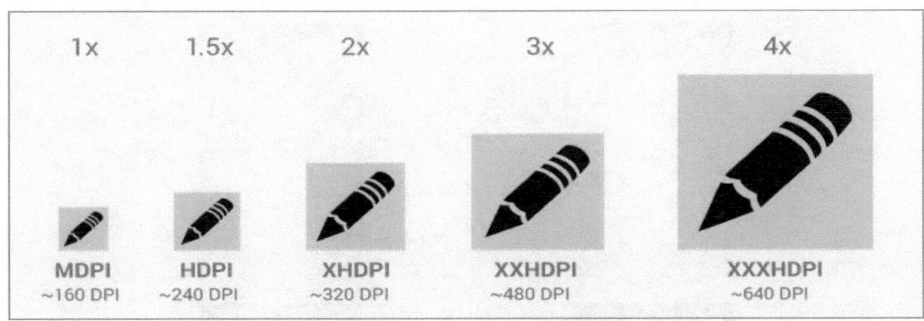

图2-64 Android系统的单位换算

简单的理解，px（像素）是设计师在使用 Photoshop 设计 Android 系统 UI 时使用的尺寸单位，同时也是手机屏幕上显示的尺寸单位，而 sp 和 dp 则是开发人员在系统开发时所使用的尺寸单位。

当运行在MDPI模式下时，1dp=1px，也就是说设计师在UI中设置一个元素的高度为48px，开发人员会定义该元素的高度为48dp；当运行在HDPI模式下时，1dp=1.5px，也就是说设计师在UI中设置一个元素的高度为72px，开发人员会定义该元素的高度为48dp；当运行在XHDPI模式下时，1dp=2px，也就是说设计师在UI中设置一个元素的高度为96px，开发人员会定义该元素的高度为48dp。

2.4.4 Android系统常用分辨率

目前，除了苹果公司的iPhone和iPad等智能移动设备使用iOS系统，其他绝大多数智能手机和平板电脑都使用Android系统。Android系统涉及的手机种类非常多，屏幕尺寸很难有一个相对固定的参数。Android系统按照DPI可以大致分为六类，包括LDPI、MDPI、HDPI、XHDPI、XXHDPI和XXXHDPI，每种类型的分辨率如表2-5所示。

表2-5　Android系统常用分辨率

密度	DPI(dpi)	分辨率(px)	屏幕尺寸(英寸)	倍数关系	px、dp、sp的关系
LDPI	120	240 × 320	2.4	0.75x	1dp = 0.75px
MDPI	160	320 × 480	3.2~3.5	1x	1dp = 1px
HDPI	240	480 × 800	4	1.5x	1dp = 1.5px
XHDPI	320	720 × 1 280	4.3~5.5	2x	1dp = 2px
XXHDPI	480	1 080 × 1 920	4.7~6.4	3x	1dp = 3px
XXXHDPI	640	2 160 × 3 840	5.5~7	4x	1dp = 4px

2.5 Android系统UI设计规范

应用Android系统的手机、平板电脑和其他移动设备数以百万计，这些设备有多种屏幕尺寸，设计师在对基于Android系统的UI进行设计之前，必须清楚所适用设备的屏幕尺寸等各种设计规范。本节将向读者介绍Android系统的UI设计规范，从而根据规范设计出符合标准的UI。

2.5.1 界面基本元素的尺寸设置

与苹果的iOS系统一样，Android系统也有一套完整的UI基本组件。在创建基于Android系统的App，或者是将其他系统平台中的App移植到Android系统平台时，就需要按照Android系统的UI设计规范对界面进行全方位的整合，为用户提供统一的产品体验。

图2-65所示是一个基础的Android系统界面，在界面中头像和两行文本列表采用了左对齐，尺寸大小为56dp的浮动功能图标在界面中进行右对齐。在Android系统界面的设计中，界面左右各有16dp的全局边距，带有图标或者头像的内容有72dp的左边距，如图2-66所示。

图2-65 基础Android系统界面

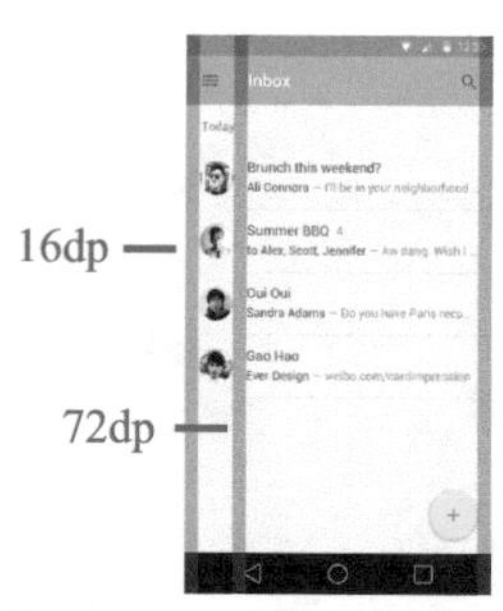

图2-66 Android系统界面边距设置

在Android系统的UI中，状态栏的高度为24dp，如图2-67所示；工具栏的高度为56dp，如图2-68所示；如果UI中包含子标题，则子标题的高度为48dp，如图2-69所示。

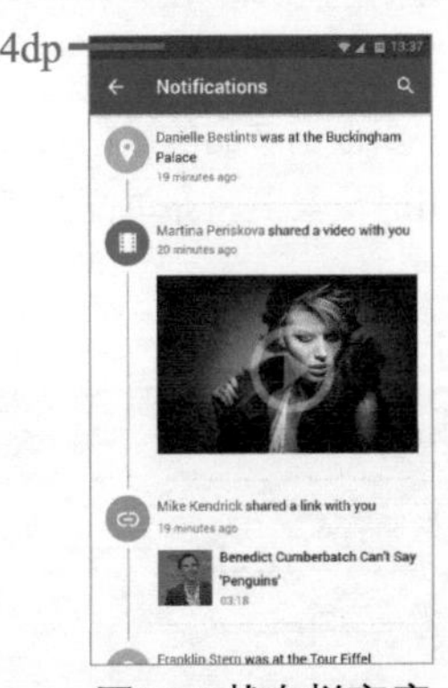

图2-67 状态栏高度

图2-68 工具栏高度

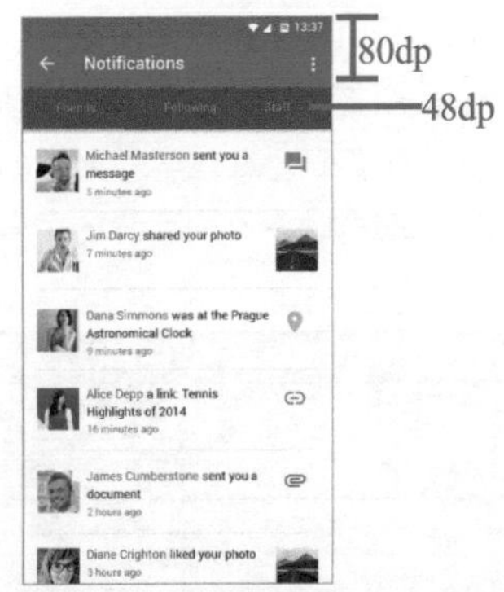

图2-69 子标题的高度

如果UI中包含底部工具栏，则底部工具栏的高度为48dp，如图2-70所示；如果UI中包含列表项，则列表项的高度为72dp，如图2-71所示。

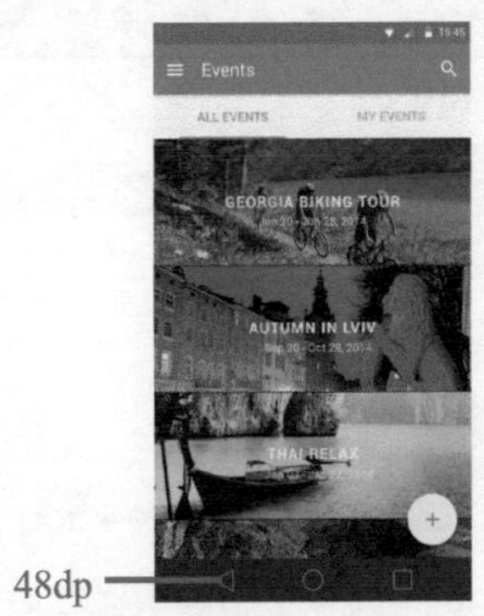

图2-70 底部工具栏的高度

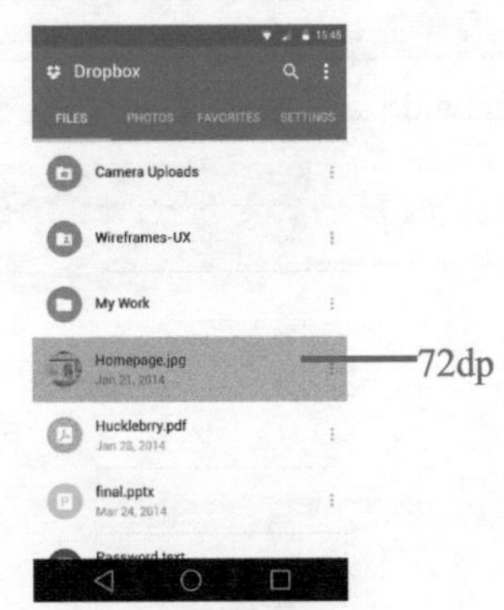

图2-71 列表项的高度

2.5.2 字体设计规范

Android系统的字体设计依赖于传统的排版工具，如大小、空间、节奏，以及与底层网格对齐。成功应用这些工具可以帮助用户快速了解信息。

● 字体

在Android 5.0版本之后，使用的中文字体是“思源黑体”，它是由Adobe与Google公司共同领导开发的开源字体，有七种字重可供选择，如图2-72所示。在Android系统中使用的英文字体是Roboto字体，该字体有六种字重可供选择，如图2-73所示。

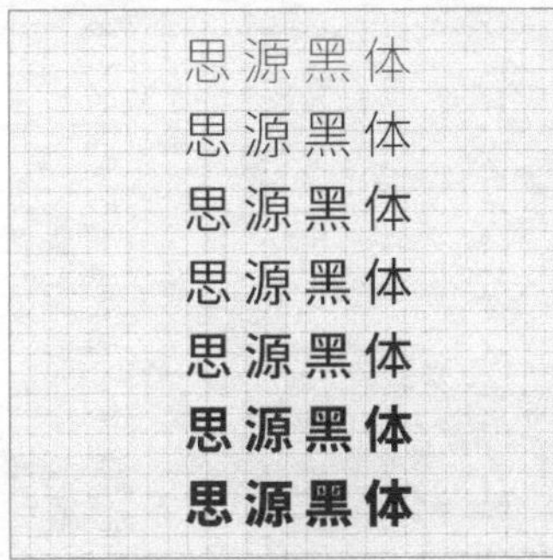

图2-72 “思源黑体”字体

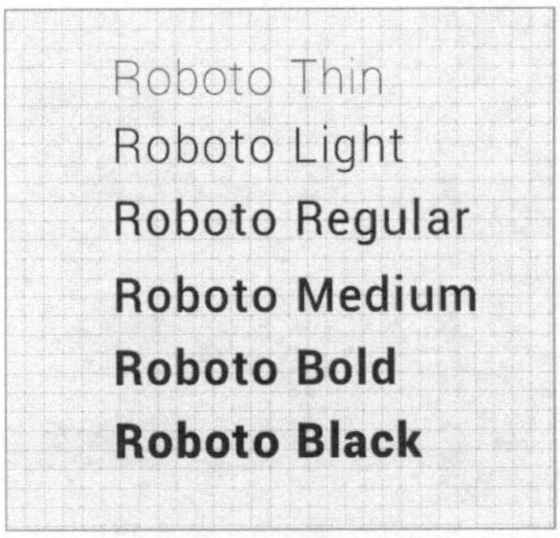

Roboto Thin
Roboto Light
Roboto Regular
Roboto Medium
Roboto Bold
Roboto Black

图2-73 Roboto字体

● 字号大小

在UI设计中使用不同大小的字体进行对比，可以创建有序的、易理解的布局。但是，在同一个界面中如果使用太多不同字号大小的字体，会显得很混乱。

在Android系统UI设计中，字号大小一般为12 ~ 24sp。字号大小主要根据产品的属性有针对性地进行设定。有一点需要注意，字号大小的单位是sp，在Photoshop中设计UI时，需要将sp单位换算成相应的px单位。Android系统中不同元素的字号大小和字重选择如表2-6所示。

表2-6　Android系统中不同元素的字号、字重选择

元素	字号(sp)	字重	字间距(dp)	行距(dp)
工具栏	20	Medium	-	-
按钮	15	Medium	10	-
大标题	24	Regular	-	34
标题	21	Medium	5	-
小标题	17	Regular	10	30
正文1	15	Regular	10	23
正文2	15	Bold	10	26
说明	13	Regular	20	-

图2-74所示为Android系统App界面中不同位置的字号设置。

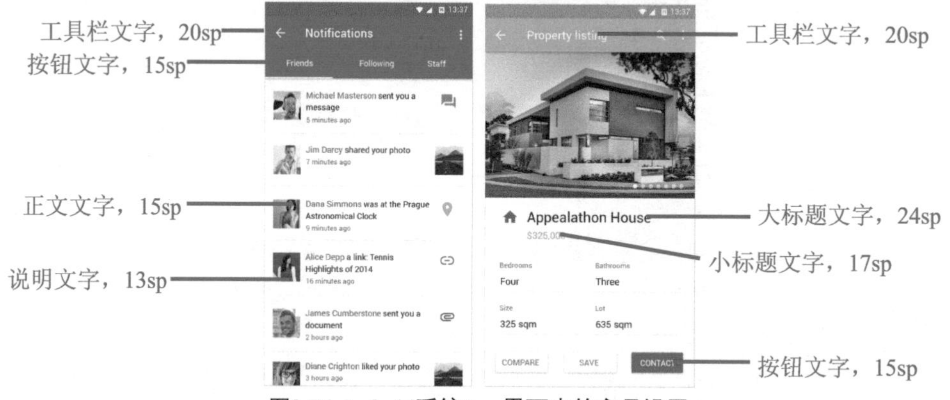

图2-74 Android系统App界面中的字号设置

2.5.3 图标设计规范

在Android系统中常用的图标包括Android系统应用市场图标、App启动图标、操作栏图标、上下文图标、系统通知栏图标等，分别如图2-75~图2-78所示。

图2-75 App启动图标

图2-76 操作栏图标

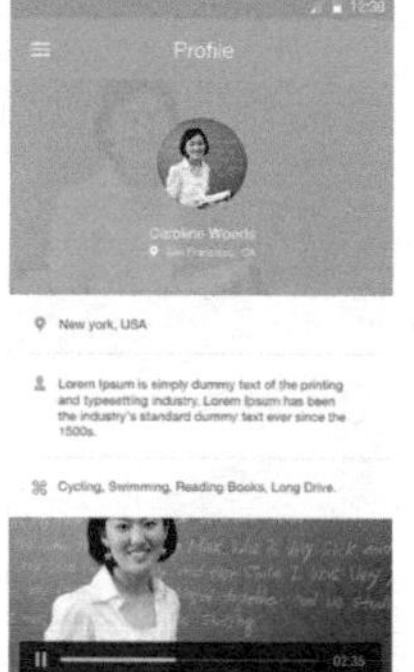

图2-77 上下文图标

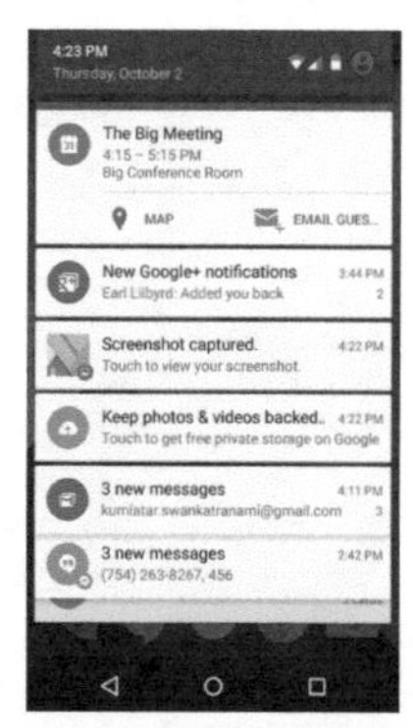

图2-78 系统通知栏图标

● 启动图标

启动图标在Android系统手机的“主屏幕”和“所有应用”中代表该App。因为用户可以为手机“主屏幕”设置壁纸，所以要确保App启动图标在任何背景上都能够清晰可见。如图2-79所示为Android系统中的App启动图标设计。

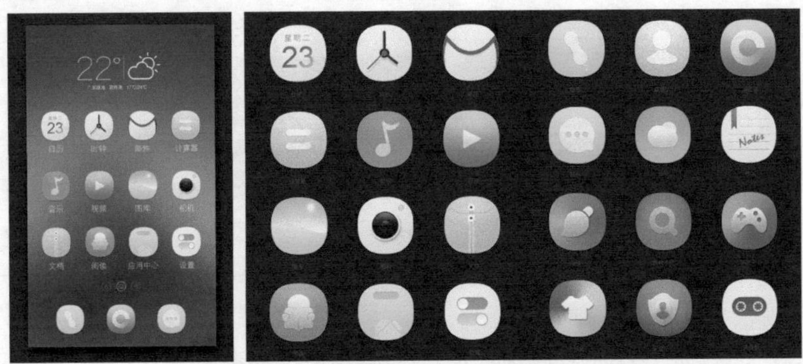

图2-79 Android系统中的App启动图标设计

注意，在Google Play应用商店中所显示的App启动图标的尺寸大小必须是512 px × 512 px。

● 操作栏图标

操作栏图标也可以称为“功能性图标”，用来表示用户在App中可以执行的重要操作，例如，界面底部的导航图标、菜单栏图标等。每个图标都使用一个简单的隐喻来代表将要执行的操作，使用户能够一目了然。如图2-80所示为Android系统中的操作栏图标。

● 上下文图标

上下文图标也可以称为“示意性图标”，通常显示在App的主体内容区域中，用于对相应信息进行指示，但这些信息不需要用户进行操作。如图2-81所示为Android系统中的上下文图标。

图2-80 操作栏图标

图2-81 上下文图标

● 系统通知栏图标

如果所设计的App需要主动向用户推送通知信息，设计一个通知栏图标显示在系统状态栏上，以表示有一条新的通知。

在Android系统中对于上述位置的图标尺寸大小有着明确的规范要求，如表2-7所示为Android系统中不同用途的图标尺寸要求。

表2-7 Android系统中不同用途的图标尺寸要求

屏幕大小	启动图标	操作栏图标	上下文图标	系统通知栏图标	最细笔画
MDPI 320 px × 480 px	48 px × 48 px	32 px × 32 px	16 px × 16 px	24 px × 24 px	不小于2px
HDPI 480 px × 800 px	72 px × 72 px	48px × 48 px	24px × 24 px	36px × 36 px	不小于3px

表2-7　Android系统中不同用途的图标尺寸要求（续表）

屏幕大小	启动图标	操作栏图标	上下文图标	系统通知栏图标	最细笔画
XHDPI 720 px × 1 280 px	48 dp × 48 dp 96 px × 96 px	32 dp × 32 dp 64 px × 64 px	16 dp × 16 dp 32 px × 32 px	24 dp × 24 dp 48 px × 48 px	不小于4px
XXHDPI 1 080 px × 1 920 px	144 px × 144 px	96 px × 96 px	48 px × 48 px	72 px × 72 px	不小于6px
XXXHDPI 2 160 px × 3 840 px	192 px × 192 px	128 px × 128 px	64 px × 64 px	96 px × 96 px	不小于8px

2.5.4 色彩应用标准

在UI设计中同样需要使用合适的颜色来强调内容，并通过色彩为视觉元素提供更好的对比。

● UI调色板

UI调色板以一些基础颜色作为基准，通过填充光谱来为Android系统、iOS系统和Web环境提供一套可用的颜色。如图2-82所示为UI调色板，基础颜色的饱和度为500。

	Red	Deep Orange	Orange	Amber
500	#e51c23	#ff5722	#ff9800	#ffc107
50	#fde0dc	#fbe9e7	#fff3e0	#fff8e1
100	#f9bdbb	#ffccbc	#ffe0b2	#ffecb3
200	#f69988	#ffab91	#ffcc80	#ffe082
300	#f36c60	#ff8a65	#ffb74d	#ffd54f
400	#e84e40	#ff7043	#ffa726	#ffca28
500	#e51c23	#ff5722	#ff9800	#ffc107
600	#dd191d	#f4511e	#fb8c00	#ffb300
700	#d01716	#e64a19	#f57c00	#ffa000
800	#c41411	#d84315	#ef6c00	#ff8f00
900	#b0120a	#bf360c	#e65100	#ff6f00
A100	#ff7997	#ff9e80	#ffd180	#ffe57f
A200	#ff5177	#ff6e40	#ffab40	#ffd740
A400	#ff2d6f	#ff3d00	#ff9100	#ffc400
A700	#e00032	#dd2c00	#ff6d00	#ffab00

	Yellow	Lime	Light Green	Green
500	#ffeb3b	#cddc39	#8bc34a	#259b24
50	#fffde7	#f9fbe7	#f1f8e9	#d0f8ce
100	#fff9c4	#f0f4c3	#dcedc8	#a3e9a4
200	#fff59d	#e6ee9c	#c5e1a5	#72d572
300	#fff176	#dce775	#aed581	#42bd41
400	#ffee58	#d4e157	#9ccc65	#2baf2b
500	#ffeb3b	#cddc39	#8bc34a	#259b24
600	#fdd835	#c0ca33	#7cb342	#0a8f08
700	#fbc02d	#afb42b	#689f38	#0a7e07
800	#f9a825	#9e9d24	#558b2f	#056f00
900	#f57f17	#827717	#33691e	#0d5302
A100	#ffff8d	#f4ff81	#ccff90	#a2f78d
A200	#ffff00	#eeff41	#b2ff59	#5af158
A400	#ffea00	#c6ff00	#76ff03	#14e715
A700	#ffd600	#aeea00	#64dd17	#12c700

图2-82 UI调色板

	Teal	Cyan	Light Blue	Blue
500	#009688	#00bcd4	#03a9f4	#5677fc
50	#e0f2f1	#e0f7fa	#e1f5fe	#e7e9fd
100	#b2dfdb	#b2ebf2	#b3e5fc	#d0d9ff
200	#80cbc4	#80deea	#81d4fa	#afbfff
300	#4db6ac	#4dd0e1	#4fc3f7	#91a7ff
400	#26a69a	#26c6da	#29b6f6	#738ffe
500	#009688	#00bcd4	#03a9f4	#5677fc
600	#00897b	#00acc1	#039be5	#4e6cef
700	#00796b	#0097a7	#0288d1	#455ede
800	#00695c	#00838f	#0277bd	#3b50ce
900	#004d40	#006064	#01579b	#2a36b1
A100	#a7ffeb	#84ffff	#80d8ff	#a6baff
A200	#64ffda	#18ffff	#40c4ff	#6889ff
A400	#1de9b6	#00e5ff	#00b0ff	#4d73ff
A700	#00bfa5	#00b8d4	#0091ea	#4d69ff

	Indigo	Deep Purple	Purple	Pink
500	#3f51b5	#673ab7	#9c27b0	#e91e63
50	#e8eaf6	#ede7f6	#f3e5f5	#fce4ec
100	#c5cae9	#d1c4e9	#e1bee7	#f8bbd0
200	#9fa8da	#b39ddb	#ce93d8	#f48fb1
300	#7986cb	#9575cd	#ba68c8	#f06292
400	#5c6bc0	#7e57c2	#ab47bc	#ec407a
500	#3f51b5	#673ab7	#9c27b0	#e91e63
600	#3949ab	#5e35b1	#8e24aa	#d81b60
700	#303f9f	#512da8	#7b1fa2	#c2185b
800	#283593	#4527a0	#6a1b9a	#ad1457
900	#1a237e	#311b92	#4a148c	#880e4f
A100	#8c9eff	#b388ff	#ea80fc	#ff80ab
A200	#536dfe	#7c4dff	#e040fb	#ff4081
A400	#3d5afe	#651fff	#d500f9	#f50057
A700	#304ffe	#6200ea	#aa00ff	#c51162

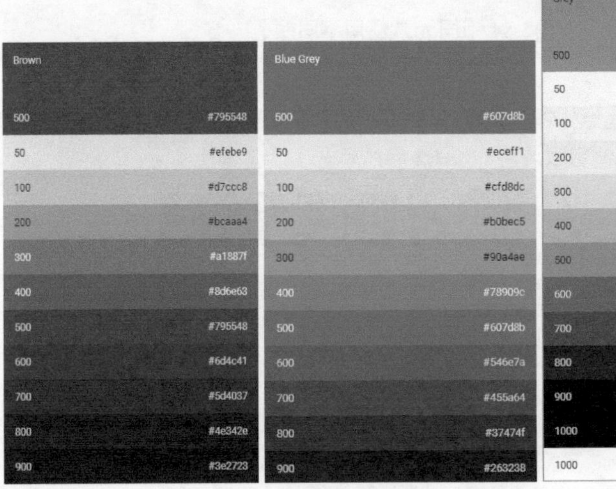

图2-82 UI调色板（续图）

● 选择需要使用的UI调色板

在设计移动端UI之前可以从UI调色板中选择需要使用的调色板。需要注意的是，在UI设计中要限制颜色的使用数量，在众多的基础色中选择出三个色度及一个强调色，如图2-83所示。

图2-83 选择需要使用的UI调色板

● 为灰色的文字、图标和分隔线设置Alpha值

为了有效地传达信息的视觉层次，在设计中应该使用深浅颜色不同的文本。对于白色背景上的文字，应该使用Alpha值为87%的黑色；视觉层次偏低的次要文字，应该使用Alpha值为54%的黑色；而像正文和标签中用于提示用户的文字，视觉层次更低，应该使用Alpha值为26%的黑色。

界面中的其他元素，如图标和分隔线，也应该设置为具有Alpha值的黑色，而不是纯色，从而确保它们能够适应任何颜色的背景。

界面中不同的元素适合不同的颜色，鼓励在移动界面中的大块区域内使用醒目的颜色。工具栏和大色块适合使用饱和度为500的基础色，这也是界面中的主色调，状态栏适合使用更深一些的饱和度为700的基础色，如图2-84所示。

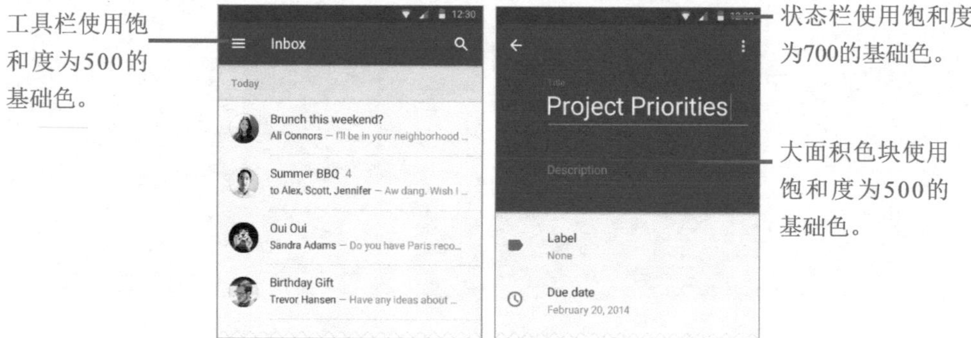

图2-84 不同元素使用不同颜色

● 强调色

在移动端UI设计中，主要的操作按钮及组件可以使用强调色进行突出显示，如开关或滑块等，左对齐的部分图标或章节标题也可以使用强调色，如图2-85所示。

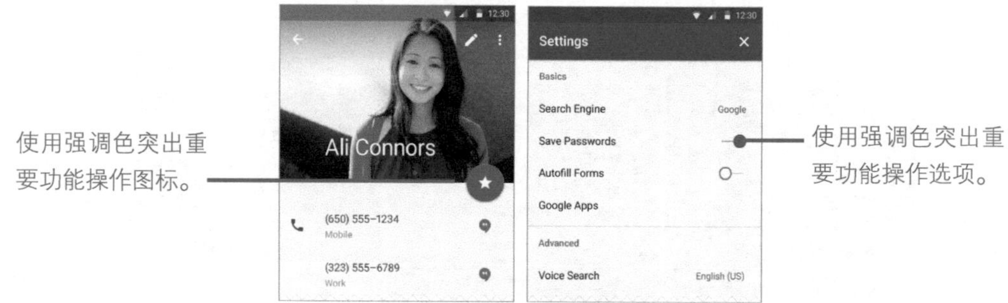

图2-85 在UI中使用强调色

2.5.5 设计适配

从目前市场主流设备来看，XXHDPI密度的屏幕为主流的Android系统机型，所以推荐使用1 080 px × 1 920 px来设计针对Android系统的UI，如图2-86所示。这样即使我们在设计稿上标注的是px尺寸单位，开发人员也可以很方便地进行单位换算。

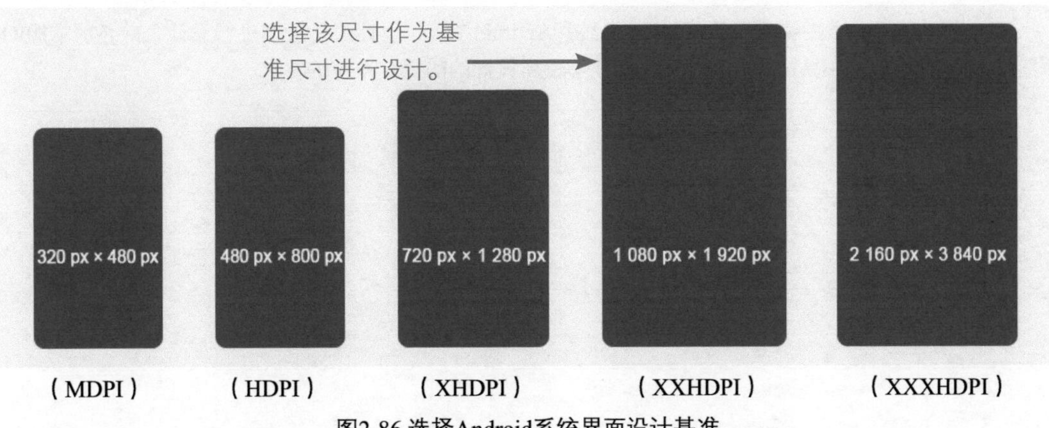

（MDPI）（HDPI）（XHDPI）（XXHDPI）（XXXHDPI）

图2-86 选择Android系统界面设计基准

使用1 080 px × 1 920 px作为Android系统App界面设计尺寸的原因主要有以下几个：

（1）使用目前主流的尺寸作为UI设计稿的尺寸，极大地提高了视觉还原，以及和其他机型的适配。

（2）现在已经进入大屏时代，如果依然使用较小的尺寸进行UI设计会限制设计师的设计视角。

（3）1 080 px × 1 920 px作为中间尺寸，向上和向下进行适配时，UI设计调整的幅度最小，最方便适配。

那么，如何使用iOS系统设计稿来适配Android系统？

“一稿两用”是目前非常普遍的情况，iPhone手机的屏幕密度已经达到了XHDPI的水平，设计师通常都是设计基于iOS系统的UI设计稿，使用750 px × 1 334 px的尺寸进行设计，再来适配Android系统。

实际上，750 px × 1 334 px的设计稿，按照@2X的倍率进行切图，其切图资源正好是Android系统XXHDPI（1 080 px × 1 920 px）的切图资源，如图2-87所示。在Android系统的开发中再进行单位的换算即可。

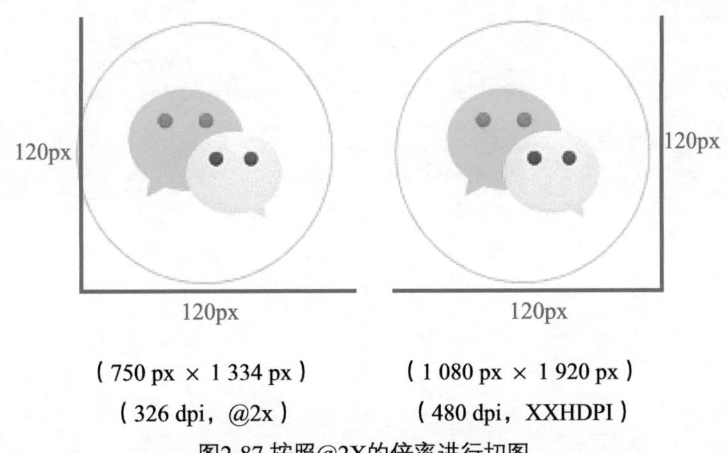

（750 px × 1 334 px）（326 dpi，@2x）　（1 080 px × 1 920 px）（480 dpi，XXHDPI）

图2-87 按照@2X的倍率进行切图

另一种方法：将基于iOS系统的750 px × 1 334 px的设计稿尺寸等比例调整至Android系统的1 080 px × 1 920 px的尺寸，然后对界面中各个控件进行微调，重新使用dp单位对设计稿进行标注。也就是说，设计师需要提供两套标注，一套是基于iOS系统的750 px × 1 334 px的设计稿，使用pt单位进行标注；另一套是基于Android系统的1 080 px × 1 920 px的设计稿，使用dp单位进行标注。

2.6 本章小结

目前移动智能设备主要使用的就是iOS系统和Android系统，设计师在对UI进行设计之前必须掌握iOS系统和Android系统的相关设计规范，这样才能够使所设计的UI符合系统的要求。

读书笔记

第3章 交互设计的UI布局

用户对于UI的感知，离不开其形式、内容和行为，就像工业与平面设计师专注于形式一样，交互设计师将用户行为作为最重要的元素来考虑。交互设计的可用性影响着用户体验，但是可用性并不是用户体验的全部，可用性强调人机交互的可用度和高效度，而可用性又与界面布局有很大的关系。

3.1 移动端UI的布局设计

很多设计师在设计UI时习惯性地先尝试配色，但是在版式没有处理好的情况下如何确认选择好的颜色应该应用在哪里？比例如何？配色是一种填充行为，它需要通过载体呈现出效果。所以视觉设计也好，UI设计也好，正常的设计流程如图3-1所示，第一步先把内容排上去，第二步思考应用场景与信息层级，第三步进行界面的版式布局设计，最后才是色彩和细节的处理，从整体到局部再回整体，顺序很重要。

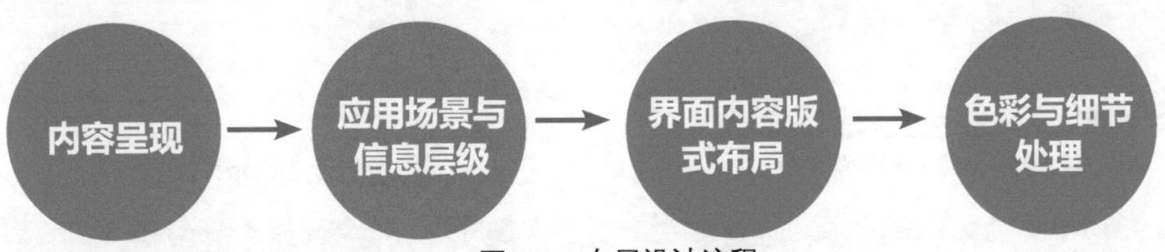

图3-1 UI布局设计流程

3.1.1 UI版面布局的特征

同样是版面布局设计，平面设计中的版面布局与UI的版面布局有什么区别呢？本节将向读者介绍UI版面布局的几个突出特征。

● 内容的不确定性

平面设计中的版面内容相对比较固定。但对于UI设计来说，界面中所有显示的内容都是不确定的，例如，标题可能出现两行也有可能出现一行，可能特别长也可能为空，所以UI的版面布局设计就需要为一些边缘情况做容错处理。

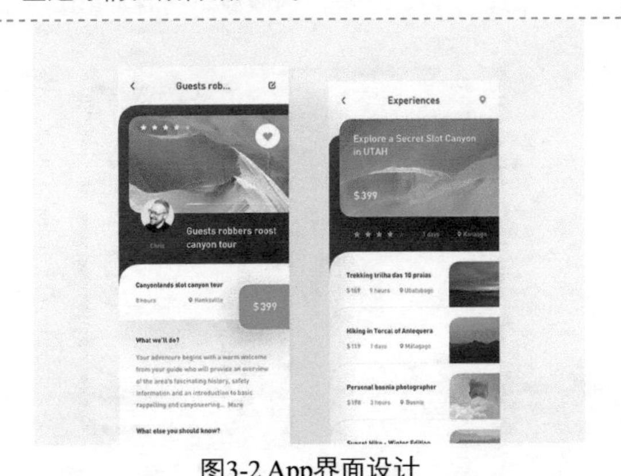

图3-2 App界面设计

图3-3 影视类App界面设计

图3-2所示的App界面设计，首先通过不同的背景颜色将界面划分为不同的内容区域，界面的信息内容层级清晰。在内容的排版布局上充分考虑了内容的不确定性，在保证版面整齐、统一的前提下，为内容预留了足够的显示空间。

图3-3所示的影视类App界面设计，考虑到信息内容的不确定性，界面中内容都采用了统一的视频与简短说明文字相结合的表现形式，并且界面中的内容可以向下扩充，从而便于显示更多的内容。

● 长时间停留

大多数的用户都不会长时间浏览平面设计作品，卡片、海报或者产品包装设计一般都是为了让用户在短时间内获取主要信息。而用户在使用App时更多的是长时间停留，例如，用户在使用电商App购买商品时，通常需要浏览大量的商品并进行挑选。或者用户使用新闻、电子书类的App产品进行阅读时，同样需要浏览较长的时间，所以App界面的版面布局要较为整洁、清爽，即使用户长时间使用也不会感觉疲惫。

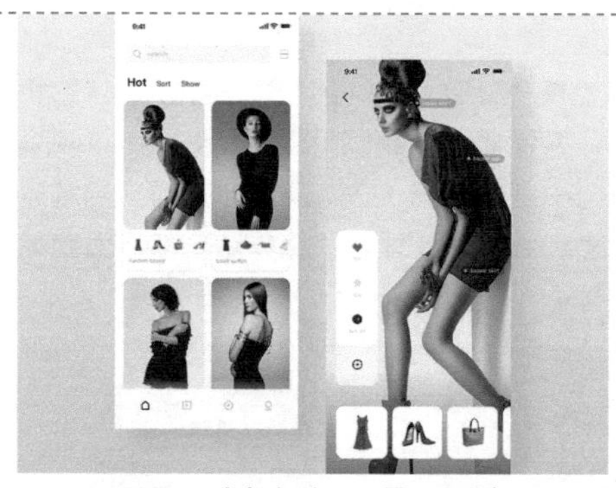

图3-4 时尚女装App界面设计

图3-5 电子书App界面设计

图3-4所示的时尚女装App界面设计，使用纯白色作为背景，以精美的女装图片展示为主，几乎没有任何装饰性元素，使用户的目光都能够聚焦于商品图片上，通过精美的商品图片来吸引用户长时间关注。

图3-5所示的电子书类App界面设计，因为界面中包含了大量的文字内容，为了使用户能够投入内容的阅读中，在界面设计上尽可能地减少甚至不使用装饰性元素，文字内容则通过合理的宽度和行距设置，便于用户长时间阅读。

● 阅读效率

平面设计作品相对独立，如单张海报或单个商品折页，其内容相对固定，海报版面可以通过大面积留白来凸显格调。然而对于UI设计来说，每个界面的存在都是为了完善App的交互流程，并且在批量获取信息时如果太过形式感会让用户的阅读效率出现问题，所以UI设计中的版面布局通常都比较紧凑、易读。

图3-6 文字内容为主的UI设计

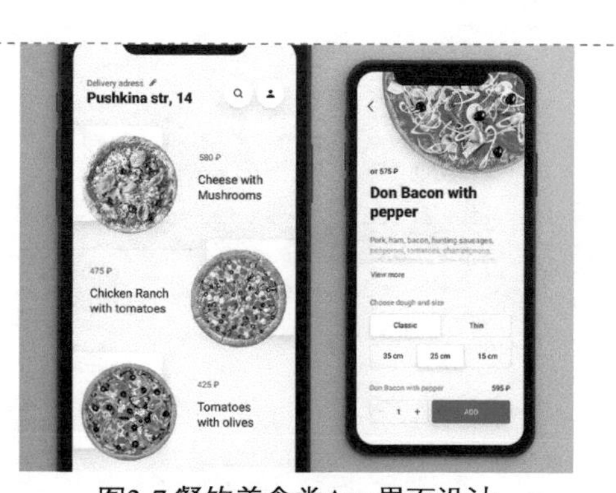

图3-7 餐饮美食类App界面设计

图3-6所示的是一个以文字内容为主的UI设计，在界面中通过合理的图文混排和间距设置，使内容表现非常紧凑、合理。而纯文字内容界面则通过合理的文字内容宽度及行距设置，使界面文字内容易读。

图3-7所示的餐饮美食类App界面设计，以精美的图片结合简短的说明文字来表现界面内容，并通过合理的留白设置，使内容清晰、易读。

● 信息层级的多样性

一个产品需要传递给用户的信息越多，信息层级也会随之变多，如果同一个界面中不同的信息层级版式相同就很容易导致用户误操作，并且多样的层级需要使用不同的版式技巧将其呈现并保持界面的整体统一性，所以UI中的版式布局较为多样、有规律。

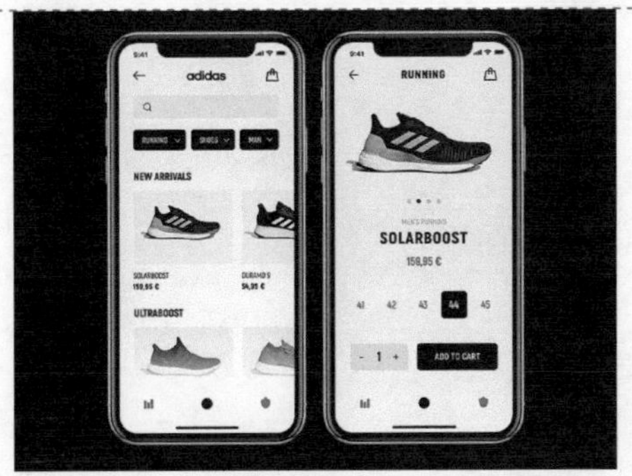

图3-8 运动鞋电商App界面设计

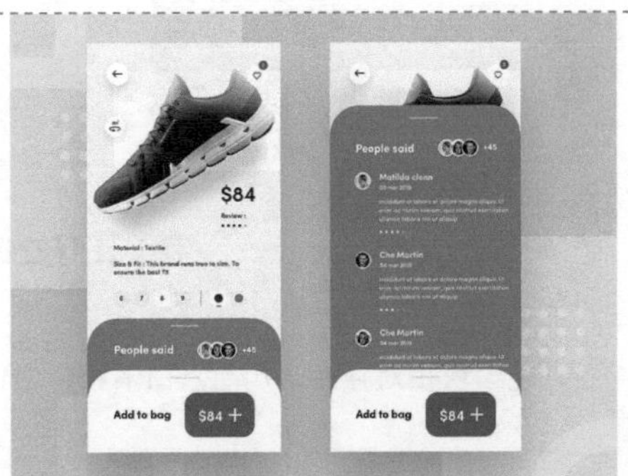

图3-9 产品详情页界面设计

图3-8所示的运动鞋电商App界面设计，重点突出产品的表现效果，而产品的筛选项及购买产品时产品规格选项都使用了接近黑色的深灰色进行表现，产品的价格使用红色加粗文字进行表现，通过色彩来表现界面中的信息层级。

图3-9所示的产品详情页界面设计，使用不同的背景颜色相互叠加从而表现出不同信息内容的层级，并且加入了交互操作，用户只需要点击相应的部分，就可以展开该部分内容，层级非常清晰、易操作。

3.1.2 UI常见布局形式

在对UI进行设计之前需要对信息进行优先级的划分，并且合理布局，提升界面中信息内容的传递效率。每一种布局形式都有其意义所在，本节将向读者介绍UI设计中常见的几种布局形式。

● 标签式布局

标签式布局又称“网格式布局”，标签一般承载的都是较为重要的功能，具有很好的视觉层级。标签式布局一般用作重要功能的快捷入口，同时也是很好的运营入口，能够很好地吸引用户的目光。如图3-10所示为使用标签式布局的UI。

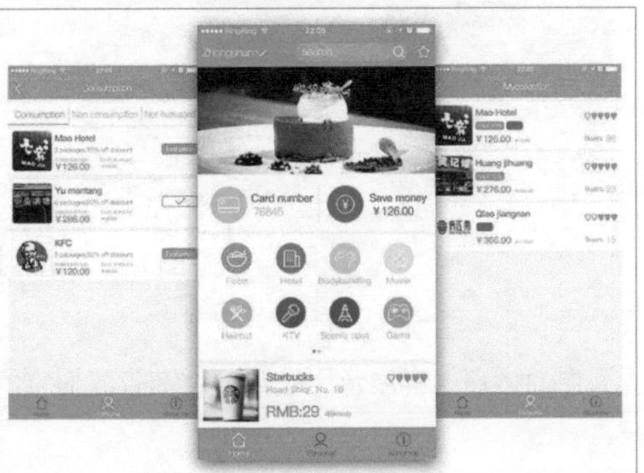

图3-10 使用标签式布局的UI

每个标签都可以看作UI布局中的一个点，过多的标签也会让界面过于烦琐，并且图标占据标签式布局的大部分空间，因此图标设计力求精致，同类型、同层级标签需要保持风格及细节上的统一，如图3-11所示。

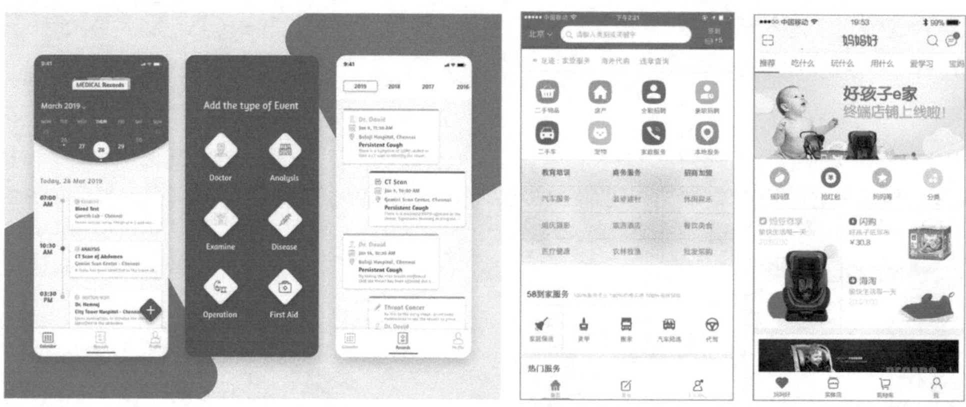

图3-11 标签保持风格和细节上的统一

优点：

各功能模块相对独立，功能入口清晰，方便用户快速查找。

缺点：

扩展性差，一屏横排最多只能放置五个标签，超过五个则需要左右滑动，并且文字标题不宜过长。

注意，UI 中非重要层级的功能，或者不可点击的纯介绍类元素，不适合使用标签式布局设计。

● 列表式布局

列表式布局形式是移动端UI中常见的一种排版布局形式，常用于图文信息组合排列的界面，如图3-12所示为使用列表式布局的UI。

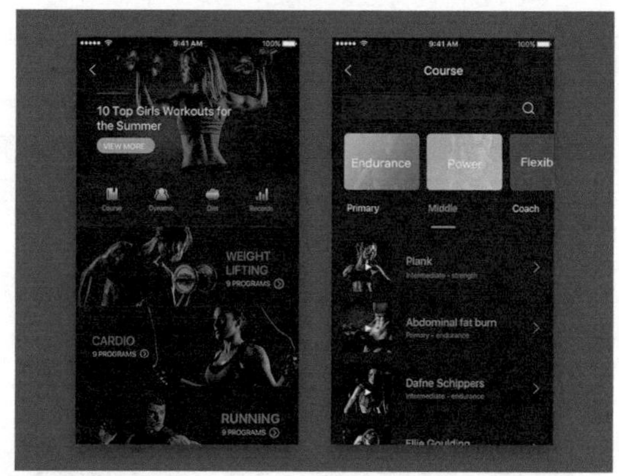

图3-12 使用列表式布局的UI

优点：

界面中的信息内容展示比较直观，节省界面空间，延展性比较强，承载信息内容多，浏览率高。

缺点：

表现形式单一容易造成用户视觉疲劳，需要在列表中穿插其他版式形式从而使画面有所变化。不适用于信息层级过多并且字段内容不确定的情况，这种情况仅通过分割线或者间距的区分容易让用户出现视觉误差，每一个列表可以看作界面布局中的一条线。

- 卡片式布局

从某种程度上来说，卡片式布局是将整个界面的内容切割为多个区域，不仅能够给人很好的视觉一致性，而且设计上更易于迭代，如图3-13所示为使用卡片式布局的UI。

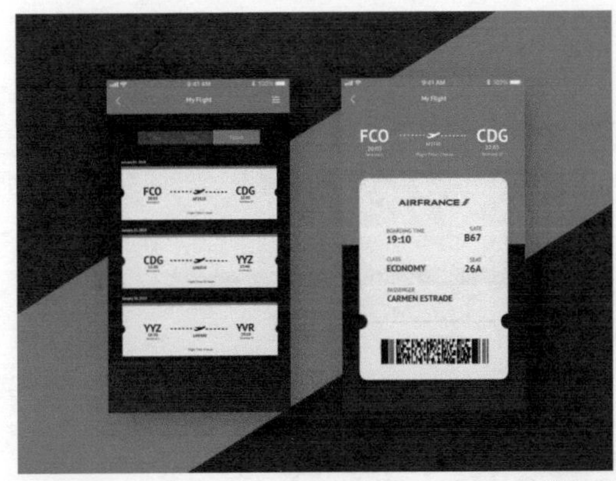

图3-13 使用卡片式布局的UI

优点：

卡片式布局最大的优势是可以将不同大小、不同媒介形式的内容单元以统一的方式进行混合呈现。最常见的就是图文混排，既要做到视觉上尽量一致，又要平衡文字和图片的强弱，这时卡片式布局非常合适。另外，当一个界面中的信息内容版块过多，或者一个信息组合中信息层级过多时，列表式布局容易使用户出现视觉误差，卡片式布局就再合适不过了。

缺点：

卡片式布局对界面空间占用比较大，需要为卡片与卡片之间预留间距，这样会导致在界面中所呈现的信息量较小。所以当用户的浏览是需要大范围扫视、接收大量相关性信息然后再过滤筛选时，或者信息组合比较简单，层级较少时，强行使用卡片式布局会降低用户的使用效率，带来不必要的麻烦。

- 瀑布流布局

在UI中使用大小不一的卡片进行布局设计时，能够使界面产生错落的视觉效果，这样的布局形式就称为“瀑布流布局”。当用户仅仅通过图片就可以获取到自己想要的信息时，非常适合使用瀑布流的布局形式，比如图片或视频等内容的表现。如图3-14所示为使用瀑布流布局的UI。

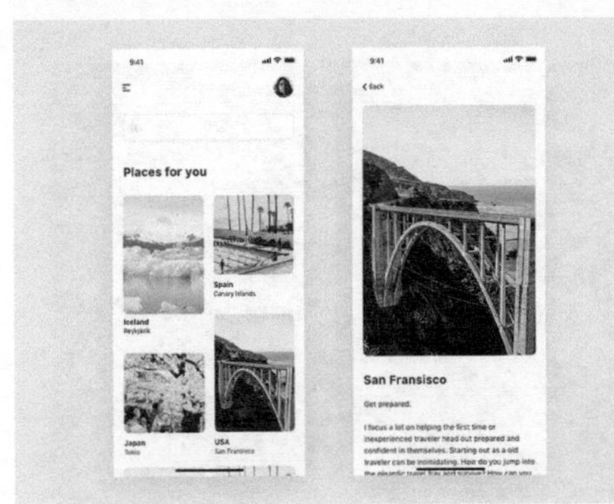

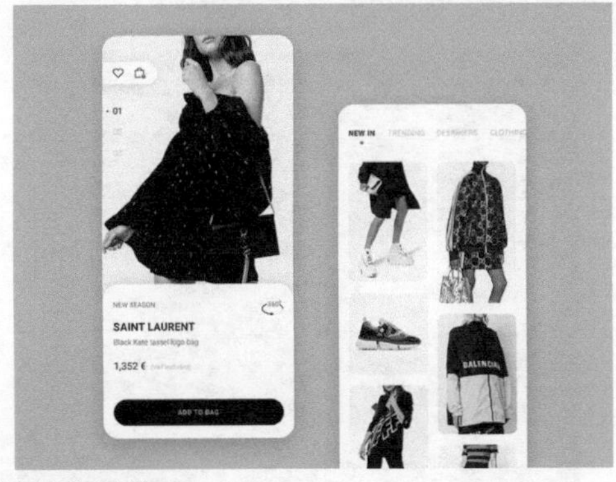

图3-14 使用瀑布流布局的UI

优点：

瀑布流布局通常是两列信息并列显示，极大地提高了交互效率，并且使界面表现出丰富、华丽的视觉效果，特别适合电商、图片或者小视频类的移动App。

缺点：

瀑布流布局的缺点就是过于依赖图片质量，如果图片质量较低，整体的产品格调会被图片所影响。并且瀑布流布局不适合以文字内容为主的界面，也不适合调性比较稳重的产品。

● 多面板布局

多面板布局很像是竖屏排列的选项卡，在一个界面中可以展示很多的信息量，提高用户的操作效率，适合分类和内容都比较多的情形，多用于电商App的分类界面或者品牌筛选界面，如图3-15所示为使用多面板布局的UI。

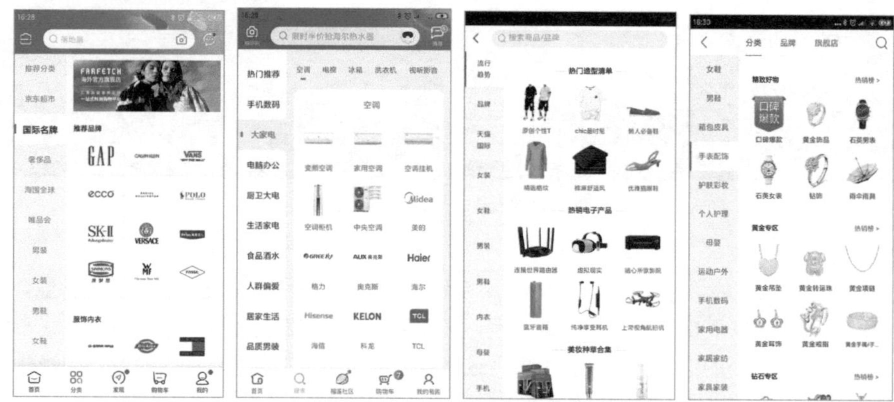

图3-15 使用多面板布局的UI

优点：

多面板布局能够使分类更加明确、直观，并且有效减少了界面之间的跳转。

缺点：

多面板布局的界面信息量过多，较为拥挤，并且分类多的时候，左侧滑动区域过窄，不利于用户单手操作。

● 手风琴布局

手风琴布局常用于界面中包含两级结构的内容，用户点击分类名称可以展示该分类中的二级内容，在不需要使用时，该部分内容默认是隐藏的。手风琴布局能够承载较多的信息内容，同时保持界面的简洁。如图3-16所示为使用手风琴布局的UI。

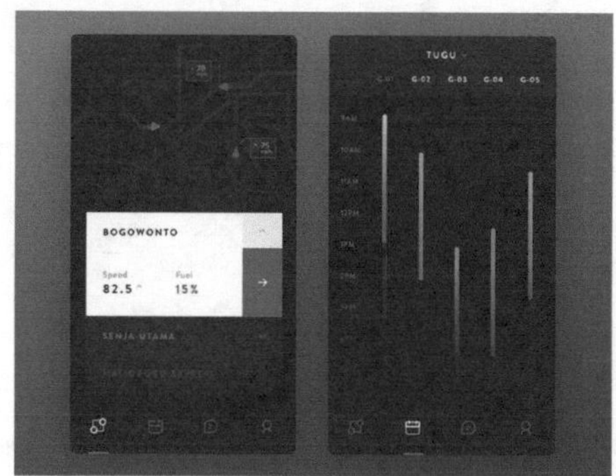

图3-16 使用手风琴布局的UI

优点：

能够有效减少界面跳转，与树形结构相比，手风琴布局能够减少点击次数，提高操作效率。

缺点：

如果用户在同一个界面中同时打开多个手风琴菜单，容易使界面布局混乱，分类标题不清晰。

相比于 PC 端，移动端物理尺寸小了许多，布局与 PC 端也相差甚远，所以尽量不要把网页界面布局的习惯带到移动端 UI 的布局设计中。

3.1.3 无框设计与卡片式设计

从Android 5.0开始，卡片式设计在移动端UI的布局设计中流行起来，在当时，卡片式设计似乎就是最新的趋势。近年来，无框设计渐渐有了取代卡片式设计的势头。其实每种版式布局都有其存在的理由和适用的场景。

● 卡片式设计

卡片式设计顾名思义就是把界面中的各版块信息使用卡片的形式进行承载，其最直观的优点就是可以使界面信息内容划分非常清晰。如果信息内容过多，通过卡片的承载也可以使信息内容的表现更加规整。并且手机屏幕中的卡片也可以使用户联想到现实生活中的卡片，所以一些优惠券或者会员卡等元素非常适合使用卡片式的设计。如图3-17所示为UI中的卡片式设计。

使用现实生活中银行卡的形式呈现用户在App中所绑定的银行卡，符合用户的传统认知，非常直观。

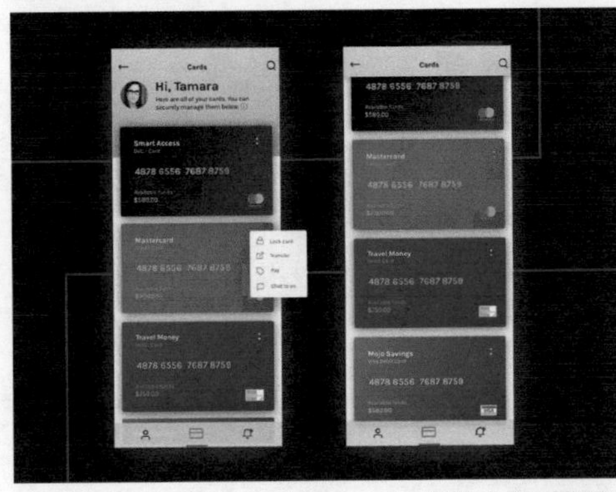

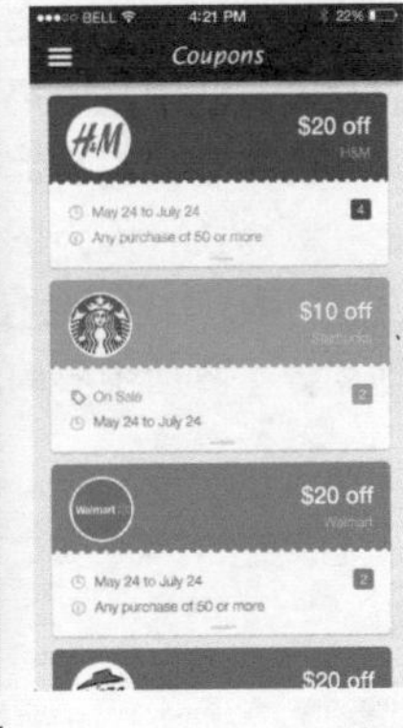

使用卡片的形式呈现优惠券信息，并且不同品牌的优惠券使用不同的颜色进行区分，非常直观、清晰。

图3-17 UI中的卡片式设计

卡片式设计的这些优点都是对于体量较大、信息较为复杂的产品来说的，如果一些本来信息内容就比较少的界面，或许仅仅通过间距就可以使界面中的信息清晰地呈现，这时再强行使用卡片式设计就显得浪费界面空间了，而一些新手最喜欢犯这种错误，盲目地跟随设计趋势而忘记了其本质的意义。如图3-18所示为UI中的卡片式设计。

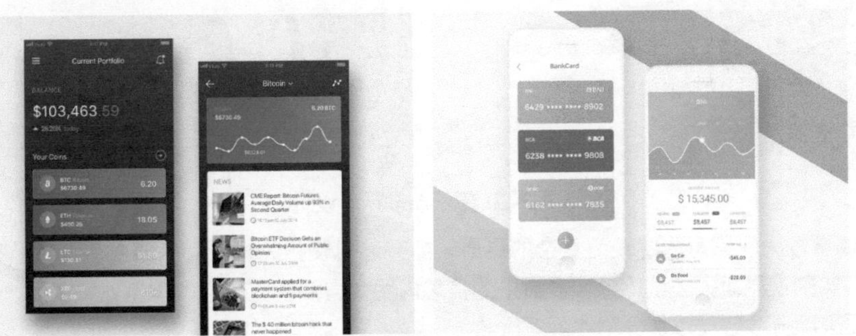

图3-18 UI中的卡片式设计

● 无框设计

近年来，无论是工业设计还是产品设计，都开始推崇极简设计风格，从汽车车门的无框设计，到手机的全屏设计似乎都有抛弃边框的趋势。其实对于UI来说，所有元素的存在都有其存在的理由，极简并不是单纯地做减法，而是让每一个元素都发挥其应有的作用。如图3-19所示为采用无框设计的UI。

图3-19 无框设计的UI

分割线是UI设计中常见的一种设计元素，分割线的存在就是为了让界面信息划分得更加清晰，尤其是一个界面中版式较多的情况，不使用分割线会使界面看起来没有秩序，版块之间没有明显的划分。那么为什么一些无框设计看起来清爽、高端呢？因为有一些界面中的信息量较少，界面中版块比较单一，并且各信息列表的文字内容较少，也比较有规律，这种情况下使用无框设计是可取的。当然还有一种情况就是界面以图片、视频为主，因为图片或视频本身就可以充当分割线的作用，所以这种类型的界面也非常适合使用无框设计。图3-20所示的音乐App的界面设计，界面中的信息内容较少，通过字体的大小、粗细、颜色，很好地划分了界面中不同的信息内容，即使没有分隔线，界面的视觉效果依然非常直观、清晰。

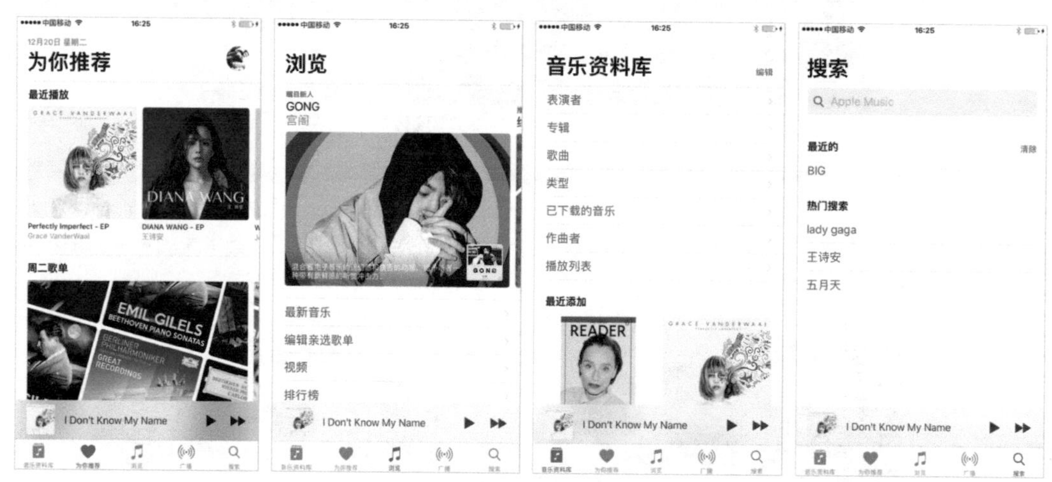

图3-20 音乐App界面设计

而一些体量较大、信息内容较为复杂的界面，如果盲目使用无框设计，虽然省去的分割线看似减少了界面元素，实则使界面失去秩序感，界面中的信息内容变得混乱，信息的浏览效率变低。如图3-21所示为同一个界面去除分隔线与添加分割线的对比。

去除界面中各选项信息之间的分隔线，看似影响并不明显，但是因为各选项都是文字内容，文字与文字之间完全靠间距进行划分，会让信息的浏览效率变低。

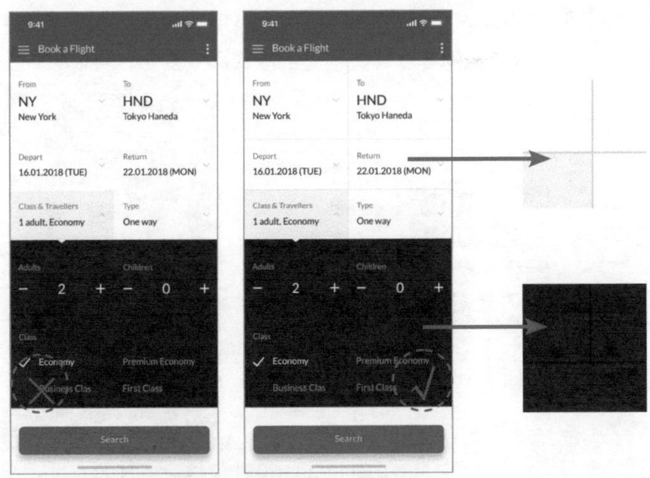

图3-21 去除分隔线与添加分隔线的对比

3.2 UI设计中的平面构成

平面构成是具有共性的设计语言，被当今社会各个艺术、设计门类所用，平面构成与其他应用设计的学科一样，都是为了完善与创造富有现代感的设计理念和表现形式。平面构成以一个全新的造型观念，为艺术设计注入新鲜的血液。

3.2.1 统一与变化

高速公路的设计为什么都不是笔直的，除了地理原因，还有部分原因是驾驶者长时间行驶在没有变化的直线上容易产生倦意，从而造成危险，这就是统一与变化的必要性所在。在UI设计中同样需要注意统一与变化的应用，考虑到用户的视觉会长时间地停留在某个界面阅读信息，所以统一的列表形式是非常有必要的，可以减少用户阅读时的障碍，然而长时间单一样式的列表阅读会使用户产生视觉疲劳，所以这时就需要在列表内穿插不同的模块为统一的列表界面添加变化。

统一是主导，变化是从属。统一能够强化界面的整体感，多样变化能够突破界面的单调、死板，使界面的表现富有活力。

图3-22 运动健身App界面设计

图3-23 家具类商品App界面设计

图3-22所示的运动健身App界面设计，多样的版块变化使用户首次进入该App界面时就能够感受到产品是“活”的，界面遵循了配色、版块间距等元素的基本统一，不同栏目使用了不同的图形进行表现，从而使界面的表现更具生命力。

图3-23所示的家具类商品App界面设计，商品列表中各商品图片的尺寸、表现形式及图片与图片之间的间距都是统一的，而各商品图片的背景颜色及商品的颜色又富有变化，统一中蕴含变化，从而使界面的表现更富有活力。

使用统一的设计风格来表现相同的元素，这是UI设计的基础原则，提高设计效率的同时也提高开发的效率，而不同功能的版块之间可以通过不同的版式形成变化，可以让UI充满生命力和运营感。

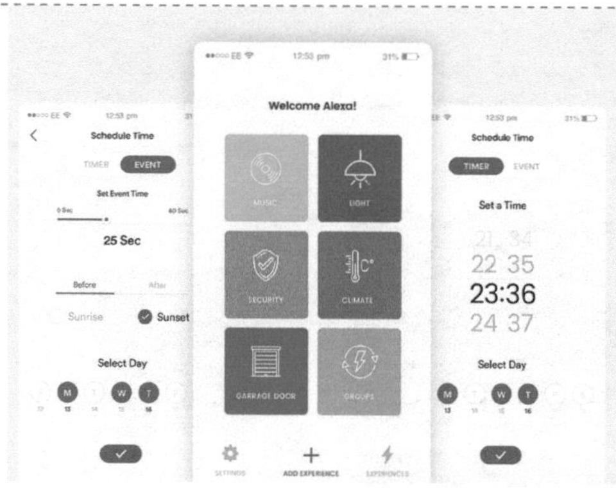

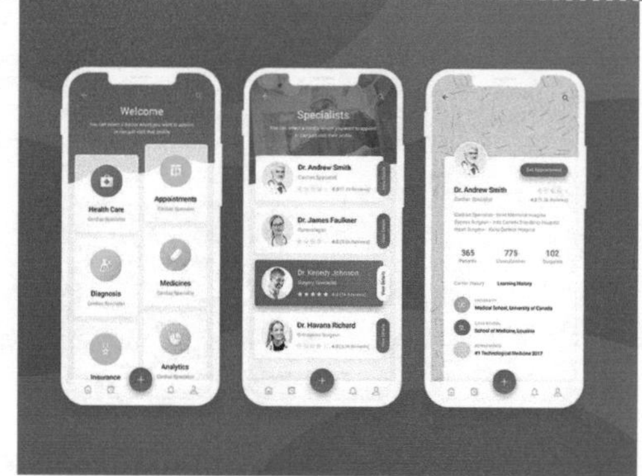

图3-24 UI设计保持统一风格

在UI设计中，小到图标设计同样可以遵循统一与变化的原理，在统一配色、统一线条粗细、统一尺寸的前提下，不受约束地进行外形变化同样能够产生视觉上的美感。图3-24所示的不同类型的UI设计，不同的界面都保持了统一的设计风格和配色。

3.2.2 对比与调和

在UI设计中，对比是为了强调界面元素之间的差异，从而有效地突出界面的主题，使界面中的信息内容具有主次，而调和是为了寻找界面元素的共同点，从而使界面的视觉表现效果更加舒适。

在UI设计中，常使用整体调和、局部对比的方法。最常见的就是大小对比，比如版块之间面积大小的对比，文字之间字号大小的对比。

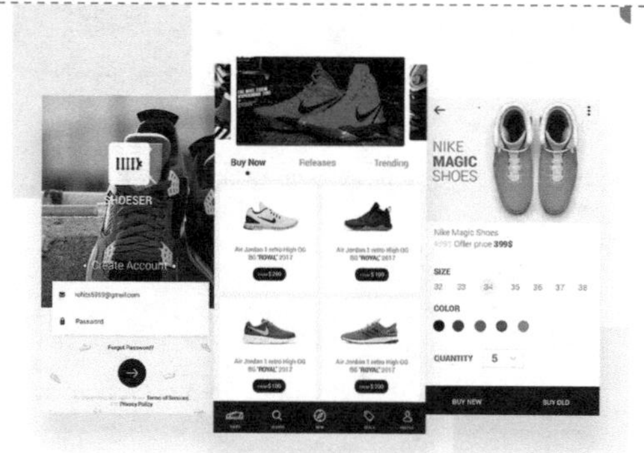

图3-25 电商App界面设计

图3-25所示的电商App界面设计，界面顶部的产品推荐大图与商品列表图片形成大小对比，从而使界面有主次，并且主观上可以通过设计指引用户点击推荐商品，而商品图片列表中各图片大小相同，起到了调和界面的作用。

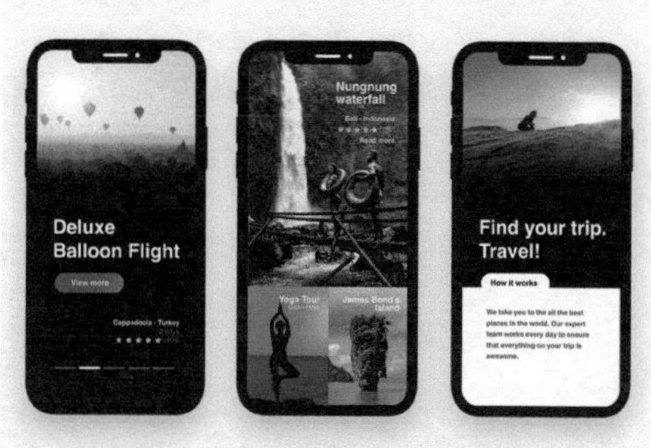

图3-26 旅游日志App界面设计

图3-26所示的旅游日志App界面设计，界面中的文字使用了三个对比层级：主题文字最大，标题文字其次，然后是该旅游日志的正文内容。通过简单的字号对比就可以让信息层级清晰可见。

3.2.3 对称与平衡

UI中的对称与平衡是相互统一的，常表现为既对称又均衡，实质上都是为了使UI获得视觉上的稳定感。UI设计虽然无法主观地控制界面中字符的长度，但设计师可以通过为不同元素设置合理的位置，使界面获得对称感与平衡感。

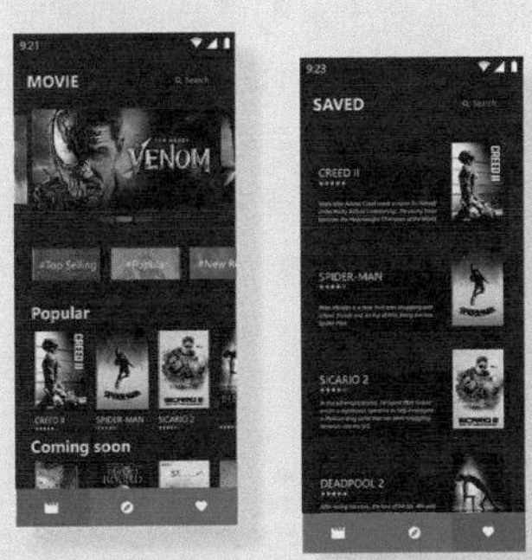

图3-27 影视类App界面设计

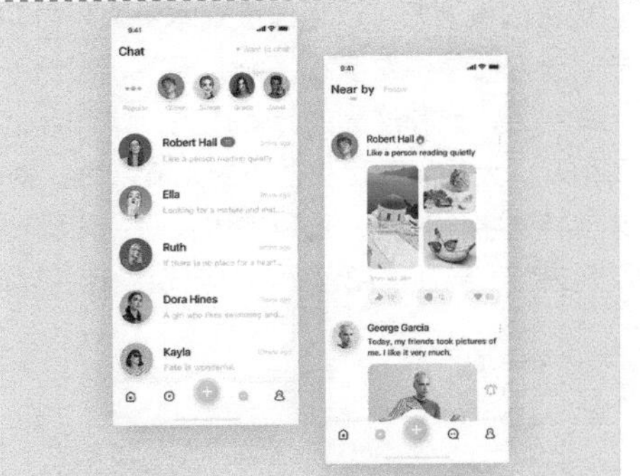

图3-28 社交类App界面设计

图3-27所示为影视类App界面设计，影视列表界面的版式比较均衡，左侧的简介文字内容被右侧的图片从版式上“压”住了，使得用户从心理上感觉这个列表左右的重量是相同的。

图3-28所示为社交类App界面设计，底部中间较大的青蓝色功能图标起到了平衡视觉的作用，同时该图标左右两侧的四个图标对称显示，使界面表现非常规整。

3.2.4 节奏与韵律

节奏与韵律，最基础的就是要让设计的版面有始有终。就算是单个界面，也需要给用户明确的视觉起始点和结束点，长图或者多版面的设计更是如此。优秀的版面设计总是首尾呼应，这是对用户最基本的尊重。

读者在看报纸时，一般都是由左至右、从上到下、由标题到正文的阅读顺序，当然在使用移动端产品的时候也不例外。如果我们在设计UI时在标题、图片、栏目、点线面上做点文章，让它们有所变化，在视觉上连成串，形成跳跃式的块状、点状，这样用户在浏览界面时就会有一种节奏感。例如，我们来思考一个问题，为什么有些UI的列表是左图右文，而有些UI是左文右图呢？

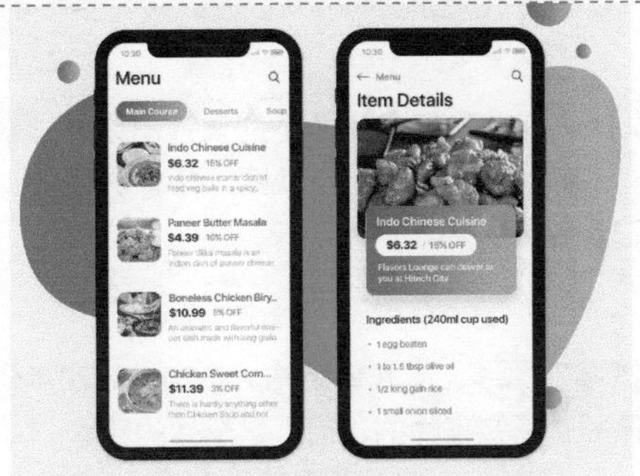

图3-29 餐饮美食类App界面设计

图3-30 新闻资讯类App界面设计

如果在界面中采用左图右文的方式，那么用户一定是先看到图片然后再去看文字内容。图3-29所示为餐饮美食类App界面设计，美食列表界面就采用了左图右文的形式，希望用户第一眼就能够被美食图片所吸引，从而去关注美食的简介内容。左图右文的排版方式在App界面中应用得非常广泛，图片类、电商类、美食类等App界面设计都会采用这种方式，通过图片有效吸引用户关注。

图3-30所示为新闻资讯类App界面设计，对于新闻资讯类的App来说，图片只是起到辅助作用，当用户看到图片时基本上不会联想到具体的内容，所以文字标题才是用户最想看到的内容。所以在新闻资讯类App界面中，通常会使用左文右图的排版方式，这样比较符合此类产品目标用户的浏览习惯。

优秀的设计师可以通过版式本身来引导用户的视觉流程，就像上面所讲的最基础的视觉规律，人的视觉阅读习惯是由左至右、由上至下，当然不仅限于此，例如，人的视觉对有色相的元素优先、无色相的元素次之，饱和度高的元素优先、饱和度低的元素次之。在白色背景上，颜色越黑视觉层级越高；黑色则相反。大的元素优先、小的元素次之。对于字体来说：衬线字体优先、无衬线字体次之；毛笔字体或其他特殊字体优先、普通字体次之；周围留白多的元素优先、留白少的元素次之。通过这些基础的视觉原则去营造界面的阅读顺序，会使设计的界面更富有节奏感与韵律感。

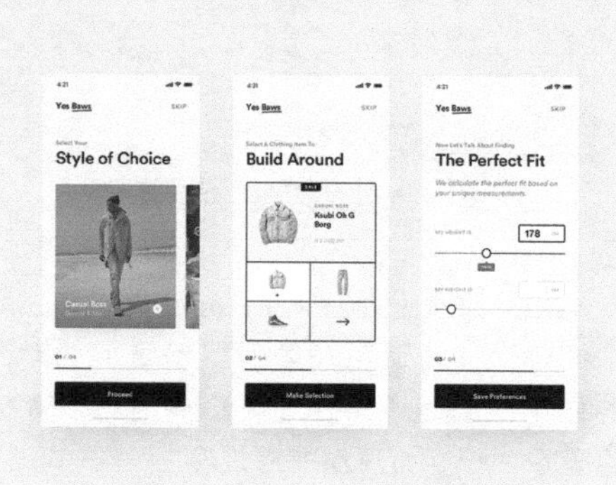

图3-31 时尚穿搭App界面设计

图3-32 电商App界面设计

图3-31所示为时尚穿搭App界面设计，设计非常简洁，使用纯白色作为界面的背景颜色，在界面中搭配深灰色文字和图形，有效衬托界面中彩色产品图片的表现，并且在界面底部放置了大尺寸的深灰色功能操作按钮，同样具有较高的视觉优先级。

对于UI来说，给用户留下第一印象的肯定是界面的色彩，而有彩色比无彩色的视觉层级要高，高饱和度色彩比低饱和度色彩的视觉层级要高。图3-32所示的电商App界面设计，用户首先注意到的是界面底部的“ACHETER（170€）”（加入购物车）按钮，其次是大尺寸的产品图片，接下来才是界面中的其他内容，所以该界面的视觉层次丰富且富有节奏感。

3.3 界面的格式塔原理

格式塔原理是设计心理学里具备纲领性和指导性的设计法则，我们非常熟悉的设计四原则“对齐、重复、对比、亲密”其实就是格式塔原理的另一种总结。从某种程度上说，自从图形用户界面的计算机问世以来，格式塔原理一直被广泛应用在设计领域，并且已经深入人心。

3.3.1 什么是格式塔原理

格式塔是德文“Gestalt”的音译，字面意思是统一的图案、图形、形式或结构。在20世纪20年代，格式塔心理学在柏林兴起，旨在理解我们的大脑是如何以整体形式感知事物的，而不是个体的元素。

格式塔原理的重要观点就是：在心理世界中，人们对客观对象的感受源于整体关系而非具体元素，也就是说知觉不是感觉元素的总和而是一个统一的整体，部分之和不等于整体，因此整体不能分割；整体先于元素，局部元素的性质是由整体的结构关系决定的。这是因为人类对于任何视觉图像的认知，是一种经过知觉系统组织后的形态与轮廓，而并非各自独立部分的集合。

举个例子，当你看到一个圆形，但圆形的边上有一个很小的缺口，大脑会倾向于将它识别为一个完整的圆形；当你看到天空中的一朵云，你会下意识地把它想成一个动物或一个别的你知道的物体的形象。

人们的视觉系统会自动对视觉输入构建结构，并在神经系统层面上感知整体，感知统一的形状、图形和物体，而不是只看到互不相连的边、线和区域。

3.3.2 格式塔原理的七大法则

格式塔原理几乎适用于所有与视觉有关的领域，与UI设计的关系也极其密切，它可以帮助我们梳理UI的信息结构、层级关系，提升UI的可读性。格式塔原理主要包含以下七大法则：

● 相似性

人的潜意识会根据形状、大小、颜色、亮点等，将视线内一些相似的元素组成整体，如图3-33所示，大家会把圆形看作一个整体，把菱形看作一个整体。而当我们改变其中部分图形的颜色时，如图3-34所示，所传达出来的意思发生了改变，人们会把绿色的当成一个整体，把橙色的当成一个整体。

图3-33 将相似的元素组成整体

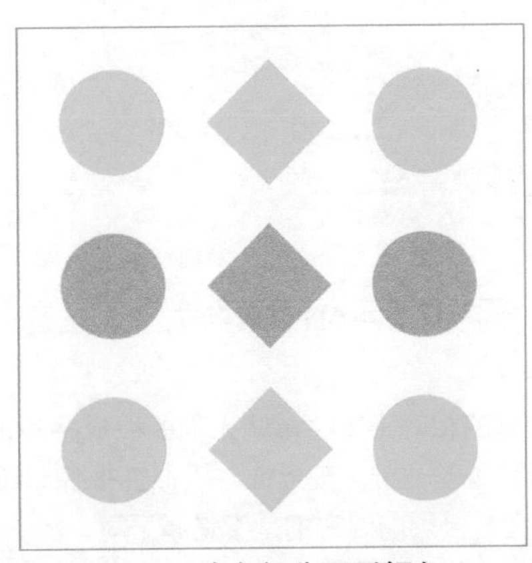

图3-34 改变部分图形颜色

由此可以看出在人们的潜意识里，对于形状和颜色的“比重”不一样。一般来说，在大小一样的情况下，人们更容易把颜色一样的看作一个整体，而忽略掉形状的不同。

所以在UI设计中，当有几个平行的功能点，但又想突出其中一个的时候，就可以将需要突出的那一个做成特殊的形状或者是不同的颜色、大小等，这样用户能一眼看到要突出的那个功能，而再细看该功能又和其他部分是一个整体。

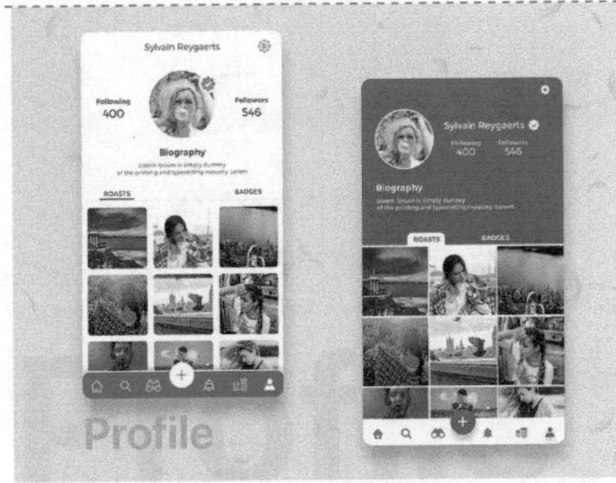

图3-35 App界面设计

图3-36 音乐播放器界面设计

图3-35所示的App界面设计，在底部标签栏中间的功能图标使用了与标签栏不同的颜色，并且进行大尺寸突出表现，与标签栏中的其他功能操作图标形成对比，但是整个底部标签栏又能够很好地形成一个整体，从而在整体中又有对比，很好地突出重点功能。

图3-36所示的音乐播放器界面设计，通常都会将音乐控制的相关功能操作图标放置在一起，利用相似性原则使其在界面中成为一组。而在该组功能图标中，通常“播放/暂停”功能图标都会使用特殊颜色的大尺寸图标进行突出表现，以突出其重要性。

如果UI中的元素彼此相似，则元素倾向于被感知为一组。这也意味着在UI设计中，具有相同功能、含义和逻辑层次结构的元素，应在视觉上保持统一。

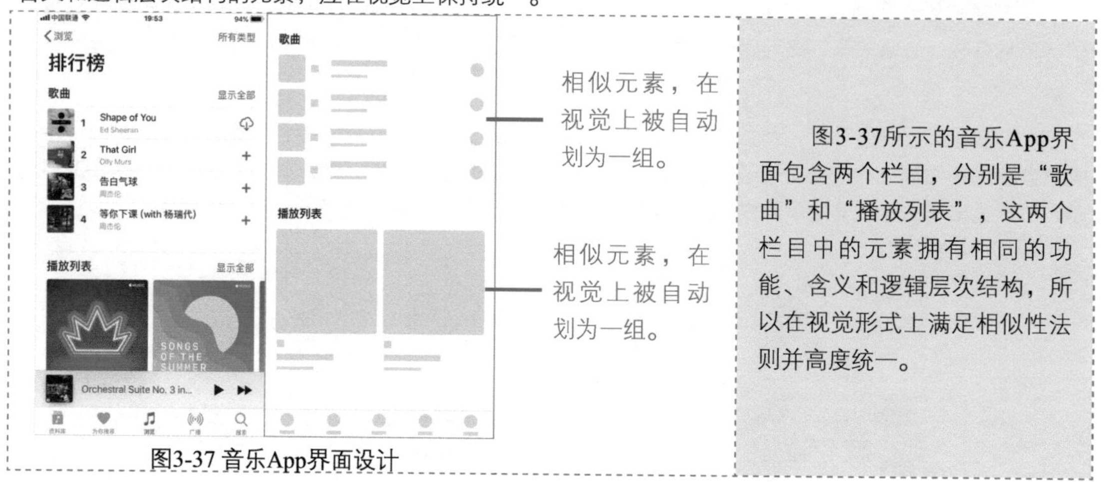

图3-37 音乐App界面设计

● 接近性

元素之间的相对距离会影响人们的视觉感知，通常人们认为互相靠近的元素属于同一组，而那些距离较远的则不属于一组。接近性与相似性很像，不过相似性强调的是内容，而接近性强调位置，元素之间相对距离会直接影响到它们是不是属于同一组。如图3-38所示，人们会把这九个圆形当成一个整体；如图3-39所示，人们通常会把第一竖列三个圆形当成一个整体，二三竖列当成另外一个整体。

图3-38 会把九个圆形当成一个整体

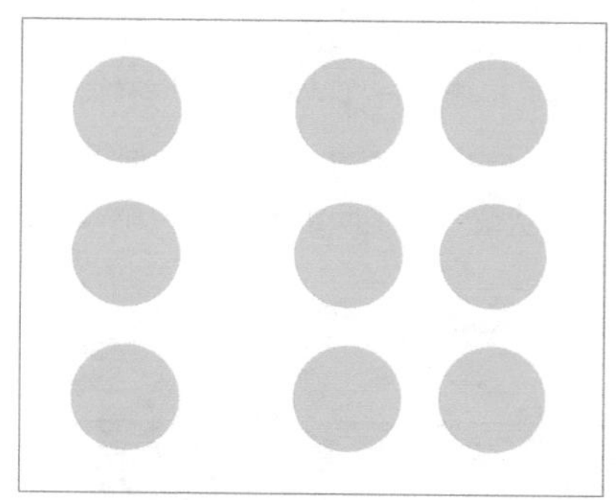

图3-39 会把图形看作两个整体

引起这样的视觉感受主要是因为元素的相对距离不同。在UI中最常见的就是列表以及文字展示、图文展示，在列表信息较多的情况下，都会把功能趋于相似的放在一起，利用接近原理，使它们在视觉上趋于一个整体，这样能让界面功能清晰易懂，不至于杂乱无章。

图3-40 列表界面设计

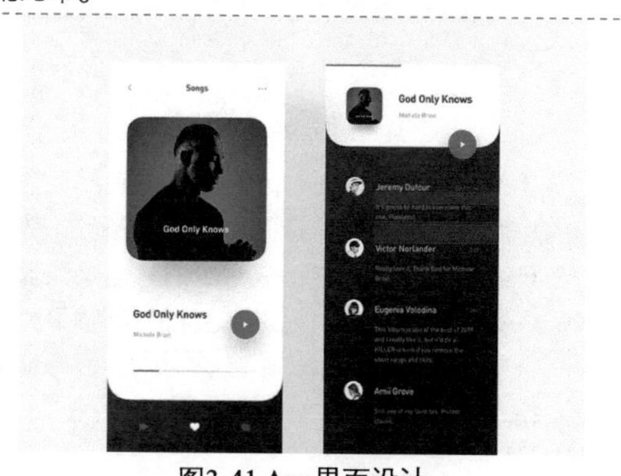

图3-41 App界面设计

图3-40所示的列表界面设计遵循了接近性原则，将功能相似的选项放置在一起，而功能不同的选项之间则通过间隔进行区分，从而形成不同的功能组。

在展示文字时，标题也会趋近于自己的正文内容，使得信息层级区分明显。图3-41所示的App界面设计，在用户评论部分，很明显每一条评论内容之间的间距要大一些，为用户带来清晰的视觉。

● 连续性

人们的视觉具备一种运动的惯性，会追随一个方向进行延伸，把元素链接在一起形成一个整体，如图3-42所示，你是会把它当成两个大的圆形，还是当成无数个小圆呢？毋庸置疑，第一眼看到时，肯定是两个大的圆形，而不是无数个小圆。

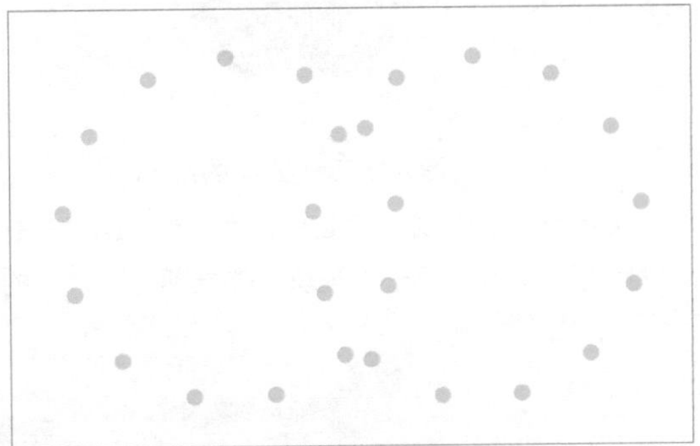

图3-42 元素链接形成一个整体

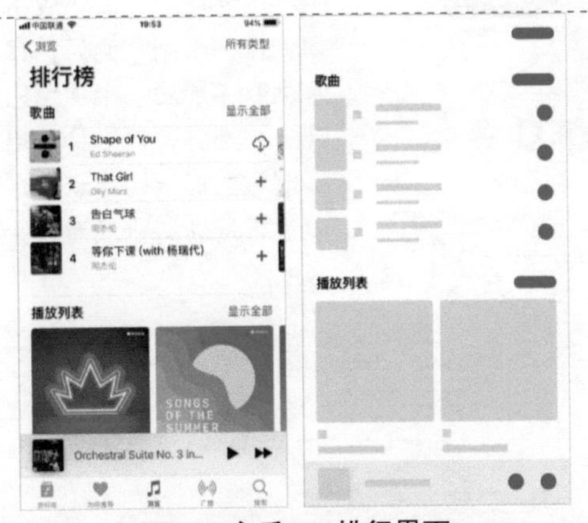

图3-43 音乐App排行界面

图3-44 社交类App界面设计

在图3-43所示的音乐App的排行界面中，与榜单歌曲或专辑相关的功能操作图标都统一放置在界面的右侧位置，自上而下进行排列，不仅视觉上保持了连续性，在点击热区上也保持了连续。

图3-44所示的社交类App界面设计，双方沟通交流的内容使用了不同的背景颜色进行区分，从而形成色彩的连续性，便于用户快速阅读某一方的内容，同时也便于区分。

● 闭合性

人们在观看图形时，大脑并不是一开始就区分各个单一的组成部分，而是将各个部分组合起来，使之成为一个更易于理解的统一体，这个统一体就是我们日常生活中常见的形象，如正方形、圆形、三角形、猫、狗等。

简单理解，就是当图形是一个残缺图形，但主体有一种使其闭合的倾向，即主体能自行填补缺口从而使其被感知为一个整体。

例如，图3-45所示为苹果公司的Logo，虽然图形存在缺口，但是人们还是能一眼看出，这就是个苹果的外形；图3-46所示为世界自然基金会的Logo，熊猫头部和背部都没有明显的封闭界限，但是我们还是会把它看作一个完整的熊猫。

图3-45 苹果公司的Logo

图3-46 世界自然基金会的Logo

这一原则在UI的设计中同样存在，如在UI的设计过程中，常常会露出某一个元素的边角，或者是可滑动的元素都会露出下一个模块中的局部内容，人的眼睛有自动补全功能，不用看到全部，就能脑补出下一模块会出现什么。

右侧图片只出现左侧一小部分，提示用户可以滑动查看。

该栏目只出现顶部一小部分，提示用户可以向下滑动。

图3-47 影视类App界面设计

图3-47所示的影视类App界面设计，多处应用了闭合性的原则，例如，在图片列表中最后一个项目只出现一小部分，但这给了用户很明显的提示，提示用户可以进行滑动浏览从而查看更多的图片内容。

● 主体与背景法则

主体指的是在界面中占据人们主要注意力的元素，其余的元素在此时均成为背景。人们在看一个界面时，总是不自觉地将视觉区域分为主体和背景，而且会习惯把小的、突出的那个看作背景之上的主体。如图3-48所示，白色表示主体，灰色表示背景。主体越小，与背景的对比关系越明显；主体越大，则关系越模糊。

图3-48 主体与背景

使用半透明黑色遮罩背景，突出主体内容。

界面背景应用毛玻璃效果，突出主体内容。

图3-49 遮罩和毛玻璃背景处理

在UI设计中，最常见的区分背景和主体的方式就是蒙版遮罩和毛玻璃效果，如图3-49所示，这两个方式都能够起到弱化背景，突出主体的作用，从而使主体与背景的对比关系更加明显。

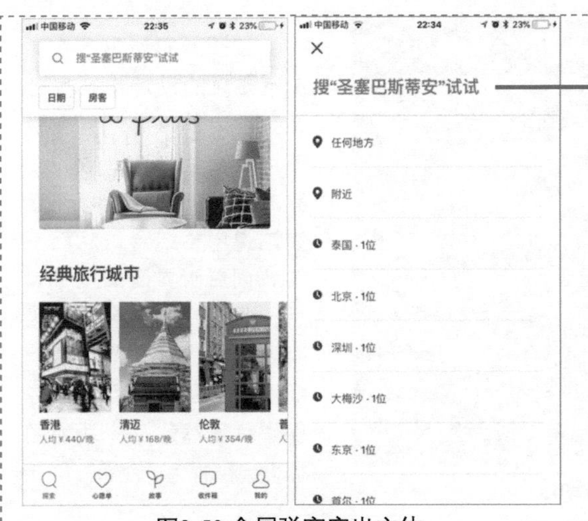

当用户在界面顶部的搜索栏中点击，即可进入搜索界面，此时搜索功能就是界面的主体。

图3-50 全屏弹窗突出主体

当界面中的主体达到最大值时，也就是主体进行全屏显示，占据整个屏幕时，就不需要突出主体了，因为只有主体，背景已经看不见了。而这时的界面会让人觉得是一个新的界面，但其实它只是一个全屏的弹窗，用于突出当前的操作功能，如图3-50所示。

● 简单法则

人的眼睛喜欢在复杂的形状中找到简单而有序的对象，当人们在一个设计中看到复杂的元素时，眼睛更愿意将它们转换为单一、统一形状，并尝试从这些形状中移除无关的细节来简化这些元素。所以，在UI设计中要力求简洁，通过简单标准的图形来表现界面的功能和内容。

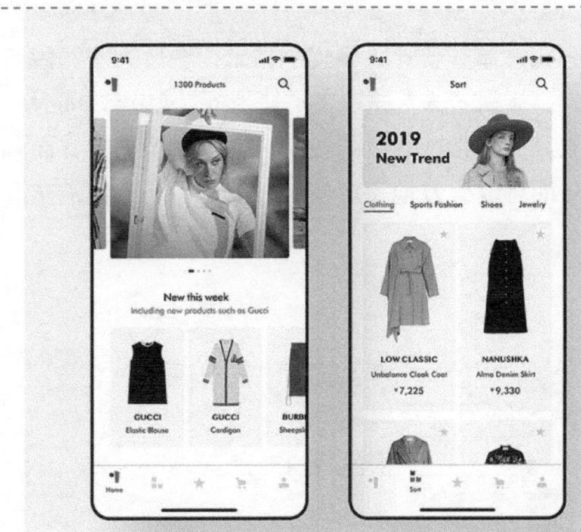

图3-51 服饰电商App界面设计

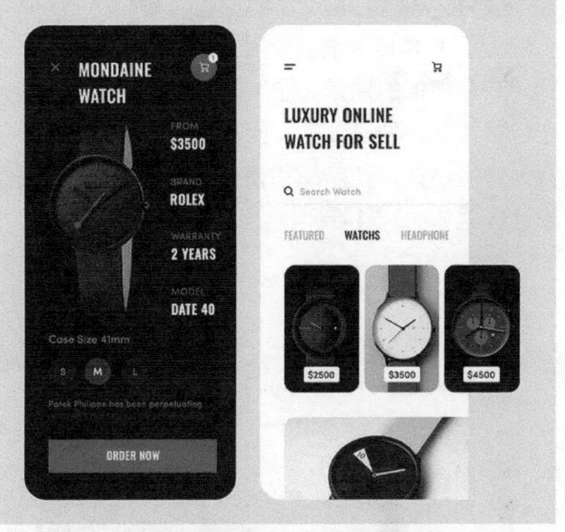

图3-52 手表电商App界面设计

大多数电商App界面都采用非常简洁的设计，从而突出界面中商品的表现效果。例如，图3-51所示的服饰电商App界面设计，所有商品的背景色都使用了与界面背景相同的纯白色，搭配简洁的说明文字，有效地突出了界面中服饰商品的表现效果。

图3-52所示的手表电商App界面设计，同样使用了极其简洁的设计风格，分别使用纯白色和深灰色作为商品列表和商品详情页的背景颜色，突出了产品的表现效果，并在界面中搭配少量大号文字，突出表现该产品的规格。购物车图标和购买按钮使用了红色进行突出表现，使得界面的功能效果简洁而突出。

● 共同命运法则

前面介绍的几个格式塔原理都是针对静态的图形，而“共同命运法则”则是针对运动的对象。共同命运法则和之前的相似性和接近性相关，都影响着人们感知物体是否在同一个组里，共同命运法则主要是指具有共同运动形式的对象被感知为是彼此相关的一组。

图3-53 底部功能图标的交互弹出动效

如图3-53所示，在该App界面的设计中，底部标签栏中的核心功能图标使用了交互弹出动效，即界面背景变暗和图标元素惯性弹出相结合，从而有效地创造出界面的视觉焦点，使用户的注意力被吸引到弹出的三个彩色的功能操作图标上，引导用户操作，当然这三个功能图标也会被视为一组。

3.4 UI的交互设计

交互设计的一个工作是规划概念模型，其目的是在交互设计的开发过程中保持使用方式的一致性。了解用户对产品交互模式的想法可以帮助我们挑选出最有效的概念模型。用户与产品的交互，更多表现为用户在产品UI操作上的体验。

3.4.1 用户青睐的交互设计模式

从用户角度来看，交互设计的本质是设计一种让产品易用、有效且让人愉悦的技术，它致力于了解目标用户和他们的期望，了解用户在与产品交互时彼此的行为，了解“人”本身的心理和行为特点，同时，还包括了解各种有效的交互方式，并对它们进行增强和扩充。交互设计的目的在于，通过对产品的界面和行为进行设计，让产品和使用者之间建立一种有机关系，从而可以有效地完成使用者的目标。出色的交互设计模式如图3-54所示。

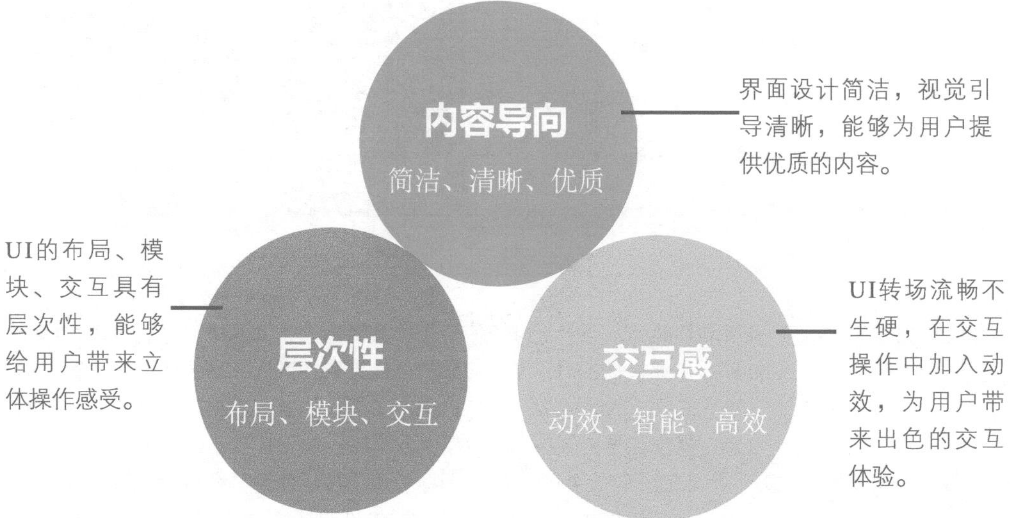

图3-54 交互设计模式

交互设计直接影响用户体验，它决定了如何根据信息架构进行浏览，决定了如何安排用户要看到的内容，并保证用最清晰的方式及适当的重点来展现合适的数据。交互设计不同于信息架构，就像设计和放置路标不同于道路铺设一样，信息架构决定了地形的最佳路径，而交互设计相当于放置路径并为用户画出地图。

3.4.2 如何提升产品转化率

转化率不仅仅局限于产品本身，还与产品界面中的按钮布局有关，这尤其体现在同类型的竞品对比中，小小的按钮布局也有很大的学问，而支撑这些的便是“手势的点击区域”。如图3-55所示为不同尺寸的屏幕手势点击范围及难易程度。

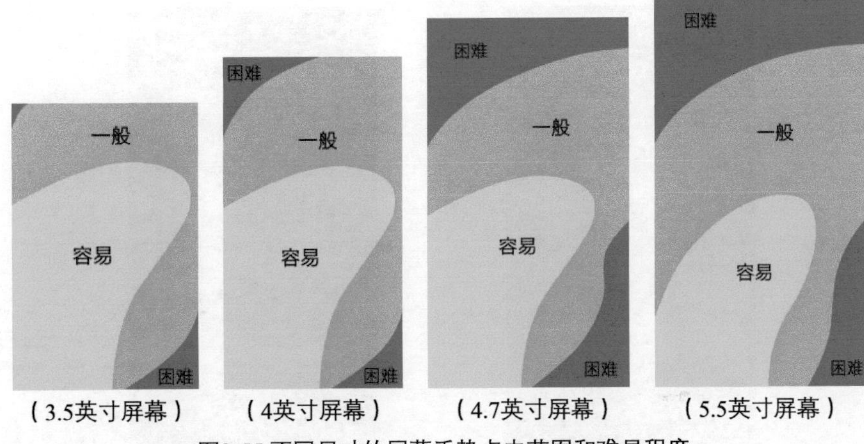

图3-55 不同尺寸的屏幕手势点击范围和难易程度

通过对不同尺寸的手机屏幕的手势点击区域分析，可以得到以下几个提升产品转化率的方法。

- 底部操作区域坚持50%法则

在UI设计中，通常会将一些功能操作按钮或图标放置在界面的底部，例如，在电商类App界面中，通常会将“加入购物车”“立即购买”等按钮放置在界面的底部，而这些按钮都是涉及转化率的关键功能操作按钮。所以一些涉及转化率的关键功能操作按钮，需要坚持50%法则，并且尽量靠近界面的右侧，因为大多数用户都是使用右手持机操作的。如图3-56所示为淘宝的商品详情页界面。

- 不要在界面中上区域放置关键功能操作按钮

通过观察不同尺寸手机屏幕的手势点击范围可以发现：屏幕中上方的点击一般比较困难，所以界面的中上方位置不适合放置关键功能操作按钮。如果一定要设置关键操作功能，可以考虑搭配交互手势，如图3-57所示为京东的商品详情页界面。

界面底部的“加入购物车”和“立即购买”按钮都属于提升转化率的关键功能按钮，将其放置在界面底部的右侧，便于用户点击。

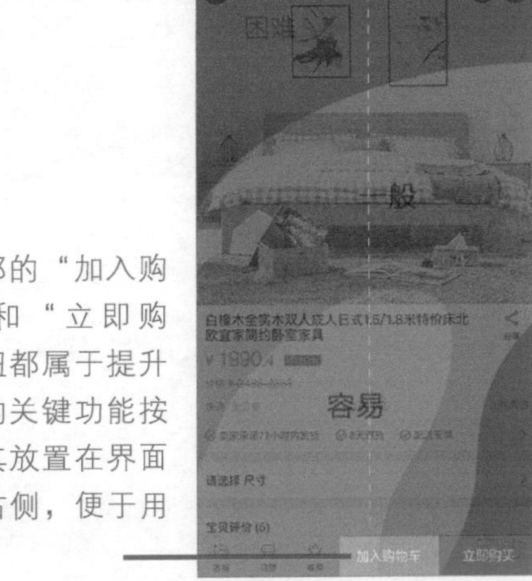

在界面的中上部分使用了大面积区域展示商品图片，并且提供了多张图片进行展示，因为该区域属于点击困难区域，所以在界面中使用了左右滑动手势的交互方式。

图3-56 淘宝商品详情页界面　图3-57 京东商品详情页界面

- 将返回功能点击困难化，有利于用户留存

通常情况下，在UI设计中都会将“返回”功能操作按钮放置在界面的左上角位置，如图3-58所示，因为该位置属于点击困难区域，用户单手操作时不容易点击，这样可以使用户留在当前界面中的时间更久一些。如果将“返回”功能按钮放置在界面底部的左下角位置，如图3-59所示，该区域属于最容易触发的点击区域，加上误操作的可能，非常不利于用户留存。

放置在点击困难区域，不利于用户点击，有利于用户留存。

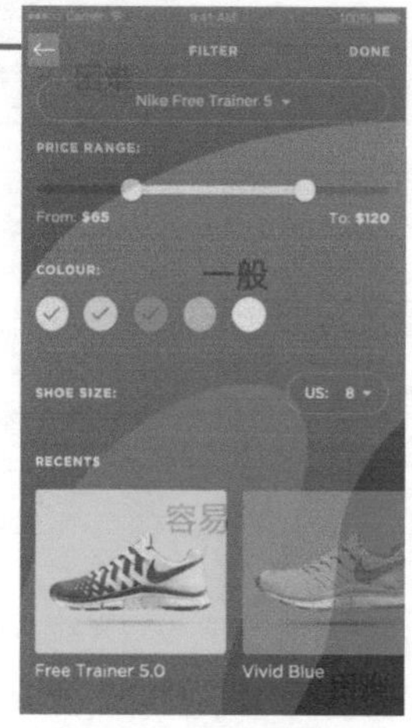

放置在容易点击区域，容易误操作，不利于用户留存。

图3-58 返回按钮放置在界面左上角　　图3-59 返回按钮放置在界面左下角

- 手势交互的触发区域最好位于容易点击区域

在UI设计中加入手势交互，是为了使用户能够更加方便、快捷地使用产品的相关功能，所以手势交互的触发难度也十分关键，通常需要将能够触发手势交互的元素放置在界面中容易点击的区域。

图3-60所示为一个App界面的手势交互动效设计，在该界面中的任意位置进行滑动操作，都可以切换当前界面所显示的内容，而每个界面中的重要功能操作按钮都位于容易点击的区域。

图3-60 手势交互动效设计

3.4.3 三种新颖的UI交互技巧

交互设计努力去创造和建立人与产品及服务之间有意义的关系，出色的UI交互设计能够有效提高界面的可用性，从而提升产品的用户体验。

- Tab浓缩

Tab浓缩是指将一组工具图标隐藏于某一个交互图标当中，只有当用户点击该图标时，才会以动效的方式显示出隐藏的相关功能操作图标，从而将界面更多的区域用于表现界面内容。

Tab浓缩这种交互方式的优势主要表现在以下几个方面：

交互布局新颖，能够突出界面中的主要功能和内容，隐藏低使用频率的次要功能。

降低用户的学习成本，创造出更加沉浸式的体验。

无工具栏的UI布局，可以加强界面内容的导向结构。

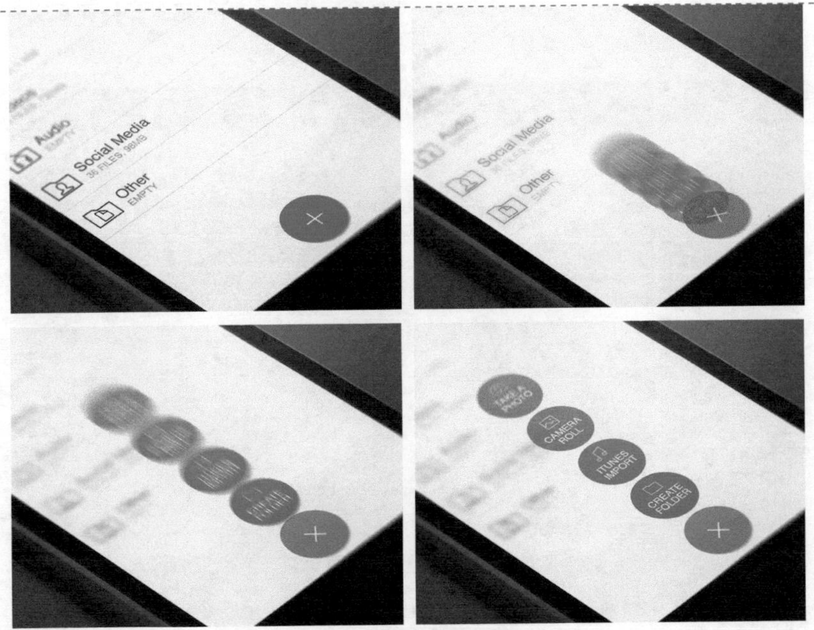

图3-61 界面动效设计

图3-61所示的界面动效设计，将一组工具图标默认隐藏在界面底部的“+”按钮图标中，当用户在界面中点击该图标时，隐藏的工具图标会以交互动画的方式呈现在界面中，非常便于用户的操作，再次点击底部的“×”按钮图标，会以交互动画的方式将相应的图标收缩隐藏，动态的表现效果给用户带来很好的体验。

● 创建沉浸式

沉浸式设计要尽可能排除用户关注内容之外的所有干扰，让用户能够顺利地集中注意力去执行其预期的行为，并且利用用户高度集中的注意力来引导其产生某些情感与体验。

界面设计的终极目标就是让人们根本感觉不到物理界面的存在，使交互操作更加自然，类似于现实世界中人与物的互动方式，并且随着技术的发展，这一天一定会到来。例如，用户在UI中进行阅读或欣赏音乐时，可以将界面中不需要的功能模块暂时隐藏起来，从而为用户创建沉浸式的体验。

图3-62 影视类App界面动效设计

图3-62所示是一个在线影视类App的界面动效设计，在界面中用户可以左右滑动选择感兴趣的内容，点击感兴趣的内容即可跳转到该内容的详情页界面，该详情页界面不仅包含了当前所选择视频的介绍信息，在界面底部还为用户推荐了相似的内容。可以发现用户沉浸的原因除了延展式的定制化内容之外，还采用了全屏的交互结构设计，并且将“返回”功能放置在界面左上角位置，利于用户留存。

图3-63 内容营销界面设计

图3-63所示的内容营销界面，让用户从模块复杂的首页跳转至一个专注于内容营销的界面，精美的设计风格、简洁的构图、引人入胜的文案综合在一起，带领用户逐步了解该新产品的原料及制作手法，最后再通过优惠券来诱惑用户，唤醒用户蠢蠢欲动的心。

● Z轴延展

当我们在对UI交互进行构思时，该如何让用户的操作更加便捷，让用户在多个界面或多个功能模块中进行快速切换？早在2014年，Google推出了Material Design设计语言，优秀的设计理念可以借鉴，如模拟三维空间的Z轴技巧，如图3-64所示。

图3-64 模拟三维空间的Z轴技巧实现的界面效果

Z轴延展的交互方式比较适合多任务之间的快速切换，提高用户在操作上的使用体验，这种交互方式的优势主要表现在以下几个方面：

交互形式新颖，操作感高，能够有效提升用户的操作体验。

不需要反复进行返回操作就能够快速返回到初始界面中。

层级清晰，X和Y轴为当前界面，Z轴为前任务流。

图3-65 音乐App界面交互设计

图3-65所示的音乐App界面设计，使用的就是Z轴延展的交互方式，音乐专辑的封面图片模拟了现实生活中卡片的翻转切换效果，在交互动效中通过图片在三维空间中的翻转来实现音乐专辑的切换，与现实生活中的表现方式相统一，更容易使用户理解。

3.5 优秀的UI交互具有哪些特点

交互设计的重点体现在界面中细节的设计。出色的细节设计可以使App在竞争中脱颖而出，它们可能是实用的、不起眼的衬托，抑或使用户印象深刻，为用户提供帮助，甚至让人流连忘返。

3.5.1 明确系统状态

系统应该在合理的时间里，通过合适的反馈来告知用户将要发生的事情，也就是说，UI必须能够持续为用户提供良好的操作反馈。移动App不应该引起用户不断的猜测，而是应该告诉用户当前发生的事情。

通过合理的交互动效就能够很好地为用户的操作提供合适的视觉反馈。对于移动端App的操作过程状态，交互动效能够为用户提供实时的告知，使得用户可以快速地理解发生的一切。

图3-66 文件下载交互动效

图3-66所示的文件下载交互动效，当用户点击下载图标后，该下载图标将会以交互动画的形式呈现整个下载过程，至最终文件下载完成后，图标变形成为一个完成图标的效果，整体给用户很好的指引和提示。

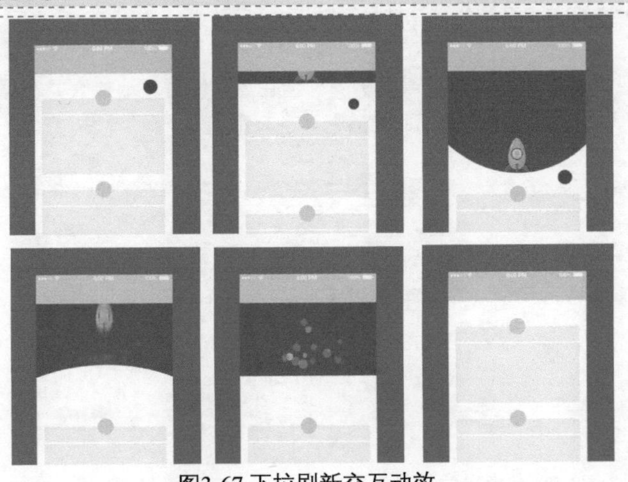
图3-67 下拉刷新交互动效

图3-67所示是移动端App界面设计中常见的下拉刷新操作的交互动效，这类交互动效引发了移动设备的内容设计创新。充满趣味性的刷新动效总是能够博得用户会心的一笑，给用户留下深刻的印象。

3.5.2 让按钮和操控拥有触感

UI中的元素和操控元件无论处于界面中的任何位置，它们的操控都应该是可感知的。通过及时响应输入，以及设计相应的操作反馈动画，能够为用户带来很好的视觉和动态指引。简单来说，对用户在界面中的操作行为给予视觉反馈，从而提升界面感知的清晰度。

合理的操作视觉反馈，能够有效满足用户对接收信息的欲望，当用户在移动端界面中进行操作时，时刻能够感觉到掌控一切，给用户带来很好的交互体验。

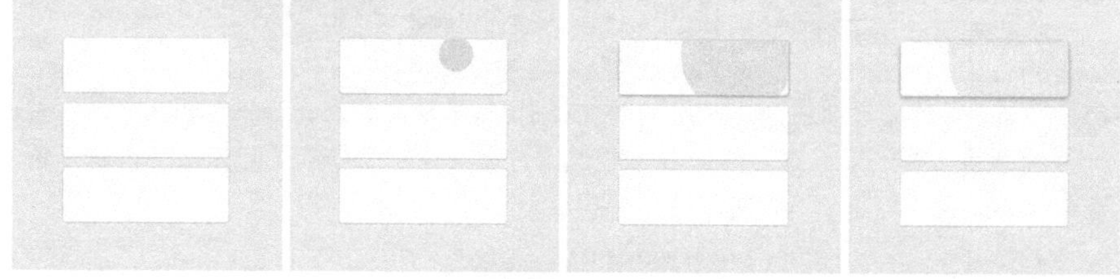

图3-68 反馈交互效果

在图3-68所示的交互效果中，界面中的每个选项都应用了相应的交互反馈动效，当用户在界面中点击某个选项时，该选项上就会出现浅灰色圆形，该圆形逐渐放大并消失，为用户提供很好的反馈，使用户明确知道当前操作的是哪个选项。

3.5.3 有意义的转场动效

可以借助交互动效的形式让用户在导航和内容之间流畅地切换，来理解屏幕中布置的元素变化，或以此强化界面元素的层级。界面中的转场动效设计是一种取悦用户的手段，能够有效地吸引用户的注意力。在移动设备上显得尤其出色，毕竟方寸之间容不下大量信息的堆砌。

图3-69 iOS系统的默认转场动效

图3-69所示为iOS系统默认的转场动效设计，当用户在系统界面中点击某个文件夹，该文件夹图标会在当前位置逐渐放大；点击某个应用图标之后，该应用图标同样会在当前位置逐渐放大并占据整个屏幕，从而转场过渡到该App界面中，所有的转场效果都非常清晰并且有意义。

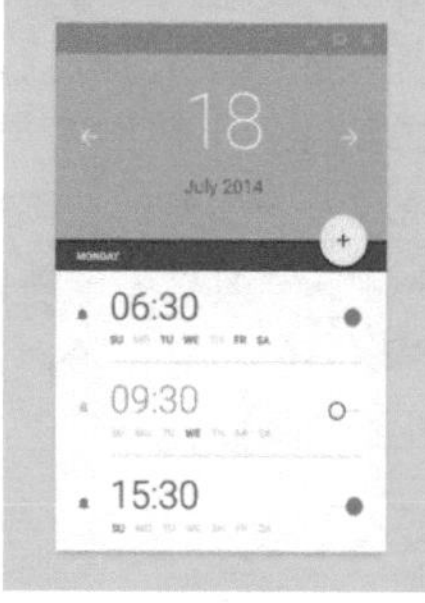

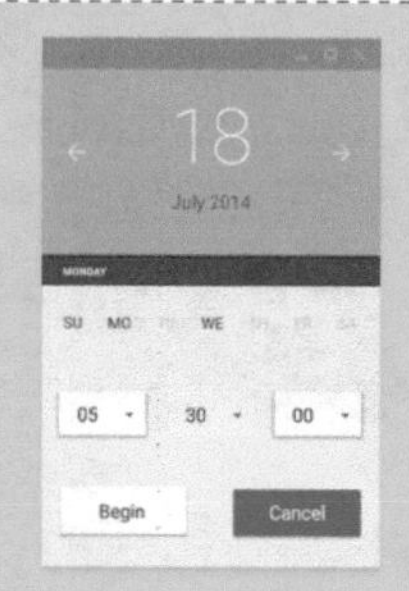

图3-70 有意义的转场动效

图3-70所示的转场动效，通过元素的流动和颜色的变化来实现转场的动画效果，当用户在界面中点击黄色的功能操作按钮后，该元素会移至界面的下方并逐渐放大填充整个界面的下半部分，并显示相应的选项，界面的转场切换轻松流畅，并且能够很好地使两个界面之间产生关联。

3.5.4 帮助用户开始

合理的载入体验与交互动效设计，能够给初次接触该移动端App的用户带来极大的冲击，它们在信息载入过程中发挥了重要作用。当用户在进入该App时，动画的表现形式能够突出最重要的特性和操控，给用户提供及时的引导和帮助。

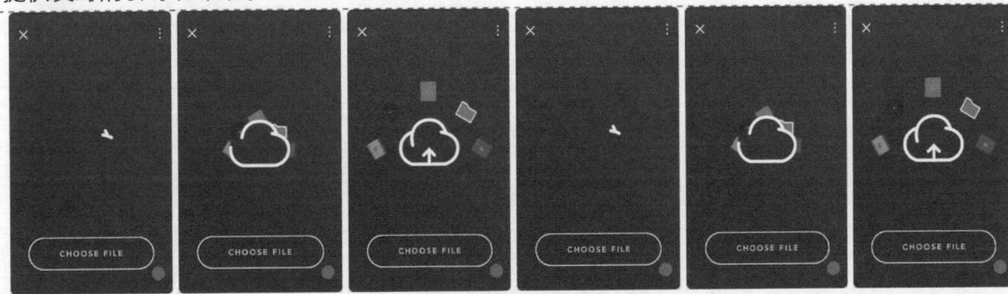

图3-71 App启动初始界面动效

图3-71所示为App启动后的初始界面，该初始界面通过演示动效的形式向用户展示了该App的主要功能和特点，为用户提供必要的信息，能够引导用户高效地达到相应的操作目的。

3.5.5 强调界面的变化

在许多情况下，界面中的动效有助于吸引用户对界面中重要细节的注意和关注。但是在界面中应用这类动效时需要注意，确保该动效服务于界面中非常重要的功能，为用户提供良好的视觉指引，而不是为了界面更炫酷而盲目地添加动画效果。

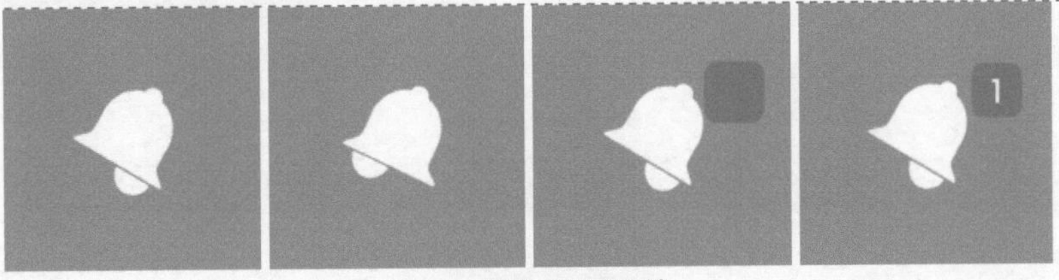

图3-72 通知图标动效

图3-72所示是一个常见的通知图标，默认状态下该图标以静态效果显示，当用户接收到新的通知信息时，该图标将左右摇晃并在图标右上角显示未读信息数量，从而更好地吸引用户的关注。

3.5.6 需要注意的细节

在界面中应用交互动效时应该注意以下几个方面的细节：

● 交互动效在界面中几乎是不可见的，并且完全是功能性的

确保交互动效的服务功能，不要让用户感觉到被打扰。对于常用的及次要的操作，建议采用适度的响应；而对于低频的、主要的操作，响应则应该更有分量。

● 了解用户群体

根据前期的用户调研和目标受众群体，可以使界面中所设计的交互动效更加精确、有效。

● 遵循KISS原则

在界面设计中，过多的交互动效会对产品造成致命的伤害。交互动效不应该使屏幕信息过载，造成用户长时间的等待。相反，它应该迅速地传达有价值的信息来节省用户的时间。

- 与界面元素视觉效果统一

在界面设计中，交互动效应该与App的整体视觉风格相协调，营造出和谐、统一的产品感知。

3.6 本章小结

本章主要对UI的布局特点、常见布局方式进行了介绍，使读者对UI的布局有更深入的了解。通过对格式塔原理的讲解，使大家在UI设计中能够更好地提升UI的可用性。并且还对UI交互的表现方式和特点进行了介绍，使读者对UI的交互有更深入的了解，便于后面的学习。

读书笔记

第4章 界面元素的交互设计

用户与产品UI的交互，不仅能够体现产品与用户之间的互动，使用户快速掌握产品的使用方法，更是互联网营销的基础。UI元素的交互体验更多表现为呈现给用户在界面操作上的体验，重点强调的是UI的可用性和易用性。本章将向读者介绍UI交互设计的细节与表现方式，使用户能够理解并掌握UI中不同元素的交互表现形式，从而有效地提升UI的交互体验。

4.1 UI设计元素——文字

UI中字体的选择是一种感性的、直观的行为，设计师可以通过字体来表达设计所要表达的情感。但是，需要注意的是选择什么样的字体要以整个产品UI的设计风格和用户的感受为基准。

4.1.1 衬线字体与无衬线字体

中文字体种类大致可以分为：宋体、黑体、仿宋、楷体、其他（变体字）。

拉丁文字是按照语音来记录资讯的语言，是从A至Z按照一定顺序排列的26个字母。拉丁文字体种类大致可以分为：衬线体、无衬线体、意大利斜体、手写体、变形字体。

本节主要向读者介绍一些比较常用的衬线字体和无衬线字体，如图4-1所示为衬线字体与无衬线字体的效果对比。

图4-1 衬线字体与无衬线字体效果对比

- 衬线字体

所谓衬线是指位于字母笔画结构之外，边缘的装饰部分。有衬线的字体被称为“衬线字体”。衬线字体的每一个字母在文字笔画开始、结束的地方都有额外的修饰，虽然笔画粗细会有差异，但能在每个字母之间产生较强的联系性。

衬线字体具有复古传统的曲线美，个性鲜明、张力十足，通常用在时尚奢侈品牌、复古海报等设计中。

图4-2 UI中衬线字体与无衬线字体的应用

衬线字体在移动端App界面中的应用比较少，通常只会出现在启动界面、广告界面或者UI的标题文字部分，因为其特殊的字体结构，当字体较小时，会导致字体不易读。图4-2所示的两个移动端App界面设计，都在标题部分使用了大号的衬线字体，而正文内容则使用无衬线字体，这样可以使界面体现出优雅与精致感。

● 无衬线字体

无衬线字体是相对于有衬线字体而言的，无衬线的文字就是指字体的每一个笔画结构都保持一样的粗细比例，没有任何修饰，容易将人们的目光吸引到单个字母上。与有衬线字体相比，无衬线字体显得更为简洁、富有力度，给人一种轻松、休闲的感觉。

无衬线字体通常比较简约，具有现代感，比较适用于网页、移动端App等界面设计中。

图4-3 网站UI设计

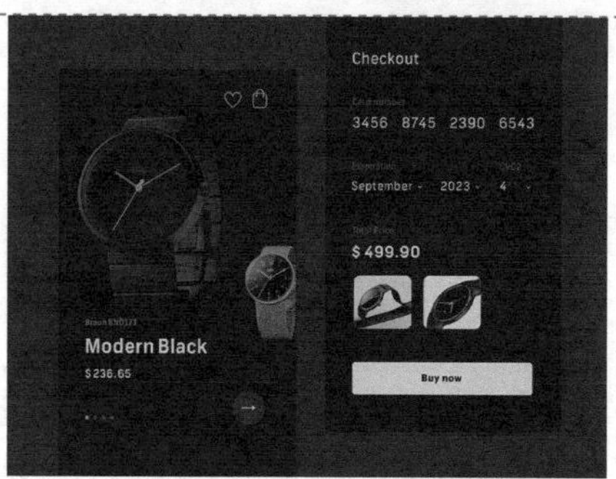

图4-4 手表电商App界面设计

图4-3所示的网站UI设计，使用无彩色作为界面的主色调，与产品的深灰色相呼应，表现出强烈的质感，局部点缀少量红色，突出重点功能按钮的表现，使用无衬线字体表现文字内容，简洁，具有现代感。

图4-4所示的手表电商App界面设计，使用深暗的灰蓝色作为界面的主色调，体现出产品的高档与质感，界面设计非常简洁，只有产品图片和少量必要的文字信息，没有其他任何装饰，使用无衬线字体表现文字内容，简洁而富有力度。

4.1.2 UI中的字体应用

在移动端UI的设计中，通常都会使用智能手机操作系统默认的字体进行设计，尤其是UI中的中文字体很少进行改动。但是一些产品为了营造特殊的格调会在App中嵌入字体，由于数字字体包占用内存较小，所以嵌入数字字体的情况比较常见。如图4-5所示为在App中嵌入了数字字体。如图4-6所示为在App中嵌入了英文衬线字体。

在App中嵌入粗壮的数字字体，从而突出表现界面中的成交数据。

图4-5 在App中嵌入数字字体

在App中嵌入英文衬线字体，使用衬线字体来表现文章的标题，起到突出的作用。

图4-6 在App中嵌入英文衬线字体

当然，如果是营销推广风格的产品界面或者广告界面，字体也是非常重要的元素之一，所以字体选择得合不合适对整个界面的格调与版式都会产生很大的影响，不同的字体能够营造出不同的视觉感受，如图4-7所示。

图4-7 字体营造不同的视觉感受

4.1.3 在界面中尽可能只使用一种字体

在一个App中使用过多的字体会使界面看起来非常混乱和不专业，减少界面中字体的类型数量可以增强界面的排版效果。通常情况下，在App界面中使用1~2种字体就可以了，在设计App界面时，可以通过修改字体的字重、样式和大小等属性来优化界面的布局效果。

在UI设计中使用不同大小的字体对比，可以创建有序的、易理解的布局。但是，在同一个UI中如果使用太多不同大小的字体，会显得很混乱。

图4-8 App界面中的字体

图4-9 App界面中的字体

图4-8所示的App界面只使用了一种字体进行排版设计，通过在界面中设置不同的字号大小、字体颜色及字体的粗细来区分不同信息的重要程度，从而使界面整体具有很强的统一性 ，并且能够有效地突出重点信息。

图4-9所示的App界面设计，文字内容相对较少，使用大号的蓝色加粗文字来表现最重要的文字信息，次要的文字信息则使用小一些的蓝色文字表现，而说明文字内容则使用更小的浅灰色文字，使得界面中的文字信息层次分明。

在移动端UI设计中，通常普通的文字内容使用中性的黑白灰来表现，而界面中重要的信息内容则使用与界面形成强对比的色彩进行突出表现，使其成为界面的视觉焦点，这样可以使用户的注意力更加集中。

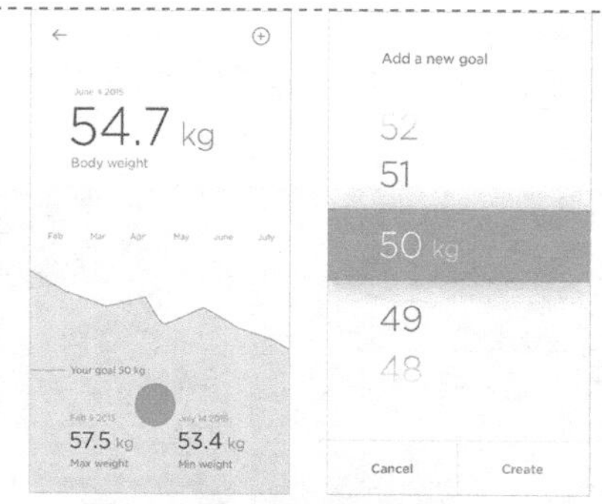

图4-10 App界面设计

图4-10所示的移动端App界面设计，使用纯白色作为界面的背景主色调，界面中没有使用任何装饰性元素，使得界面中的信息内容表现非常直观、清晰。在界面中被放大处理的字体和显眼的色彩在整个界面中更具有视觉吸引力，无须更多的提示，用户就知道眼睛应该看向哪里。

4.1.4 如何体现文字的层次感

在UI设计中，文字部分的层级区分是决定一个界面是否具有层次感的重要因素。一般字体可以进行调整的部分除字体色相外，还包括字号大小、字重（粗细）、色彩明度等，其中字号大小是拉开文字层级的首选方法，如果通过字号大小的调整不足以清晰地区分层级时，再去考虑字体是否加粗，如图4-11所示。

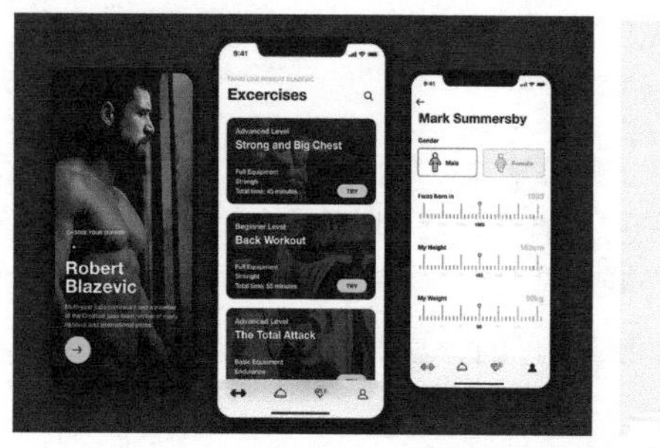

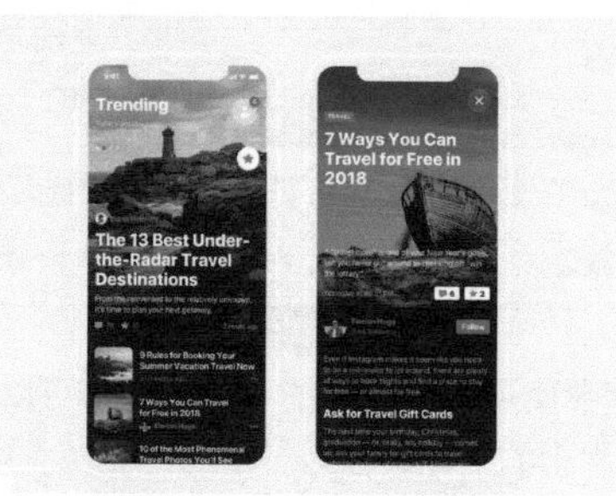

图4-11 体现文字层次感

与海报或广告设计相似，UI设计也需要有主题文字来吸引读者的视线，需要让用户一眼看到的是产品所要传递的重点。如果当前界面中的文字层级过多，通过字号大小及加粗处理都无法很好地处理文字信息层级时，再考虑色彩明度的调整，因为过多的明度变化会让界面显得不够干净。而倾斜字体在UI设计中很少使用，除非一些特殊的标题需要通过将字体倾斜来增加趣味感。

图4-12所示的两个UI中的文字信息列表设计，第一层标题文字的大小、字重与明度都与第二层的说明文字内容拉开了对比，这样的处理方式可以使标题的表现更突出，使用户在界面中有视觉焦点，从而使界面具有视觉层次感。

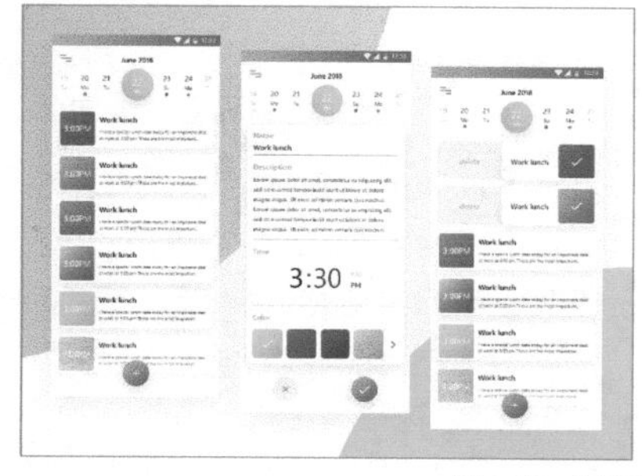

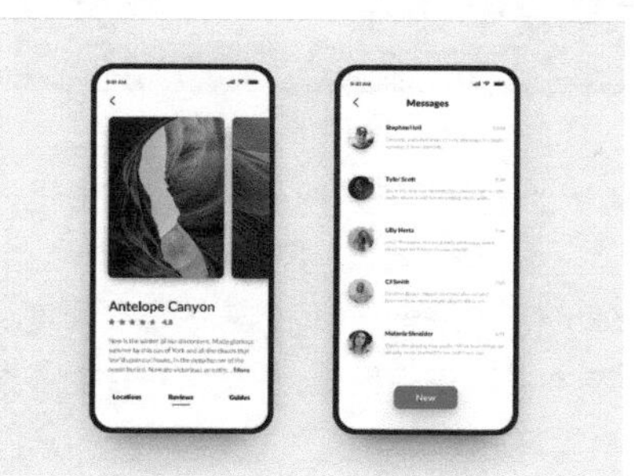

图4-12 文字信息列表设计

4.1.5 文字适配的四种方式

文字的适配形式也可以很好地体现出UI的层次感，其中最不确定的因素就是文字的长度了，文字适配的好与坏对用户有非常直接的影响。常见的文字适配方式有以下四种，当然这四种适配方式也可以相互组合。

● 换行

换行的适配方式多出现在多行的文本信息中，并且当前界面的信息展示较为重要时，或者当前界面无二级界面时，必须通过换行的方式来显示全部内容信息，如图4-13所示为采用换行适配方式处理文字内容的界面。

图4-13 换行适配处理文字内容

● 超出省略

超出省略的适配方式需要当前省略的信息界面有二级界面，并且二级界面点击频率较高，或者当前需要省略的文字内容是非重要信息，如图4-14所示为采用超出省略适配方式处理文字内容的界面。

在该部分列表中，说明文字占据两行，当超出两行时，则进行省略处理，在结尾处显示省略符号。

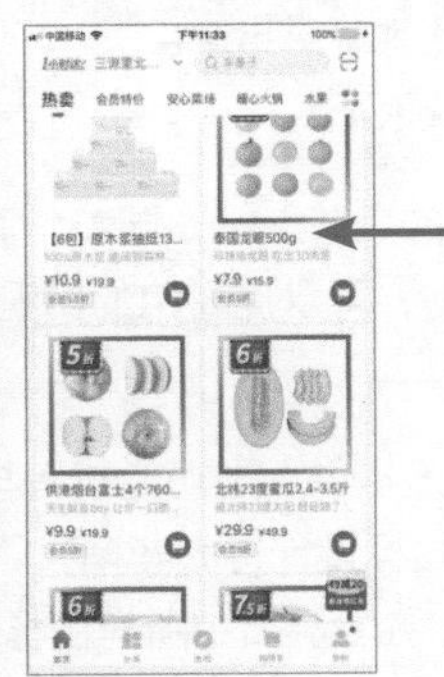

商品标题和商品说明文字都只能占据一行空间，当内容过多时，则进行省略处理，在结尾处显示省略符号。

图4-14 超出省略适配方式处理文字内容

● 缩字号

缩字号的适配方式是指根据手机屏幕的尺寸大小，UI中的文字字号大小会自动进行缩放，保证文字内容可以在当前界面中完整地显示。这种适配方式适用于文本内容尽可能在一行中显示，并且信息内容对于当前界面比较重要时。如图4-15所示为采用缩字号适配方式处理文字内容的界面。

电商类App的首界面，运营区域的标题与描述文字，基本只出现在当前界面，所以需要在当前界面中能够完整显示，但是错行会导致美观度大打折扣，所以缩字号是最好的处理方式。

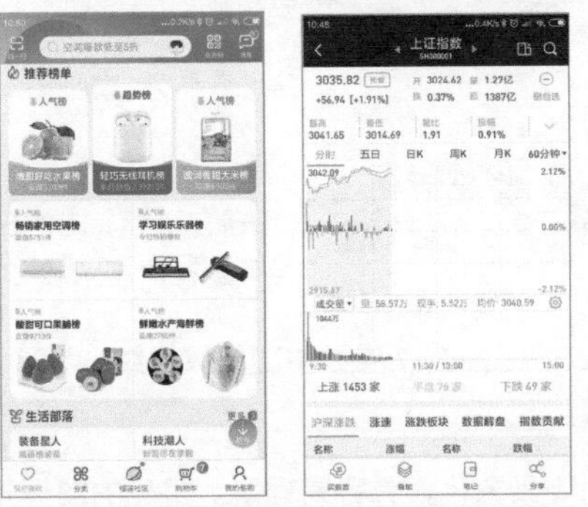

在股票类App界面中，单个界面中的信息较多，并且大多数信息都比较重要，都需要能够在当前界面中完整地显示，这种情况同样适用缩字号的适配方式。

图4-15 缩字号适配方式处理文字内容

- 限定字符

限定字符的适配方式在UI设计中比较常用，防止文本适配出现问题最根本的解决方法就是限定所显示的字符数量，适用于非用户主观输入的信息，或者可以预期用户的最大字符数量时。例如，在新闻类App中通常都会采用限定字符的方式对新闻标题的字符数量进行限制，如图4-16所示。

图4-16 限定字符方式限制显示字符数

4.2 UI设计元素——图标

图标是UI设计中的重要元素，也是视觉传达的主要手段之一。图标应当是简约的，作为视觉元素应当能让用户立即、快速地分辨出来。

4.2.1 图标的功能

图标是UI设计中的点睛之笔，既能辅助文字信息的传达，也能作为信息载体被高效地识别，并且图标也有一定的装饰作用，可以提高UI的美观度。

- 明确传达信息

图标在UI中一般是提供点击功能或者与文字相结合提供选项描述功能的，了解其功能后要在其辨识度上下功夫，不要将图标设计得太花哨，否则用户不容易看出它的功能。好的图标设计是只要用户看一眼外形就知道其功能，并且界面中所有图标的风格都需要统一，如图4-17所示。

图4-17 界面中图标风格统一

- 功能具象化

图标设计要使移动端UI的功能具象化，更容易理解。常见的图标元素本身在生活中就经常见到，这样做的目的是使用户可以通过一个常见的事物理解抽象的移动端UI功能，如图4-18所示。

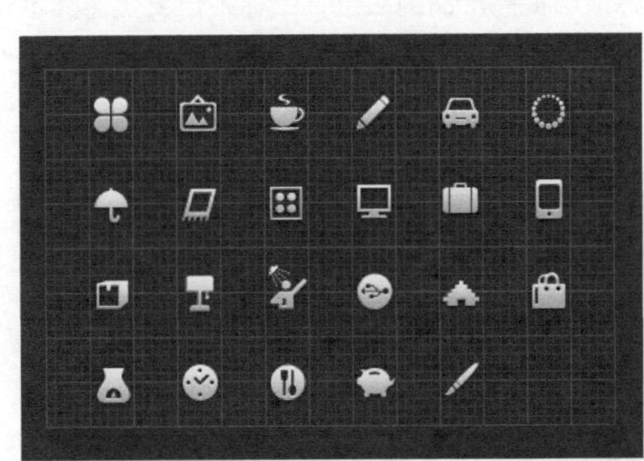

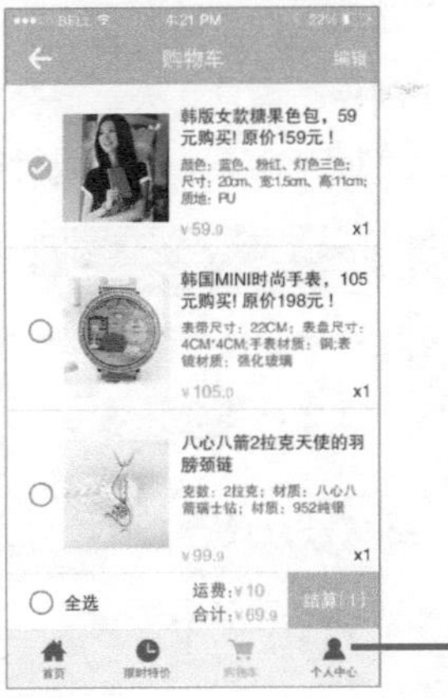

简约象形图标与文字相结合，表现重要的选项或功能。简约图标通常都采用纯色进行设计。

图4-18 图标功能具象化

● 娱乐性

优秀的图标设计，可以为移动端UI增添动感。UI设计趋向于精美和细致，设计精良的图标可以让所设计的界面在众多设计作品中脱颖而出，这样的UI设计更加连贯、富于整体感、交互性更强，如图4-19所示。

图4-19 线框图标设计

● 统一形象

统一的图标设计风格形成UI的统一性，代表了移动端App的基本功能特征，凸显了移动端App的整体性和整合程度，给人以信赖感，同时便于记忆，如图4-20所示。

图4-20 界面中的图标形象统一

● 美观大方

图标设计也是一种艺术创作，极具艺术美感的图标能够提高产品的品位，图标不但要强调其示意性，还要强调产品的主题文化和品牌意识，图标设计被提高到了前所未有的高度，如图4-21所示。

图4-21 美观大方的图标设计

4.2.2 图标的类型

关于图标的类型目前还并没有很权威的分类，我们可以根据图标的主要用途将其分为两大类：功能型图标和展示型图标。

● 功能型图标

功能型图标是指在UI中用来表示某一处功能或者某一个链接跳转，通常来说，在界面中用户可以点击的图标都可以认为属于功能型图标。功能型图标的典型应用场景就是iOS系统中的底部标签栏，以及Android系统中的Material Design设计风格中的侧滑菜单选项中的图标。

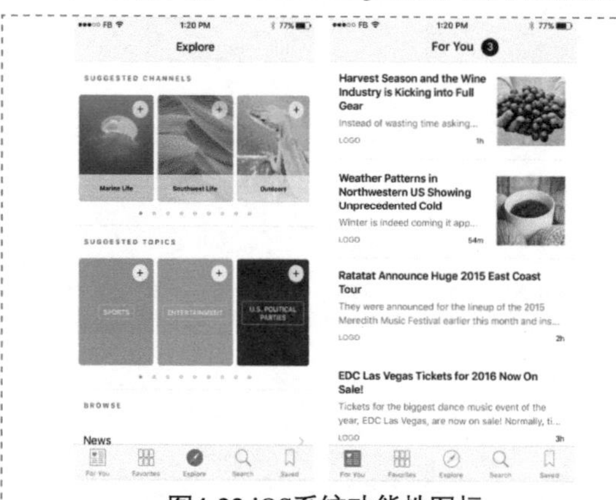

图4-22 iOS系统功能性图标

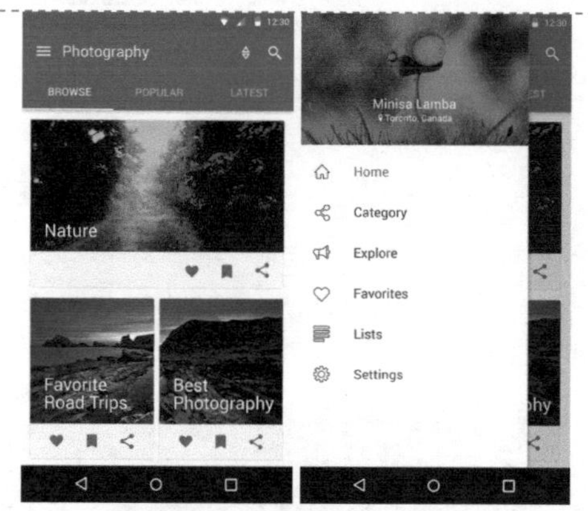

图4-23 Android系统图标设计

如图4-22所示，在iOS系统应用程序的底部标签栏中，我们可以看到统一设计风格的系统功能图标，并且这些图标使用了特殊的颜色进行突出表现，从而使用户明确当前所在的位置。底部标签栏图标往往代表一个页面或版块。

在Android系统的Material Design设计风格的界面设计中，侧滑导航菜单中的每个选项都采用了极简的纯色图标，如图4-23所示，通过图标与文字的结合，使得菜单功能的表现更加明确、醒目。

● 展示型图标

通常来说，展示型图标主要是指App的启动图标，该类图标代表了一款移动端App的属性、气质及品牌形象等，也是用户首先看到的内容，设计时应该尽可能给用户留下深刻印象。

图4-24 展示型图标

与功能型图标相比，展示型图标更加具有“设计感”，更独特、有内涵，以及具有高辨识度，如图4-24所示。目前，移动端的展示型图标通常使用扁平化的设计风格，在保持图标简洁、直观的同时，为简约的图形添加微渐变和微投影，并且这一系列图标都保持了统一的设计风格。

4.2.3 图标的表现形式及适用场景

UI中的图标具有多种表现形式，如线性图标、面性图标等，不同表现形式的图标适用于不同的场景，本节将向读者介绍UI中图标的常见表现形式及适用场景。

● 线性图标

线性图标是由直线、曲线、点等元素组合而成的图标样式。线性图标通常只保留了需要表现的功能的外形轮廓，切记线性图标的细节不要过多，否则会引起图标意义的混乱。线性图标轻巧简练，具有一定的想象空间，并且不会对界面产生太大的视觉干扰。

由于线性图标的视觉层级较轻，通常在界面底部标签栏未点击状态时使用线性图标，如图4-25所示。

图4-25 底部标签栏使用线性图标

如果界面中的功能入口较多，通常也会使用线性图标，如图4-26所示，但是线性图标很少作为主要功能入口。

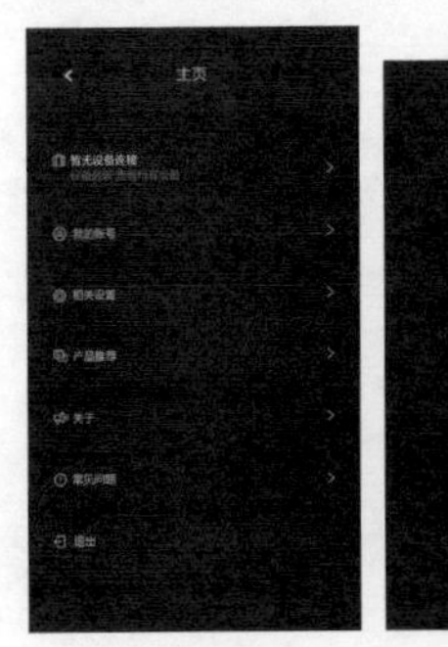

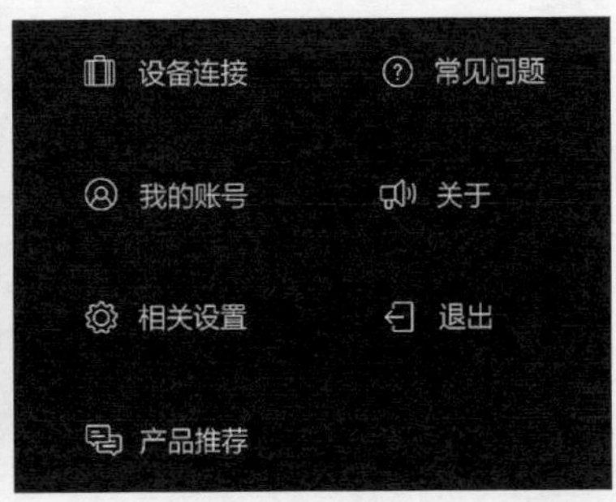

为界面中的各菜单功能选项搭配相同设计风格的线性图标，从而便于用户区分不同的菜单选项，也使得界面的表现不会过于单调。

图4-26 功能入口使用线性图标

线性图标不宜过于复杂，尤其面积越小越要简练，一些功能入口图标由于面积比较大，可以多设计一些细节，从而防止视觉上的单调。对于线性图标的设计，通常会采用断点、粗细线条结合、图形点缀等多种方式去描绘，如图4-27所示。

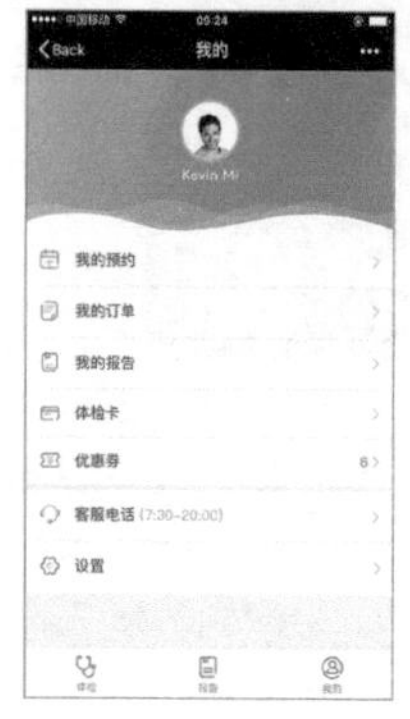

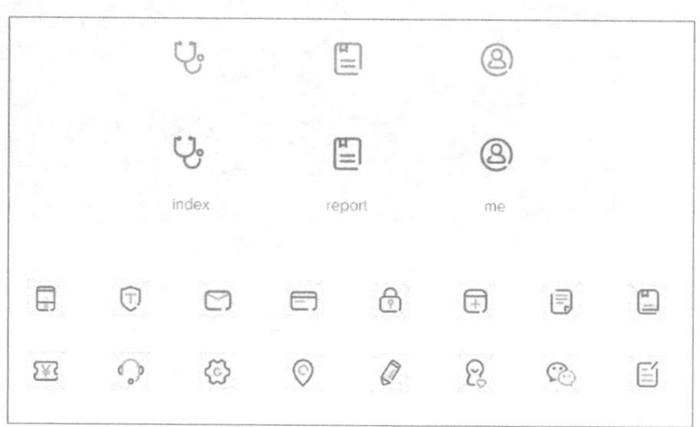

图4-27 线性图标设计

另外，需要注意，纯色线性图标适用于大部分常规产品，而多色线性图标显得更活泼、年轻，视觉层级上来说，多色线性图标的视觉层级较高。如图4-28所示为多色线性图标在界面中的应用。

多色线性图标的使用可以使UI看起来更加活泼、年轻。

图4-28 多色线性图标在界面中的应用

● 面性图标

面性图标更容易吸引用户的视觉，而且面性图标与按钮类似，能够给用户一种可点击的心理预期，通常UI中重要的功能入口都会使用面性图标来表现。

面性图标又分为反白和形状两种，反白图标是指底部有图形背景衬托，这种图标一般是最高层级的图标，常用于首页标签式布局，通常情况下一屏不超过10个。如图4-29所示为一个电商App中的反白面性图标设计，通过这些图标突出表现该App中的重要功能入口。

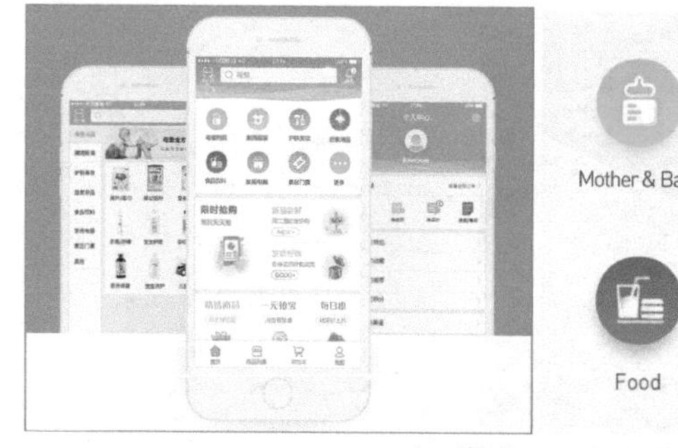

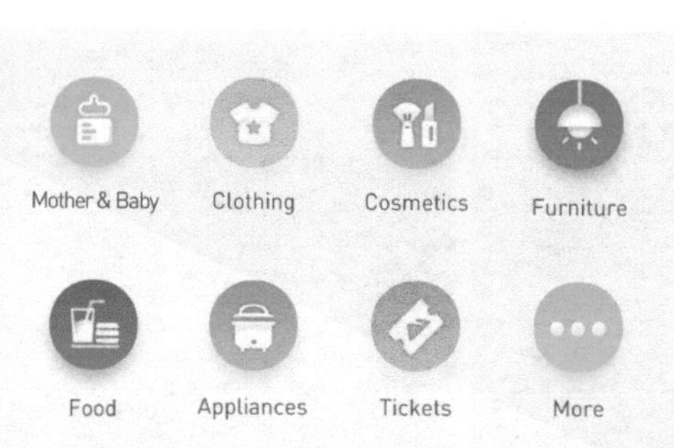

图4-29 电商App中反白面性图标设计

形状图标是指没有底部背景衬托，只由形状图形组成的图标，这种图标应用较为广泛，设计的方法也没有固定的章法，唯一需要注意的是图形风格要与UI相统一。如图4-30所示为一个电商App的界面设计，界面中重要的功能入口使用了高饱和度彩色反白面性图标设计，底部标签栏中的图标则使用了纯色形状面性图标设计。

图4-30 电商App界面中的图标设计

提示

面性图标的视觉层级较重，通常用于表现 UI 中重要的功能入口，如果界面中一些视觉层级比较低的文字需要使用图标点缀，尽量选择使用线性图标。

● 线面结合图标

线面结合图标比纯线性或者面性图标多了一些设计细节，视觉层级也比较高，通常用于UI中的功能入口、空状态、标签栏等。需要注意的是，线面结合图标比较年轻、文艺，所以属性比较稳重的产品不太适合。如图4-31所示为一款医疗App界面中的图标设计，为了便于在界面中突出不同的病症分类选项，采用了线面结合的方式设计图标，从而突出功能入口的表现效果。

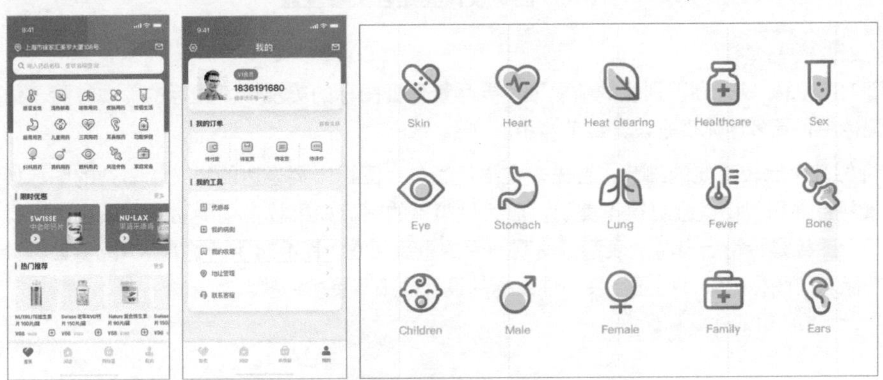

图4-31 医疗App界面中的图标设计

4.3 图标交互的意义

图标在我们的日常生活中随处可见，如交通标志，公共场合的禁烟标志，或者车站里的位置指向标等。相比文字来说，图标的意义在于可以让人们在较短的时间认知信息，并且图标设计可以大大地提升视觉美感。

4.3.1 预见性

图标存在的最大意义就是为了增强用户在UI中获取信息的效率，所以一些图标为主的功能入口要做到脱离文字也可以让用户通过图标了解到该功能入口的属性。如果所设计的图标仅仅追求轮廓或者形状的美观而失去了识别性，这样就本末倒置了。如果一些比较抽象的图标很难通过图形让用户一眼识别，就要尽量地去贴合表意，进行相关元素的联想，如图4-32所示。当然有些以文字内容为主的装饰性图标就不需要这么强的识别性了，但也需要贴合文字内容主题去设计，如图4-33所示。

界面中的主要功能入口使用相同设计风格的线性图标并与简单的文字说明相结合，表现效果更加直观，容易引起用户注意。

图4-32 图标的联想设计

以文字描述为主的功能入口，为每个文字链接搭配简约的线性图标，主要是为了丰富界面的表现效果，此处的图标只起到装饰性作用。

图4-33 图标设计要贴合文字主题

4.3.2 美观性

在保证UI中图标具有高识别度的前提下，要尽量保证图标的美观性。图标的美观性除了体现在常规的造型与配色中，更多地体现在设计细节当中。

这里介绍几个比较重要的细节，首先一定要清楚各个图标所要表达的意义，复杂的图标如果放在不重要的位置并且面积很小就会显得不美观，而太过简单的图标如果放在主要功能入口也会显得粗糙不精致，所以每个图标是否符合自身的表意是美观与否的重点所在。图4-34所示的音乐App界面设计，在该界面中重点功能入口图标的设计明显比装饰性图标的设计的细节更多一些。

重点功能入口图标，图标的设计细节更丰富。

装饰性图标，设计更加简洁。

图4-34 音乐App界面中的图标设计

另外，线性图标并不适合使用反白的方式表现，线条在视觉上很难压住背景底色，如果线性图标再添加底色背景就会使图标显得粗糙。如图4-35所示为线性图标使用反白效果，视觉效果并不是很清晰，如果图标尺寸较小，并且线条较细的话，则图标的视觉效果会更差。如图4-36所示为面性图标的反白效果，视觉效果比线性图标的反白效果要清晰很多。

图4-35 线性图标使用反白效果

图4-36 面性图标使用反白效果

4.3.3 统一性

一般产品的App界面中所包含的图标数量众多，所以图标的统一性就显得尤为重要。统一的图标可以提升产品的质感、信赖感，并且同一系列的图标如果保持样式上的统一可以降低用户认知成本，提升用户使用产品的效率，如图4-37所示。

在一个产品的App界面设计中，图标的风格应该保持统一，这样能够给用户统一的视觉感受。

图4-37 统一设计风格的图标

保证同一系列的图标从风格、视觉大小到线条粗细、断点、圆角、复杂程度、特殊元素上的绝对统一。面性、线性还是线面结合是最基础的统一，其次就是视觉大小的统一，这里需要解释一下为什么要称之为“视觉大小”。其实人的视觉是有误差的，完全保证两个图标的尺寸大小相等其实并不一定协调，如图4-38所示的两个图形，看上去左边的正方形要大一些。其实当我们为这两个图形添加辅助线后，会发现这两个图形的宽度和高度是相等的，如图4-39所示。这是因为在相同范围下，矩形的视觉面积更大，所以我们在设计图标时就需要主观地进行调整，使其视觉大小统一。

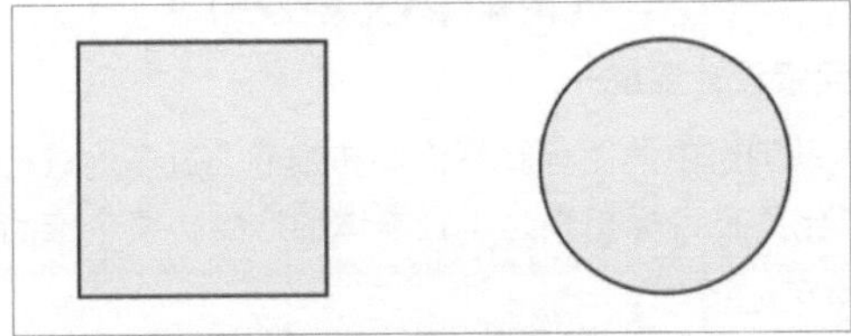

图4-38 正方形与圆形

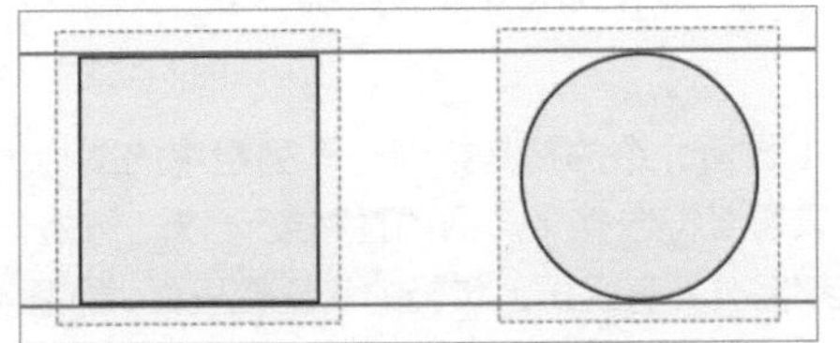

图4-39 两个图标宽度和高度相同

图标线条粗细统一、断点统一、圆角统一这些细节都是需要注意的地方，例如，同一系列的线性图标，其线条粗细为1pt，组成图标的所有线条粗细都保持1pt，如果要保留一些独特的设计风格，如外轮廓2pt、内线条1pt，那么这种设计语言也需要延续到每一个图标上。断点与圆角也是相同的道理，如果一组图标确定使用断点元素，那么每一个图标都需要有断点出现。而圆角是最容易忽视的图标细节，除了一组图标中要保持圆角的统一，单个图标也需要保持圆角细节的统一，如图4-40所示。

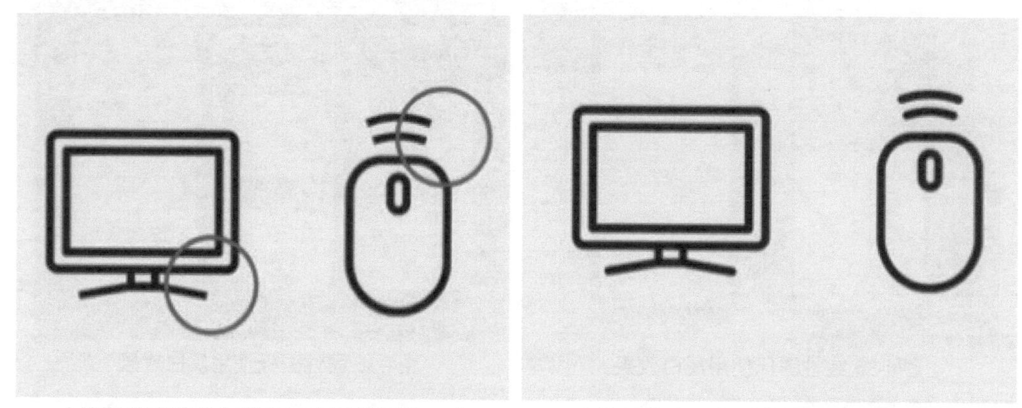

（线段端点尖角与整体圆角风格不统一） （线段端点圆角与整体圆角风格统一）

图4-40 图标细节设计要统一

复杂程度的统一是指同一组图标中所有图标的细节程度要统一，例如，一个图标细节丰富、轮廓清晰，那么这一组图标都需要保持这些细节，如图4-41所示。

（图标复杂程度不统一） （图标复杂程度统一）

图4-41 一组图标的复杂程度要统一

很多设计师在设计图标时，也喜欢加入一些特殊的元素来营造产品性格或者气氛，这种特殊元素同样需要保持统一，不然不仅无法营造氛围，反而会使界面变得杂乱，如图4-42所示。

（图标特殊元素不统一） （图标特殊元素统一）

图4-42 图标特殊元素设计要统一

上面所介绍的都是指同一系列组中的图标，不同系列组中的图标就不需要在细节上过多地进行统一了，只需要符合整个产品的性格就可以。例如，娱乐化并且目标用户为年轻群体的产品，整个产品中的图标都需要具有娱乐、年轻的气质在里面，如图4-43所示。

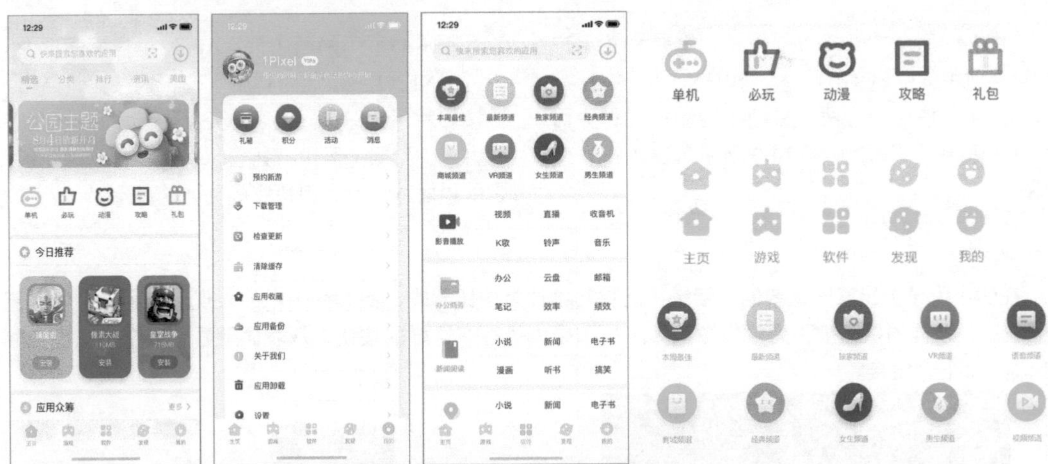

图4-43 具有娱乐化风格的图标设计

4.4 UI设计元素——按钮

按钮是UI设计中非常重要的元素之一，特点鲜明的按钮能够引导用户进行点击操作。UI中的按钮主要有两个作用：一是提示性作用，通过提示性的文本或者图形告诉用户点击后会有什么结果；二是动态响应作用，即当用户在进行不同的操作时，按钮能够呈现出不同的效果。

4.4.1 按钮的功能与表现

目前在UI中普遍出现的按钮可以分为两大类：一种是具有表单数据提交功能的按钮，这种我们可以称为“真正的按钮”；另一种是仅仅为了突出某个功能而将链接设计成按钮的样式，我们也可以将其称之为“伪按钮”。

● 真正的按钮

当用户在UI中的搜索文本框中输入关键字，点击“搜索”按钮后界面中将出现搜索结果；当用户在登录界面中填写用户名和密码后，点击“登录”按钮，即可以用会员身份登录App。这里的“搜索”按钮和“登录”按钮都是用来实现表单提交功能的，按钮上的文字说明了整个表单区域的目的，例如，“搜索”按钮的区域显然标明这一区域内的文本输入框和按钮都是为了搜索功能服务的，不需要再另外添加标题进行说明了，这也是设计师为提高UI可用性而普遍采用的一种方式。

通过以上分析我们可以得出，真正的按钮是指具有明确操作目的，并且能够实现表单提交功能的按钮。

图4-44 表单界面设计

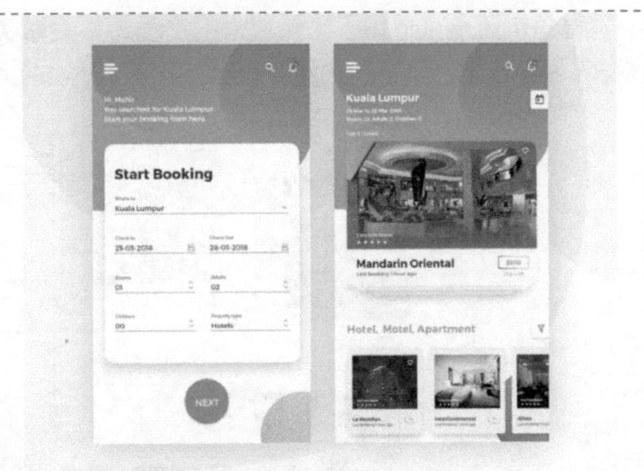

图4-45 酒店预定App界面设计

图4-44所示的表单界面设计，登录和新用户注册界面中的“LOGIN”和“SIGN UP”按钮都属于真正的按钮，这两个按钮都能够实现将界面表单元素中所填写的内容提交到服务器进行处理的作用。

图4-45所示的酒店预定App，酒店搜索界面中的“NEXT”按钮同样属于真正的按钮，点击该按钮后，会把该界面表单元素中所填写的信息内容提交到服务器进行处理，同时跳转到酒店预定的界面继续引导用户完成其他的操作。

● 伪按钮

在UI中为了突出某些重要的文字链接而将其设计为按钮形式，使其在UI中的表现更加突出，吸引用户的注意，这样的按钮被称为“伪按钮”。在UI中大量存在这样的按钮，从表面上看是一个按钮而实际上只提供了一个链接。

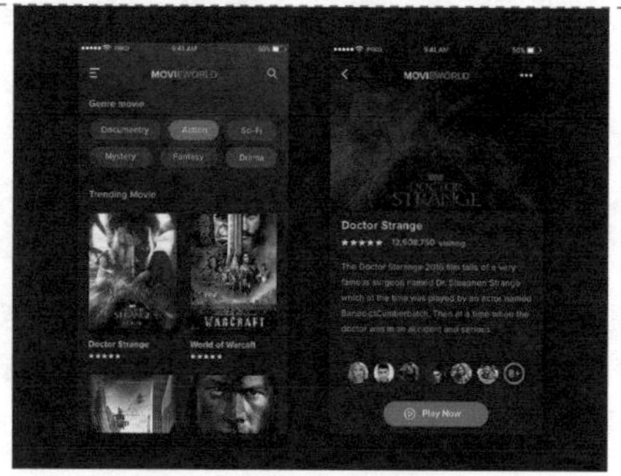

图4-46 影视类App界面设计

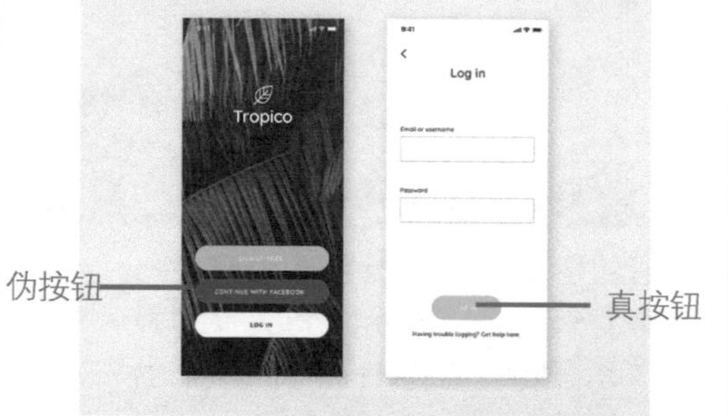

图4-47 App启动界面和登录界面

图4-46所示的影视类App界面，多处应用伪按钮的设计，无论是界面左侧顶部的影片类型选择，还是右侧界面底部的按钮都属于伪按钮，通过将文字选项设计成按钮的形式，从而有效突出其在界面中的视觉表现效果，引起用户的注意。

图4-47所示的App启动界面和登录界面，既包含伪按钮也包含真正的按钮。在左侧的启动界面中，三种登录方式使用了相同风格、不同颜色的按钮形式进行表现，用户点击某个按钮即可跳转到相应的界面。而右侧登录界面中的“LOGIN”按钮则是起到提交表单数据作用的真正按钮。

4.4.2 常见的按钮形状

在移动端App的使用过程中，我们常常需要通过界面中的各种按钮的引导来实现相应的操作，在实现UI的交互操作时，也几乎离不开按钮，本节将向读者介绍常见的交互按钮形状。

● 直角按钮

直角按钮通常适用于比较严肃的产品，如金融类App，直角的特性是显得专业化、国际化，但是目前在App界面设计中，纯直角的按钮设计并不多见。如图4-48所示为直角按钮在界面中的应用。

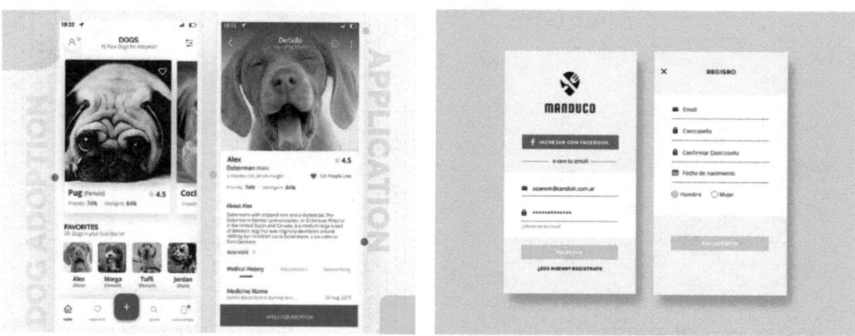

图4-48 直角按钮在界面中的应用

● 圆角按钮

圆角按钮是目前在UI设计中使用最广的按钮形式，圆角按钮比直角按钮的表现更活泼，微微的圆角几乎适用于所有类型的App产品。圆角按钮的特性是比较中性，既不会过于严肃也不会过于活泼。需要注意的是，在一款产品的所有UI设计中，所有圆角按钮的圆角角度需要保持一致。如图4-49所示为圆角按钮在界面中的应用。

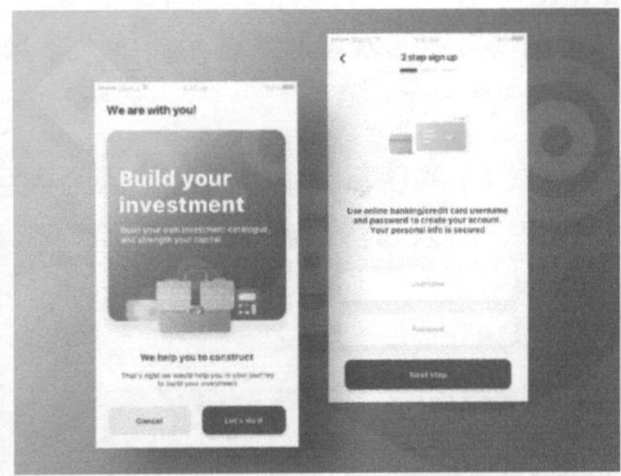

图4-49 圆角按钮在界面中的应用

● 全圆角按钮

顾名思义，全圆角按钮就是指圆角的度数达到最大，按钮两侧呈半圆形。全圆角按钮的特点是继承了圆形元素的特征：活泼、圆润，适用于比较活泼的产品UI设计。如图4-50所示为全圆角按钮在界面中的应用。

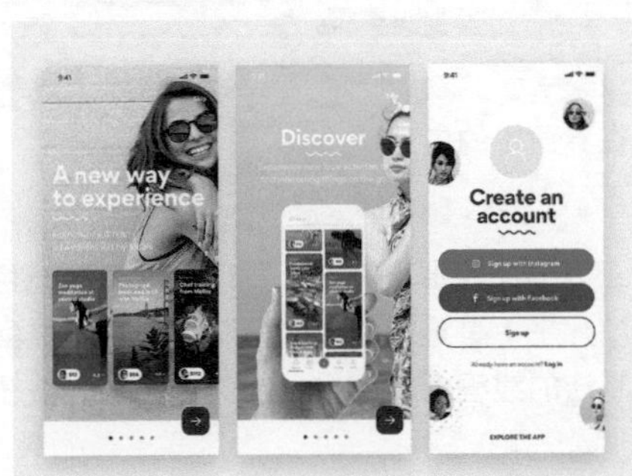

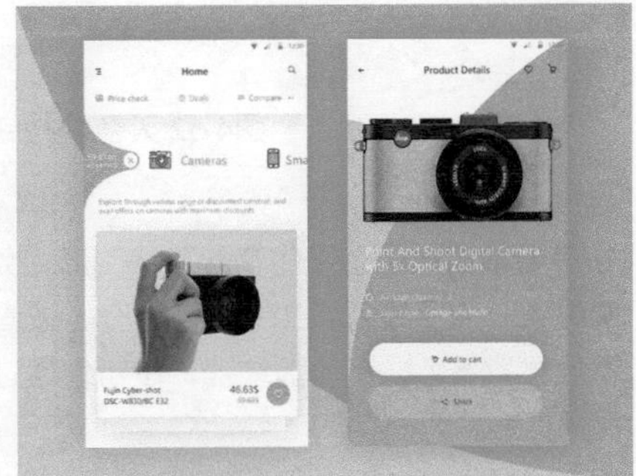

图4-50 全圆角按钮在界面中的应用

● 通栏按钮

通栏按钮就是指通常置于UI最下方的矩形色块，按钮的宽度与整个移动设备屏幕的宽度相同。通栏按钮的特点是具有非常强烈的指引性，没有什么局限性，比较通用。如图4-51所示为通栏按钮在界面中的应用。

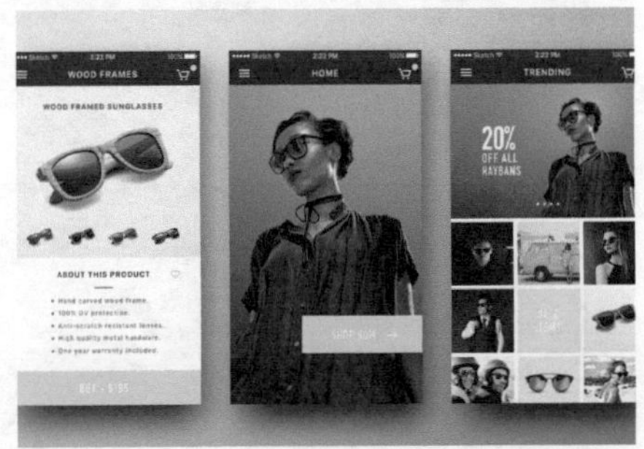

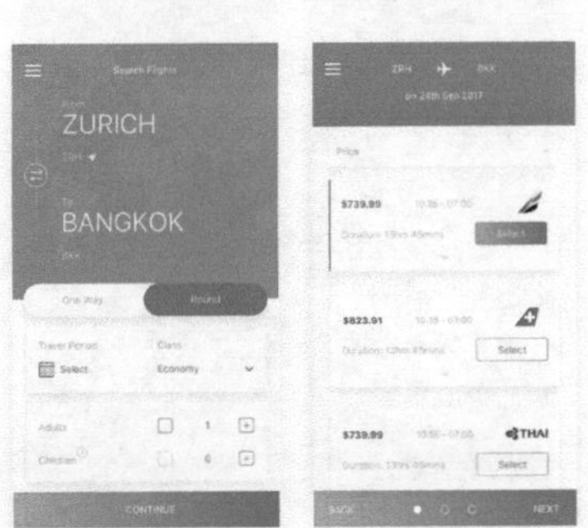

图4-51 通栏按钮在界面中的应用

4.4.3 交互按钮的样式与应用

上一节已经向读者介绍了UI中常见的按钮形状，本节将从按钮的样式方面介绍不同交互按钮的设计趋势和应用场景。

● 大色块按钮

大色块按钮是目前在App界面中应用最为广泛的一种交互按钮形式，即在扁平的色块背景上添加文字或图标，这种大色块按钮的表现形式适用于绝大多数的UI设计。

应用场景

大色块按钮在UI中的使用频率非常高，因为大色块按钮具有很强的视觉突出性，能够在第一时间锁定用户的视觉焦点，所以非常适合用来引导用户在界面中的操作。如图4-52所示为大色块按钮在界面中的应用。

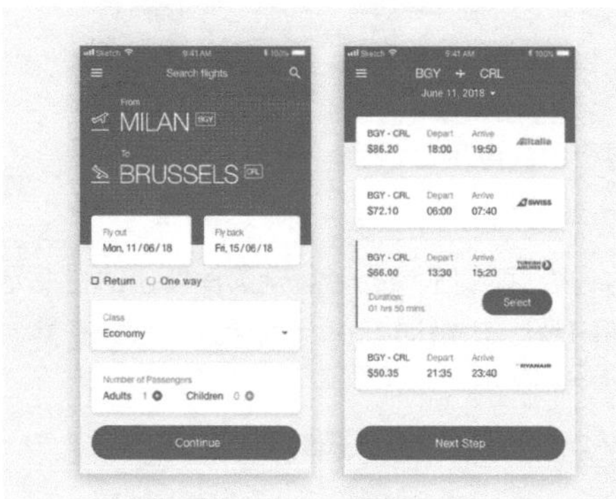

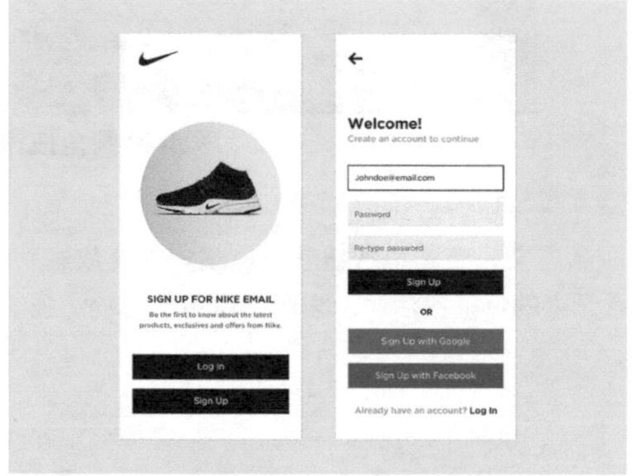

图4-52 大色块按钮在界面中的应用

● 幽灵按钮

幽灵按钮有着最简单的扁平化几何形状图形，如正方形、矩形、圆形、菱形，没有填充色，只有一条浅浅的轮廓线条。除了线框和文字，它完全（或者说几乎）是透明的。“薄”和“透”是幽灵按钮的最大特点。不设置背景色、不添加纹理，按钮仅通过简洁的线框标明边界，既确保了它是按钮，又具有“纤薄”的视觉美感。

应用场景

幽灵按钮多应用于界面背景比较丰富的地方，幽灵按钮不会过于抢眼，不会对背景遮挡过多，在一些以照片或插画为背景的界面上也不会显得过于突兀。幽灵按钮的突出性大大低于大色块按钮，又可以与色块搭配使用，使得主次更加分明。如图4-53所示为幽灵按钮在界面中的应用。

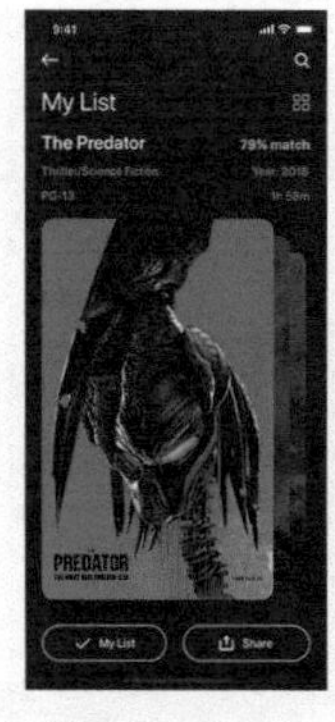

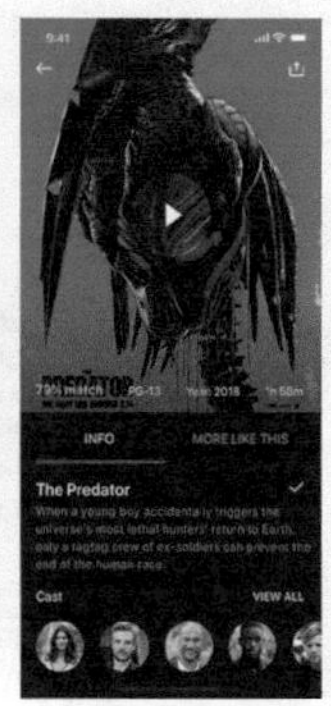

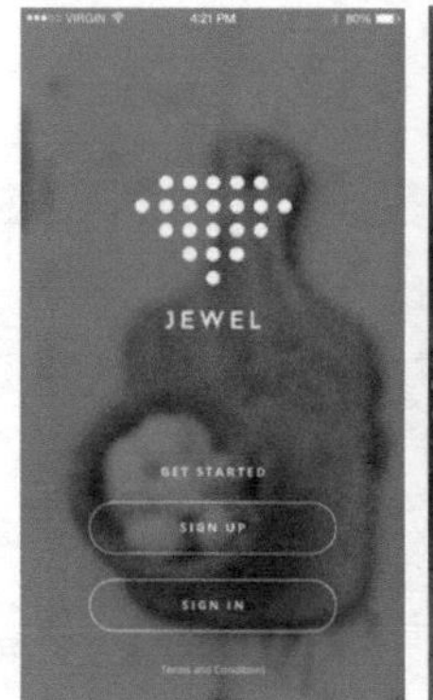

图4-53 幽灵按钮在界面中的应用

● 投影样式按钮

投影样式按钮通常是在大色块按钮的基础上“加工”而来，在按钮底部添加与按钮同色或者更浅颜色的柔和阴影效果。

应用场景

在大色块按钮的基础上，如果希望按钮在界面中的表现效果更加突出，或者想使界面的视觉层次关系更加分明，样式更加靓丽，就可以使用投影样式按钮。如图4-54所示为投影样式按钮在界面中的应用。

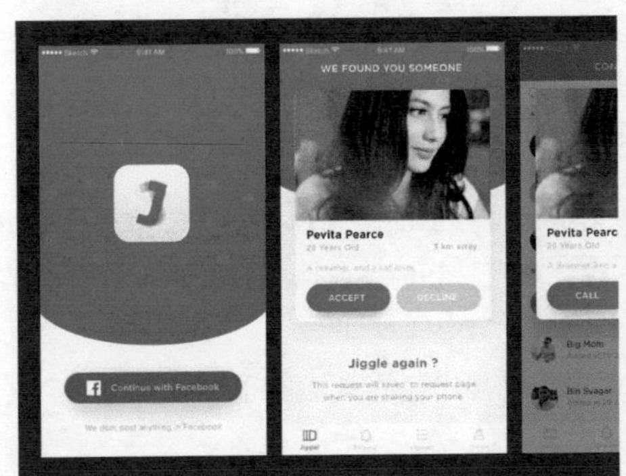

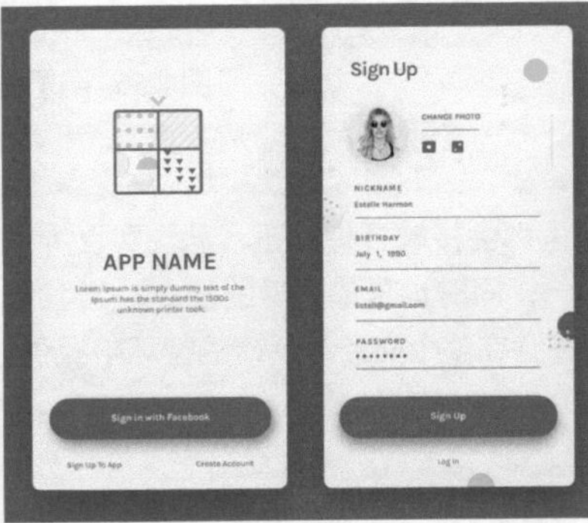

图4-54 投影样式按钮在界面中的应用

● 渐变色按钮

在扁平化设计风潮中，纯色按钮居多。随着渐变色在UI设计中的流行，为按钮应用渐变色也越来越多，在靓丽的渐变色基础上再为按钮添加投影效果，可以使按钮的视觉效果更加出彩。

应用场景

渐变色按钮在UI中同样具有很强的突出性和指引性，视觉效果也非常出彩，但是也需要根据产品调性来选择性使用，渐变的颜色一般离不开产品的主色调。如图4-55所示为渐变色按钮在界面中的应用。

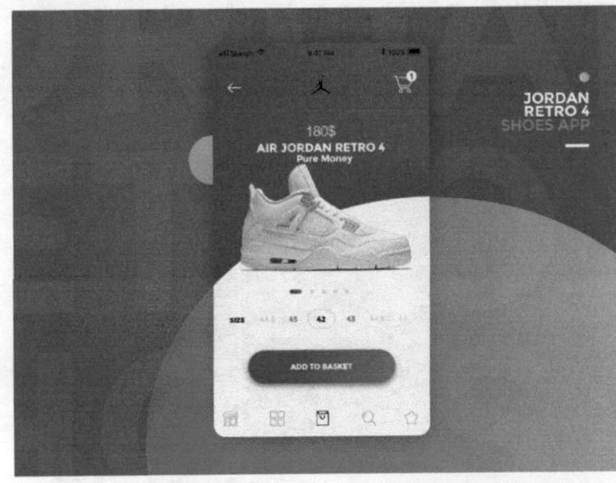

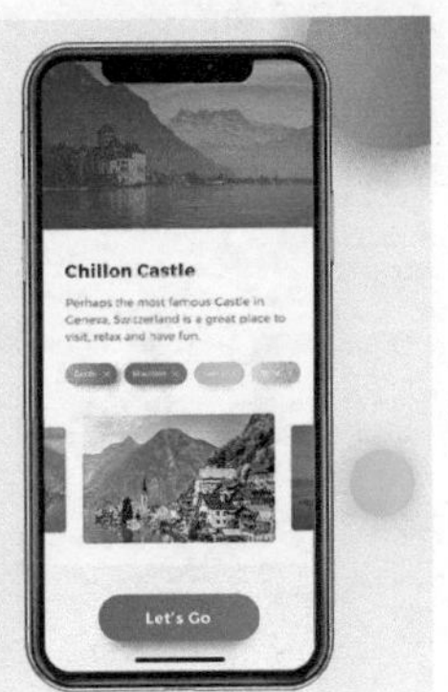

图4-55 渐变色按钮在界面中的应用

● 半透明按钮

顾名思义，半透明按钮的背景色块为半透明，显得比大色块按钮更加轻盈，UI整体的视觉和谐度也更高，但是半透明按钮不如大色块按钮的指引性强。

应用场景

半透明按钮虽然指引性不强，但是如果想使用按钮作为操作引导，并且能够保持UI的整体和谐，那么使用半透明按钮比较合适。如图4-56所示为半透明按钮在界面中的应用。

图4-56 半透明按钮在界面中的应用

4.5 如何设计出色的交互按钮

用户每天都会接触各种按钮，从现实世界到虚拟世界，从桌面端到移动端，按钮是如今UI设计中最小的元素之一，同时也是最关键的控件。当我们在设计交互按钮时，是否想过用户会在什么情形下与之交互？按钮将会在整个交互和反馈的循环中提供什么信息？

本节我们将深入到设计细节当中，讲解如何才能够设计出出色的交互按钮。

4.5.1 按钮需要看起来可点击

用户看到界面中可点击的按钮会有点击的冲动，虽然按钮在屏幕上会以各种各样的尺寸出现，并且通常都具备良好的可点击性，但是在移动端按钮本身的尺寸和按钮周围的间隙尺寸都是非常有讲究的。

> **提示** 普通用户的指尖尺寸通常为 8 毫米 × 10 毫米，所以移动端 UI 中的交互按钮尺寸最小也需要设置为 10 毫米 × 10 毫米，这样才能够便于用户的触摸点击，这也是移动端 UI 设计约定俗成的规则。

- 想要使UI中所设计的按钮看起来可点击，注意下面的技巧

增加按钮的内边距，使按钮看起来更加容易点击，引导用户点击。

为按钮添加微妙的阴影效果，使按钮看起来“浮出”页面，更接近用户。

为按钮添加点击操作的交互效果，如色彩的变化等，提示用户。

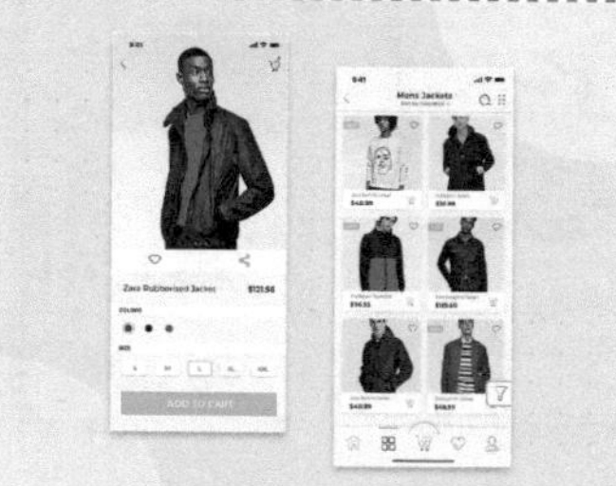

图4-57 电商App详情页界面

图4-58 App登录界面

图4-57所示的电商App商品详情页界面，在界面的底部为较大尺寸的“ADD TO CARD”（加入购物车）按钮，绿色的按钮与白色的背景形成良好的对比，从而有效地突出功能操作按钮的视觉表现效果。

图4-58所示的App登录界面，其界面分别使用不同的颜色来表现不同的功能操作按钮，便于用户进行区分。在航班预订界面的底部设置了较大尺寸的红色功能操作按钮，并为其添加了阴影效果，使其浮于界面上方，不仅增加了界面层次，还能够引导用户进行点击操作。

4.5.2 按钮的色彩很重要

按钮作为用户交互操作的核心，在UI中适合使用高饱和度的色彩进行突出强调，但是按钮色彩的选择需要根据整个UI的配色来进行搭配。

UI中按钮的色彩应该是明亮而迷人的，这也是为什么很多按钮设计都喜欢采用明亮的红色、黄色和蓝色进行设计的原因。想要按钮在界面中具有突出的视觉效果，最好选择与背景色相对比的色彩进行设计。

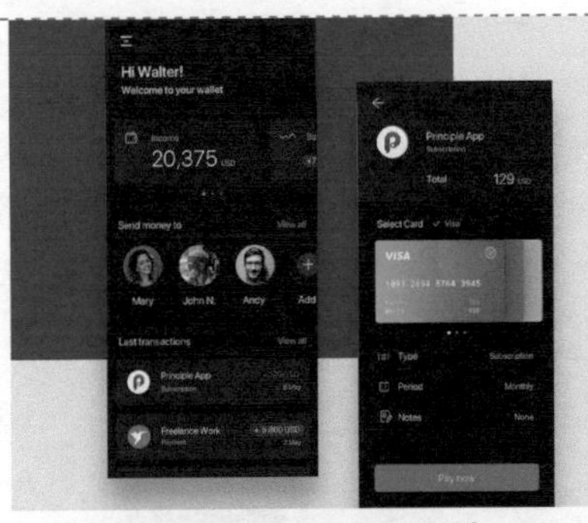

图4-59 App界面设计

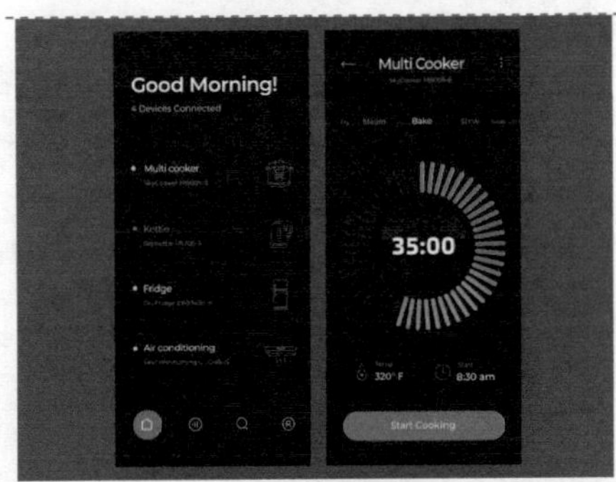

图4-60 App界面设计

图4-59所示的App界面设计，使用深灰蓝色作为界面的背景色，界面底部的功能操作按钮虽然使用了与界面背景色同色系的色彩，但是它们在明度和纯度方面能够形成对比，同样使得功能操作按钮在界面非常突出。

图4-60所示的App界面设计，使用无彩色的深灰色作为界面的背景色，在界面中搭配白色的文字和浅灰色的图形，而界面中的功能操作按钮和主体图形则使用了高饱和度的橙色，使其在界面中的表现效果非常突出，并且按钮与图形之间能够形成很好的呼应。

按钮的色彩选择还需要注意品牌的用色，设计师需要为按钮选取一个与品牌配色方案相匹配的色彩，按钮不仅需要有较高的识别度，还需要与品牌有关联性。无论界面的配色方案如何调整，按钮首先要与界面的主色调保持一致。

4.5.3 按钮的尺寸

只有当按钮尺寸够大时，用户才能在刚进入产品界面时就被它吸引。虽然幽灵按钮可以占据足够大的面积，但是幽灵按钮在视觉重量上的不足，使得它并不是最好的选择。所以，我们所说的大不仅仅是尺寸上的大，而是在视觉重量上同样要“大”。

按钮的尺寸大小也是一个相对值。有时，相同尺寸的按钮，在一种情况下是完美的大小，在另外一种情况下可能就是过大了。在很大程度上，按钮的尺寸大小取决于与周围元素的大小对比。

使用不同的颜色来表现两个不同功能的按钮，便于用户区分。

图4-61 App登录界面

图4-62 影视类App界面设计

图4-61所示的移动端App登录界面，“登录”按钮和“注册新用户”按钮的尺寸与上方表单元素的尺寸一致，从而使界面显得整齐，登录按钮更加靠近表单元素，使用户更容易理解。

图4-62所示的影视类App界面设计，在界面底部的中间位置放置了较大尺寸的功能操作按钮，并且采用了该界面的主题色——红色进行表现，充分吸引用户的注意。按钮的周围有充分的留白，使按钮的效果非常突出，引导用户进行点击。

4.5.4 合适的摆放位置

按钮应该放在界面的哪些位置？界面中的哪些地方能够为产品带来更多的点击量？

在大多数情况下，应该将按钮放在一些特定的位置，如表单的底部、在触发行为操作的信息附近、在界面或者屏幕的底部、在信息的正下方。因为无论是在PC端还是在移动端，这些位置都遵循了用户的习惯且是自然的交互路径，会使用户的操作更加方便、自然。

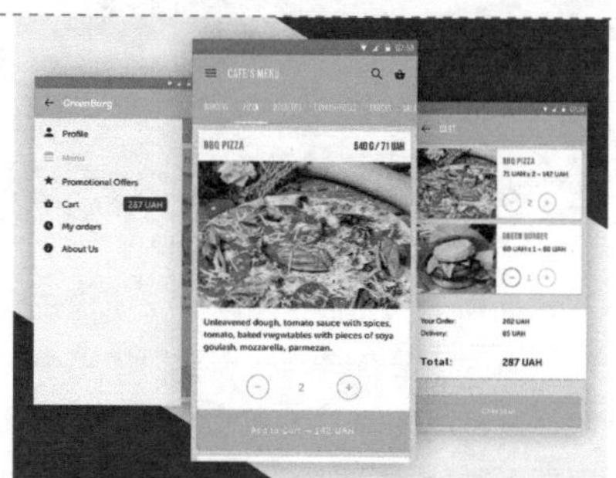

图4-63 按钮放在界面底部

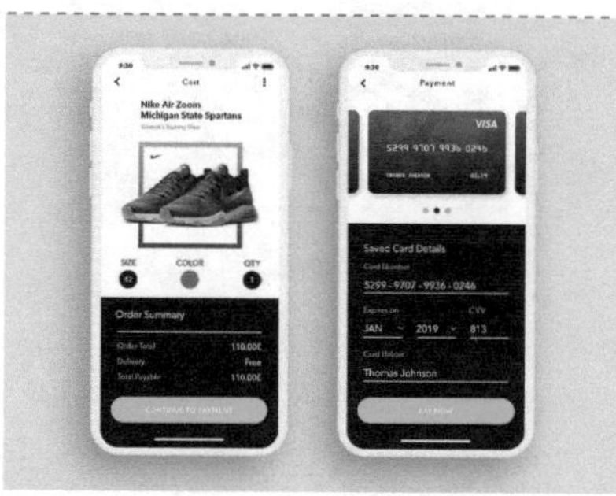

图4-64 App界面设计

在移动端UI设计中，通常将功能操作按钮放在界面的底部，用户在查看界面内容时，视线会自然向下移动到按钮上，并且按钮放在界面底部也便于用户进行单手点击操作，如图4-63所示。

在表单界面中，表单相关的功能操作按钮需要与表单元素靠在一起，从而形成一个整体。图4-64所示的App界面设计，使用深灰色的背景来突出界面中表单选项及按钮的表现，同时也使得表单部分形成一个视觉整体。

提示

根据研究发现，大多数人的右手比较灵活，右手使用手机的用户占大多数，因此，在UI中需要将重要的功能操作按钮放在界面的右侧，方便用户的操作。

4.5.5 良好的对比效果

几乎所有的设计都会要求对比度，在进行按钮设计时，不仅要让按钮的内容（图标、文本）与按钮本身构成良好的对比，而且要让按钮和背景及周围元素也能形成对比，这样才能使按钮在页面中凸显出来。

图4-65 App界面设计

图4-66 App界面设计

对比能够体现界面的视觉清晰度，并有效突出功能操作按钮的表现效果。图4-65所示的App界面设计，在橙红色的界面背景上搭配纯白色的按钮，而在白色的界面背景上搭配红色的按钮，界面配色统一，同时界面中按钮与背景形成了对比，从而突出按钮的表现效果。

移动端UI常常使用纯白色作为界面的背景色，这时界面中的重要功能操作按钮就需要使用高饱和度的有彩色进行搭配，从而突出重要功能操作按钮。图4-66所示的App界面底部摆放了两个功能操作按钮，分别使用高饱和度的红色和白色进行表现，既突出了重要功能操作按钮，同时这两个按钮之间也存在对比。

4.5.6 按钮样式需要统一

目前比较流行简洁、直观的设计，按钮的设计同样要求简单、直观，如果按钮设计过于花哨，就会增加阅读难度。

在同一产品的UI中，同层级的按钮需要保持设计风格与样式的统一，从而为用户带来统一感。如果同一界面中的按钮使用不同的样式进行表现，会使界面显得毫无规范，甚至会导致界面的混乱。

4.5.7 明确告诉用户按钮的功能

每个按钮都会包含按钮文本，它会告诉用户该按钮的功能。所以，按钮上的文本要尽量简洁、直观，并且符合整个UI的风格。

当用户点击按钮时，按钮所指示的内容和结果应该合理、迅速地呈现在用户眼前，无论是提交表单，还是跳转到新的界面，用户通过点击该按钮应该获得他所预期的结果。

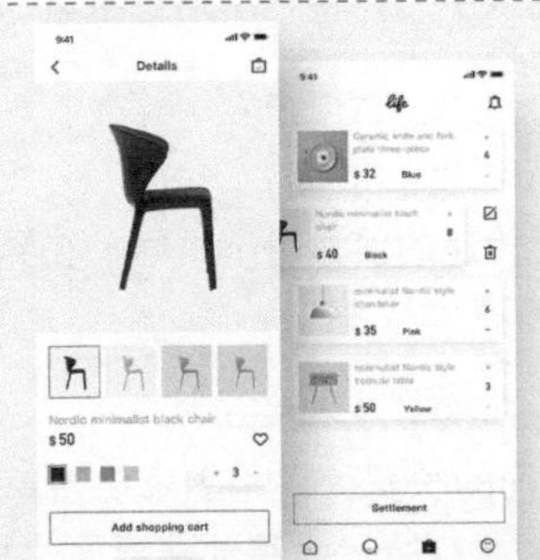

图4-67 家具电商App界面

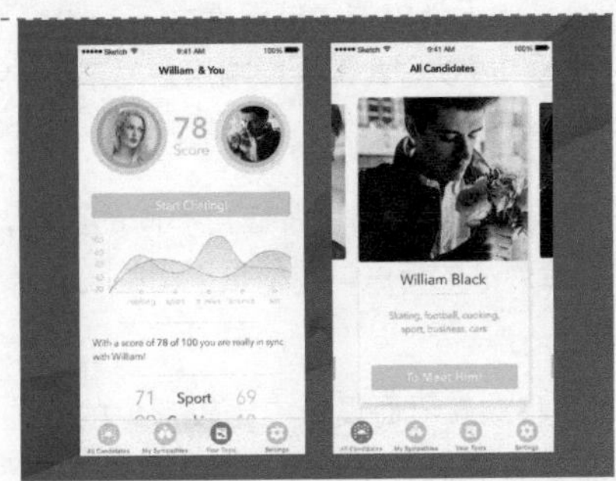

图4-68 社交类App界面

图4-67所示的家具电商App界面，设计非常简洁，使用纯白色作为界面背景色，有效地突出家具产品的表现效果。不同界面中的功能操作按钮保持了统一的设计风格，以及摆放在统一的位置，且都是黑色边框的简洁幽灵按钮，这种统一的表现形式使产品界面形成规范感。

图4-68所示的社交类App界面设计，不同界面中的功能操作按钮在配色和样式上保持了统一，从而使界面形成统一的视觉风格，而在各按钮背景上都使用简洁的文字明确标注其功能和目的，使得按钮的视觉效果清晰，目的表达明确。

4.5.8 注意按钮的视觉层级

几乎每个界面都包含了众多不同的元素，但按钮应该是整个页面中独一无二的控件，它在形状、色彩和视觉重量上，都应该与界面中的其他元素区分开。试想一下，界面中的按钮比其他控制都要大，色彩在整个界面中也非常鲜艳突出，那该按钮绝对是界面中最显眼的那个元素。

需要注意的是，如果同一个界面包含多个功能操作按钮，则需要注意区分按钮的视觉层级，例如，重点功能操作按钮或引导用户沿路径操作的功能按钮，需要具有较高的视觉层级，而次要的功能操作按钮或比较危险的操作按钮，如退出、删除等，视觉上则需要进行弱化处理。

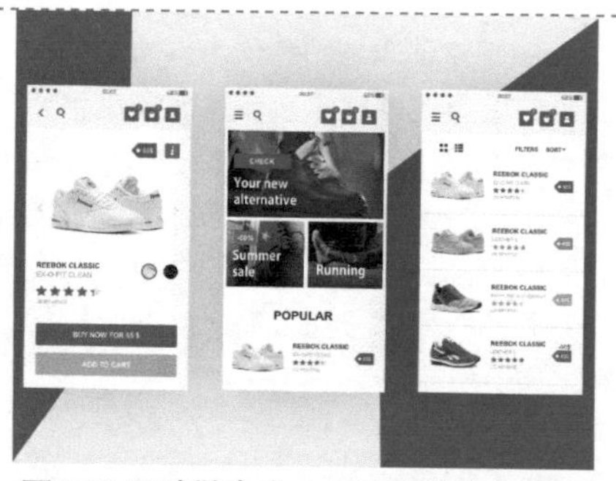

图4-69 运动鞋电商App商品详情页界面

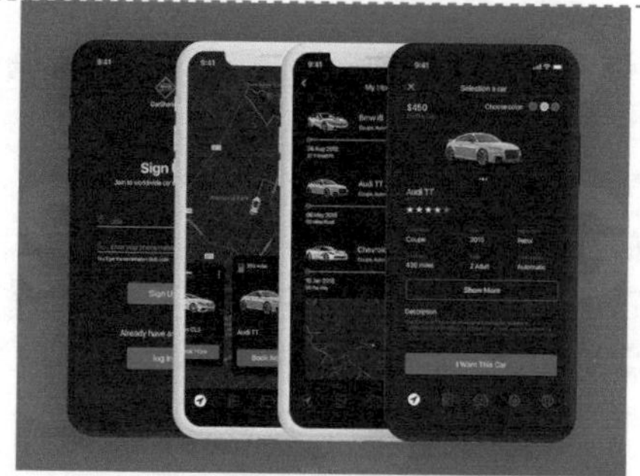

图4-70 租车App界面设计

图4-69所示为运动鞋电商App商品详情页界面，在界面底部放置了两个功能操作按钮，其中“BUY NOW FOR 65$”（立即购买）按钮使用了高饱和度的蓝色进行表现，而“ADD TO CARD”（加入购物车）按钮使用了灰色进行表现，很明显高饱和度蓝色按钮的视觉层级更高，有效吸引用户进行购买操作。

图4-70所示的租车App界面设计，使用深灰蓝色作为界面的背景色，界面中包含了两个功能操作按钮，其中界面底部的功能操作按钮使用高饱和度的渐变色，与深灰蓝色的界面背景形成强烈的对比，视觉层级较高，而界面中间的功能操作按钮则只设计了边框，其视觉层级较低，从而使界面中的重点操作选项表现更加突出。

4.6 UI设计元素——图片

图片是UI设计中的基础元素之一，图片不仅能够增加界面的吸引力，传达给用户丰富的信息，而且图片的质量和展现方式都会影响用户对产品的感官体验。

4.6.1 图片比例

在UI设计中可以对图片应用不同的比例，不同比例的图片所传递的信息各不相同，在界面设计过程中需要结合产品的特点，并根据不同的场景来选择合适的图片比例。

● 1:1的图片

1:1是移动端界面设计中比较常见的一种图片设计比例，相同的长宽使得构图表现简单，有效地突出了主体的存在感，常用于产品、头像、特写等展示场景。如图4-71所示为移动端界面中1:1比例的图片设计。

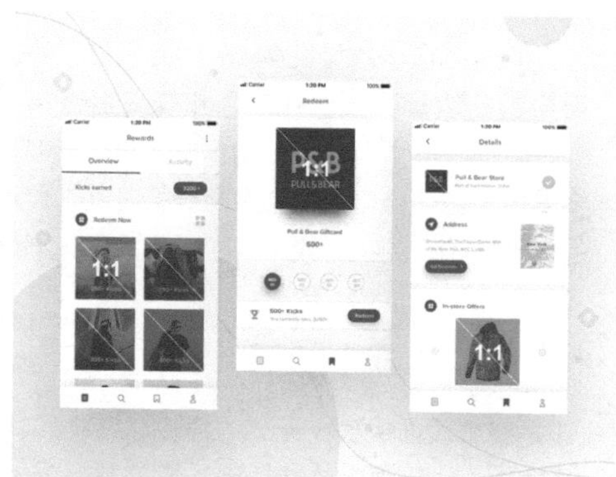

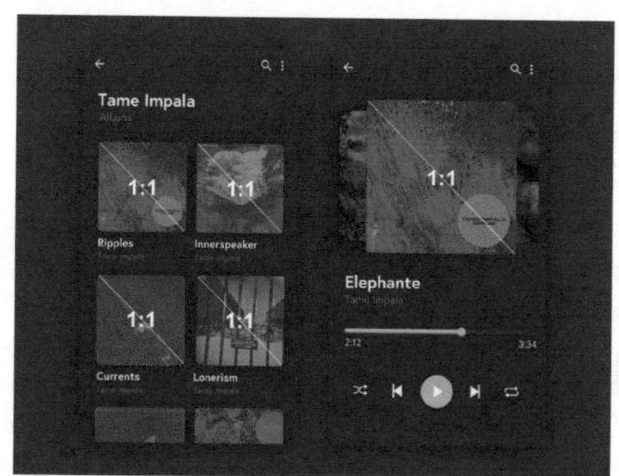

图4-71 移动端界面中1:1比例的图片设计

● 4:3的图片

在移动端UI设计中，使用4:3比例的图片更容易构图，表现效果更加紧凑，这也是在移动端UI设计中比较常用的图片比例之一。如图4-72所示为移动端界面中4:3比例的图片设计。

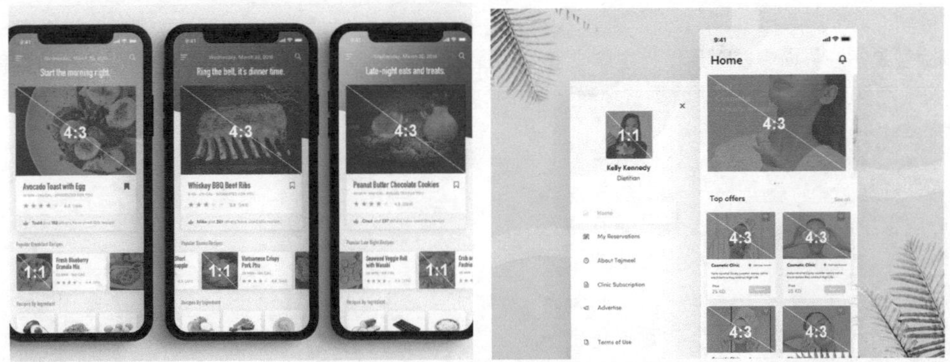

图4-72 移动端界面中4:3比例的图片设计

● 16:9的图片

16:9的图片比例可以呈现出电影般的视觉效果，是很多移动端视频播放器App界面常用的图片比例，16:9的图片比例能够带给用户一种视野开阔的体验。如图4-73所示为移动端界面中16:9比例的图片设计。

图4-73 移动端界面中16:9比例的图片设计

● 16:10的图片

16:10的图片比例最接近黄金分割比例，而黄金分割比例具有严格的比例性、艺术性、和谐性，蕴藏着丰富的美学价值，被认为是艺术设计中最理想的比例。如图4-74所示为移动端界面中16:10比例的图片设计。

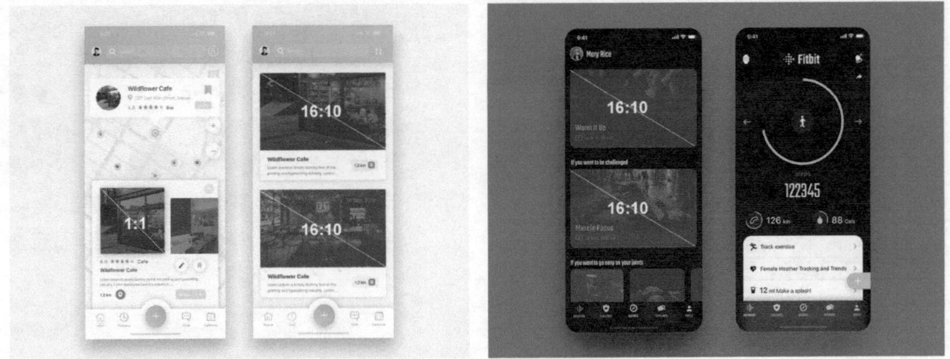

图4-74 移动端界面中16:10比例的图片设计

4.6.2 常见的图片排版方式

在UI设计中，图片的排版方式有很多，要根据不同的场景和所需要传递的主题信息来选择与之相符的展现方式，接下来向读者介绍几种常见的图片排版方式。

● 满版型

满版型是指在界面中以图片作为主体或者在界面设计中使用图片作为整个界面的背景，再搭配简洁的文字信息或图标装饰，视觉传达效果直观而强烈，给人大方、舒展的感觉。

使用城市具有代表性的街景图片作为界面的满版背景，使用户很容易分辨当前查看的是哪个城市的天气信息。

图4-75 天气App界面设计

图4-76 旅游度假App界面设计

图4-75所示的天气App界面设计，使用城市街景作为界面背景，使用户很容易分辨当前所查看的是哪个城市的天气，界面中间位置使用较大的线性图标和文字显示当前的天气情况和温度信息，非常直观。界面底部使用半透明黑色作为背景并显示了未来几天的天气情况，层次分明。

图4-76所示的旅游度假App界面设计，使用精美的度假酒店实景图片作为整个界面的满版背景，给用户很强的视觉冲击力，用户第一时间就能够感受到不同度假酒店的特色。并在图片上叠加少量的简洁说明文字，界面信息表现直观、清晰。

● 通栏型

通栏型是指图片与界面整体的宽度相同，而高度为其几分之一，甚至更小的一种图片展现方式，最常见的就是界面顶部的焦点轮播图。通栏型的图片宽阔大气，可以有效地强调和展示重要商品、重要活动等内容。

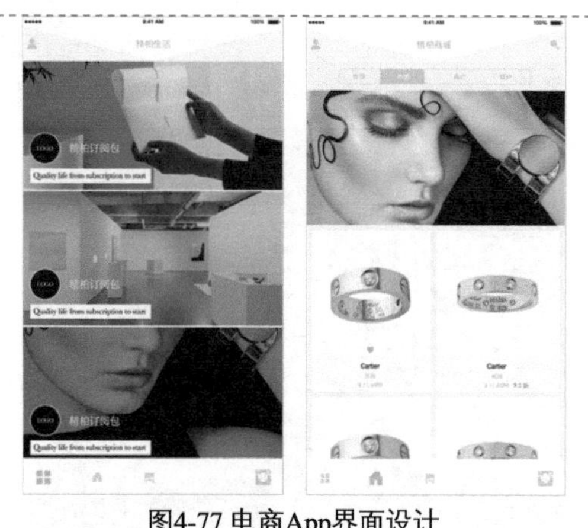

图4-77 电商App界面设计

电商App和照片类App的界面，常常会使用通栏型的图片排版方式，因为这种方式能够很好地突出图片的展示效果。图4-77所示的电商App界面设计，整体使用黑白色调进行设计，包括搭配的通栏图片同样多为无彩色的黑白图片，不仅表现出高雅的格调，还能够很好地表现出首饰产品的高档感。整个界面设计给人简洁、精致、高雅的感觉。

● 并置型

并置型是将大小相同而位置不同的图片进行重复排列，可以是左右排列，也可以是上下排列，这种排版方式能够为版面带来秩序感、安静感、调和感与节奏感。

并置型的图片排列方式表示界面中各图片的视觉层次一致，没有主次之分，通常界面中的产品列表等采用并置型的图片排列方式。

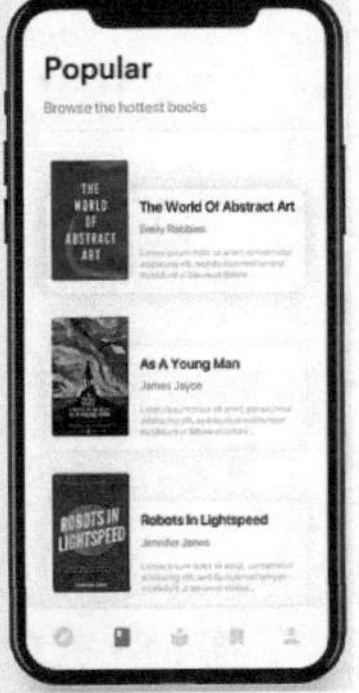

图4-78 App界面设计

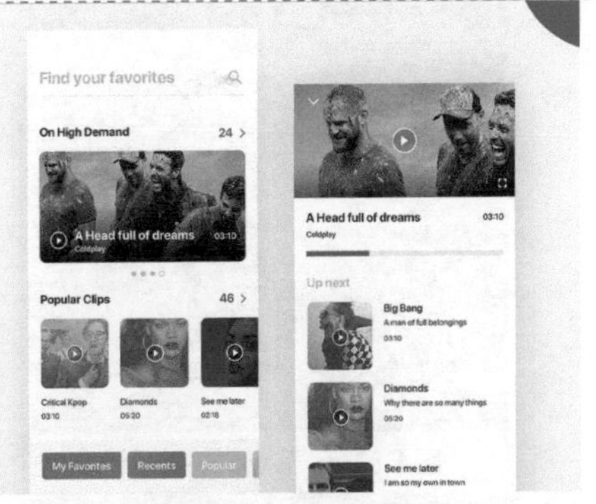

图4-79 影视音乐类App界面设计

图4-78所示的App界面设计，可以看到界面中相应栏目的图片尺寸大小相同，在界面中水平排列或垂直排列，可以通过左右滑动或上下滑动来切换图片的显示。

图4-79所示的影视音乐类App界面设计，不同栏目中的图片分别使用了水平并置排列和垂直并置排列的方式，这种图片排列方式可以使界面中的内容显得整齐、规范，便于用户阅读。

● 九宫格型

九宫格型是使用四条线把画面的上下左右分割成九个小方块，可以把一个或两个小方块作为一个单位来填充图片，这种构图方式给人严谨、规范、有序的感觉。

● 瀑布流型

瀑布流的展示方式是最近几年流行起来的一种图片展示方式，定宽而不定高的设计让界面突破了传统的图片排版方式，降低了界面复杂度，节省了空间，使用户专注于浏览，去掉了烦琐的操作，体验较好。

图4-80 照片分享App界面设计

图4-81 瀑布流排版方式

图4-80所示的照片分享App界面设计，使用了九宫格型的图片排版方式。九宫格型图片排片方式给人一种严谨、规整的感觉，便于用户快速浏览图片。当然，用户也可以在界面中点击某张图片，快速查看该图片的放大效果。

以图片展示为主的界面比较适合使用瀑布流型排版方式，如图4-81所示。瀑布流型的图片展示方式很好地满足了不同尺寸图片的表现需求，巧妙地利用视觉层级，视线的任意流动又缓解了视觉疲劳。用户可以在众多图片中快速地扫视，然后选择其中感兴趣的部分。

4.6.3 UI中图片的应用技巧

在移动端UI设计中常常使用经过模糊处理的图片作为界面的背景，模糊效果能够让用户清晰地了解界面的前后层次关系，能够有效地增强界面的视觉层次感，同时也方便在界面中表现多样化的菜单和层级效果。

图4-82 天气App界面设计

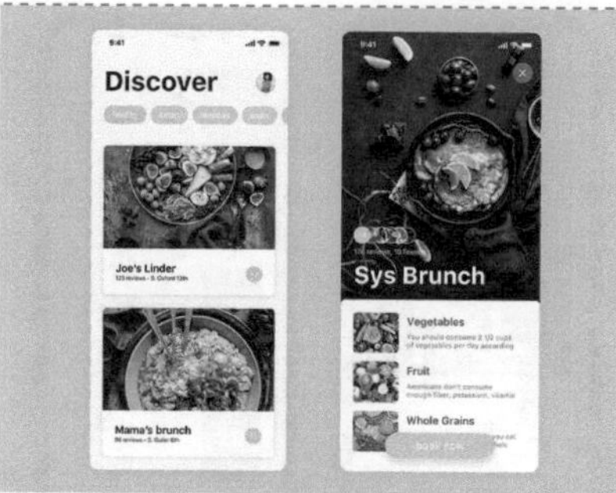
图4-83 美食App界面设计

图4-82所示的天气App界面设计，每个不同的城市都会使用该城市精美的照片作为界面的背景，只需要在界面中点击，界面就会显示该城市未来几天更详细的天气信息。设计师通过对背景图片进行模糊虚化处理，从而保留UI的使用场景，不会让用户有跳出界面的感觉，而模糊的背景又与前景形成了良好的对比，这样的交互更加直观微妙，主界面和详细信息之间的联系足够紧密，逻辑清晰。

图4-83所示的美食App界面设计，使用了美食图片作为背景，并搭配分类名称和简约的纯色图标，使得美食产品的表现效果精致，能够第一时间给用户带来直观的印象，并且精美的图片还能够诱惑消费者。在这种情况下，在UI设计中使用图片背景是非常有必要的。

4.7 UI设计元素——导航

任何产品的功能及内容都需要以某种导航框架组织起来，以使产品结构清晰、目标明确。在产品的结构层，我们需要考虑用户在应用的什么位置，以及如何去往下一个目标位置。而导航就是引导用户使用产品完成目标的工具。在确定产品的需求及目标后，我们需要选择合适的导航模式将其组织表达出来，这在整个产品交互设计过程中尤为重要。

4.7.1 底部标签式导航

底部标签式导航是App界面中最常见的主导航模式，并且也是符合拇指热区操作的一种导航形式。当我们所要构架的几个模块信息对用户来说重要性和使用频率相似，而且需要频繁切换时，就适合使用标签式导航，这种导航形式能够让用户直观地了解App的核心功能和内容。如图4-84所示为采用底部标签式导航的UI设计。

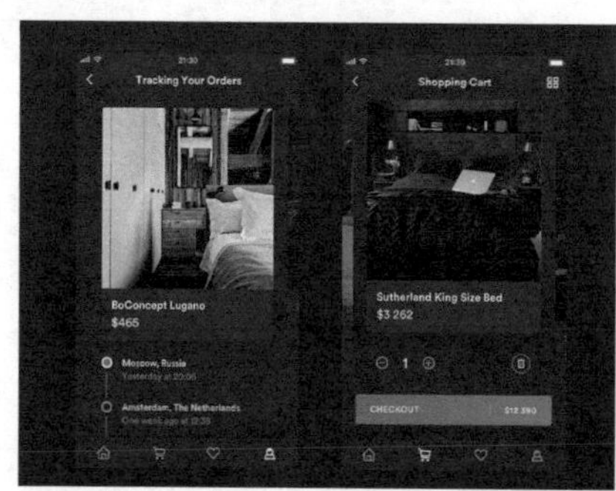

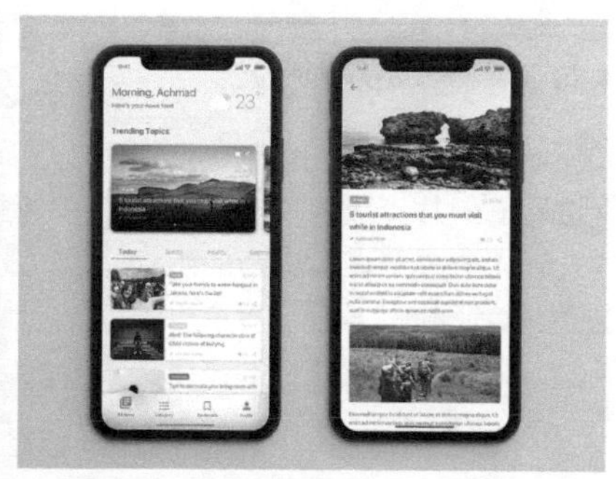

图4-84 采用底部标签式导航的UI设计

提示

需要注意的是，如果采用底部标签式导航应该将导航选项控制在五个选项以内，选项过多会导致用户难以记忆且容易迷失，如果超过五个选项，可以把“更多”选项放置在最右侧的第五个选项上。

优点：

（1）底部标签式导航可以承载重要性和使用频率处于同一级别的功能模块、信息或任务。

（2）用户能够在第一时间获取重要性最重、频率最大的信息或任务。

（3）用户能够在重要功能模块、信息或任务之间进行快速切换。

（4）可以包容其他信息结构，构建出容量更大的模块、信息或任务结构。许多App的主导航采用底部标签式导航，然后又使用其他导航形式去承载界面中的具体信息。

缺点：

（1）由于尺寸限制，底部标签式导航中最多包含五个导航选项，如果超过五个导航选项则需要考虑产品的导航结构是否合适，或者考虑更换导航形式。

（2）底部标签式导航需要占据一定的界面空间，减少界面的信息承载量。有些产品为了更好地展示界面信息、方便用户阅读，采用了隐藏底部标签栏的做法，即上滑阅读时隐藏底部标签栏，下滑返回时再显示出底部标签栏。这种做法虽然顾及了界面的信息展示，但有可能会使导航失去便利性，降低切换效率，需要慎重使用。

4.7.2 舵式导航

舵式导航是底部标签式导航的一种扩展形式，有时，简单的底部标签导航难以承载更多的操作功能选项，因此，在底部标签栏的中间加入功能按钮（多为发布型的功能按钮），来作为App核心操作功能的入口。如图4-85所示为采用舵式导航的UI设计。

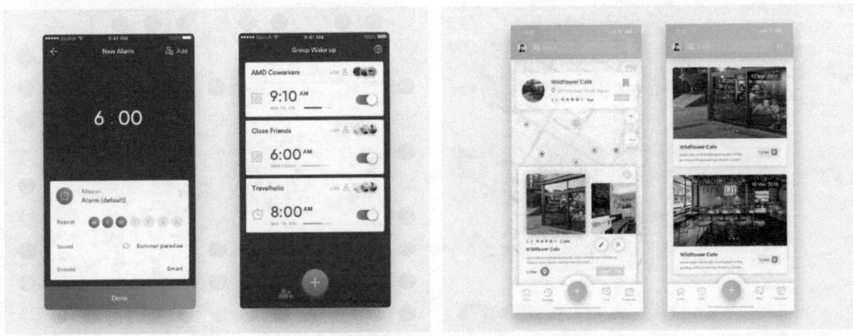

图4-85 采用舵式导航的UI设计

在舵式导航的设计中，因为中间的功能图标是多个核心操作功能的入口，所以通常该功能图标比标签栏中的其他导航选项更突出，并且当用户点击该功能图标时，其会以交互动效的形式展开，从而使界面的表现更具有交互动感，如图4-86所示。

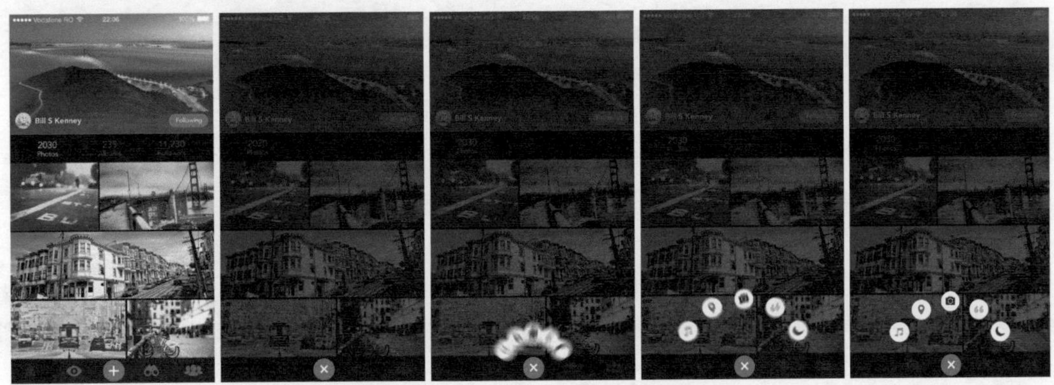

图4-86 通过交互动效展开多个功能操作入口

优点：

（1）可以直观展现App的核心功能及入口。

（2）用户可以在不同的功能模块之间进行快速切换。

（3）可以凸显核心、频繁使用的功能，引导用户使用该功能。

缺点：

（1）作为界面中固定显示的内容，会挤压界面中其他内容的显示区域，从而降低界面信息承载量。

（2）凸显最重要功能的同时，一定程度上会弱化其他核心功能的使用。

4.7.3 选项卡式导航

选项卡式导航，不同的系统平台有不同的设计规则。iOS系统平台有分段选项卡，Android系统平台有固定选项卡和滚动选项卡。不同的选项卡式导航本质都是一样的，即实现容器内不同视图或内容间的切换。

● 分段选项卡

分段选项卡是由两个或两个以上宽度相同的分段组成，正常情况下不超过四个，视觉上表现为很明显的描边按钮。分段选项卡经常会作为界面的二级导航，对主导航内容再次分类，分段选项卡通常放置在UI顶部导航栏下方，也可以直接放置在导航栏上。如图4-87所示为分段选项卡导航在UI中的表现效果。

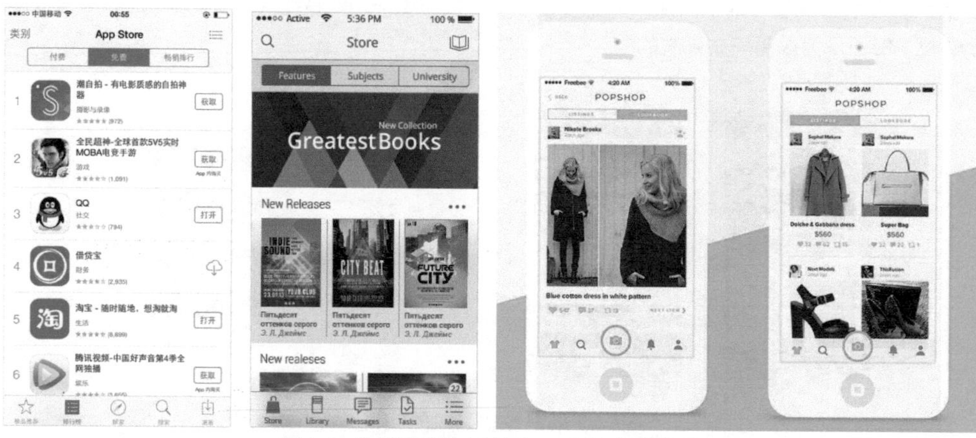

图4-87 分段选项卡导航在UI中的表现效果

优点：

（1）分段选项卡可以承载重要性和使用频率处于同一级别的功能模块、信息或任务。

（2）让用户清楚地知道有多个可供选择的视图。

（3）支持用户在不同视图之间快速切换。

缺点：

（1）选项卡个数有限，一般不超过四个。

（2）只支持点击分段选项卡实现视图之间的切换，不支持左右滑动切换。

● 固定选项卡

固定选项卡是Android系统提供的三种主导航方式之一，与iOS系统提供的分段选项卡类似。固定选项卡同样能够使用扁平化的信息结构，适用于在主要的应用类别之间切换，并且支持左右滑动切换。图4-88所示为固定选项卡导航在UI中的表现效果。

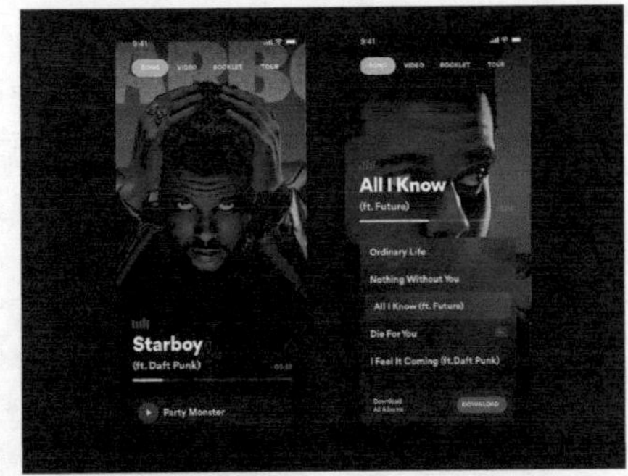

图4-88 固定选项卡导航在UI中的表现效果

优点：

（1）固定选项卡可以承载重要性和使用频率处于同一级别的功能模块、信息或任务。

（2）让用户清楚地知道有多个可供选择的视图。

（3）支持用户在不同视图之间快速切换，并且支持左右滑动切换，方便用户操作。

缺点：

（1）选项卡个数有限，最多不超过四个。

提示

随着移动端交互设计的发展，在实际应用中，Android 系统与 iOS 系统之间相互借鉴、相互完善是一种趋势。大量 iOS 系统平台 App 同样使用了固定选项卡，同样很多 Android 系统平台 App 也使用了底部标签式导航的形式。归根结底，设计不应该束缚于规则。

● 滚动选项卡

滚动选项卡与固定选项卡类似，最大的区别是：滚动选项卡中可以显示多个类别的视图，并且还可以进行扩展或移除（如自定义新闻频道等），同样支持左右滑动切换不同视图。如图4-89所示为滚动选项卡导航在UI中的表现效果。

图4-89 滚动选项卡导航在UI中的表现效果

优点：

（1）没有选项卡数量限制，并且还支持扩展或移除。

（2）可以承载重要性和使用频率处于同一级别的功能模块、信息或任务。

（3）支持用户在不同视图之间快速切换，并且支持左右滑动切换，方便用户操作。

缺点：

（1）滚动选项卡越多，用户的选择压力越大，这也是滚动选项卡无法避免的劣势。所以当类别过多时，一般都默认显示一定数量，其他都放置在二级界面中，由用户自由添加。

4.7.4 抽屉式导航

抽屉式导航又称“侧边式导航”，是一种瞬时导航方式，默认将导航菜单在当前界面中隐藏，只有当用户点击界面中的菜单图标时，导航菜单才会像抽屉一样从界面左侧或右侧拉出。在用户做出选择之后再次隐藏。如图4-90所示为抽屉式导航在UI中的表现效果。

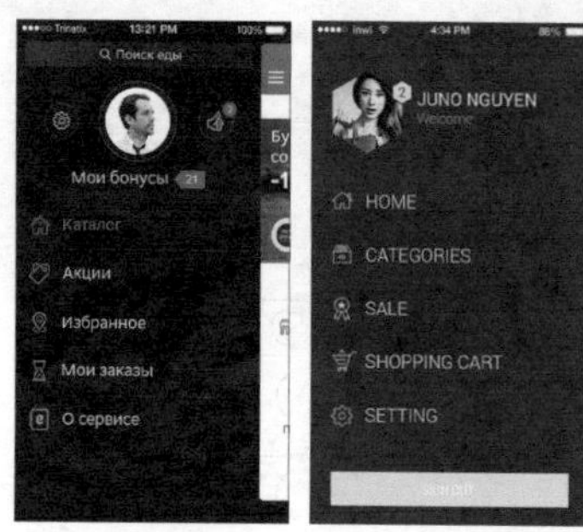

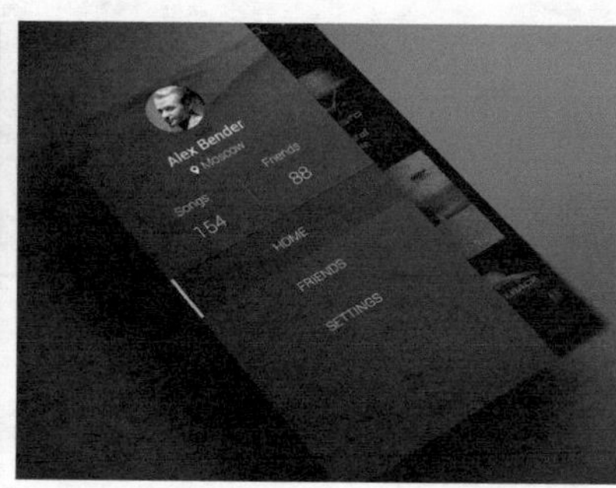

图4-90 抽屉式导航在UI中的表现效果

优点：

（1）占用界面空间少，使得界面能够承载较多的信息内容，界面简洁，用户可以更专注于使用产品的核心功能。

（2）具有较强的次级功能扩展性，可以在抽屉式导航菜单中放置较多的功能入口。

缺点：

（1）抽屉式导航默认是隐藏的，可发现性较差，增加了用户的发现成本。

（2）导航菜单图标一般位于界面左上角位置，在大屏手机时代，单手进行操作时属于点击困难区域。

4.8 UI设计元素——表单

在App中，我们经常会遇到一些常用的表单元素，这些表单元素几乎在每个App中都会用到。表面上看这些表单元素很常用、很简单，但越常用的组件，背后就越可能有很复杂的交互。

4.8.1 文本输入表单元素

文本输入表单元素是设计中最常见的表单元素之一，无论是PC端还是移动端，其交互形式是完全可以相互参照的，相比于其他元素，由于文本框的内容无边界性，其交互复杂性很高，在日常设计中需要注意以下几点：

- 默认状态

文本输入框的默认状态，通常是指在文本框中显示预置的提示文字内容，可以是内容提示或输入规则，如内容限制、字数限制等，但在特殊情况下，默认状态也可以表现为激活状态，甚至文本框中有默认的输入文本。如图4-91所示为文本输入框的默认状态。

图4-91 文本输入框的默认状态

● 激活状态

（1）在文本输入框中点击从而激活文本输入框，此时文本输入框中会显示光标，从而为用户提供清晰的视觉提示，并且在界面底部会显示输入键盘，如图4-92所示。可以结合要输入的内容显示相应的键盘类型，例如，需要输入手机号的文本框会弹出数字输入键盘，而非文本输入键盘。

（2）在文本框中输入字符内容后，在文本框的右侧会出现“×”符号，点击该符号能够清除该文本框中所输入的内容，如图4-93所示。

图4-92 文本框激活状态　图4-93 文本框中显示清除符号

（3）密码类型文本输入框，为用户提供“明文”和“密文”切换，如图4-94所示。

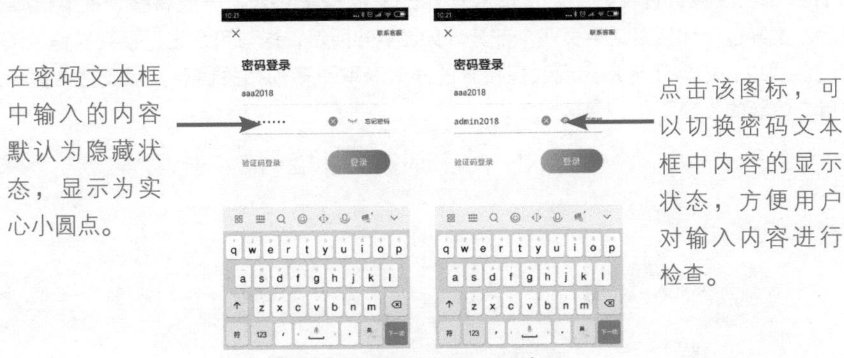

图4-94 密码文本输入框效果

（4）文本框输入字符类型限制，是否支持中文、数字、下画线、特殊符号、空格等。

（5）文本输入框是否需要对输入字符数量进行限制？例如，输入手机号的文本框限制为11个字符，提高防错性，如图4-95所示。

（6）是否为用户提供快捷输入按钮，如图4-96所示。

手机号码固定是由11位数字组成，所以在输入手机号的文本框中只能输入数字，并且只能输入11位数字，无法在该文本框中输入数字以外的字符，也无法输入11位以上的数字。

图4-95 限制输入字符数

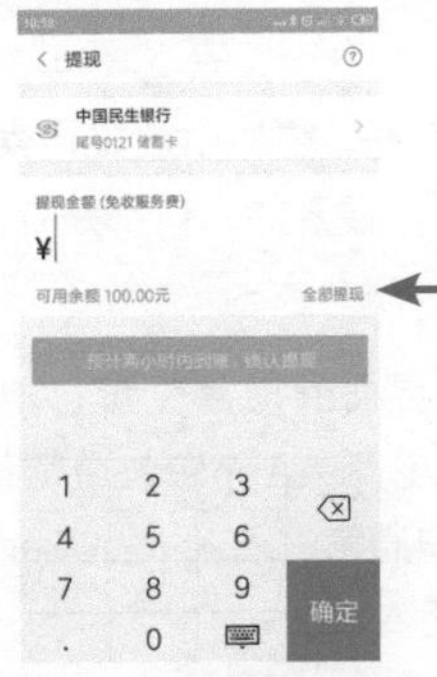

图4-96 提供快捷输入

用户不仅可以在文本框中输入需要提现的具体金额，还可以通过点击右下角的“全部提现”文字，将当前余额全部提现，省去输入的过程，更加便捷。

● 错误状态

（1）前端验证是同步还是异步。

（2）错误是属于格式错误，还是内容错误。如果输入错误可以将文本框设计为红色边框突出其视觉效果，并且明确标注错误原因。如图4-97所示为移动端表单错误提示方式。

图4-97 移动端表单错误提示方式

4.8.2 搜索表单的常见表现形式

根据设计师的实际设计过程，结合产品和前端开发的模块划分，一般将整个搜索流程分为搜索入口、搜索提示、搜索过程和搜索结果页四个部分，如图4-98所示，这与用户进行搜索操作的流程一致。而在整个搜索的流程中，如何让用户实现快捷搜索的同时获取更多的相关信息，以及搜索提示的呈现方式无疑是影响用户体验的关键所在。

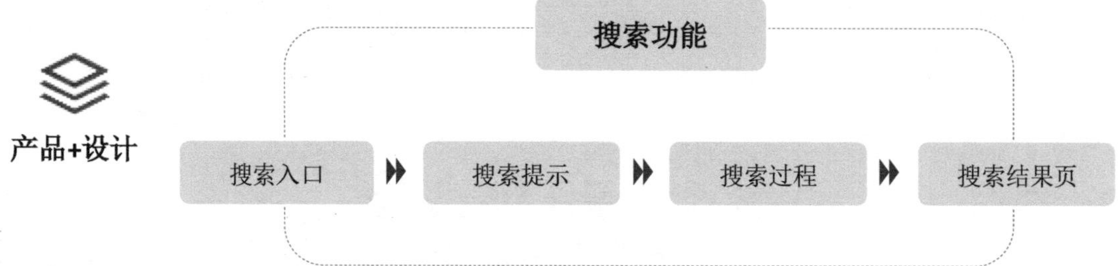

图4-98 搜索流程示意图

搜索入口是用户使用App搜索功能的起点，搜索入口的可见性、易用性直接影响该App的搜索体验。搜索入口从类型上进行划分可以分为：导航搜索、通栏搜索、搜索功能图标及特殊样式，其中前三种样式比较常见，权重依次降低。

● 导航搜索

导航搜索是指在App的主导航栏中放置搜索功能入口，如图4-99所示。在大多数App界面中，无论用户当前位于App的什么位置，搜索的入口都是存在的，让用户可以随时进行搜索操作。

● 通栏搜索

通栏搜索通常出现在界面的顶部位置，用户进入App后一目了然，可以快速进行搜索操作，如图4-100所示。特别是在大型电商类App中，通常都会采用这种通栏搜索的方式，因为其包含的商品种类非常丰富，目的性明确的用户通常进入App后都希望能够快速地找到自己所需要的商品，所以要为用户提供一个直观、显眼的搜索功能入口。

在电商App中，通常将搜索放在界面顶部，并以通栏的形式出现，用户进入该界面时，第一眼就能够找到搜索入口。

图4-99 搜索功能入口　　图4-100 顶部通栏搜索

- 搜索功能图标

以用户最容易理解的放大镜图标作为搜索功能的入口，在界面中占据的空间较小，出现的位置也没有严格的限制。当用户需要使用搜索功能时，可以点击搜索功能图标，在界面中显示出搜索文本框及提交按钮，不需要使用时，该部分内容会自动隐藏，留出更多空间来显示界面内容。尽管图标样式的搜索功能入口能够有效地触发搜索功能，但是其在形式上的显著程度不高。如图4-101所示为搜索功能图标在UI中的表现效果。

- 特殊样式

特殊样式的搜索功能入口在移动端App界面设计中比较常见，根据移动端的设计风格来决定搜索功能的表现样式，如Android系统中的悬浮功能按钮等，如图4-102所示。

点击界面右上角的搜索功能图标，跳转到搜索界面，并自动激活搜索文本框。

悬浮于界面上方的搜索功能按钮，表现效果更突出。

图4-101 搜索功能图标在UI中的表现效果　图4-102 Android系统中的悬浮功能按钮

4.8.3 搜索表单的不同交互状态

在移动端App中，用户点击搜索入口后，通常会跳转到一个独立的搜索中间页面，搜索中间页面可以认为是仅次于搜索结果页面而存在的。搜索中间页面主要包含的设计要素有：提示信息、分类搜索功能、搜索历史、热门搜索词等。本节将分别对搜索表单的不同交互状态进行说明。

- 默认状态

在搜索表单的默认状态中，主要是在搜索文本框中显示搜索提示信息。提示信息是该App能够实现的相关搜索功能的文案内容，常见样式为纯文字提示，这种设计是体现友好性的一个小细节，对用户也是一种良性的引导，给用户提供了心理预期。

在搜索文本框中可以添加一些有意义的提示文本，如直接告诉用户可以输入的内容来引导用户，文字内容需要简洁、明了，如图4-103所示。

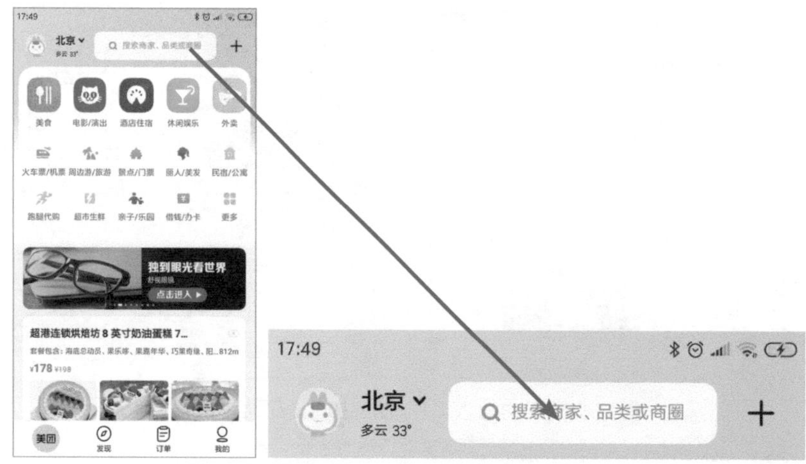

图4-103 搜索文本框中添加提示文字

搜索文本框中的提示信息还可以是推荐内容，根据App的不同推荐内容有所区别，如电商类网站通常推荐的内容为最新的促销商品信息或活动信息，影视类网站推荐内容为当前最火的电影电视等，如图4-104所示。

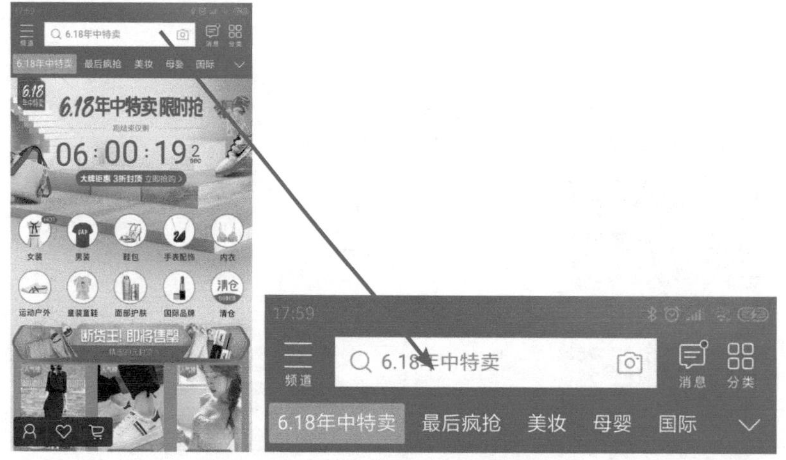

图4-104 搜索文本框中放置推荐内容

> 提示
>
> 搜索文本框中的提示信息内容主要起到提示用户的作用，所以通常会使用浅灰色文本进行表现，而用户在搜索文本框中输入的内容通常是以深灰色或黑色进行表现的，从而有效地区分提示信息内容与用户自己输入的内容。

● 激活状态

用户在搜索文本框中点击即可进入搜索文本框的激活状态，激活状态的文本框通常会向用户展示最近的搜索历史记录、热门搜索推荐等内容。

搜索历史可以作为一种快速搜索的功能入口，呈现用户的搜索历史记录，一方面方便用户对于重复性的内容实现快速搜索，另一方面也便于收集用户习惯。

热门搜索词可以让搜索界面的内容更加丰富，同时也透露出当前主推的内容，提升内容的曝光率和点击量。当前App主推的内容或商品，以及搜索频率较高的内容都可以作为热门搜索词。如图4-105所示为电商App搜索文本框被激活后，在搜索界面中显示的搜索历史和热门搜索推荐内容。

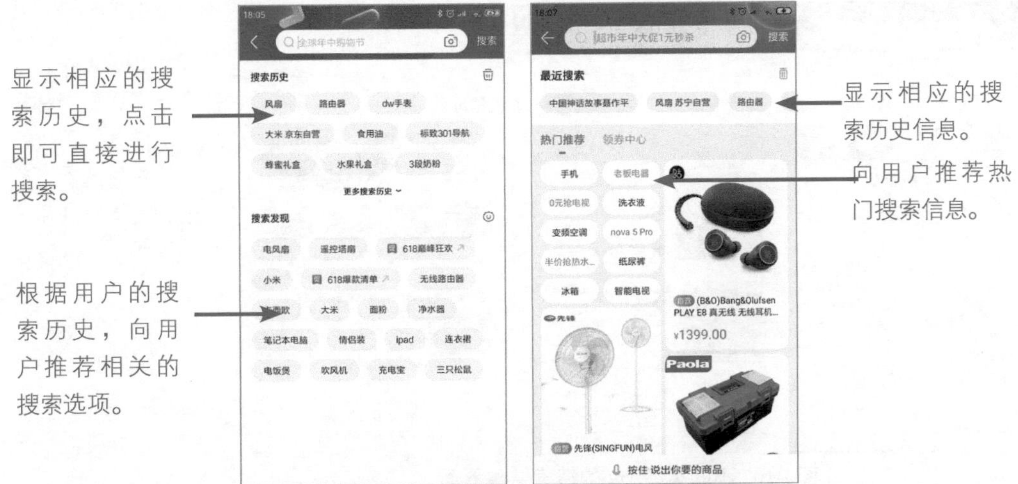

图4-105 显示搜索历史和热门搜索推荐内容

● 输入状态

用户在搜索文本框中点击输入搜索关键词，其核心目标就是快速输入关键词，或者说，希望整个输入过程便捷、快速。所以在这个状态中要能够根据用户逐渐输入的内容而不断呈现包含输入关键词的列表。

搜索联想能够纠正、提醒、引导用户输入信息，对于有固定搜索结果的App而言，搜索联想词能起到便捷搜索的作用。如图4-106所示为搜索文本框根据输入内容向用户智能推荐的联想结果。

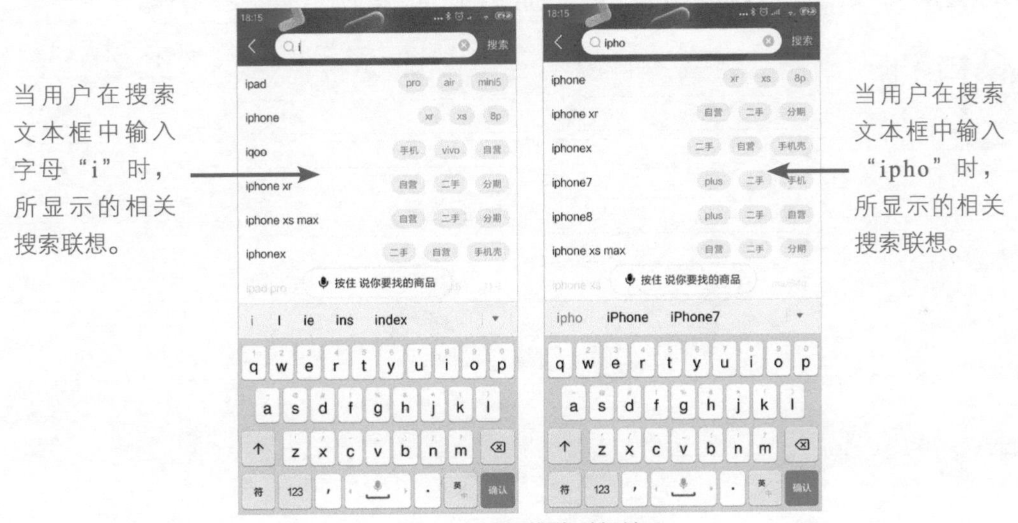

图4-106 智能推荐联想结果

● 结果状态

搜索结果是指用户点击搜索按钮后看到的搜索内容界面，是用户搜索的目标所在，因此如何准确地呈现用户所搜索的内容是重点，用户需要一眼就能看到目标信息，这样用户的操作体验才具有一致性和连续性。如图4-107所示为不同类型App的搜索结果界面。

不同类型的App，在搜索结果界面中都提供了对搜索结果进行筛选的相关选项，其目的就在于方便用户快速找到目标内容。

图4-107 不同类型App的搜索结果界面

如果根据用户所输入的搜索关键字并没有搜索到任何信息内容，那么需要在搜索结果界面中显示相应的提示信息，或者为用户推荐相关的信息内容。

4.9 本章小结

产品希望做的不仅仅是展示（这是互联网初期的形态），它们更希望通过交互方式和终端用户进行一对一沟通，传递给用户品牌价值、品牌主张、品牌定位及活动资讯。产品如何与用户更好地沟通，这就是UI交互所要实现的内容，本章向读者详细介绍了UI中各种不同元素的交互设计形式，读者在UI设计过程中需要注意交互细节的处理，从而使用户在UI中获得更加出色的交互体验。

读书笔记

第5章 UI交互动效基础

交互是一个明显的动态过程，人与人之间的交互就很容易明白，你问我答，你来我往。随着移动互联网技术的发展，智能移动设备性能的提升，交互动效也越来越多地被应用于实际的项目中。

本章将向读者介绍有关UI交互动效的基础知识，使读者能够深入理解交互动效，并向读者介绍制作UI交互动效的相关软件和UI交互动效的基础表现方法。

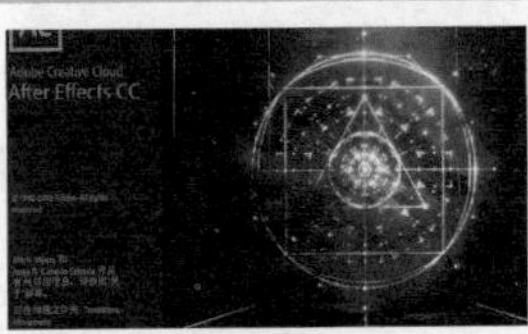

5.1 交互动效与UI设计

很多人在刚接触UI交互动效时，只是觉得新鲜、好玩，可以炫技，可以使UI看上去更加炫酷。但是这是我们在交互设计中加入动效的目的吗？当然不是。

要解决为什么要在UI交互设计中加入动效这个问题，就需要搞清楚什么是交互动效。

5.1.1 UI动效的发展

在扁平化设计兴起之后，UI动效的设计应用越来越多。扁平化设计的好处在于把对用户无效的设计元素去掉，用户的注意力可以集中在界面的核心信息上，不被设计所打扰而分散注意力，使用户体验更加纯粹、自然。这种思路，回归了产品设计的本质，首先是为用户提供好的使用体验，其次才是精美的界面设计。但是，过于扁平化的设计，也会带来新的问题，一些复杂的层级关系如何展现？用户如何被引导和吸引？这与用户在现实世界中的自然感受很不一致，所以Google推出了Material Design设计语言。

Material Design设计语言的一部分作用是为了解决过于扁平化设计所带来的弊端，即展现复杂层级关系，引导和代入用户。为了解决这些问题，Material Design设计语言充分利用Z轴，将分层设计及动效设计相结合，在扁平化的基础上为用户提供更容易理解的层级关系，赋予设计以情感，增强用户在产品使用过程中的参与度。

图5-1 基于Material Design设计语言的移动端App界面设计

图5-1所示的是一款基于Material Design设计语言的移动端App界面设计，在该界面中加入了多处动效设计，从而使界面的操作更加流畅。在界面中通过悬浮按钮设计，替代了单一的交互，当用户点击该悬浮工具按钮时，相关的操作按钮将会以动画的形式出现在界面中。导航菜单也采用了侧滑的交互动画形式，点击界面左上角的“菜单”图标，隐藏的导航菜单会从界面左侧滑入，同时，“菜单”图标会变形为“返回”图标，单击即可隐藏侧滑导航菜单。

扁平化设计的核心是在设计中摒弃高光、阴影、纹理和渐变等装饰性效果，通过符号化或简化的图形设计元素来表现。在设计中去除了冗余的效果，其核心在于突出功能和交互的使用。

在 Material Design 设计规范中，将动效设计命名为“Animation”，意思是动画、活泼。动效设计可以定义为使用类似动画的手法，赋予 UI 生命力和活力。

5.1.2 优秀的交互动效具有哪些特点

在用户操作过程中优秀的交互动效设计往往不会被用户发现，而糟糕的交互动效却迫使用户去注意界面，而非内容本身。

用户都是带着明确的目的来使用App的，如买一件商品、学习新的知识、发现新音乐，或者仅仅是寻找附近的吃饭地点等。用户不会只为了欣赏你精心设计的界面而来，实际上，用户根本不在意界面设计而只关心是否能够方便地达到他们的目的。优秀的交互动效设计应该对用户的点击或手势给予恰当的反馈，使用户能够非常方便地按照自己的意愿去掌控App的行为，从而增强App的使用体验。

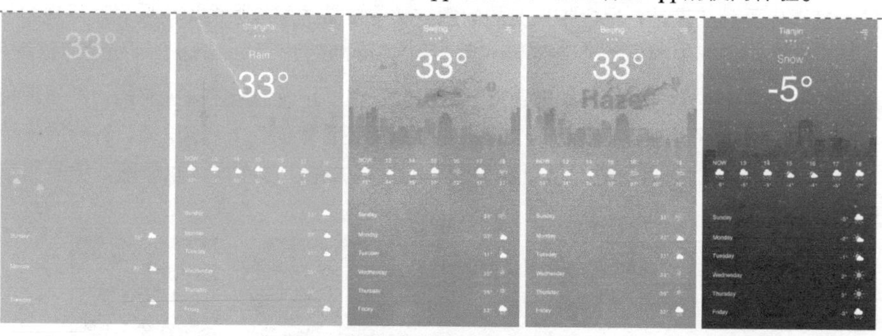

图5-2 移动端天气App界面设计

图5-2所示的移动端天气App界面设计，在该设计中不再运用静态的背景与文字的表现形式，而是采用了动态的表现方式，使用动画效果来模拟不同的天气情况，从而使天气信息的表现更加直观，而且也有效地增强了该天气App的动态效果，提升了用户体验。

- 优秀的交互动效设计具有的特点

快速并且流畅；

给交互恰当的反馈；

提升用户的操作感受；

为用户提供良好的视觉效果。

交互动效的制作可以让交互设计师更清晰地阐述自己的设计理念，同时帮助程序管理人员和研发人员在评审中解决视觉上的问题。交互动效具有缜密清晰的逻辑思维、配合研发人员更好地实现效果和帮助程序管理人员更好地完善产品的优点。

5.1.3 交互动效的优势是什么

随着技术的不断发展，动态交互效果越来越多地被应用于实际的项目中，手机、网页等媒介都在大范围应用。为什么动态交互效果越来越受欢迎？它有哪些优势？

● 展示产品功能

交互动效设计可以更加全面、形象地展示产品的功能、界面、交互操作等细节，让用户更直观地了解一款产品的核心特征、用途、使用方法等，如图5-3所示为通过交互动效来展示产品功能。

图5-3 通过交互动效展示产品功能

● 有利于品牌建设

目前，很多企业或品牌的Logo已经不再局限于静态的展示效果，而是采用动态的方式进行表现，从而使得品牌形象的表现更加生动。例如，我们在电影开场前看到的各制片公司的品牌Logo都是采用动态方式展现的，目前在网络中也有越来越多采用动态方式展示品牌Logo的案例，如“爱奇艺”“优酷”等视频网站，如图5-4所示为动态Logo效果。

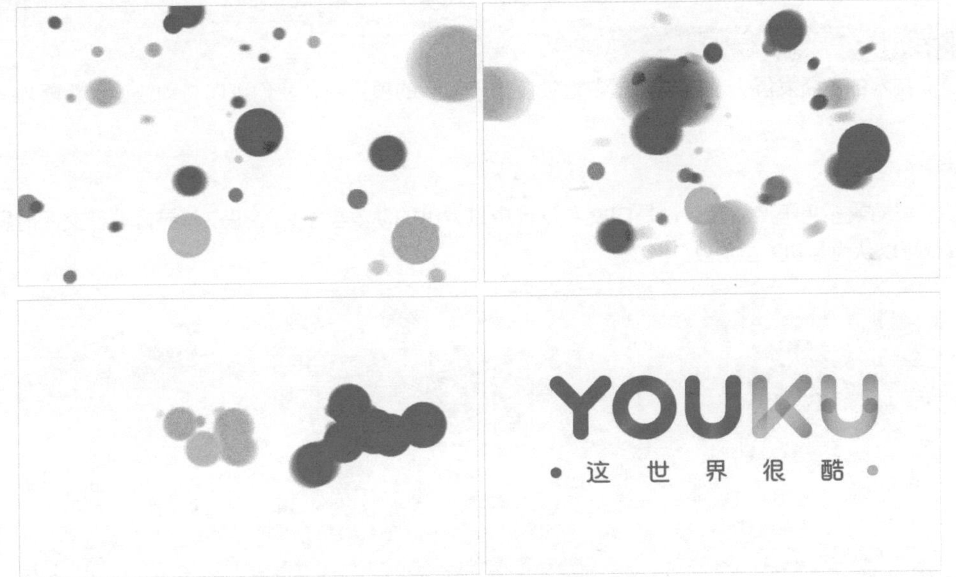

图5-4 动态Logo效果

● 有利于展示交互原型

很多时候不能光靠嘴去解释设计想法，静态的设计图绘制出来后也不见得能让观者一目了然。而且很多时候交互形式和一些交互动效真的很难用语言描述清楚，所以才会有高保真Demo，这样节省了很多沟通成本。如图5-5所示为动态的交互原型设计。

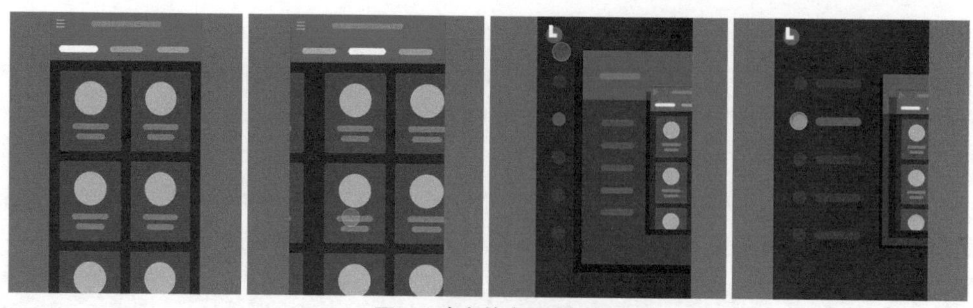

图5-5 动态的交互原型设计

● 增加产品的亲和力和趣味性

在产品中合理地添加动态效果，能够拉进与用户之间的距离，如果能够在动态效果中再添加一些趣味性，那么就会让用户“爱不释手”，如图5-6所示为动态效果趣味性的表现。

图5-6 动态效果趣味性的表现

5.1.4 功能型动效与展示型动效

随着技术的不断发展，动效越来越多地被应用于实际的项目中，我们可以将动效设计粗略地分为两大类。

● 功能型动效

功能型动效多用于产品设计，是UI交互设计中最常见的动效类型，当用户与界面进行交互时所产生的动效都可以认为是功能型动效。

图5-7 在线订票App界面的交互动效设计

图5-7所示的在线订票App界面的交互动效设计，用户首先可以对影片进行左右滑动切换，选择自己需要订票的影片；其次可以点击界面底部的功能按钮，当前界面内容将逐渐隐藏并平滑过渡到选座界面中，用户可以在选座界面中点击选择需要预订的日期及座位。该App中所加入的动效都是为了服务App中的交互操作，使用户的操作更加平滑，使界面信息反馈更加及时。

● 展示型动效

展示型动效主要是指一些用于展示的酷炫动画效果或者对产品功能进行演示的动效设计，这类动效相对来说比功能性动效要复杂，在实际的界面交互设计中应用较少。

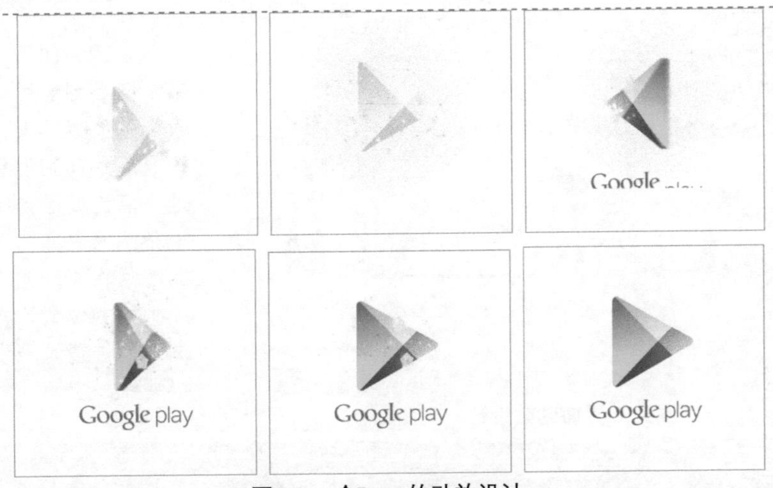

图5-8 一个Logo的动效设计

图5-8所示的是一个Logo的动效设计，通过炫酷的动效展现其各部分的组成，最终表现为完整的Logo，加深用户对该品牌形象的印象。该Logo的动效设计属于展示型动效，并不需要用户与界面发生交互性操作，也不会触发产品中的任何功能。

5.2 哪些场合可以使用动效表现UI交互

一个好的动效设计应该自然、舒适、锦上添花，绝不仅仅是为了吸引眼球，生搬硬套。所以要把握好交互过程中动效设计的轻与重，先考虑用户使用的场景、频繁度，然后确定动效的展示程度，并且需要重视界面交互整体性的编排。

5.2.1 转场过渡

人的大脑会对动态事物（如对象的移动、变形、变色等）比较敏感，在界面中加入一些平滑舒适的过渡转场效果，不仅能够让界面显得生动，还能够帮助用户理解界面前后变化的逻辑关系。

图5-9 界面过渡动效设计

如图5-9所示，在该界面上半部分的图片列表中，用户可以通过左右滑动的方式来切换作品图片，并且在切换的过程中，作品图片会表现出三维空间的效果。当用户点击某个作品图片时，界面中其他内容会逐渐淡出，该作品图片会在当前位置逐渐放大至填满界面的上半部分，同时界面下半部分将淡入该作品的相关介绍信息，界面的过渡转场效果非常自然、流畅，给用户带来良好的浏览体验。

5.2.2 层级展示

在现实空间中，物体存在近大远小的规律，运动则会表现为近快远慢。当界面中的元素在不同的层级时，恰当的动效可以帮助用户理清前后位置关系，通过动效能够体现出整个界面的空间感。

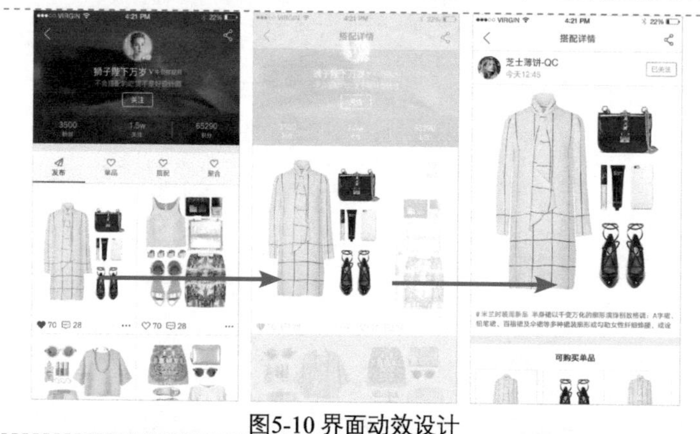

图5-10 界面动效设计

如图5-10所示，用户轻触某个商品图像后，图像会从列表中的位置放大，逐渐过渡到该商品的详细信息界面。相应地，点击商品详细信息界面左上角的“返回”图标，则该商品图片将逐渐缩小，返回到商品列表的位置，指引用户找到浏览的位置，表现出清晰的层级关系。

这种保持内容层级关系的缩放动态交互效果在iOS系统的很多界面中都能见到，如主屏幕的文件夹、日历、相册和App切换界面等。

5.2.3 空间扩展

在移动端界面设计中，有限的屏幕空间难以承载大量的信息内容，通过动效的形式，如折叠、翻转、缩放等可以拓展附加内容的界面空间，以渐进展示的方式减轻用户的认知负担。

图5-11 界面动效设计

图5-11所示的界面动效设计，用户不仅可以通过向下滑动的方式来浏览更多的界面内容，还可以点击界面底部的“+”按钮，界面下方会以动效的形式弹出隐藏的多个功能操作按钮，有效扩展了界面的空间，不需要使用时，还可以将其隐藏，非常实用。

5.2.4 关注聚焦

关注聚焦是指在界面中通过元素的动作变化，提醒用户关注界面中特定的信息内容。这种提醒方式不仅可以降低视觉元素的干扰，使界面清爽、简洁，还能够在用户使用过程中，轻盈自然地吸引用户的注意力。

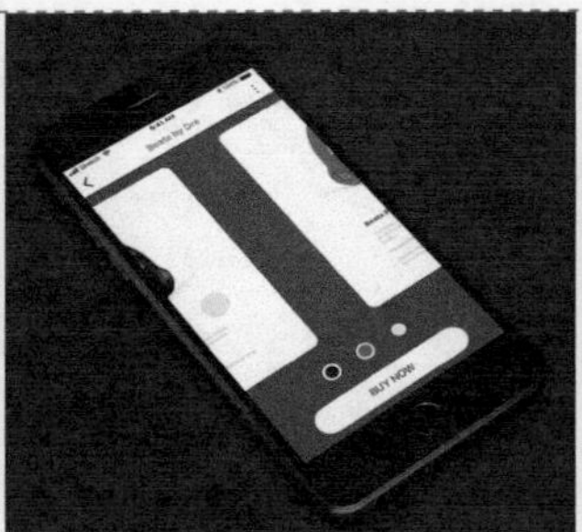
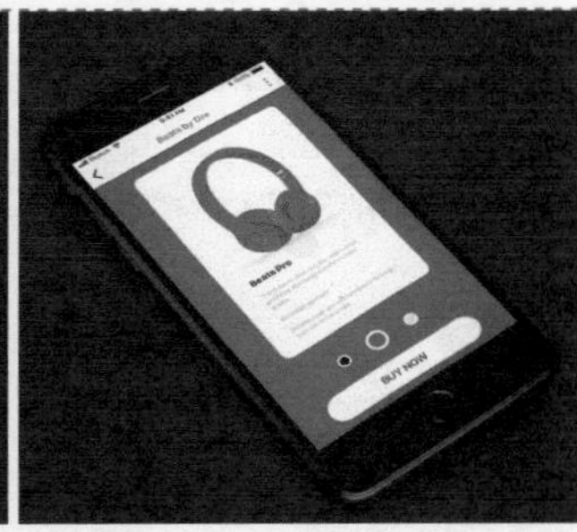

图5-12 界面动效设计

如图5-12所示，该商品拥有多种不同的颜色，所以该商品的展示界面为用户提供了左右滑动切换显示不同颜色商品图片的功能。并且界面的背景颜色与商品颜色保持统一，当用户在切换不同颜色商品图片时，界面的背景颜色也会同时发生变化，从而为用户提供清晰的指引，使用户的目光更聚焦于商品本身。

5.2.5 内容呈现

界面中的内容元素按照一定的顺序逐级呈现，引导用户视觉焦点走向，帮助用户更好地感知页面布局、层级结构和重点内容，同时也能够让界面的操作流程更加丰富流畅，增加界面的表现活力。

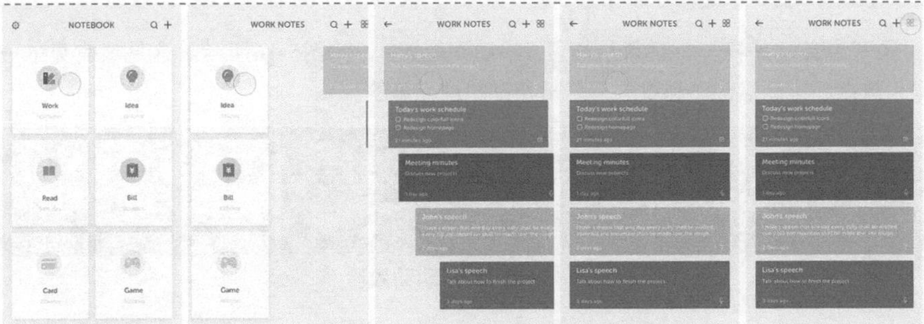

图5-13 App界面动效设计

图5-13所示的App界面动效设计，各功能选项虽然颜色不同，但风格统一且排列整齐。当用户在界面中点击某个功能图标时，画面将过渡切换到相应信息列表界面。而信息列表的呈现方式同样通过动效的形式来表现，并且不同的信息使用了不同的背景颜色，使得界面的信息内容表现非常清晰。

5.2.6 操作反馈

在界面中进行点击、长按、拖动、滑动等交互操作，都应该得到系统的即时反馈，并以视觉动效的方式呈现，帮助用户了解当前系统对用户交互操作过程的响应情况，为用户带来安全感。

图5-14 轻触动效设计

图5-15 密码错误提示动效

在Android Material Design设计语言中，界面元素会伴随着用户轻触呈现圆形波纹，从而给用户带来贴近真实的反馈体验，如图5-14所示。

在iOS系统的输入解锁密码界面中，当用户输入解锁密码出错时，数字键上方的小圆点会来回晃动，模仿摇头的动作提示用户重新输入，如图5-15所示。

需要注意的是，过长的、冗余的动效会影响用户的操作，甚至还可能带给用户负面的体验。所以恰到好处地掌握动效的时长也是动效设计必备的技能之一。

5.3 基础动效类型有哪些

我们在UI中所看到的交互动效都是由一些基础的动效组合而成的，这些基础动效主要包括“移动”“旋转”“缩放”，以及元素属性的变化，这些都能够表现为动画效果。

5.3.1 基础动效

在动效制作软件中，通常我们只需要设置对象的起点和终点，并在软件中设置想要实现的动效，软件便会根据这些设置渲染出整个动画过程。

● 移动

移动，顾名思义就是将一个对象从位置A移动到位置B，如图5-16所示。这是最常见的一种动态效果，像滑动、弹跳、振动这些动态效果都是从移动扩展而来的。

图5-16 移动动效

● 旋转

旋转是指通过改变对象的角度，使对象产生旋转的效果，如图5-17所示。通常在页面加载，或点击某个按钮触发一个较长时间操作时，比如Loading效果或菜单图标的变换，都会使用旋转动效。

图5-17 旋转动效

● 缩放

缩放动效在移动端App中被广泛地使用，如图5-18所示。例如，点击一个App图标，打开该App全屏界面时，就是以缩放的方式来展开的，还有通过点击一张缩略图查看具体内容时，通常也会以缩放的方式从缩略图过渡到满屏的大图。

图5-18 缩放动效

5.3.2 属性变化

在上一节中已经介绍了三种最基础的动效——移动、旋转和缩放，但元素的动效除了使用这三种基础的动效进行组合，还会加入元素属性的变化。属性变化其实就是指元素的透明度、形状、颜色等属性在运动过程中的变化。

属性变化也可以理解为一种基础动效，例如，可以通过改变元素的透明度来实现元素淡入/淡出的动画效果等。同时，还可以通过改变元素的大小、颜色、位置等属性来体现动画效果。

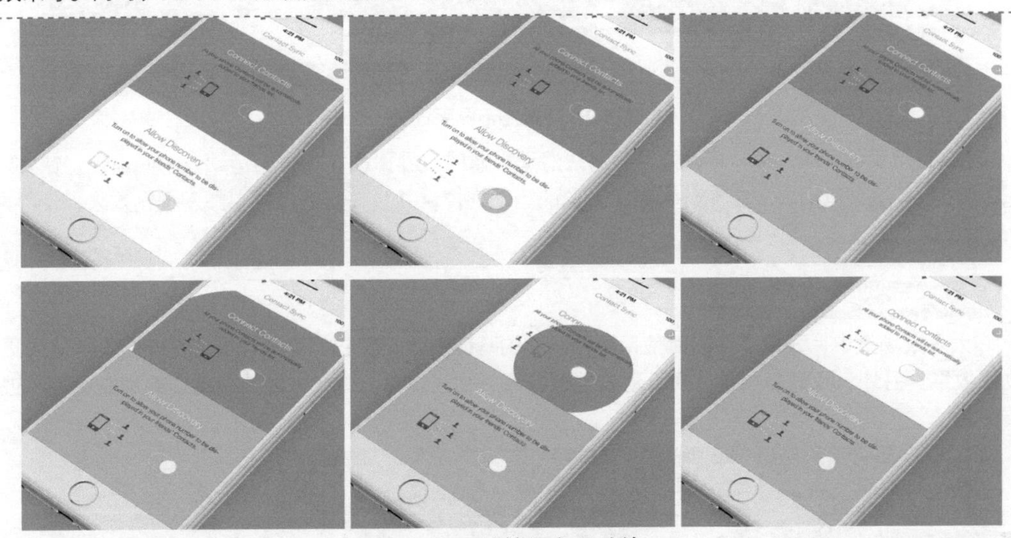

图5-19 开关按钮交互动效

图5-19所示的为App界面中功能开关按钮的交互动效，当打开某个功能时，该功能按钮的小圆位置移动到另一侧，并且该功能选项的背景色会从开关按钮的位置逐渐放大至覆盖整个功能选项。当关闭某个功能时，该功能按钮的小圆位置移动到另一侧，并且该功能选项的背景色会渐渐收缩至开关按钮下方隐藏。

5.3.3 运动节奏

自然界中大部分物体的运动都不是线性的，而是按照物理规律呈曲线性运动的。通俗点来说，就是物体运动的速度变化与物体本身质量有关。例如，当我们打开抽屉时，首先会让它加速，然后慢下来。当某个东西往下落时，首先是越落越快，撞到地上后回弹，最终才又碰触地板。

优秀的动效设计应该反映真实的物理现象，如果动效想要表现的对象是一个沉甸甸的物体，那么它的起始响应动画会比较慢。反之，对象如果是轻巧的，那么其起始响应动画会比较快。图5-20所示为元素缓动效果示意图。

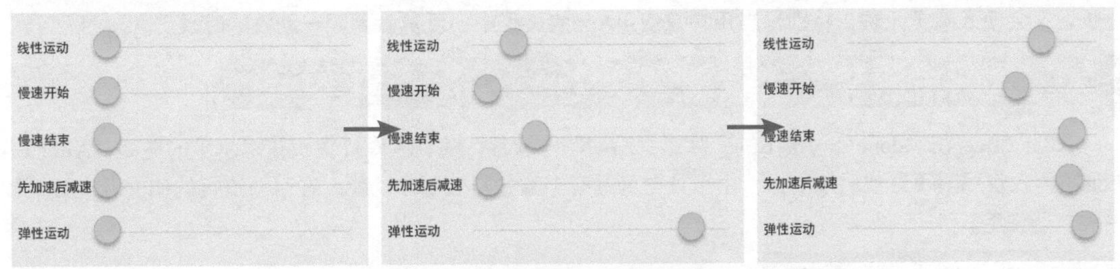

图5-20 元素缓动效果示意图

所以我们在交互动效设计中还需要考虑到元素的运动节奏，从而使所制作的交互动效更加真实、自然。

图5-21 订餐App界面动效

图5-21所示的订餐App界面动效，当用户滑动界面时，界面缓慢地开始运动，中间速度加快，再缓慢地结束，这种运动方式就充分考虑了对象的运动规律，并且在运动过程中加入模糊效果，使界面的动效表现更加真实、富有动感。

5.3.4 基础动效组合应用

在大多数场景中，我们需要同时使用两种以上的基础动效，将它们有效地组合在一起，以达到更好的动态效果。另外，我们仍然要让交互动效遵循普遍的物理规律，这样才能使所制作的动效更容易被用户接受。

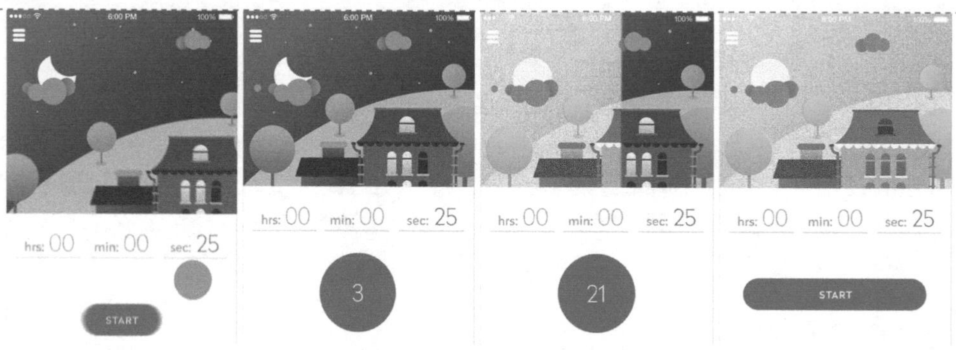

图5-22 App界面交互动效

图5-22所示的App界面交互动效，综合应用了多种基本动效形式，包括缩放、移动、形状变化、属性变换等，通过对这些动效形式的综合应用使界面的动态交互效果表现得丰富而真实。

理想的动效时长应该在0.5~1秒，在设计淡入淡出、滑动、缩放等动效时都应将时长控制在这个范围内。如果动效时长设置得太短，会让用户看不清，甚至给用户造成压迫感。反过来，如果动效持续时间过长，又会使人感觉无聊，特别是当用户在使用App的过程中，反复看到同一动效的时候。

5.4 认识主流交互动效制作软件——After Effects

After Effects是Adobe公司推出的一款影视后期制作软件，随着大众计算机技术水平的提高，After Effects不再仅仅局限于影视后期制作，由于其自身具有丰富的特效制作功能，在目前流行的UI交互动效设计中被广泛使用。

5.4.1 了解After Effects

After Effects简称“AE”，本书编写时的最新版本是After Effects CC 2020。After Effects是制作动态影像设计不可或缺的辅助工具之一，是视频后期合成处理的专业非线性编辑软件。After Effects应用范围广泛，涵盖视频短片、电影、广告、多媒体及网页等。图5-23所示为After Effects CC 2020的启动界面。

After Effects支持多个图层，能够直接导入Illustrator和Photoshop文件。After Effects也有多种插件，其中包括Meta Tool Final Effect，它能够提供虚拟移动图像及多种类型的粒子系统，使用它还能够创造出独特的迷幻效果。

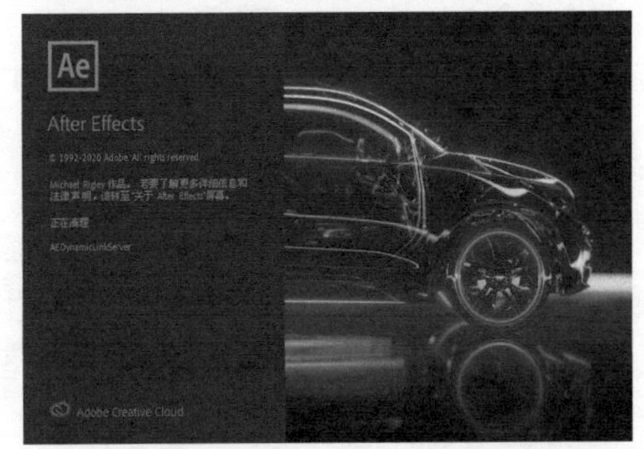

图5-23 After Effects CC 2020的启动界面

After Effects可以帮助用户高效、精确地创建精彩的动态图形和视觉效果。After Effects在多个方面都具有优秀的性能，不仅能够广泛支持多种动画文件格式，还具有优秀的跨平台能力。After Effects作为一款优秀的视频特效处理软件，经过不断发展，在众多行业中已经得到了广泛的使用。图5-24所示为使用After Effects制作的UI交互动效。

图5-24 使用After Effects制作的UI交互动效

5.4.2 After Effects的工作界面

After Effects的工作界面十分人性化，各个窗口和面板集合在一起，不是单独的浮动状态，这样在操作过程中免去了拖来拖去的麻烦。启动After Effects CC，可以看到After Effects CC的工作界面，如图5-25所示。

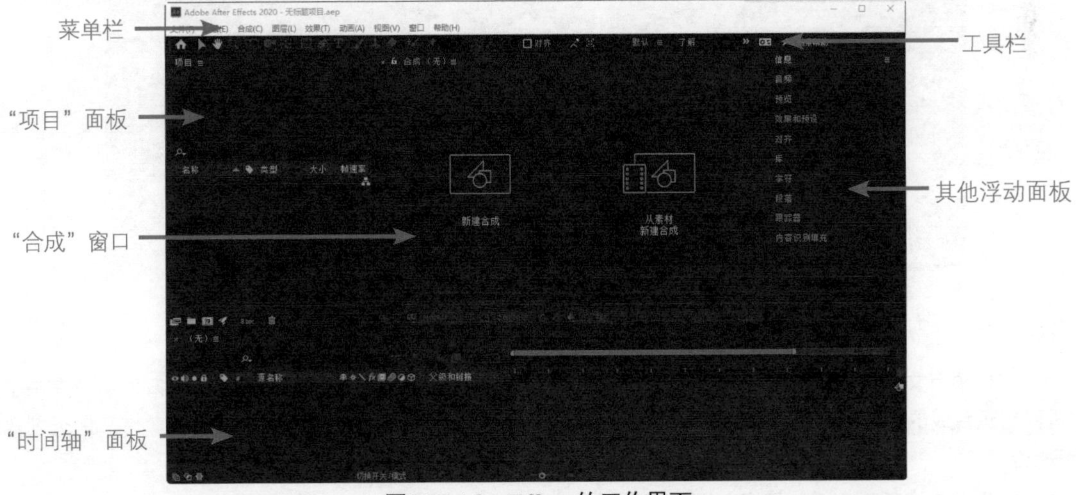

图5-25 After Effects的工作界面

菜单栏：在After Effects中，根据功能和使用目的可以将菜单命令分为九类，每个菜单项中包含多个子菜单命令。

工具栏：包含了After Effects中的各种常用工具，所有工具均是针对“合成”窗口进行操作的。

“项目”面板：用来管理项目中的所有素材和合成，在其中可以很方便地进行导入、删除和编辑素材等相关操作。

“合成”窗口：动画效果的预览区，在此能够直观地观察要处理的素材文件的显示效果，如果要在该窗口中显示画面，首先要将素材添加到时间轴中，并将时间滑块移动到当前素材的有效帧内。

“时间轴”面板：After Effects工作界面中非常重要的组成部分，它是进行素材组织的主要操作区域，主要用于管理“层”的顺序和设置动画关键帧。

其他浮动面板：显示了After Effects 中常用的面板，用于配合动画效果的处理制作，可以通过在窗口菜单中执行相应的命令，在工作界面中显示或隐藏相应的面板。

如果需要切换 After Effects 的工作界面，可以执行“窗口 > 工作区”命令，在该命令的下级菜单中选择相应的命令，即可切换到对应的工作区，或者在工具栏上的“工作区”下拉列表中选择相应的选项，同样可以切换到对应的工作区。

5.4.3 After Effects的基本操作

如果要用After Effects来制作交互动效，首先我们必须在After Effects中创建一个新的项目，这也是After Effects的最基本操作之一，只有创建了项目，才能够在项目中进行其他的编辑工作。本节将向读者介绍After Effects的基本操作。

● 创建项目文件

在创建新项目文件时，After Effects与其他软件有一个明显的区别，就是在使用After Effects创建新项目文件后，并不可以在项目中直接进行动画的编辑操作，还需要在该项目文件中创建合成，然后才能够进行动画的制作与编辑操作。

刚打开After Effects时，在软件工作界面显示之前会出现“开始”窗口，该窗口为用户提供了软件操作的一些基本命令，如图5-26所示。单击“新建项目”按钮，或者关闭该“开始”窗口，进入到After Effects工作界面中，如图5-27所示。默认情况下，After Effects会自动新建一个空的项目文件。

图5-26 “开始”窗口

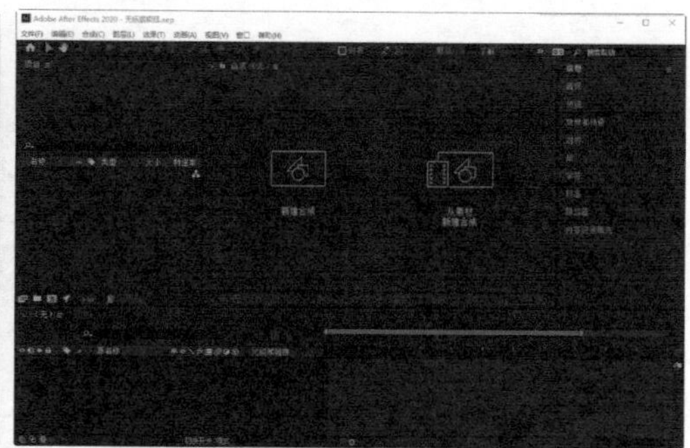

图5-27 After Effects工作界面

● 在项目文件中创建合成

完成项目文件的创建之后，接下来就需要在该项目文件中创建合成了。“合成”窗口为用户提供了两种创建合成的方法，如图5-28所示。一种是新建一个空白的合成，另一种是通过导入素材文件来创建合成。

如果单击“新建合成”按钮，则会弹出“合成设置”对话框，在该对话框中可以对合成的相关选项进行设置，如图5-29所示。如果单击“从素材新建合成”按钮，则会弹出“导入文件”对话框，可以选择需要导入的素材文件，After Effects会根据用户导入的素材文件自动创建相应的合成。

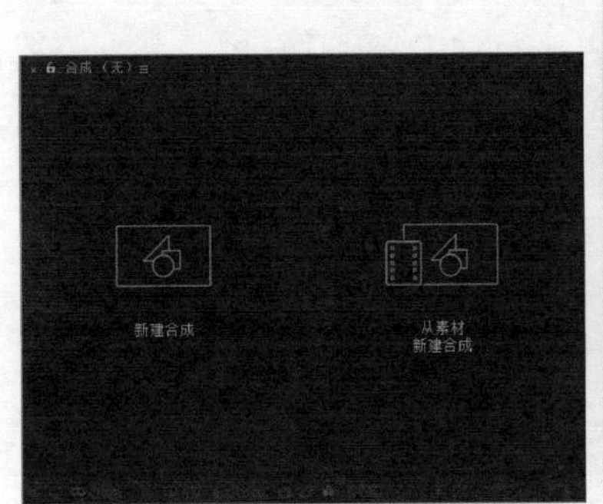

图5-28 两种创建合成的方法

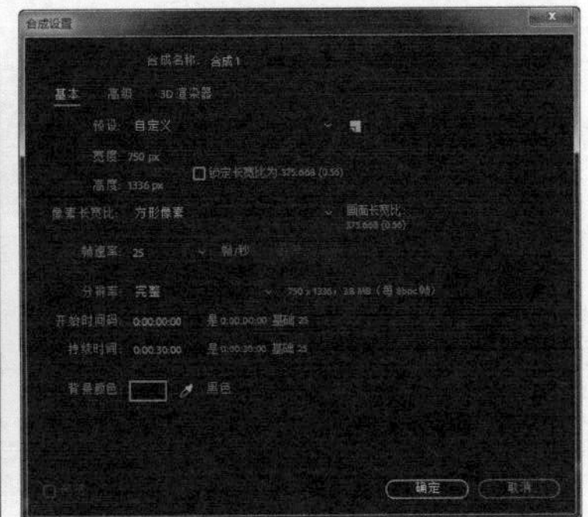

图5-29 “合成设置”对话框

在“合成设置”对话框中设置合成的名称、尺寸大小、帧速率、持续时间等选项，单击“确定”按钮，即可创建一个合成文件，在“项目”面板中可以看到刚创建的合成，如图5-30所示。此时，“合成”窗口和“时间轴”面板都会变为可操作状态，如图5-31所示。

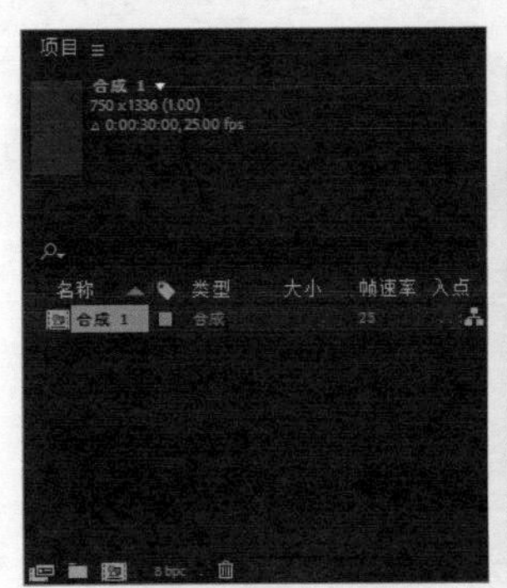

图5-30 “项目”面板

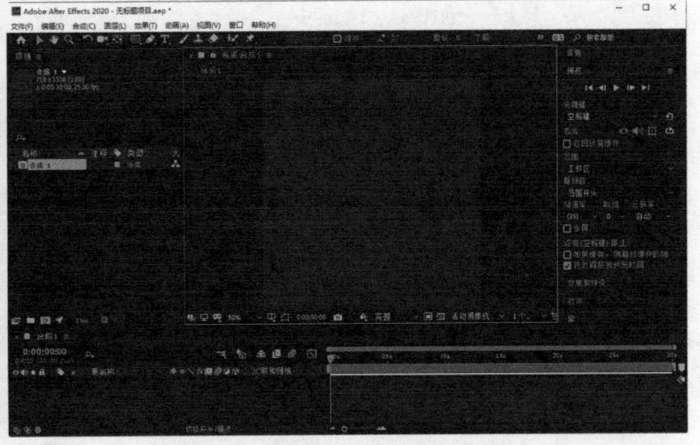

图5-31 进入合成编辑状态

● 保存和关闭项目文件

我们在对项目进行操作的过程中，需要随时对项目文件进行保存，防止因程序出错或发生其他意外情况而丢失文件。

After Effects的“文件”菜单提供了多个用于保存文件的命令，如图5-32所示。

如果是新创建的项目文件，执行“文件>保存”命令，或按快捷键【Ctrl+S】，在弹出的“另存为”对话框中进行设置，如图5-33所示，单击“保存”按钮，即可将文件保存。如果该项目文件已经被保存过一次，那么执行“保存”命令时则不会弹出“另存为”对话框，而是直接将原来的文件覆盖。

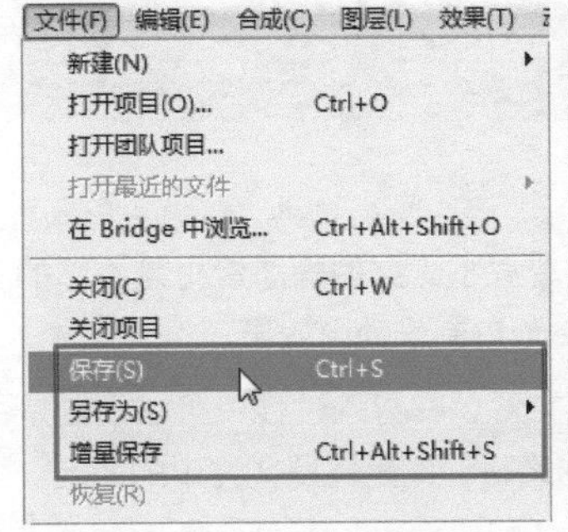

图5-32 保存文件的命令

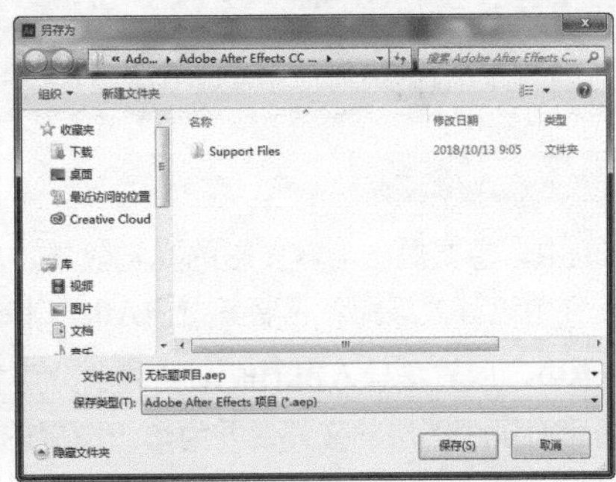

图5-33 “另存为”对话框

当用户想要关闭当前项目文件时，可以执行“文件>关闭”命令或执行“文件>关闭项目”命令。如果当前项目已经保存为文件了，则可以直接关闭该项目文件；如果当前项目是新建未保存的或者做了某些修改后尚未保存，则系统将会弹出提示窗口，询问用户是否需要保存对当前项目所做的更改，如图5-34所示。

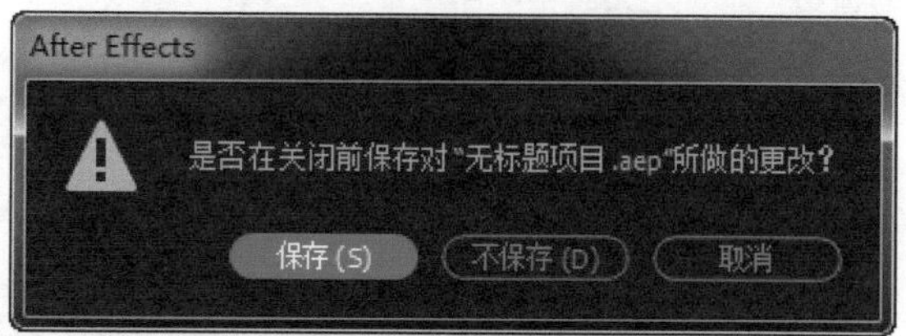

图5-34 提示保存文件

完成项目合成的创建后，在编辑制作过程中如果需要对合成的相关设置选项进行修改，可以执行“合成>合成设置”命令，或按快捷键【Ctrl+K】，在弹出的“合成设置”对话框中对相关选项进行修改。

5.4.4 导入素材

使用After Effects进行动画设计制作时，通常需要使用外部的素材文件，这时就需要将素材导入“项目”面板中。After Effects支持导入多种不同格式的素材文件。

在After Effects中，执行“文件>导入>文件”命令，或按快捷键【Ctrl+I】，在弹出的“导入文件”对话框中选择需要导入的素材，如图5-35所示。单击“导入”按钮，即可将该素材导入“项目”面板中，如图5-36所示。

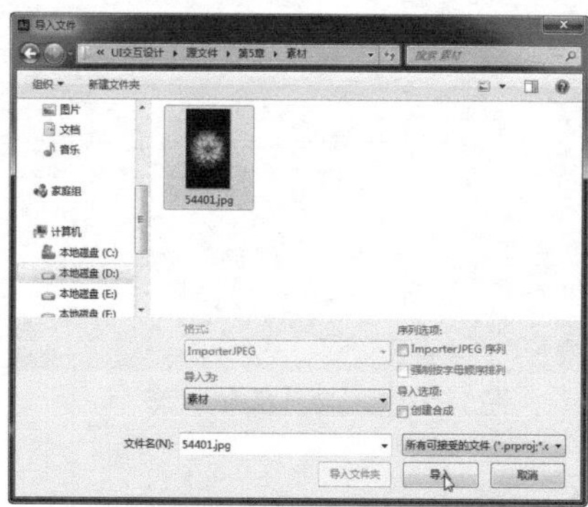

图5-35 选择需要导入的素材

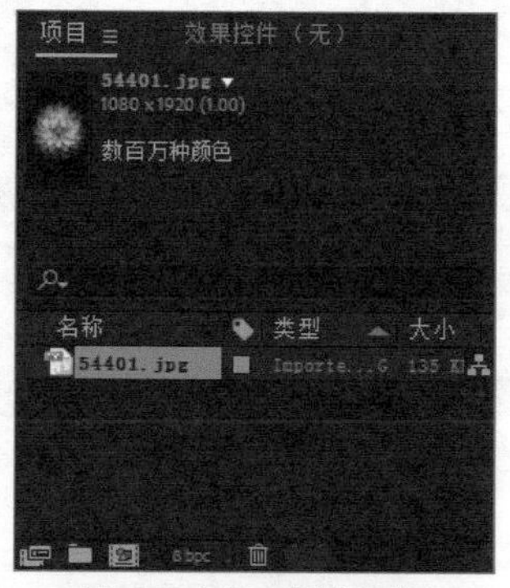

图5-36 导入素材图像

如果需要同时导入多个素材文件，可以在弹出的“导入文件”对话框中同时选中多个需要导入的素材文件，单击“导入”按钮，即可同时导入多个素材文件。

视频和音频素材文件的导入方法与不分层静态图片素材的导入方法相同，导入后同样显示在“项目”面板中。

5.4.5 导入PSD格式素材

在After Effects中，想要做出丰富多彩的视觉效果，单凭不分层的静态素材是不够的，我们通常会在专业的图像设计软件中设计效果图，再将其导入After Effects中制作动画效果。

在After Effects中可以直接导入PSD或AI格式的分层文件，在导入过程中可以设置是否对文件中的图层进行处理，可将带有多个图层的文件合并为单一图层的素材，或是保留文件中的图层。

执行“文件>导入>文件”命令，在弹出的“导入文件”对话框中选择一个需要导入的PSD文件，单击“导入”按钮，弹出设置对话框，如图5-37所示。在“导入种类”选项下拉列表中可以选择将PSD文件导入为哪种类型的素材，如图5-38所示。

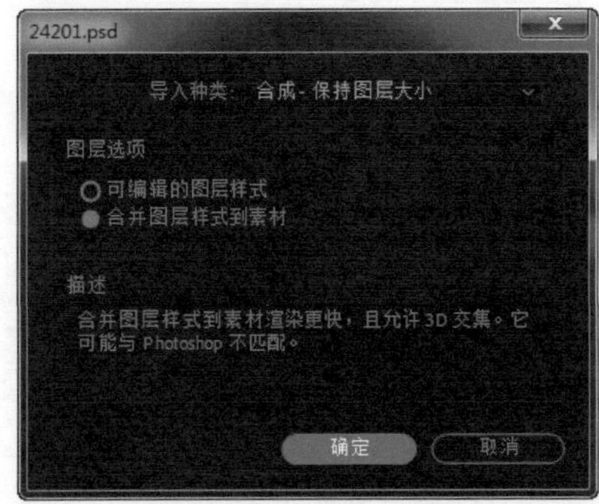

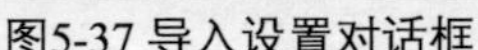

图5-37 导入设置对话框

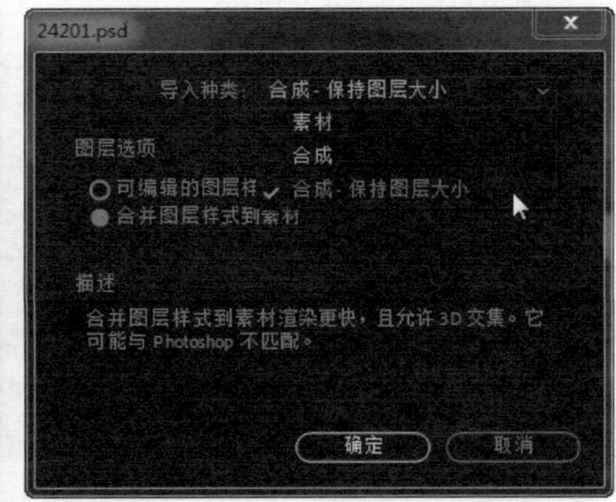

图5-38 “导入种类”下拉列表

素材：如果选择“素材”选项，在该对话框中可以选择将PSD文件中的所有图层进行合并后导入为静态素材，或者选择PSD文件中某个指定的图层，将其导入为静态素材。

合成：如果选择“合成”选项，则可以将所选择的PSD文件导入为一个合成，PSD文件中的每个图层在合成中都是一个独立的图层，并且会将PSD文件中所有图层的尺寸大小统一为合成的尺寸大小。

合成-保持图层大小：如果选择“合成-保持图层大小”选项，则可以将所选择的PSD文件导入为一个合成，PSD文件的每一个图层都作为合成的一个单独层，并保持它们原始的尺寸不变。

导入 AI 格式素材文件的方法与导入 PSD 格式素材文件的方法基本相同，需要注意的是，所导入的 AI 格式的素材文件，必须是包含多个图层的 AI 格式文件，这样在导入时才可以将该 AI 格式素材文件导入为合成，如果该 AI 格式的素材文件没有分层，则导入为一个静态的矢量素材。

实战练习 01 导入PSD格式素材创建合成

源文件：资源包\源文件\第5章\5-4-5.aep　　视　频：资源包\视频\第5章\5-4-5.mp4

01 在Photoshop中打开一个设计好的PSD素材文件“资源包\源文件\第5章\素材\54501.psd”，打开“图层”面板，可以看到该PSD文件中的相关图层，如图5-39所示。打开After Effects，执行“文件>导入>文件”命令，在弹出的“导入文件”对话框中选择该PSD素材文件，如图5-40所示。

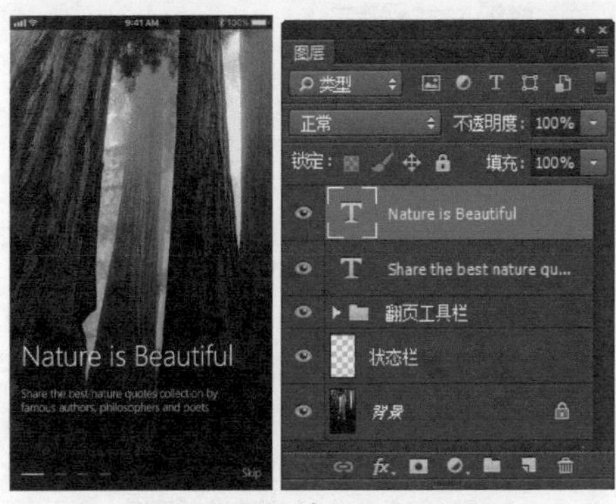

图5-39 PSD素材效果和相关图层

图5-40 选择需要导入的PSD素材

02 单击“导入”按钮，弹出设置对话框，在“导入种类”下拉列表中选择“合成-保持图层大小”选项，如图5-41所示。单击“确定”按钮，即可将该PSD素材文件导入为合成，在“项目”面板中可以看到自动创建的合成，如图5-42所示。

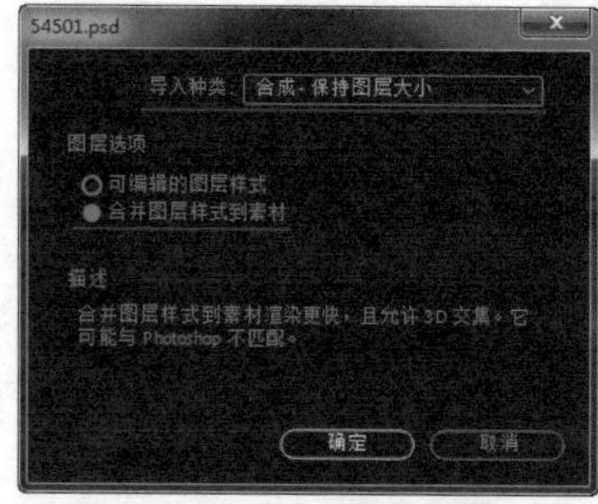

图5-41 导入设置对话框

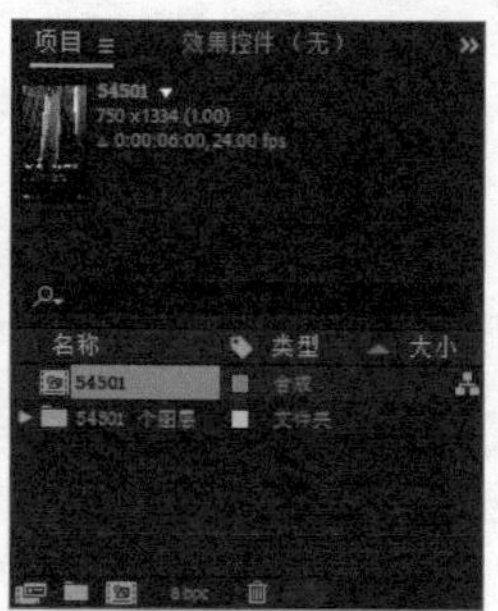

图5-42 “项目”面板

将PSD文件导入为合成时，After Effects将会自动创建一个与PSD文件名称相同的合成和一个素材文件夹，该文件夹中为所导入PSD素材文件中每个图层上的图像素材。

03 在“项目”面板中双击自动创建的合成，可以在“合成”窗口中看到该合成的效果与PSD素材的效果完全一致，如图5-43所示，并且在“时间轴”面板中可以看到图层与PSD文件中的图层是相对应的，如图5-44所示。

图5-43 “合成”窗口效果

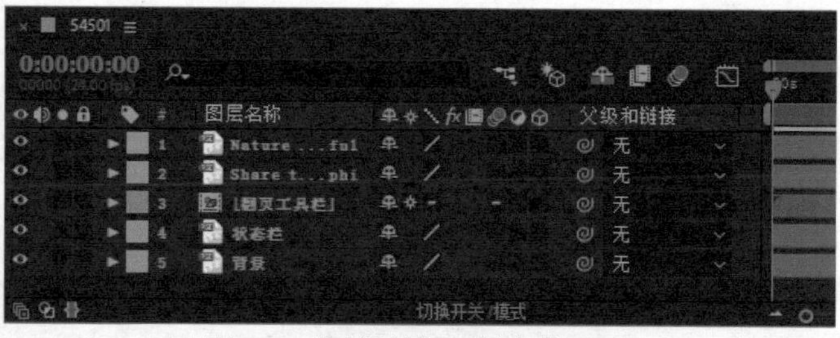

图5-44 “时间轴”面板中的图层

如果所导入的PSD素材文件中包含有图层组，如此处所导入的PSD素材文件中包含名称为“翻页工具栏”的图层组，那么导入后图层组将会自动创建为嵌套的合成。

04 执行“文件>保存”命令，弹出“另存为”对话框，将该文件保存。

5.5 交互动效制作基础

使用After Effects制作交互动效时，首先需要制作能够表现出主要意图的关键动作，这些关键动作所在的帧就叫“动画关键帧”，理解和正确操作关键帧是使用After Effects制作动效的关键。

5.5.1 认识“时间轴”面板

After Effects中的“时间轴”面板包含图层，但是图层只是“时间轴”面板中的一小部分。“时间轴”面板是在After Effects中进行动效制作的主要操作面板，在“时间轴”面板中可以通过对各种控制选项进行设置从而制作出不同的动画效果。图5-45所示为After Effects中的“时间轴”面板。

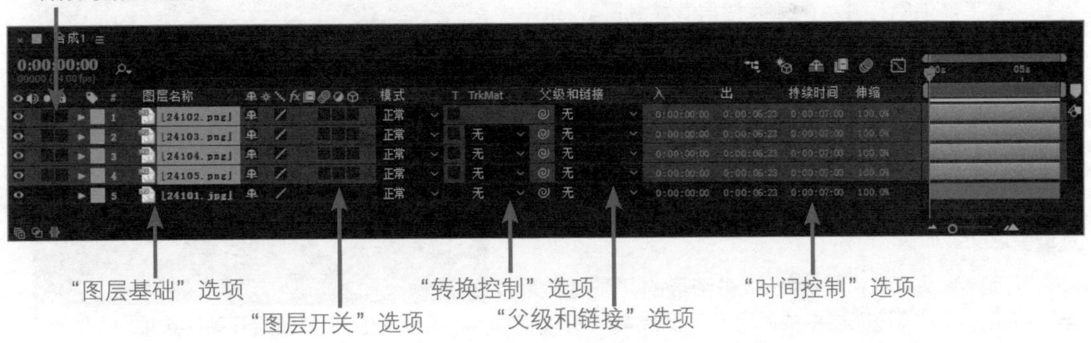

图5-45 "时间轴"面板

● "音频/视频"选项

通过"时间轴"面板中的"音频/视频"选项，如图5-46所示，可以对合成中的每个图层进行一些基础的控制。

"视频"按钮：单击该按钮，可以在"合成"窗口中显示或者隐藏该图层上的内容。

"音频"按钮：如果在某个图层上添加了音频素材，则该图层上会自动添加音频图标，可以通过单击该图层的"音频"按钮，显示或隐藏该图层上的音频。

"独奏"按钮：单击某个图层上的该按钮，可以在"合成"窗口中只显示该图层中的内容，而隐藏其他所有图层中的内容。

"锁定"按钮：单击某个图层上的该按钮，可以锁定或取消锁定该图层内容，被锁定的图层将不能够操作。

图5-46 "音频/视频"选项

● "图层基础"选项

"时间轴"面板中的"图层基础"选项设置区包含"标签"、"编号"和"图层名称"三个设置选项，如图5-47所示。

"标签"选项：在每个图层的该位置单击，可以在弹出的菜单中选择该图层的标签颜色，通过为不同的图层设置不同的标签颜色，可以有效区分不同的图层。

"编号"选项：从上至下顺序显示图层的编号，不可以修改。

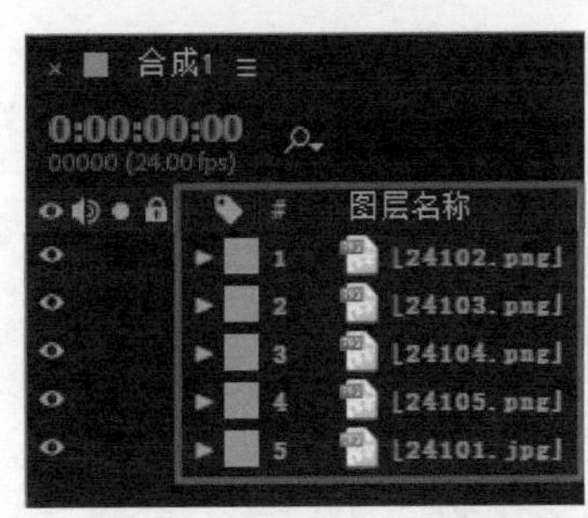

图5-47 "图层基础"选项

"图层名称"选项：该位置显示的是图层名称。图层名称默认为在该图层上所添加的素材的名称或者自动命名的名称，在图层名称上单击鼠标右键，在弹出的菜单中选择"重命名"选项，可以对图层进行重命名。

● "图层开关"选项

单击"时间轴"面板左下角的"展开或折叠'图层开关'窗格"按钮，可以在"时间轴"面板中的每个图层名称右侧显示相应的"图层开关"控制选项，如图5-48所示。

“消隐”按钮：单击“时间轴”面板中的“隐藏为其设置了‘消隐’开关的所有图层”按钮，单击图层的“消隐”按钮，可以在“时间轴”面板中隐藏该图层。

“栅格化”按钮：仅当图层中的内容为合成或者矢量图形时，单击该图层的“栅格化”按钮，可以栅格化该图层，栅格化后的图形可进行基于像素的处理，而且渲染速度会加快。

“质量和采样”按钮：单击图层的“质量和采样”按钮，可以将该图层中的内容在“低质量”和“高质量”这两种显示方式之间进行切换。

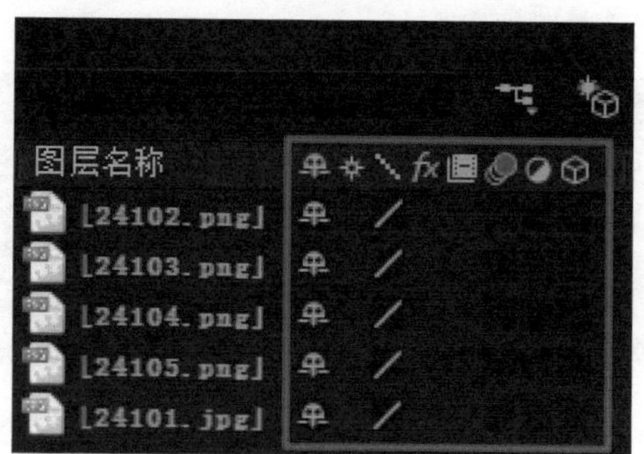

图5-48 “图层开关”选项

“效果”按钮：如果为图层内容应用了效果，则该图层将显示“效果”按钮，单击该按钮，可以显示或隐藏为该图层所应用的效果。

“帧混合”按钮：如果为图层内容应用了帧混合效果，则该图层将显示“帧混合”按钮，单击该按钮，可以显示或隐藏为该图层所应用的帧混合效果。

“运动模糊”按钮：用于设置是否开启图层的运动模糊功能，默认情况下没有开启图层的运动模糊功能。

“调整图层”按钮：单击该按钮，仅显示“调整图层”上所添加的效果，从而达到调整下方图层的作用。

“3D图层”按钮：单击该按钮，可以将普通的2D图层转换为3D图层。

- “转换控制”选项

单击“时间轴”面板左下角的“展开或折叠‘转换控制’窗格”按钮，可以在“时间轴”面板中显示出每个图层的“转换控制”选项，如图5-49所示。

“模式”选项：通过该选项可以设置图层的混合模式。

“保留基础透明度”选项：该选项用于设置是否保留图层的基础透明度。

“TrkMat”（轨道遮罩）选项：在该选项的下拉列表中我们可以设置当前图层与其上方图层的轨道遮罩，该选项的下拉列表包含五个选项，如图5-50所示。

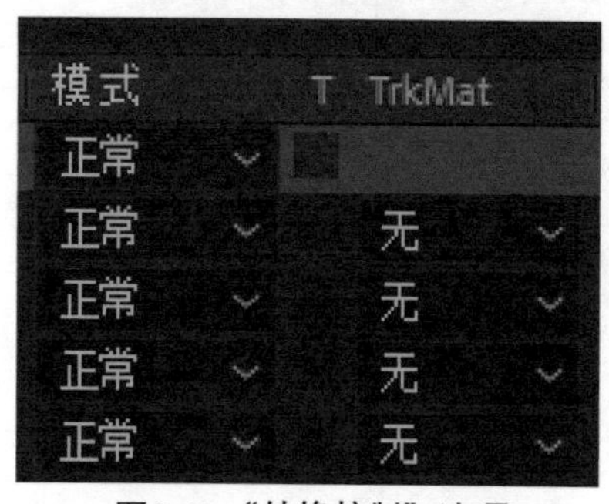

图5-49 “转换控制”选项

没有轨道遮罩
Alpha 遮罩“[33305.png]”
Alpha 反转遮罩“[33305.png]”
亮度遮罩“[33305.png]”
亮度反转遮罩“[33305.png]”

图5-50 “TrkMat”选项的下拉列表

没有轨道遮罩：该图层正常显示，不使用遮罩效果。该选项为默认选项。

Alpha遮罩：利用素材的Alpha通道创建轨道遮罩。

Alpha反转遮罩：反转素材的Alpha通道创建轨道遮罩。

亮度遮罩：利用素材的亮度创建轨道遮罩。

亮度反转遮罩：反转素材的亮度通道创建轨道遮罩。

● “父级和链接”选项

父子链接是让图层与图层之间建立从属关系的一种功能，当对父对象进行操作的时候子对象也会执行相应的操作，但对子对象执行操作的时候父对象不会发生变化。

在“时间轴”面板中有两种设置父子链接的方式：一种是拖动图层的“◎”图标到目标图层，这样目标图层为该图层的父级图层，而该图层为子图层；另一种方法是在图层选项的下拉列表中选择一个图层作为该图层的父级图层，如图5-51所示。

图5-51 “父级和链接”选项

● “时间控制”选项

单击“时间轴”面板左下角的“展开或折叠‘入点’/‘出点’/‘持续时间’/‘伸缩’窗格”按钮，可以在“时间轴”面板中显示出每个图层的“时间控制”选项，如图5-52所示。

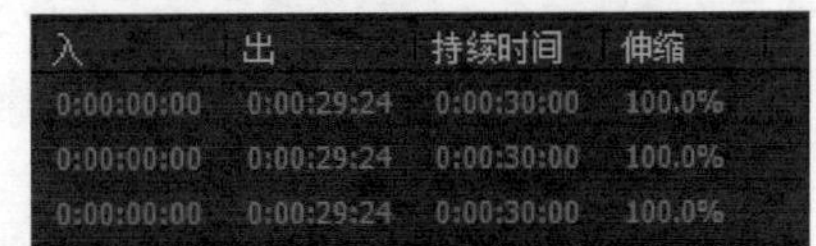

图5-52 “时间控制”选项

“入点”选项：此处显示当前图层的入点时间。如果在此处单击，可以弹出“图层入点时间”对话框，如图5-53所示，输入要设置为入点的时间，单击“确定”按钮，即可完成该图层入点时间的设置。

“出点”选项：此处显示当前图层的出点时间。如果在此处单击，可以弹出“图层出点时间”对话框，如图5-54所示，输入要设置为出点的时间，单击“确定”按钮，即可完成该图层出点时间的设置。

图5-53 “图层入点时间”对话框

图5-54 “图层出点时间”对话框

默认情况下，添加到“时间轴”面板中的素材时间都会与当前合成时间保持一致，如果需要在某个时间点显示该图层中的内容，而在某个时间点隐藏该图层中的内容，则可以为该图层设置“入点”和“出点”选项，简单地理解，“入点”和“出点”选项就相当于设置该图层内容在什么时间出现在合成中，什么时间在合成中隐藏该图层内容。

“持续时间”选项：显示当前图层从入点到出点的时间范围，也就是起点到终点之间的持续时间。如果在此处单击，可以弹出“时间伸缩”对话框，修改该图层中内容的持续时间。

“伸缩”选项：用于调整动画的长度，控制其播放速度以达到快放或者慢放的效果。如果在此处单击，会弹出“时间伸缩”对话框，可以修改该图层的“伸缩比率”选项。该选项的默认值为100%，如果大于100%，则动画的播放速度就会变慢，如果小于100%则会变快。

5.5.2 理解帧与关键帧

关键帧的概念来源于传统的动画片制作。人们看到的视频画面，其实是一幅幅图像快速切换而产生的视觉欺骗，在早期的动画制作中，这些图像中的每一张都需要由动画师绘制出来，如图5-55所示。

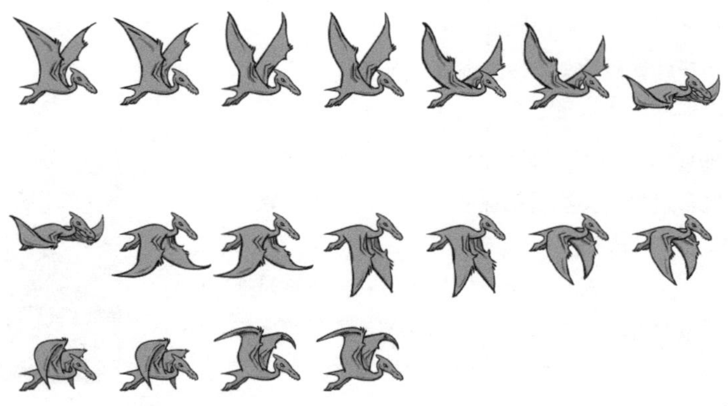

图5-55 传统动画中的每帧画面

所谓关键帧动画，就是给需要动画对象的属性准备一组与时间相关的值，这些值都是从动画序列中比较关键的帧中提取出来的，而其他帧中的值，可以基于这些关键值采用特定的插值方式计算得到，从而获得比较流畅的动画效果。

动画是基于时间而变化的，如果图层的某个属性在不同时间产生不同的参数变化，并且被正确地记录下来，那么可以称这个动画为“关键帧动画”。

关键帧是组成动画的基本元素，关键帧的应用是制作动画的基础和关键。在After Effects的关键帧动画中，至少要通过两个关键帧才能产生作用，第一个关键帧表示动画的初始状态，第二个关键帧表示动画的结束状态，而中间的动态则由计算机通过插值计算得出。例如，可以在0秒的位置设置图层的“不透明度”属性为0%，然后在1秒的位置设置该图层的“不透明度”属性为100%，如果这个变化被正确地记录下来，那么在0～1秒图层的“不透明度”属性就会从0% 至 100%进行变化。

- 关键帧包括的信息

属性：指的是图层中的哪个属性发生变化。

时间：指的是在哪个时间点确定的关键帧。

参数值：指的是当前时间点参数的数值是多少。

关键帧类型：关键帧之间是线性的还是非线性的。

关键帧速率：关键帧之间是什么样的变化速率。

5.5.3 创建关键帧

在After Effects中，基本上每一个特效或属性都有一个对应的“时间变化秒表”按钮，可以通过单击属性名称左侧的“秒表”按钮，来激活关键帧功能。

在“时间轴”面板中选择需要添加关键帧的图层，展开该图层的属性列表，如图5-56所示。如果需要为某个属性添加关键帧，只需要单击该属性前的“秒表”按钮，即可激活关键帧功能，并在当前时间位置插入一个属性关键帧，如图5-57所示。

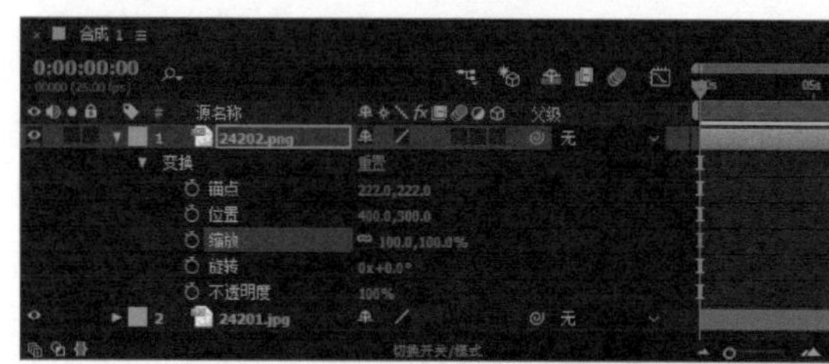

图5-56 展开图层属性列表

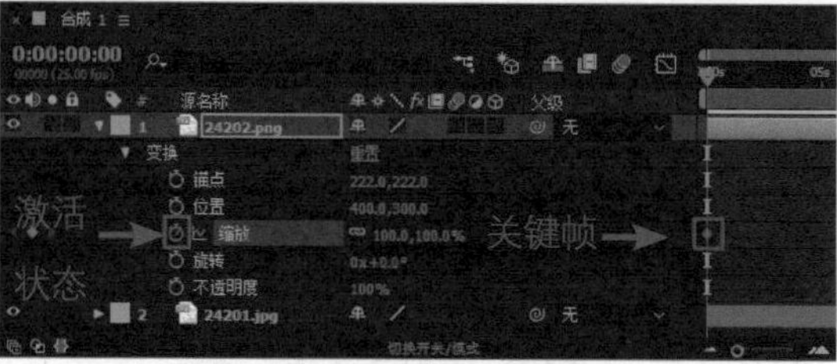

图5-57 插入属性关键帧

当激活该属性的关键帧后，在该属性的最左侧会出现三个按钮，分别是“转到上一个关键帧”◀、“添加或移除关键帧”◇和“转到下一个关键帧”▶。在“时间轴”面板中将“时间指示器”移至需要添加下一个关键帧的位置，单击“添加或移除关键帧”按钮◇，即可在当前时间位置插入该属性的第二个关键帧，如图5-58所示。

如果再次单击该属性名称前的“秒表”按钮⏱，可以取消该属性关键帧的激活状态，为该属性添加的所有关键帧也会被同时删除，如图5-59所示。

图5-58 添加属性关键帧

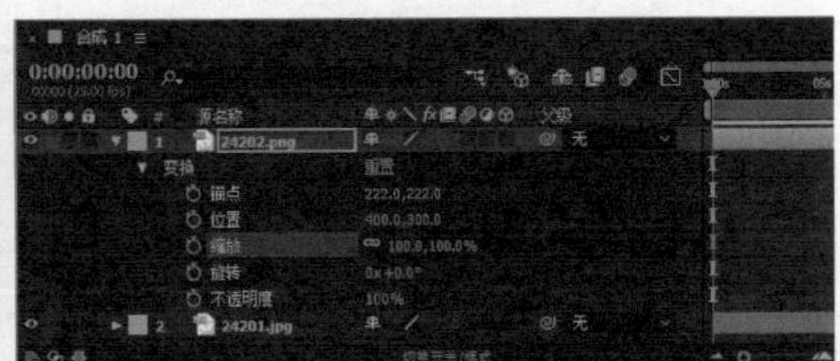

图5-59 同时删除该属性的所有关键帧

为某个属性在不同的时间位置插入关键帧后，可以在属性名称的右侧修改所添加关键帧位置的属性参数值，为不同的关键帧设置不同的属性参数值后，就能够形成关键帧之间的动画过渡效果。

5.5.4 编辑关键帧

在使用After Effects制作动效的过程中，通常需要对关键帧进行一系列的编辑操作，下面将详细介绍关键帧的选择、移动、复制和删除操作。

● 选择关键帧

在创建关键帧后，有时还需要对关键帧进行修改和设置操作，这时就需要选中需要编辑的关键帧。选择关键帧的方式有多种，下面分别进行介绍。

（1）在“时间轴”面板中直接单击某个关键帧图标，被选中的关键帧显示为蓝色，表示已经选中关键帧，如图5-60所示。

（2）在“时间轴”面板中的空白位置单击并拖动出一个矩形框，在矩形框内的多个关键帧将被同时选中，如图5-61所示。

（3）对于关键帧的某个属性，单击该属性名称，即可将该属性的所有关键帧全部选中，如图5-62所示。

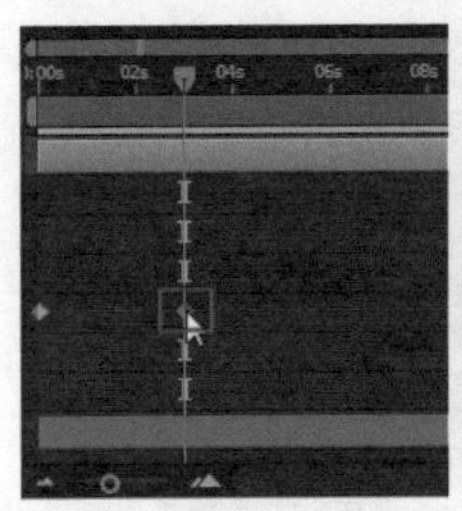

图5-60 选中关键帧

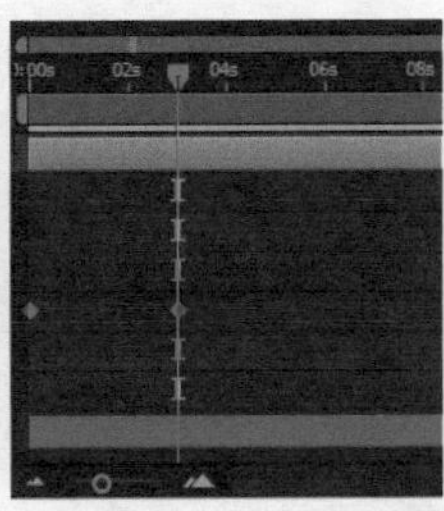

图5-61 选中多个关键帧

图5-62 选中该属性的全部关键帧

（4）配合【Shift】键可以同时选择多个关键帧，即按住【Shift】键不放，在多个关键帧上单击，可以同时选择多个关键帧。而对于已选择的关键帧，按住【Shift】键不放再次单击，则可以取消选择。

● 移动关键帧

在After Effects中，为了更好地控制动画效果，关键帧的位置是可以随意移动的，可以单独移动一个关键帧，也可以同时移动多个关键帧。

如果想要移动单个关键帧，可以选中需要移动的关键帧，按住鼠标左键拖动关键帧到需要的位置，这样就可以移动关键帧，如图5-63所示。

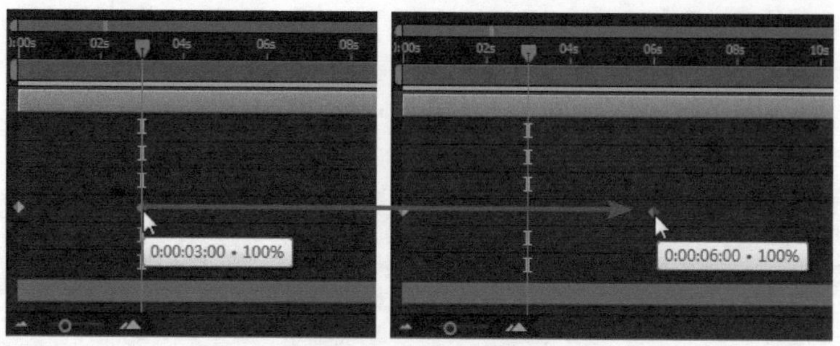

图5-63 移动关键帧位置

如果想要同时移动多个关键帧，可以按住【Shift】键，单击鼠标选中需要移动的多个关键帧，然后将其拖至目标位置即可。

● 复制关键帧

如果想要进行关键帧的复制操作，首先需要在“时间轴”面板中选中一个或多个需要复制的关键帧，如图5-64所示。执行“编辑>复制”命令，即可复制所选中的关键帧，将“时间指示器”移至需要粘贴关键帧的位置，执行“编辑>粘贴”命令，即可将所复制的关键帧粘贴到当前时间的位置，如图5-65所示。

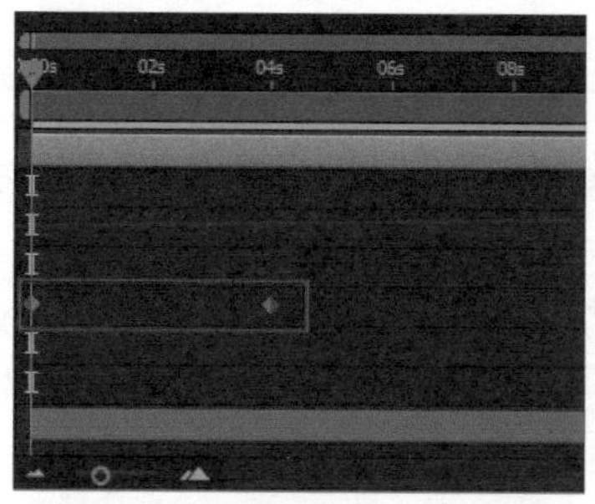

图5-64 选中需要复制的关键帧

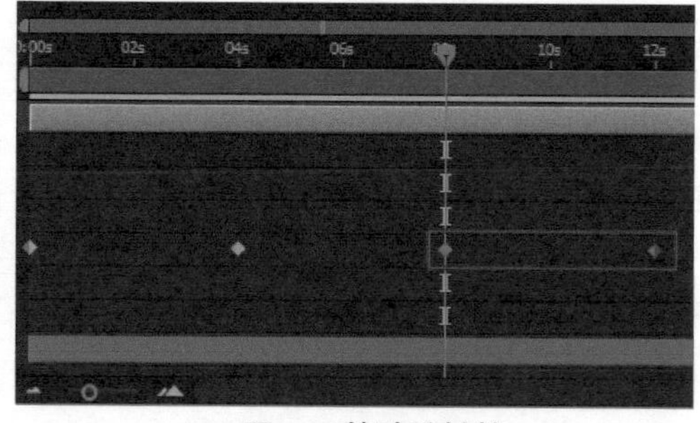

图5-65 粘贴关键帧

当然也可以将复制的关键帧粘贴到其他的图层中，例如，选中“时间轴”面板中需要粘贴关键帧的图层，展开该图层属性，将“时间指示器”移至需要粘贴关键帧的位置，执行“编辑>粘贴”命令，即可将所复制的关键帧粘贴到当前所选择的图层中，如图5-66所示。

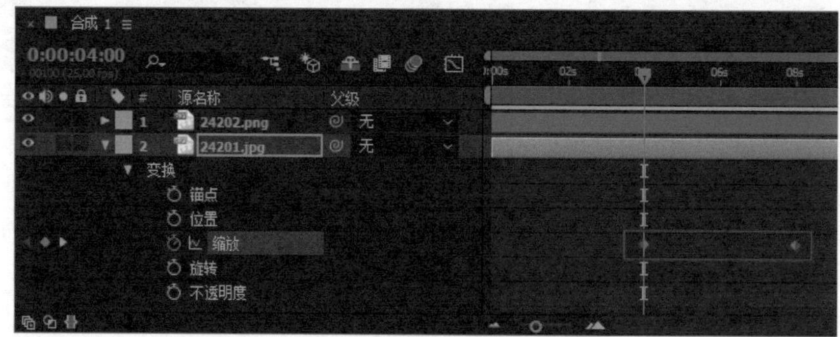

图5-66 粘贴关键帧

如果复制相同属性的关键帧，只需要选择目标图层就可以粘贴关键帧；如果复制的是不同属性的关键帧，需要选择目标图层的目标属性才能够粘贴关键帧。需要特别注意的是，如果粘贴的关键帧与目标图层上的关键帧在同一时间位置，将会覆盖目标图层上的关键帧。

- 删除关键帧

在制作动画的过程中有时需要将多余的或者不需要的关键帧删除，删除关键帧的方法很简单，选中需要删除的单个或多个关键帧，执行“编辑>清除”命令，即可将选中的关键帧删除。

也可以选中多余的关键帧，直接按键盘上的【Delete】键，即可将所选中的关键帧删除；还可以在“时间轴”面板中将“时间指示器”移至需要删除的关键帧位置，单击该属性左侧的“添加或移除关键帧”按钮，即可将当前时间的关键帧删除，这种方法一次只能删除一个关键帧。

5.5.5 五种基础“变换”属性

在图层左侧的小三角按钮上单击，可以展开该图层的相关属性，素材图层默认包含“变换”属性，单击“变换”选项左侧的三角按钮，可以看到包含了五个基础变换属性，分别是“锚点”、“位置”、“缩放”、“旋转”和“不透明度”，如图5-67所示。

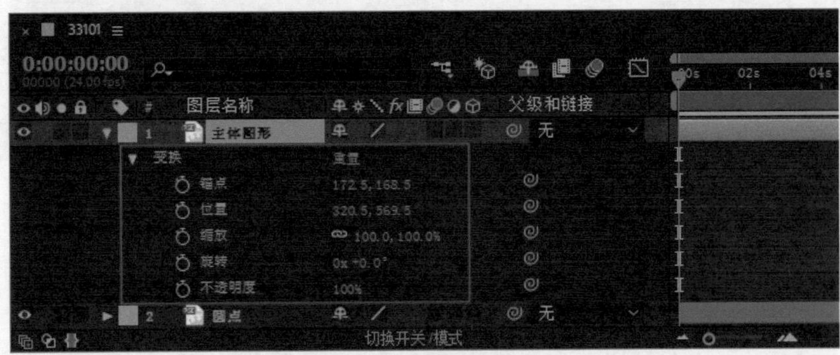

图5-67 基础“变换”属性

- “锚点”属性

“锚点”属性主要用来设置素材的中心点位置。素材的中心点位置不同，当对素材进行缩放、旋转等操作时，所产生的效果也会不同。

默认情况下，素材的中心点位于素材图层的中心位置。选择某个图层，按快捷键【A】，可以直接在该图层下方显示出“锚点”属性，如果需要修改锚点，只需要修改“锚点”属性后的坐标参数即可，如图5-68所示。也可以在选择当前图层的情况下，使用“向后平移（锚点）工具”，在“合成”窗口中拖动调整该图层锚点的位置，如图5-69所示。

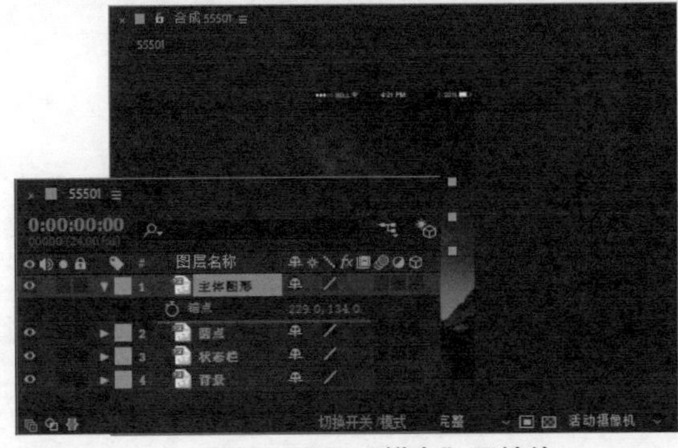

图5-68 设置“锚点”属性值

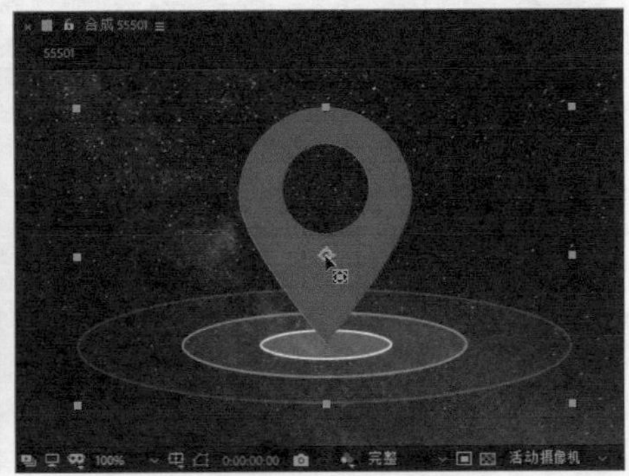

图5-69 移动锚点位置

在“合成”窗口中双击需要设置锚点位置的素材，进入“素材”窗口，使用“选择工具”直接移动锚点，也可以调整素材的中心点位置。

- “位置”属性

“位置”属性用来控制素材在“合成”窗口中的相对位置，也可以通过该属性结合关键帧制作出素材移动的动画效果。

选择相应的图层，按快捷键【P】，可以直接在所选择图层下方显示出“位置”属性，如图5-70所示。当修改“位置”属性后的坐标参数或者在“合成”窗口中直接使用“选择工具”移动位置时，都以素材锚点为基准进行移动，如图5-71所示。

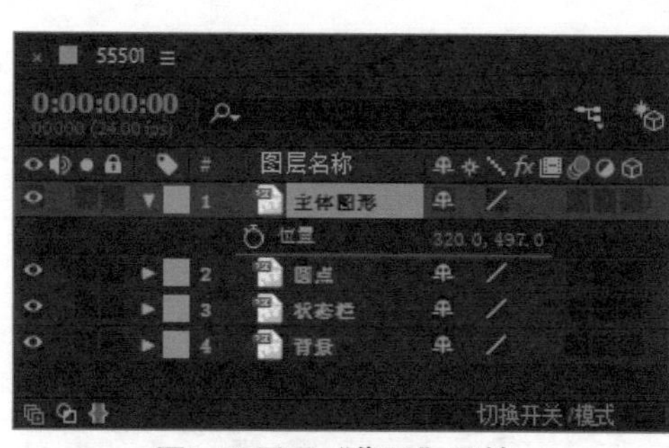

图5-70 显示“位置”属性

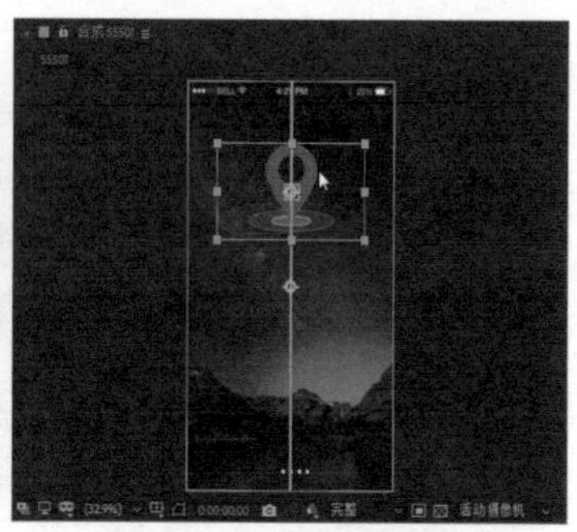

图5-71 移动素材位置

- “缩放”属性

通过“缩放”属性可以设置素材的尺寸大小，结合关键帧可以制作出素材缩放的动画效果。

选择相应的图层，按快捷键【S】，可以在该图层下方显示出“缩放”属性，素材的缩放同样以锚点的位置为基准，可以直接通过修改“缩放”属性中的参数修改素材的尺寸大小，如图5-72所示。也可以在“合成”窗口中直接使用“选择工具”拖动素材四周的控制点来调整素材的尺寸大小，如图5-73所示。

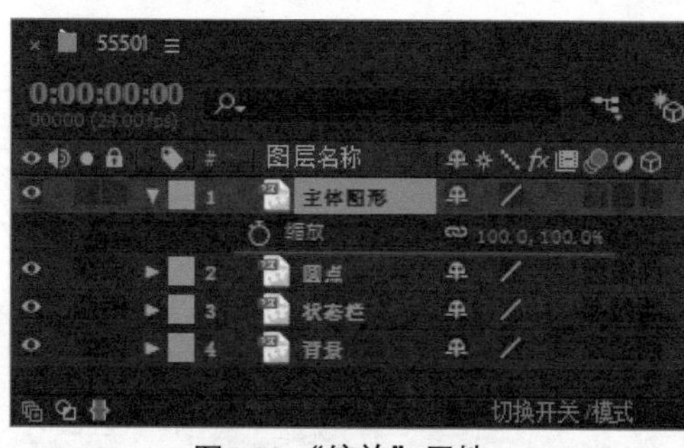

图5-72 “缩放”属性

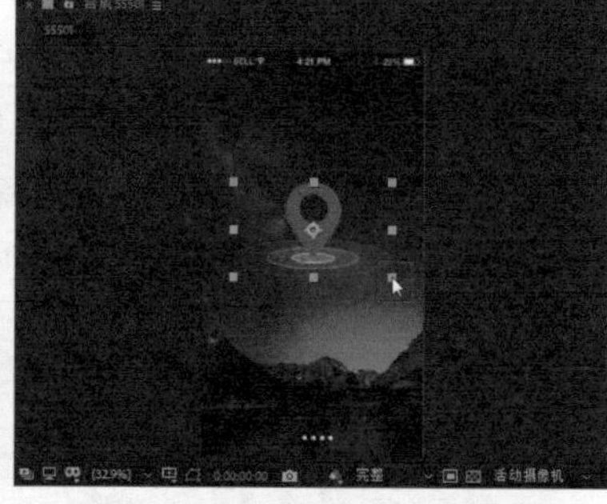

图5-73 拖动控制点进行缩放

在“合成”窗口中使用“选择工具”拖动控制点对素材进行缩放操作时，按住【Shift】键拖动素材四个角点位置，可以对素材进行等比例缩放操作。

- “旋转”属性

“旋转”属性是用来设置素材旋转角度的，结合关键帧可以制作出素材旋转的动画效果。

选择相应的图层，按快捷键【R】，可以直接在该图层下方显示出“旋转”属性，如图5-74所示。素材的旋转同样以锚点的位置为基准，可以直接修改“旋转”属性中的参数，也可以在“合成”窗口中选中需要旋转的素材，使用“旋转工具”在素材上拖动进行旋转操作，如图5-75所示。

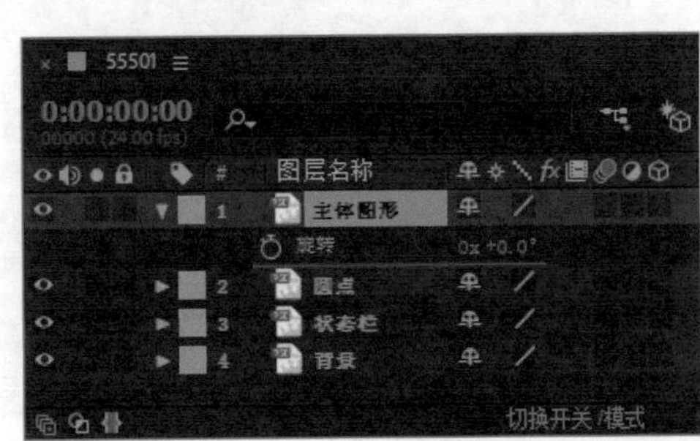

图5-74 显示“旋转”属性

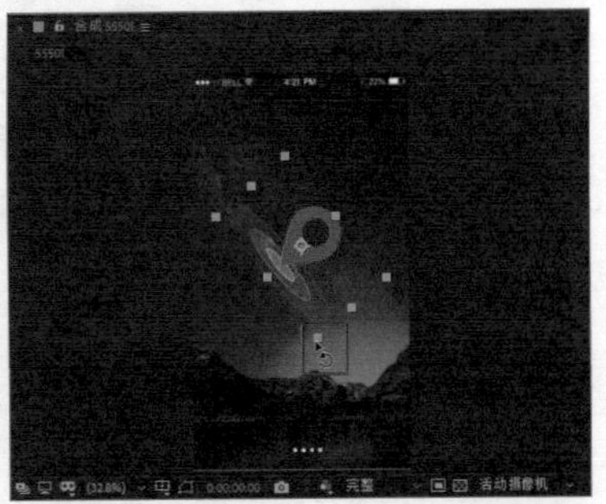
图5-75 使用工具进行旋转操作

“旋转”属性包含两个参数。第一个参数用于设置对象旋转的圈数：如果设置为正值，则表示顺时针旋转指定的圈数，如 1x 表示顺时针旋转 1 圈；如果设置为负值，则表示逆时针旋转指定的圈数。第二个参数用于设置旋转的角度，取值范围为 0° ～360° 或 -360° ～0° 。

● “不透明度”属性

“不透明度”属性可以用来设置图层的不透明度，当不透明度为0%时，图层中的对象完全透明，当数值为100%时，图层中的对象完全不透明。该属性结合关键帧可用于制作素材淡入淡出的动画效果。

选择相应的图层，按快捷键【T】，可以直接在该图层下方显示出“不透明度”属性，如图5-76所示。修改“不透明度”参数即可调整该图层的不透明度，效果如图5-77所示。

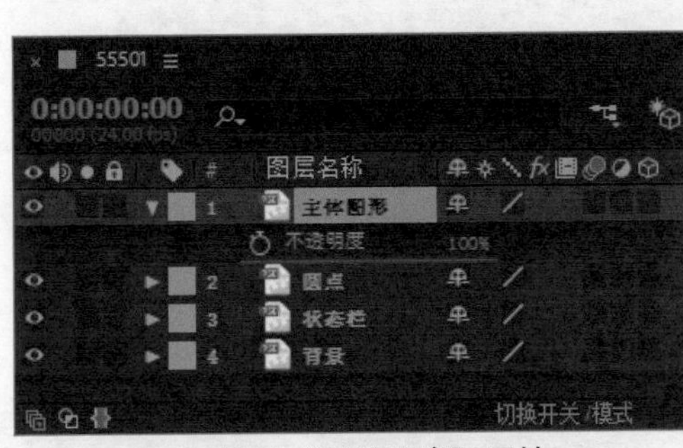

图5-76 显示“不透明度”属性

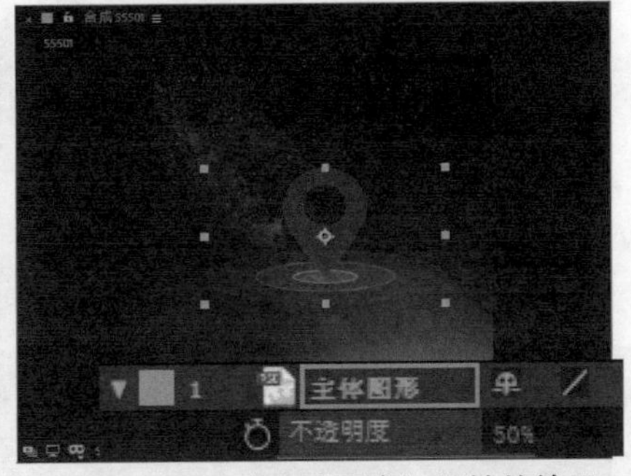

图5-77 设置“不透明度”属性的效果

如果只是选择“时间轴”面板，而没有选择具体的某个或某几个图层，按快捷键【A】【P】【S】【R】【T】，可以在所有图层的下方显示出相应的属性。也可以在“时间轴”面板中同时选中多个图层，按快捷键【A】【P】【S】【R】【T】，可以在所选择的多个图层下方显示出相应的属性。

实战练习 02　制作App启动界面动效

源文件：资源包\源文件\第5章\5-5-5.aep　　视 频：资源包\视频\第5章\5-5-5.mp4

01 在After Effects里新建一个空白的项目，执行“文件>导入>文件”命令，在弹出的“导入文件”对话框中选择“资源包\源文件\第5章\素材\55502.psd”，如图5-78所示。单击“导入”按钮，弹出设置对话框，设置如图5-79所示。

图5-78 选择需要导入的素材

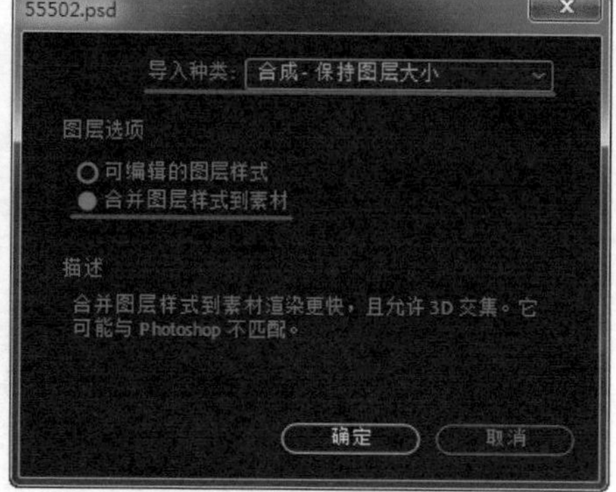

图5-79 导入设置对话框

02 单击“确定”按钮，导入PSD素材自动生成合成，如图5-80所示。在该合成上单击鼠标右键，在弹出的菜单中选择“合成设置”选项，在弹出的对话框中设置“持续时间”为4秒，如图5-81所示。单击“确定”按钮，完成“合成设置”对话框的设置。

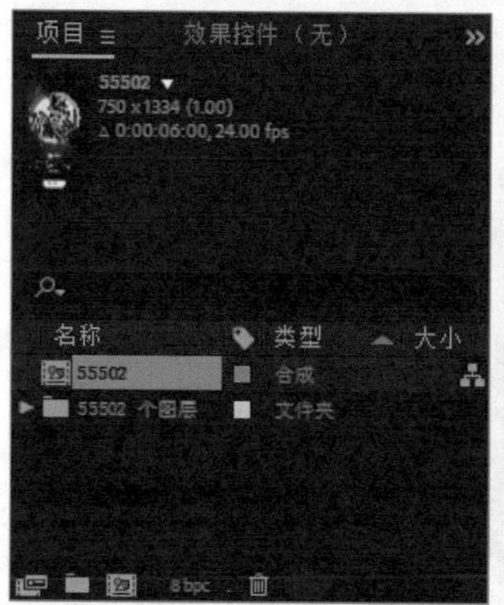

图5-80 “项目”面板

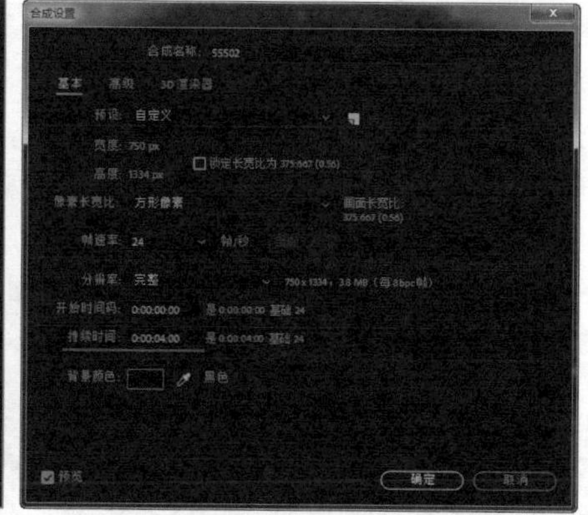
图5-81 修改“持续时间”选项

03 双击“项目”面板中自动生成的合成，在“合成”窗口中打开该合成，效果如图5-82所示。在“时间轴”面板中可以看到该合成中相应的图层，如图5-83所示。

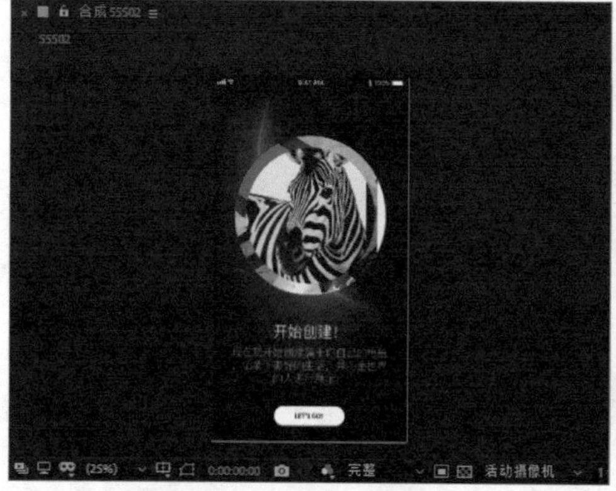
图5-82 “合成”效果

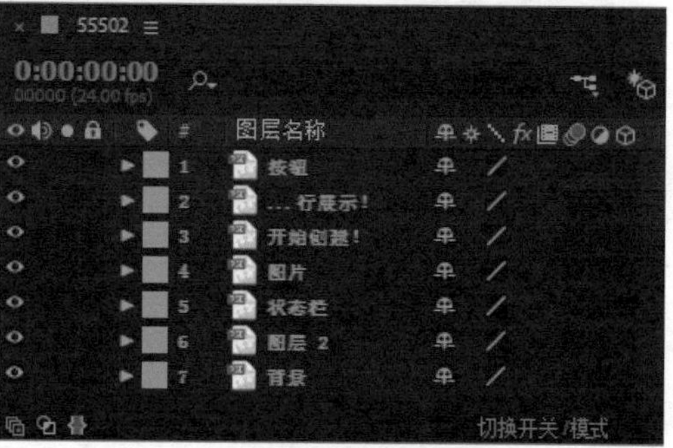

图5-83 合成中的图层

04 将“时间指示器”移至0秒的位置，选择“图层2”，按快捷键【T】，显示该图层的“不透明度”属性，为该属性插入关键帧并设置其属性值为0%，如图5-84所示。将“时间指示器”移至0秒12帧的位置，设置其“不透明度”属性值为100%，如图5-85所示。

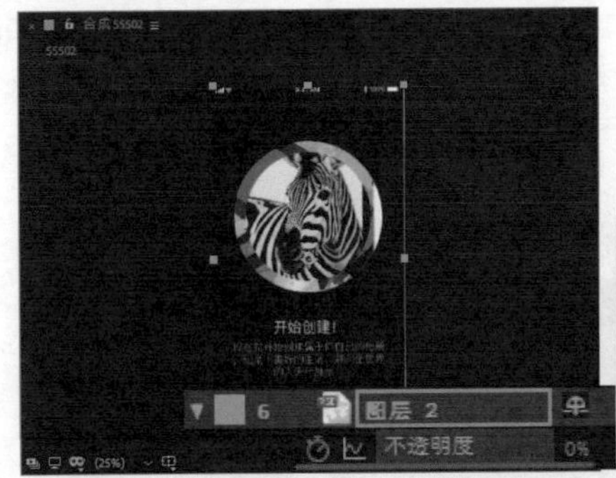

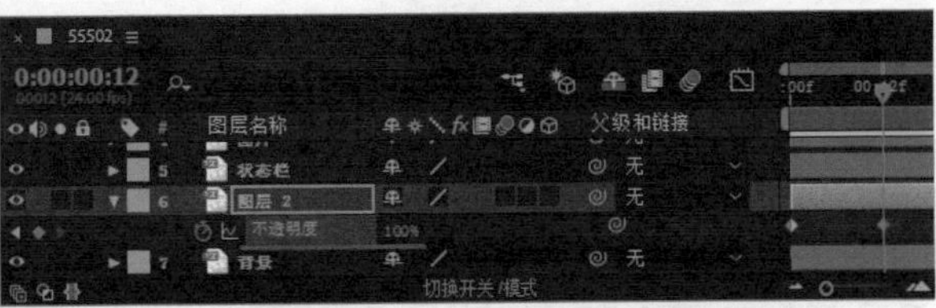

图5-84 插入属性关键帧并设置属性值　　图5-85 设置“不透明度”属性值

05 将“时间指示器”移至0秒12帧的位置，选择“图片”图层，展开该图层的“变换”属性，分别为“缩放”、“旋转”和“不透明度”属性插入关键帧，如图5-86所示。选择“图片”图层，按快捷键【U】，在该图层下方只显示添加了关键帧的属性，如图5-87所示。

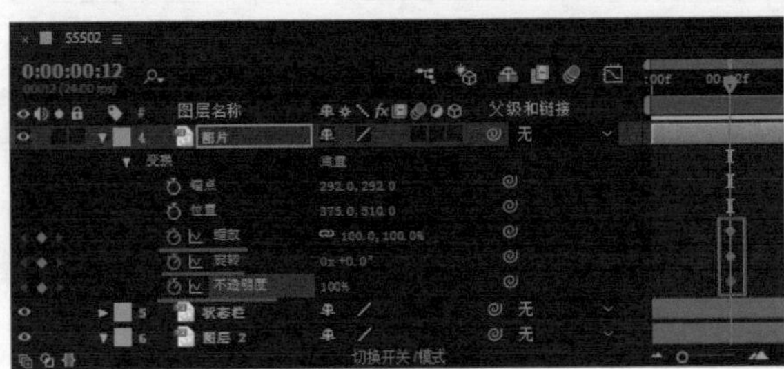

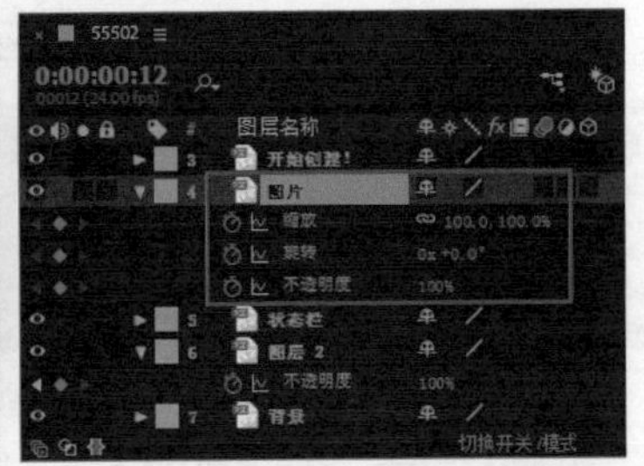

图5-86 插入属性关键帧　　图5-87 只显示添加了关键帧的属性

06 设置“缩放”属性值为0%，设置“不透明度”属性值为0%，如图5-88所示。将“时间指示器”移至1秒12帧的位置，设置“缩放”属性值为100%，“旋转”属性值为1x，“不透明度”属性值为100%，如图5-89所示。

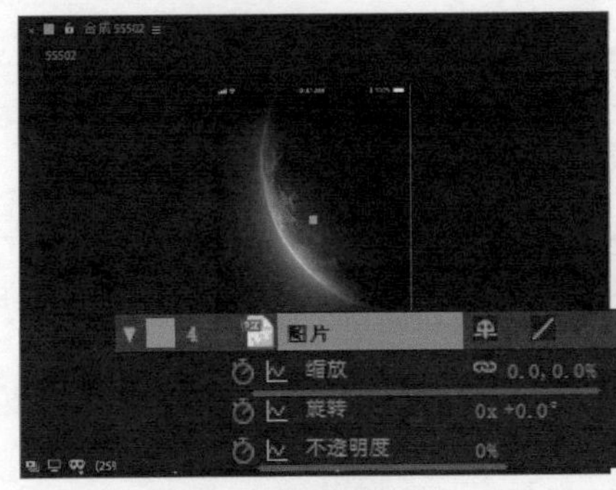

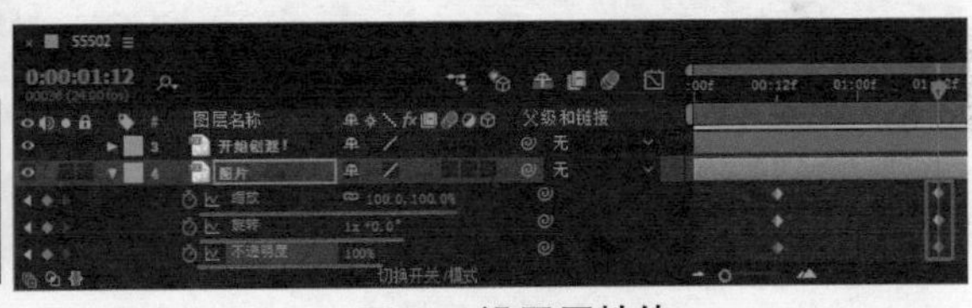

图5-88 设置属性值　　图5-89 设置属性值

07 将“时间指示器”移至1秒12帧的位置，选择“开始创建！”图层，按快捷键【P】，显示出“位置”属性，为该属性插入关键帧，如图5-90所示。将“时间指示器”移至2秒的位置，单击“位置”属性前的“添加或移除关键帧”按钮，在当前位置添加属性关键帧，如图5-91所示。

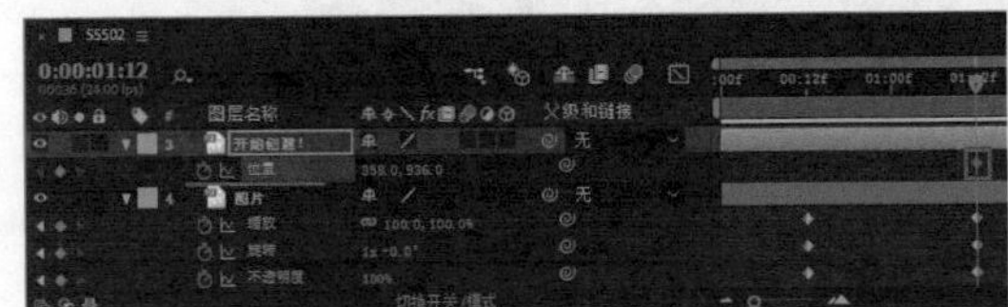

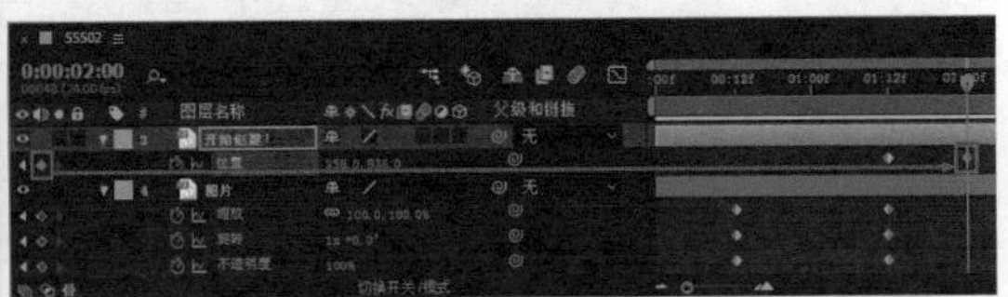

图5-90 插入“位置”属性关键帧　　图5-91 添加属性关键帧

08 将“时间指示器”移至1秒12帧的位置，在“合成”窗口中将该图层内容向下移至合适的位置，如图5-92所示。同时选中该图层的两个属性关键帧，在任意一个关键帧上单击鼠标右键，在弹出的菜单中执行“关键帧辅助>缓动”命令，为选中的关键帧应用“缓动”效果，如图5-93所示。

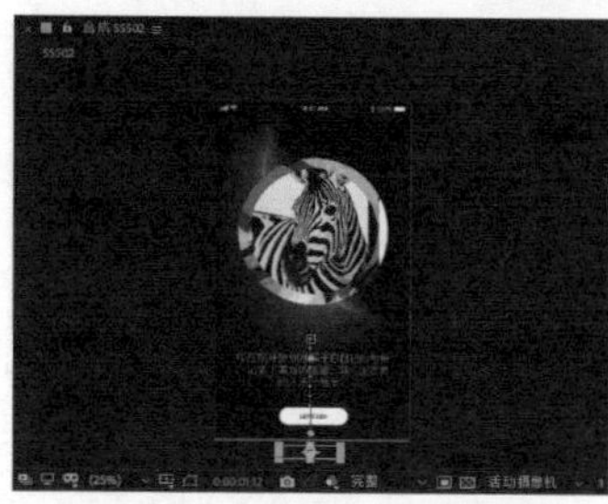

图5-92 向下移动元素位置

图5-93 应用“缓动”效果

09 选择另一个文字图层，将“时间指示器”移至1秒18帧的位置，按快捷键【P】，显示出“位置”属性，为该属性插入关键帧，如图5-94所示。将“时间指示器”移至2秒08帧的位置，单击“位置”属性前的“添加或移除关键帧”按钮◇，在当前位置添加属性关键帧，如图5-95所示。

图5-94 插入“位置”属性关键帧

图5-95 添加属性关键帧

10 将“时间指示器”移至1秒18帧的位置，在“合成”窗口中将该图层内容向下移至合适的位置，如图5-96所示。同时选中该图层的两个属性关键帧，在任意一个关键帧上单击鼠标右键，在弹出的菜单中执行“关键帧辅助>缓动”命令，为选中的关键帧应用“缓动”效果，如图5-97所示。

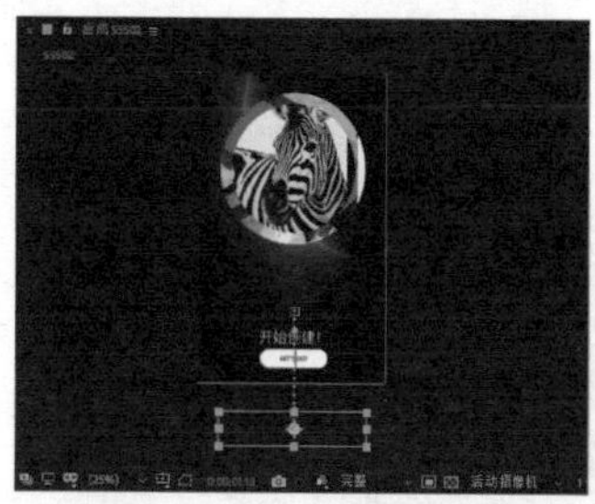

图5-96 向下移动元素位置

图5-97 应用“缓动”效果

11 选择“按钮”图层，将“时间指示器”移至2秒08帧的位置，按快捷键【S】，显示该图层的“缩放”属性，为该属性插入关键帧，并设置其属性值为0%，效果如图5-98所示。将“时间指示器”移至2秒18帧的位置，设置“缩放”属性值为120%，效果如图5-99所示。

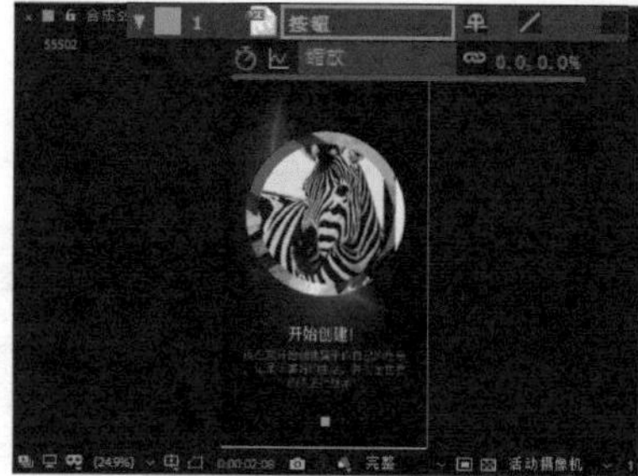

图5-98 设置“缩放”属性值

图5-99 设置“缩放”属性值

12 将“时间指示器”移至2秒20帧的位置，设置“缩放”属性值为90%，效果如图5-100所示。将“时间指示器”移至2秒21帧的位置，设置“缩放”属性值为100%，效果如图5-101所示。

图5-100 设置“缩放”属性值　　图5-101 设置“缩放”属性值

13 完成该App启动界面动效的制作，在“时间轴”面板中可以看到为相应图层制作的关键帧效果，如图5-102所示。

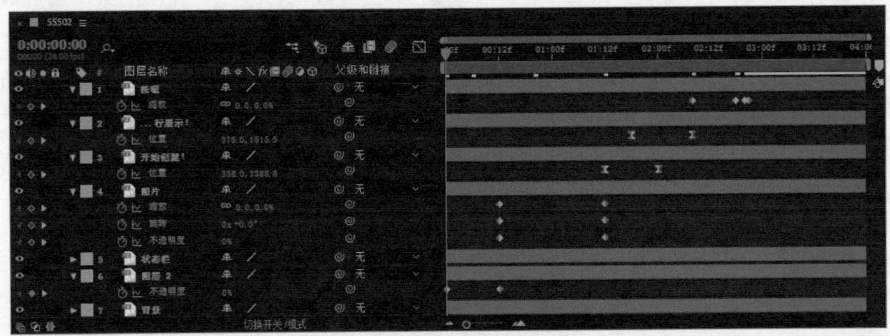

图5-102 “时间轴”面板

14 执行“文件>保存”命令，将文件保存为“资源包\源文件\第5章\5-5-5.aep”。单击“预览”面板上的“播放/停止”按钮，可以在“合成”窗口中预览动画效果，效果如图5-103所示。

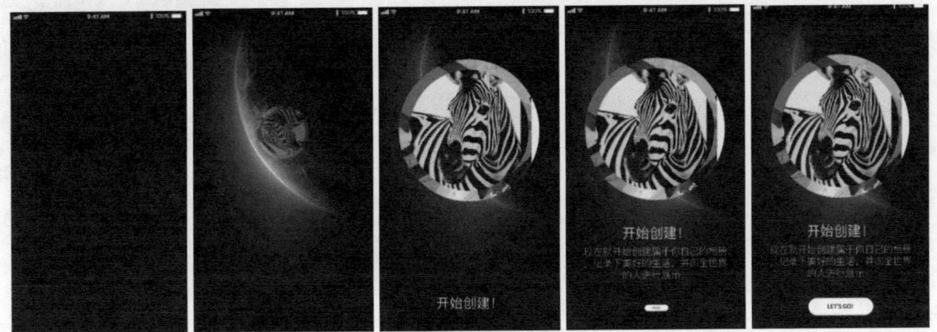

图5-103 预览动画效果

5.5.6 关于缓动效果

在现实生活中，很多对象的运动并不是匀速运动，而是由快到慢或者由慢到快这样变化的，当我们要制作对象位置移动的动效时，为了使动效看起来更加真实，通常都需要为动效的相关关键帧应用缓动效果，从而使动效的表现更加真实。同时，还可以进入图表编辑器的状态中，编辑该对象位置移动的速度曲线，从而实现由快到慢或者由慢到快，使得位移动画效果的表现更加真实。

单击“时间轴”面板上的“图表编辑器”按钮，即可将“时间轴”面板右侧的关键帧编辑区域切换为图表编辑器的显示状态，如图5-104所示。

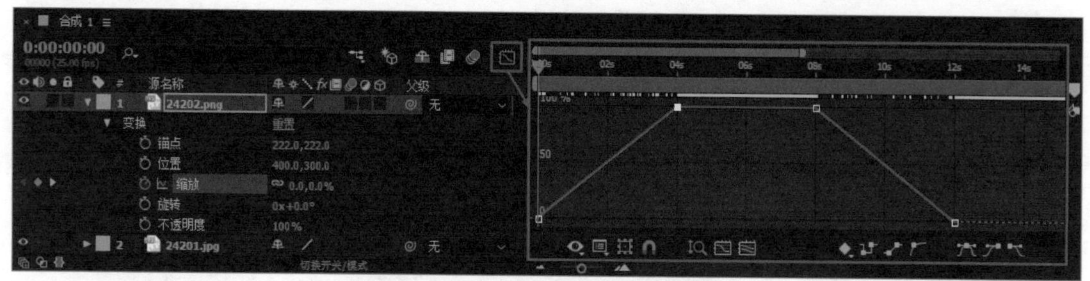

图5-104 图表编辑器状态

“图表编辑器”界面主要是以曲线图的形式显示所使用的效果和动画的改变情况。曲线的显示包括两方面的信息：一方面是数值图形，显示的是当前属性的数值；另一方面是速度图形，显示的是当前属性数值速度变化的情况。

“选择具体显示在图表编辑器中的属性”按钮：单击该按钮，可以在弹出的菜单中选择需要在图表编辑器中查看的属性选项，如图5-105所示。

“选择图表类型和选项”按钮：单击该按钮，可以在弹出的菜单中选择图表编辑器中所显示的图表类型及需要在图表编辑器中显示的相关选项，如图5-106所示。

“选择多个关键帧时，显示‘变换’框”按钮：该按钮默认为激活状态，在图表编辑器中同时选中多个关键帧，将会显示变换框，可以对所选中的多个关键帧进行变换操作，如图5-107所示。

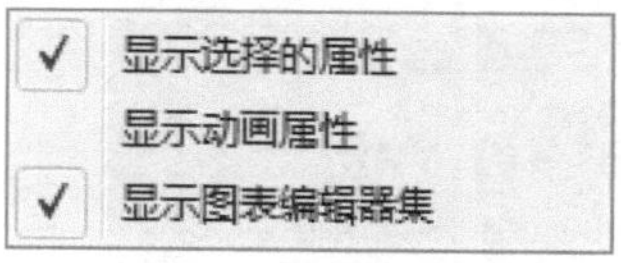

✓ 显示选择的属性
显示动画属性
✓ 显示图表编辑器集

图5-105 选择需要查看的属性

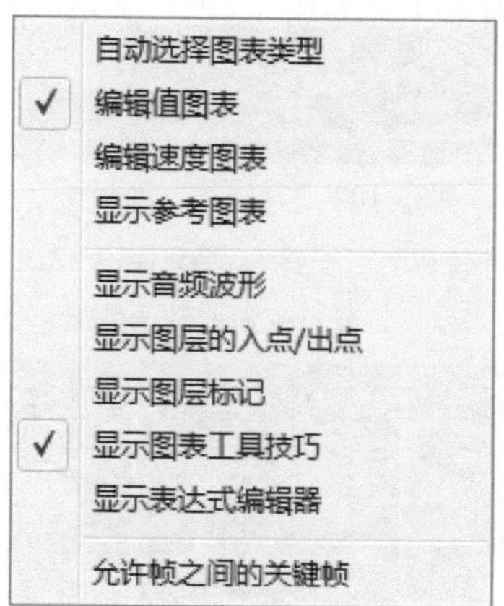

图5-106 选择图表类型和选项

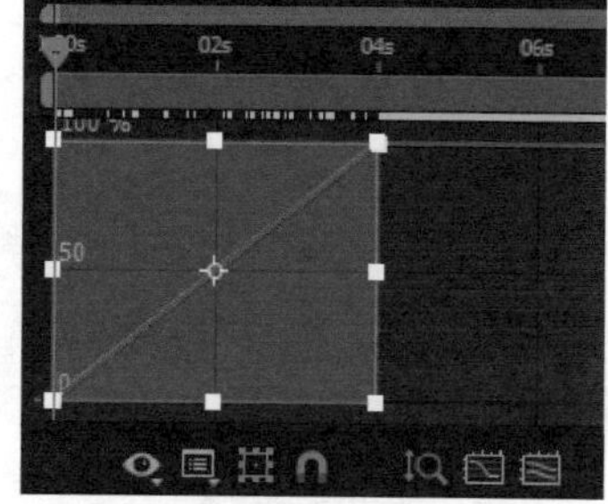
图5-107 显示变换框

“对齐”按钮：该按钮默认为激活状态，表示在图表编辑器中进行关键帧的相关操作时会进行自动吸附对齐操作。

“自动缩放图表高度”按钮：该按钮默认为激活状态，表示将以曲线高度为基准自动缩放图表编辑器视图。

“使选择适于查看”按钮：单击该按钮，可以将被选中的关键帧自动调整到适合的视图范围，便于查看和编辑。

“使所有图表适于查看”按钮：单击该按钮，可以自动调整视图，将图表编辑器中的所有图表都显示在视图范围内。

“单独尺寸”按钮：单击该按钮，可以在图表编辑器中分别单独显示属性的不同控制选项。

“编辑选定的关键帧”按钮 ：单击该按钮，显示出关键帧编辑选项，与在关键帧上单击鼠标右键所弹出的编辑选项相同，如图5-108所示。

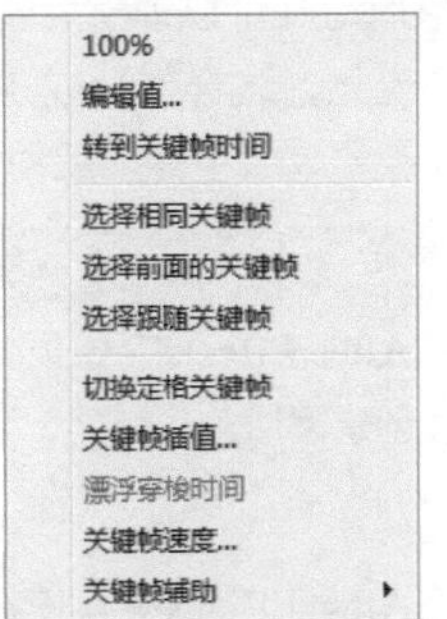

图5-108 编辑关键帧选项

“将选定的关键帧转换为定格”按钮 ：单击该按钮，可以使当前选择的关键帧保持现有的动画曲线。

“将选定的关键帧转换为线性”按钮 ：单击该按钮，可将当前选择的关键帧前后控制手柄变成直线。

“将选定的关键帧转换为自动贝赛尔曲线”按钮 ：单击该按钮，可以将当前选择的关键帧前后控制手柄变成自动的贝塞尔曲线。

“缓动”按钮 ：单击该按钮，可以为当前选择的关键帧添加默认的缓动效果。

“缓入”按钮 ：单击该按钮，可以为当前选择的关键帧添加默认的缓入动画效果。

“缓出”按钮 ：单击该按钮，可以为当前选择的关键帧添加默认的缓出动画效果。

5.6 关于蒙版动效

在After Effects的工具栏中，可以利用相关的蒙版工具来创建多种形状，如矩形、椭圆形和自由形状。在After Effects中通过蒙版与蒙版属性的设置，能够制作出许多出色的蒙版动效。

5.6.1 蒙版动效原理

蒙版的原理就是通过蒙版层中的图形或轮廓对象，透出下面图层中的内容。通俗一点儿来说，蒙版就像是一张上面挖了一个洞的纸，而蒙版图像就是透过蒙版层上面的洞所观察到的事物。就像一个人拿着一个望远镜向远处眺望，在这里，望远镜就可以看作蒙版层，而看到的事物就是蒙版层下方的图像。

一般来说，蒙版需要两个层，在After Effects中，可以在一个素材图层上绘制形状轮廓从而制作蒙版，看上去像是一个层，但读者可以将其理解为两个图层：一个是形状轮廓层，即蒙版层；另一个是被蒙版层，即蒙版下面的素材层。

蒙版层的轮廓形状决定了被看到的图像形状，而被蒙版层决定了被看到的内容。当为某个对象创建了蒙版后，位于蒙版范围内的区域是可以被显示的，而位于蒙版范围以外的区域将不被显示，因此，蒙版的轮廓形状和范围也就决定了被看到的图像的形状和范围，如图5-109所示。

图5-109 绘制圆形蒙版路径

提示

After Effects 中的蒙版是由线段和控制点构成的，线段是指连接两个控制点的直线或曲线，控制点定义了每条线段的开始点和结束点。路径可以是开放的也可以是闭合的，开放路径有着不同的开始点和结束点，如直线或曲线；而闭合路径是连续的，没有开始点和结束点。

蒙版动画可以理解为一个人拿着望远镜眺望远方，在眺望时不停地移动望远镜，看到的内容就会有不同的变化，这样就形成了蒙版动画效果。当然也可以理解为望远镜静止不动，看到的画面在不停地移动，即被蒙版层不停地运动，以此来产生蒙版动画效果。

5.6.2 创建蒙版的工具

在After Effects中如果希望为所选择的图层创建蒙版，可以使用形状工具或者钢笔工具，这两种工具都能够创建蒙版。

● 形状工具

在After Effects中，使用形状工具既可以创建形状图层，也可以创建形状遮罩。形状工具包括“矩形工具”“圆角矩形工具”“椭圆工具”“多边形工具”“星形工具”，如图5-110所示。

如果当前选择的是形状图层，则在工具栏中单击选择一个形状工具之后，在“工具栏”的右侧会出现形状或遮罩的选择按钮，分别是“工具创建形状”按钮和“工具创建蒙版”按钮，如图5-111所示。

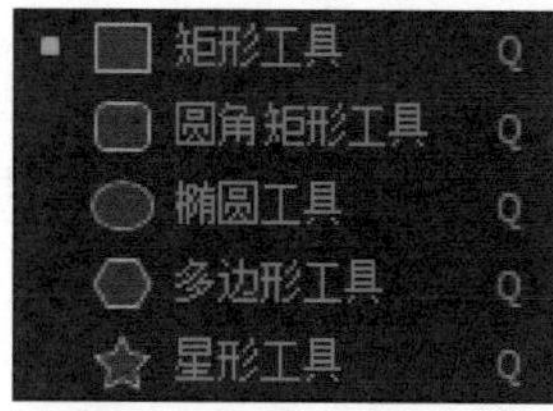

图5-110 形状工具

图5-111 形状和遮罩选择图标

注意，在没有选择任何图层的情况下，使用形状工具在“合成”窗口中进行绘制，可以绘制出形状图形并得到相应的形状图层，而不是遮罩；如果选择的图层是形状图层，那么可以使用形状工具创建图形或者为当前所选择的形状图层创建遮罩；如果选择的图层是素材图层或者是纯色图层，那么使用形状工具只能为当前所选择的图层创建遮罩。

● 钢笔工具

使用“钢笔工具”可以在“合成”窗口中绘制出各种不规则的路径，它包含四个辅助工具，分别是：“添加‘顶点’工具”“删除‘顶点’工具”“转换‘顶点’工具”“蒙版羽化工具”，如图5-112所示。

在工具栏中选择“钢笔工具”之后，在“工具栏”右侧会出现一个RotoBezier复选框，如图5-113所示。

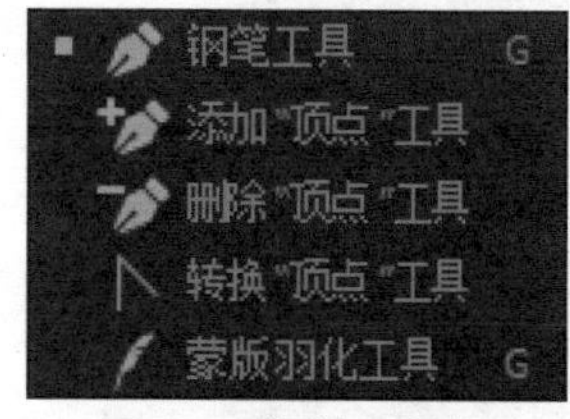

图5-112 钢笔工具组

图5-113 RotoBezier复选框

在默认情况下，没有勾选RotoBezier复选框，这时使用“钢笔工具”绘制的贝塞尔曲线的顶点包含有控制手柄，可以通过调整控制手柄的位置来调整贝塞尔曲线的形状。如果勾选RotoBezier复选框，那么绘制出来的贝塞尔曲线将不包含控制手柄，曲线的顶点曲率是After Effects自动计算得出的。

After Effects 中的形状工具和钢笔工具，与 Photoshop 和 Illustrator 中的形状工具和钢笔工具的使用方法基本相同，在这里就不再过多地进行介绍了。

5.6.3 蒙版属性

完成图层蒙版的添加后，在“时间轴”面板中展开该图层下方的蒙版选项，可以看到用于对蒙版进行设置的各种属性，如图5-114所示。通过这些属性可以对该图层蒙版效果进行设置，并且可以通过为蒙版属性添加关键帧，从而制作出相应的蒙版动画效果。

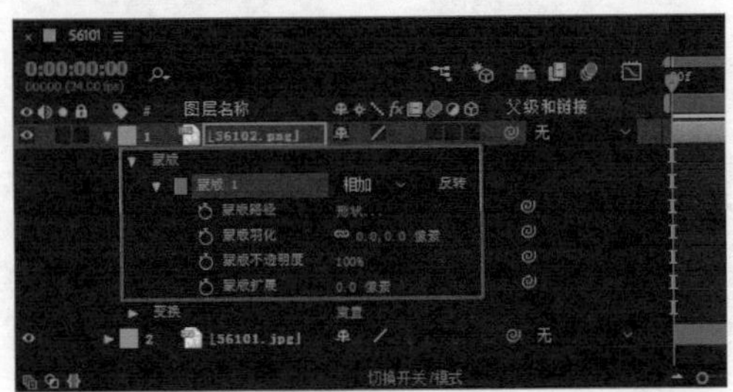

图5-114 蒙版属性

● 反转

勾选“反转”复选框，可以反转当前蒙版的路径范围和形状，如图5-115所示。

图5-115 反转蒙版路径效果

● 蒙版路径

该选项用于设置蒙版的路径范围，也可以为蒙版节点制作关键帧动画。单击该属性右侧的“形状…”文字，弹出“蒙版形状”对话框，在该对话框中可以对蒙版的定界框和形状进行设置，如图5-116所示。

在“定界框”选项组中，通过修改顶、左、右和底选项的参数，可以修改当前蒙版的大小；在“形状”选项组中，可以将当前的蒙版形状快速修改为矩形或椭圆形，如图5-117所示。

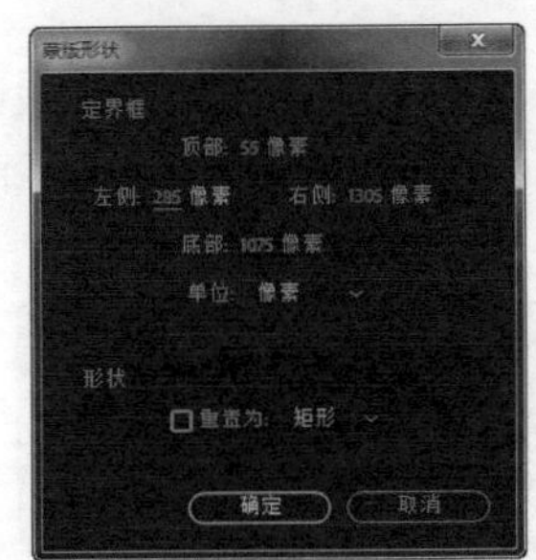

图5-116 “蒙版形状”对话框

图5-117 将蒙版路径修改为矩形

● 蒙版羽化

该选项用于设置蒙版羽化的效果，可以通过羽化蒙版得到更自然的融合效果，并且在水平和垂直方向可以设置不同的羽化值，单击该选项后的“约束比例”按钮，可以锁定或解除水平和垂直方向的约束比例。图5-118所示为设置“蒙版羽化”的效果。

● 蒙版不透明度

该选项用于设置蒙版的不透明度，如图5-119所示为将“蒙版不透明度”设置为40%的效果。

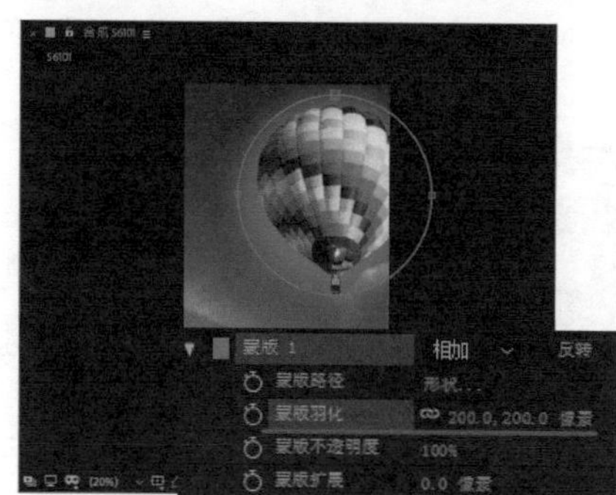

图5-118 设置“蒙版羽化”的效果

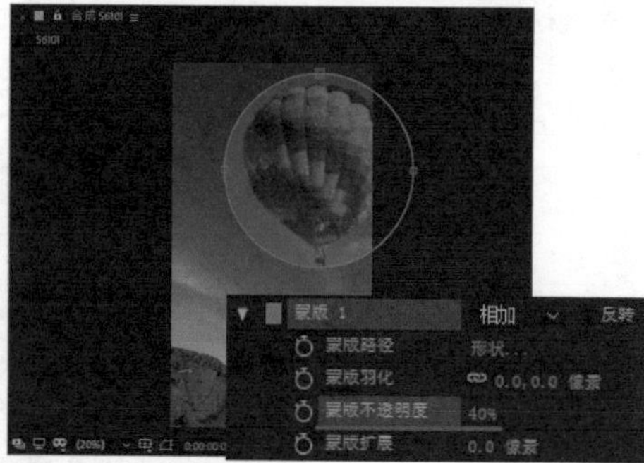

图5-119 设置“蒙版不透明度”的效果

● 蒙版扩展

该选项可以设置蒙版图形的扩展程度，如果设置“蒙版扩展”属性值为正值，则扩展蒙版区域，如图5-120所示；如果设置“蒙版扩展”属性值为负值，则收缩蒙版区域，如图5-121所示。

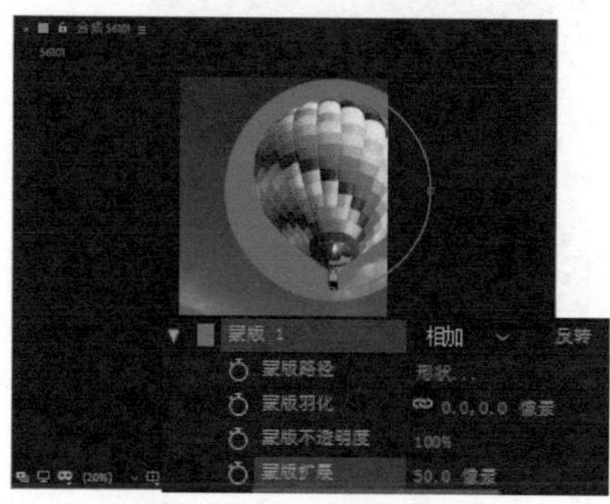

图5-120 扩展蒙版区域

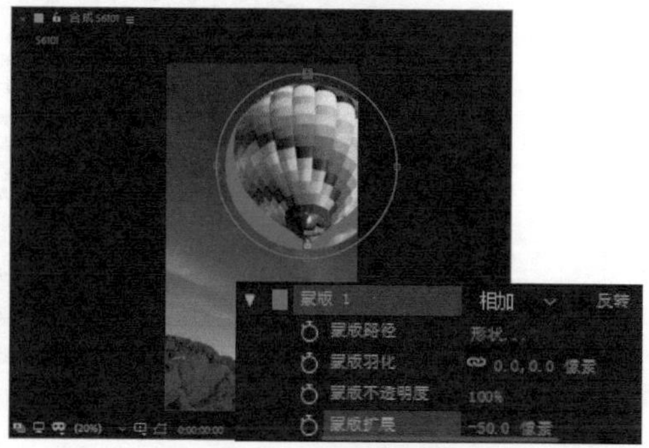

图5-121 收缩蒙版区域

实战练习 03 制作界面蒙版显示动效

源文件：资源包\源文件\第5章\5-6-3.aep　　视 频：资源包\视频\第5章\5-6-3.mp4

01 在After Effects中新建一个空白的项目，执行“合成>新建合成”命令，弹出“合成设置”对话框，对相关选项进行设置，如图5-122所示。单击“确定”按钮，新建合成，在“合成”窗口中可以看到合成背景的效果，如图5-123所示。

图5-122 “合成设置”对话框

图5-123 “合成”窗口中的效果

02 执行“文件>导入>文件”命令，导入素材文件“资源包\源文件\第5章\素材\56301.jpg”，如图5-124所示。在“项目”面板中将素材“56301.jpg”拖入“时间轴”面板中，如图5-125所示。

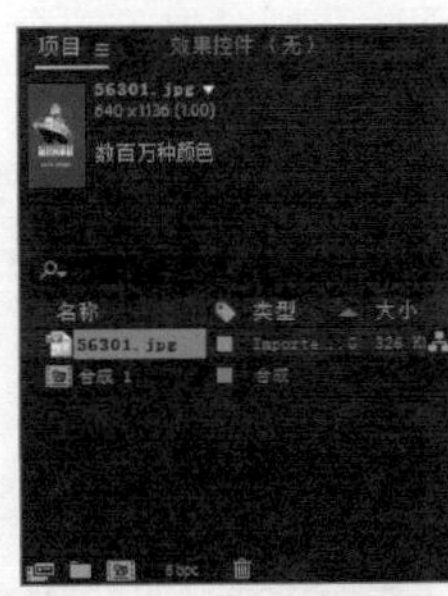

图5-124 导入素材图像

图5-125 拖入素材图像

03 在“合成”窗口中选中素材图像，使用“椭圆工具”，在“合成”窗口中合适的位置按住【Shift】键拖动鼠标绘制一个正圆形，即可为该图层创建圆形蒙版，如图5-126所示。在“时间轴”面板上可以看到所选择的图层下方会自动出现蒙版选项，如图5-127所示。

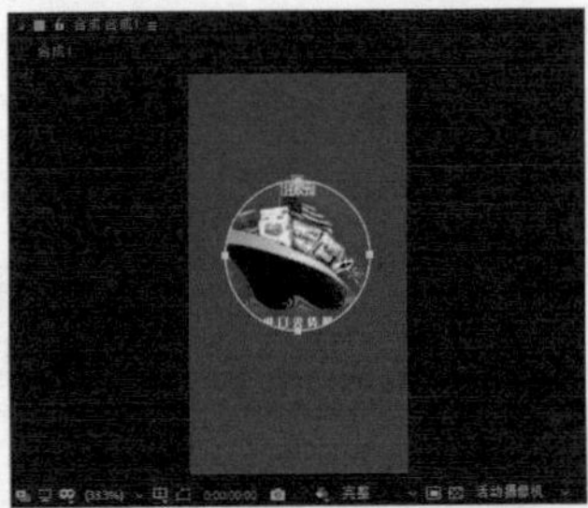

图5-126 绘制正圆形蒙版

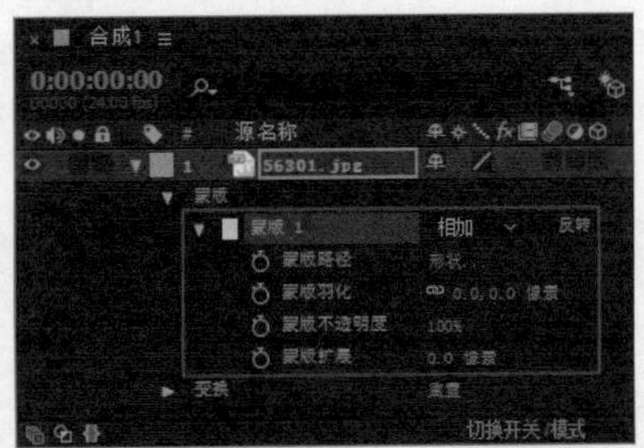

图5-127 图层下方显示蒙版选项

提示

在After Effects中创建蒙版时，首先需要选中要创建蒙版的图层，然后使用绘图工具在“合成”窗口中绘制蒙版形状，即可为选中的图层创建蒙版。如果在创建蒙版时没有选中任何图层，则在“合成”窗口中将直接绘制出形状图形，在“时间轴”面板中也会新增该图形的形状图层，而不会创建任何蒙版。

提示

选择需要创建蒙版的图层后，双击工具栏中的“矩形工具”按钮，可以快速创建一个与所选择图层像素大小相同的矩形蒙版；在使用“椭圆工具”绘制椭圆形蒙版时，按住【Shift】键拖动鼠标可以创建一个正圆形蒙版，按住【Ctrl】键可以以单击点为中心向外绘制蒙版。

04 在“时间轴”面板中设置“蒙版羽化”属性为80像素，效果如图5-128所示。确认“时间指示器”位于0秒位置，为“蒙版路径”属性和“蒙版不透明度”属性分别插入关键帧，如图5-129所示。

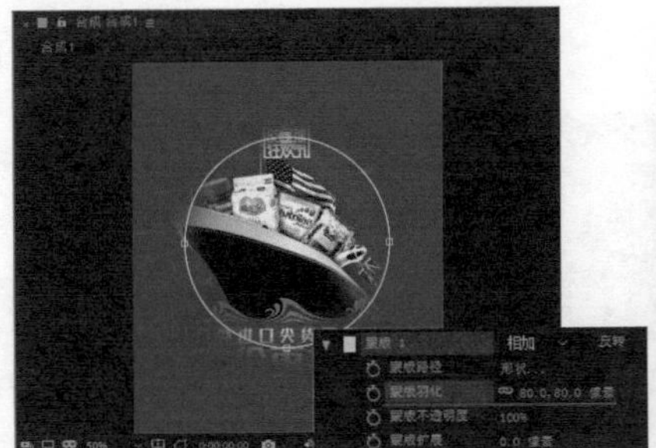

图5-128 设置“蒙版羽化”效果

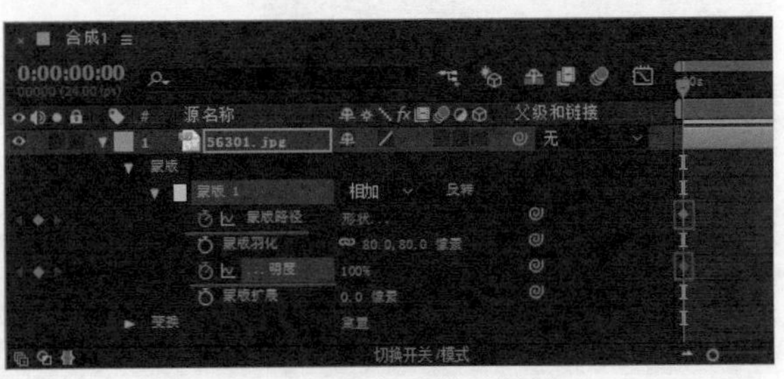

图5-129 插入属性关键帧

05 将“时间指示器”移至0秒20帧的位置，分别单击“蒙版路径”和“蒙版不透明度”属性前的“添加或移除关键帧”按钮◇，在当前位置插入这两个属性的关键帧，如图5-130所示。将“时间指示器”移至0秒位置，在“合成”窗口中蒙版的形状路径上双击，则会显示一个形状路径调节框，如图5-131所示。

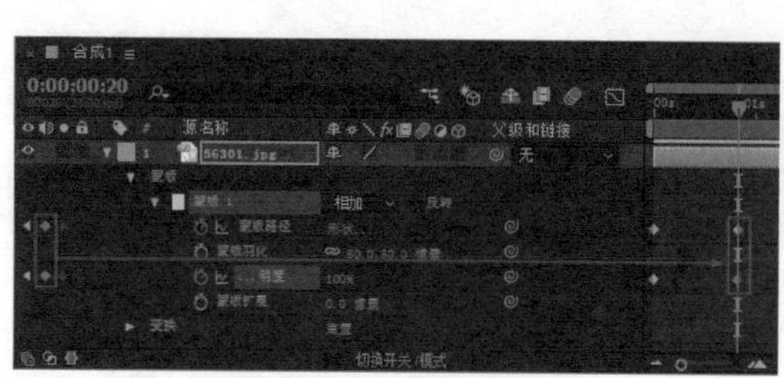
图5-130 添加属性关键帧

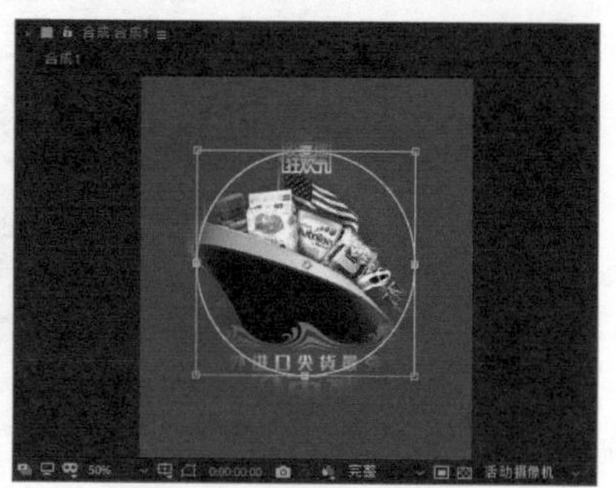
图5-131 显示路径调节框

06 将光标放置在形状路径调节框的任意一个节点上时，光标变成双向箭头效果，按住【Shift】键拖动鼠标，将其等比例缩小，如图5-132所示。在合成窗口中拖动该形状路径，将其调整到合适的位置，双击确认对形状路径的变换操作，在“时间轴”面板中将“蒙版不透明度”属性值设置为0%，如图5-133所示。

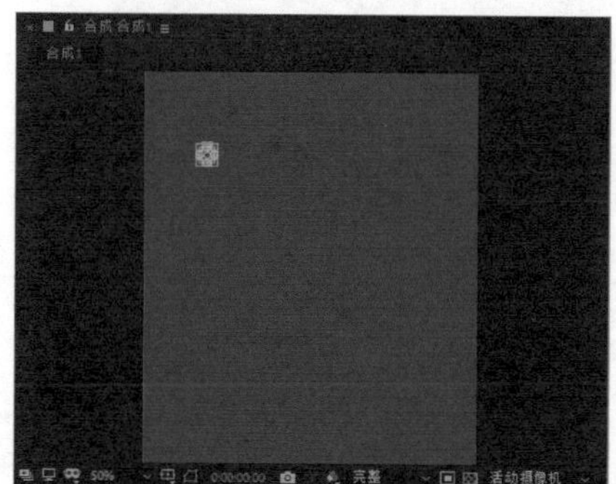
图5-132 将蒙版路径等比例缩小

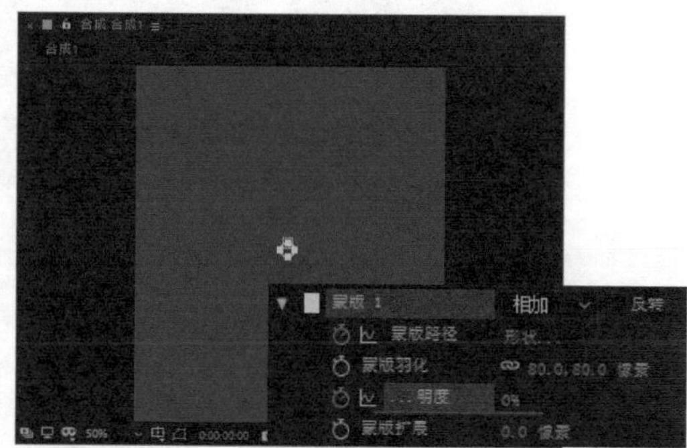
图5-133 设置“蒙版不透明度”属性

提示

使用“选取工具”在蒙版的形状路径上双击，显示出形状路径的调节框，将光标移至调节框周围的任意位置，将出现旋转光标，拖动鼠标即可对整个蒙版的形状路径进行旋转操作。

07 将“时间指示器”移至1秒16帧的位置，在“合成”窗口中使用“选取工具”单击并拖动蒙版路径至合适的位置，如图5-134所示。After Effects自动在当前位置为“蒙版路径”属性添加关键帧，如图5-135所示。

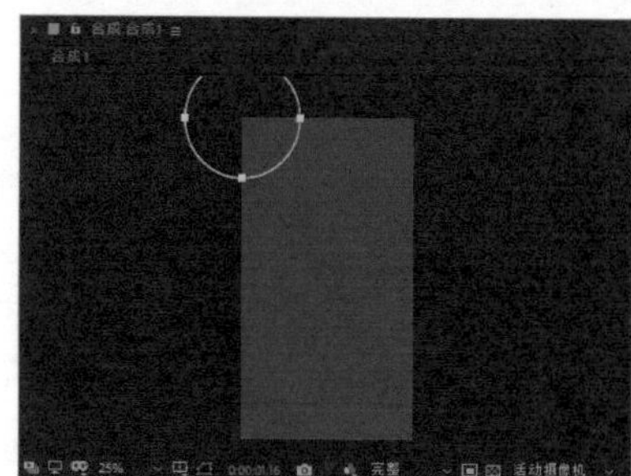
图5-134 移动蒙版路径位置

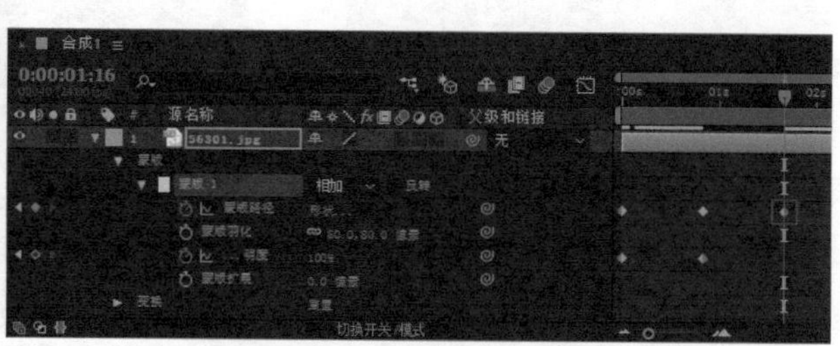
图5-135 自动添加属性关键帧

08 将“时间指示器”移至2秒05帧的位置，在“合成”窗口中移动蒙版路径至合适的位置，如图5-136所示。将“时间指示器”移至3秒05帧的位置，在“合成”窗口中移动蒙版路径至合适的位置，如图5-137所示。

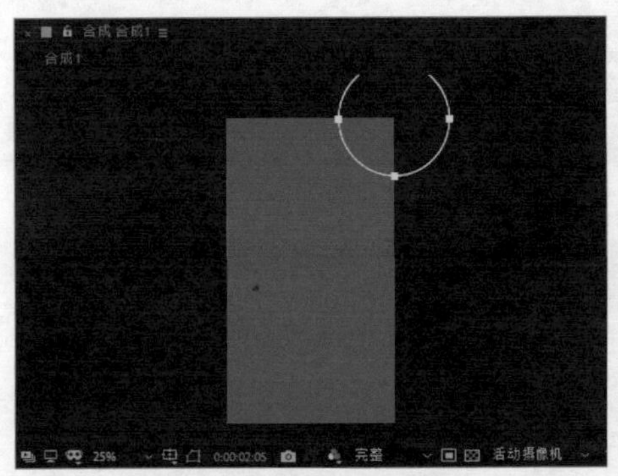
图5-136 移动蒙版路径位置

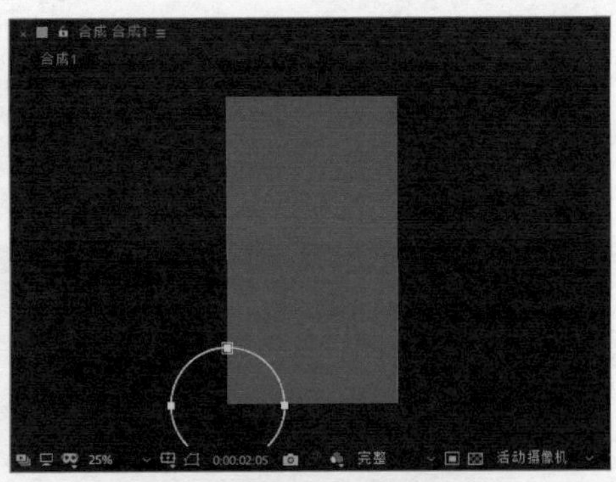
图5-137 移动蒙版路径位置

09 将“时间指示器”移至3秒18帧的位置，在“合成”窗口中移动蒙版路径至合适的位置，如图5-138所示。将“时间指示器”移至4秒12帧的位置，在“合成”窗口中移动蒙版路径至合适的位置，如图5-139所示。

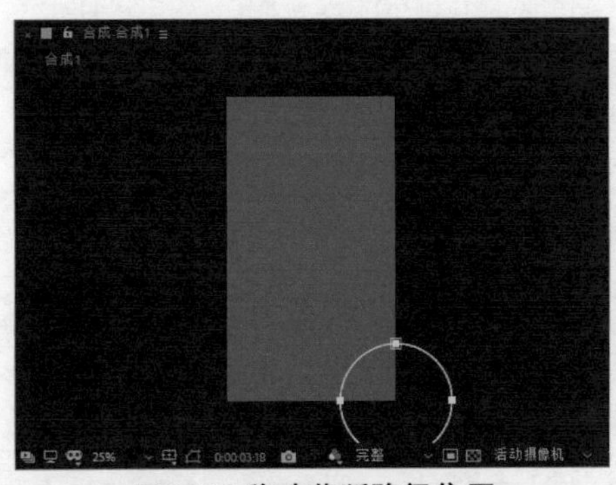
图5-138 移动蒙版路径位置

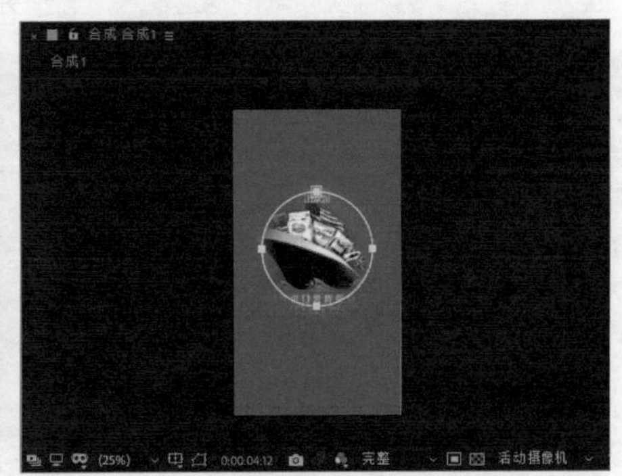
图5-139 移动蒙版路径位置

10 此时的“时间轴”面板如图5-140所示。将“时间指示器”移至5秒12帧的位置，在“合成”窗口中将蒙版路径等比例放大，如图5-141所示。

图5-140 “时间轴”面板

图5-141 等比例放大蒙版路径

11 在“时间轴”面板中拖动鼠标同时选中“蒙版路径”属性的所有关键帧，如图5-142所示。在关键帧上单击鼠标右键，在弹出的菜单中执行“关键帧辅助>缓动”命令，为选中的关键帧应用“缓动”效果，如图5-143所示。

图5-142 选中多个属性关键帧

图5-143 应用“缓动”效果

12 至此完成聚光灯动效的制作，执行“文件>保存”命令，将文件保存为“资源包\源文件\第5章\5-6-3.aep”。单击“预览”面板上的“播放/停止”按钮，可以在“合成”窗口中预览动画效果，如图5-144所示。

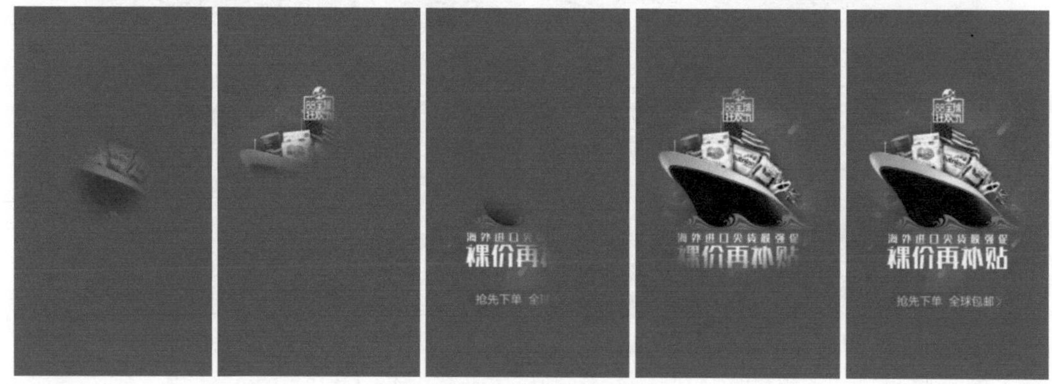

图5-144 预览聚光灯动效

5.6.4 轨道遮罩

在前面的小节中，已经向读者介绍了After Effects中的形状工具和钢笔工具，通过使用形状工具和钢笔工具都可以在当前所选择的图层中直接绘制蒙版图形，这是最直接的创建蒙版的方式。除此之外，我们还可以通过在“时间轴”面板中设置图层的“TrkMat”（轨道遮罩）选项，从而指定当前图层与其上方图层的轨道遮罩方式，创建出遮罩效果。

实战练习 04 制作iOS系统解锁文字遮罩动效

源文件：资源包\源文件\第5章\5-6-4.aep　　视 频：资源包\视频\第5章\5-6-4.mp4

01 执行“文件>导入>文件”命令，在弹出的“导入文件”对话框中选择需要导入的素材文件“资源包\源文件\第5章\素材\56401.psd”，如图5-145所示。单击“导入”按钮，在弹出的设置对话框中对相关选项进行设置，如图5-146所示。

图5-145 选择需要导入的素材

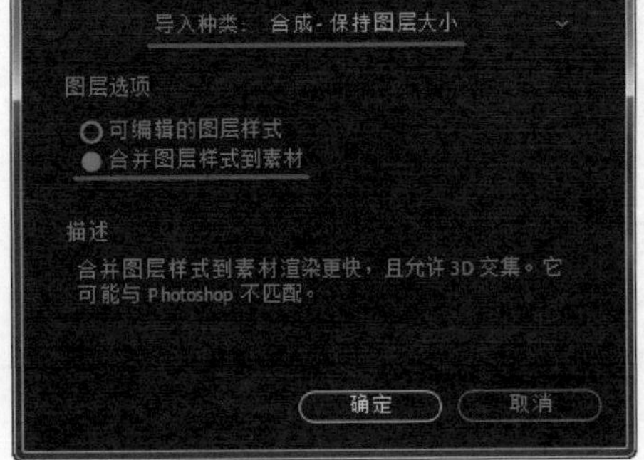

图5-146 导入设置对话框

02 单击“确定”按钮，导入PSD素材文件并自动创建合成，如图5-147所示。在“项目”面板中双击“56401”合成，在“合成”窗口中可以看到该合成的效果，在“时间轴”面板中可以看到与其相关的素材图层，如图5-148所示。

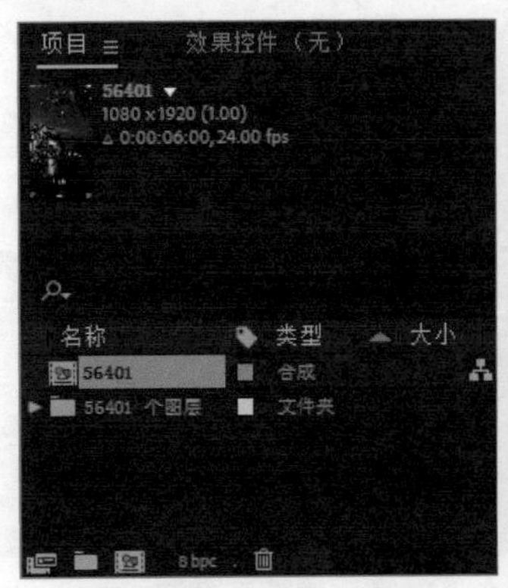

图5-147 “项目”面板

图5-148 打开合成

03 不选择任何对象，使用“矩形工具”，在工具栏中单击“填充”文字，弹出“填充选项”对话框，设置填充类型为“线性渐变”，如图5-149所示，单击“确定”按钮。单击“填充”选项后的色块，弹出“渐变编辑器”对话框，设置渐变颜色，如图5-150所示。

图5-149 “填充选项”对话框

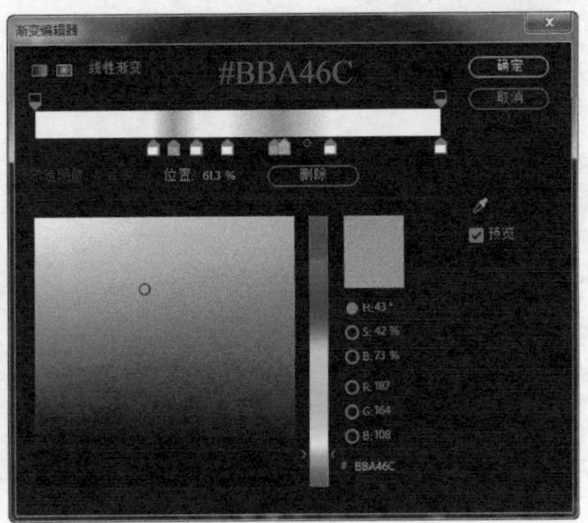

图5-150 设置渐变颜色

04 单击“确定”按钮，完成渐变颜色的设置，设置“描边”为无，在“合成”窗口中拖动鼠标绘制一个矩形，如图5-151所示。使用“选取工具”，在刚绘制的矩形上显示出渐变起始点和结束点，拖动它们可以调整渐变起始点和结束点位置，从而调整渐变填充的效果，如图5-152所示。

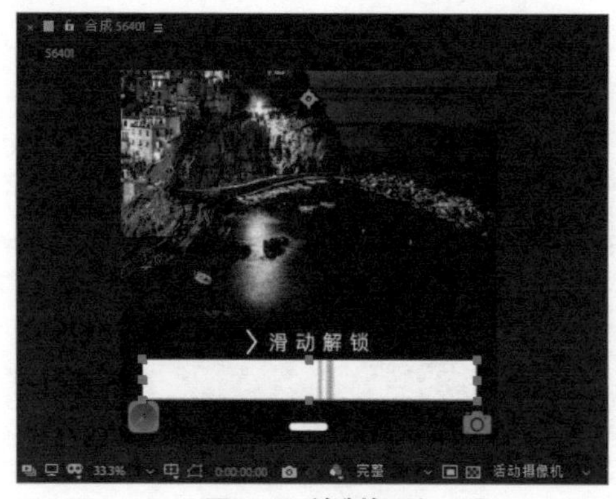

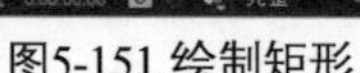
图5-151 绘制矩形

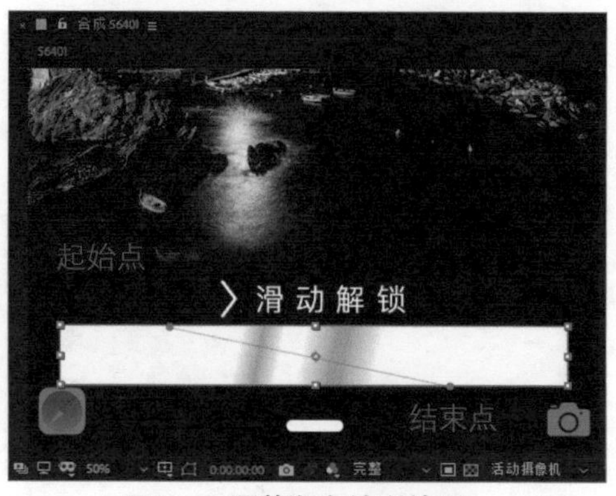

图5-152 调整渐变填充效果

05 在“合成”窗口中将该矩形调整至合适的位置，并使用“向后平移（锚点）工具”，将其锚点调整至该矩形中心位置，如图5-153所示。在“时间轴”面板中将“形状图层1”移至“滑动解锁”图层下方，按快捷键【P】，显示该图层的“位置”属性，为该属性插入关键帧，如图5-154所示。

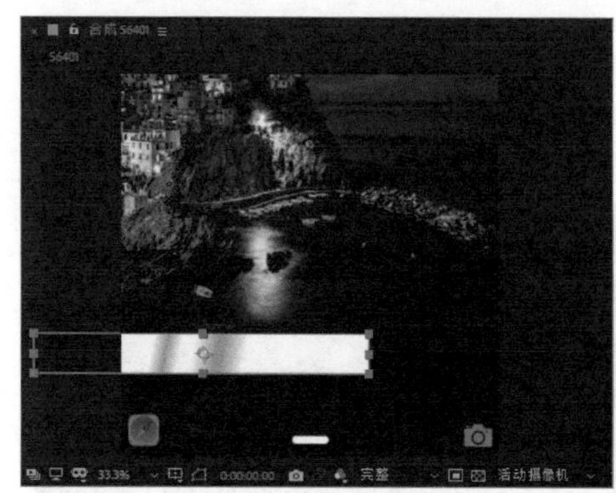

图5-153 调整矩形位置

图5-154 插入“位置”属性关键帧

06 将“时间指示器”移至2秒的位置，在“合成”窗口中将矩形水平向右移至合适的位置，如图5-155所示。在“时间轴”面板中同时选中该图层中的两个属性关键帧，按快捷键【F9】，为其应用“缓动”效果，如图5-156所示。

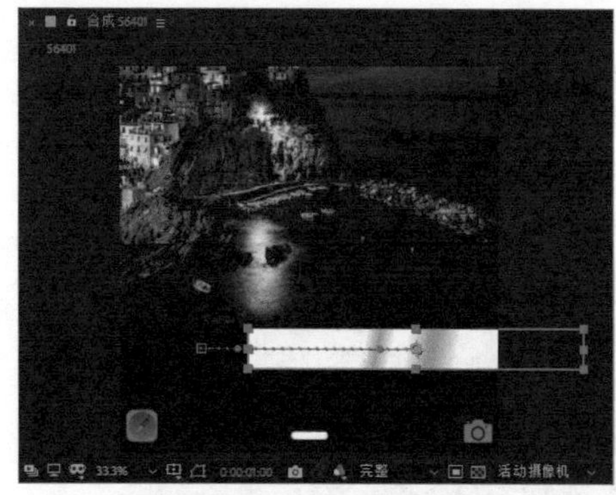

图5-155 向右移动矩形位置

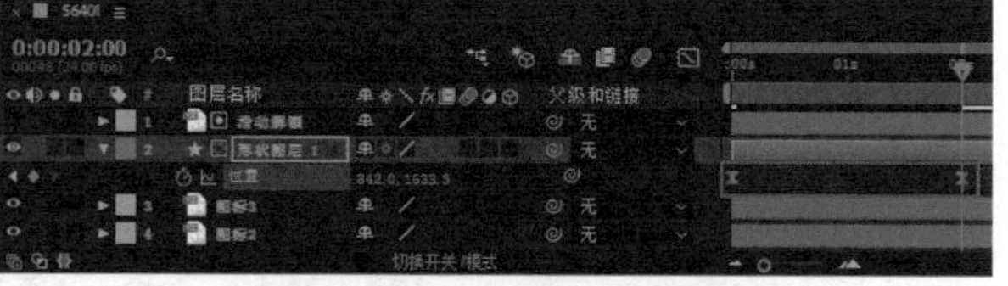

图5-156 应用“缓动”效果

07 按住【Alt】键单击“位置”属性前的“秒表”图标，为“位置”属性添加表达式loop_out(type="cycle",numkeyframes=0)，如图5-157所示。单击“时间轴”面板左下角的“展开或折叠‘转换控制’窗格”图标，显示“转换控件”选项，设置“形状图层1”的TrkMat选项为“Alpha遮罩‘滑动解锁’”，如图5-158所示。

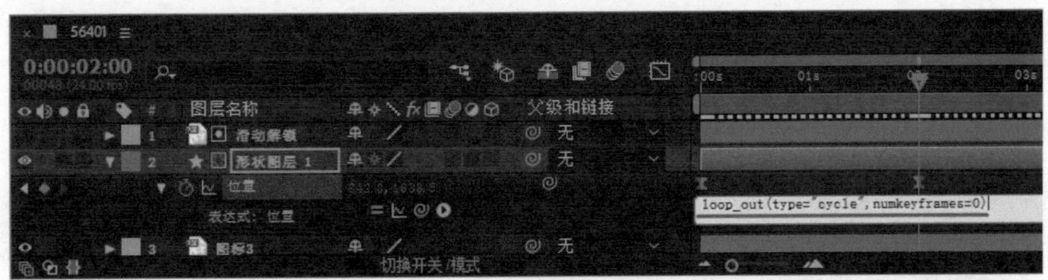

图5-157 添加表达式

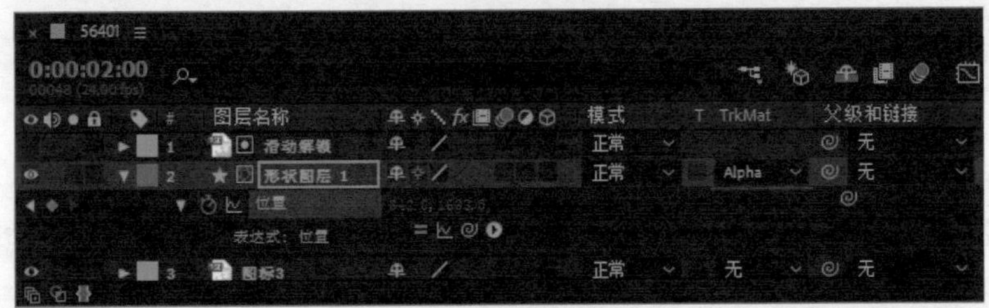

图5-158 设置“TrkMat”选项

此处为“位置”属性所添加的表达式的作用主要是实现“位置”属性动画的循环播放。除了可以使用表达式来实现此目的，也可以将该位置移动的动画制作多次，同样可以实现循环播放的效果，使用表达式相对来说更加方便。

08 完成该iOS系统解锁文字遮罩动效的制作，执行“文件>保存”命令，弹出“另存为”对话框，将该文件保存为“资源包\源文件\第5章\5-6-4.aep”。单击“预览”面板上的“播放/停止”按钮，可以在“合成”窗口中预览动画效果，如图5-159所示。

图5-159 预览iOS系统解锁文字遮罩动效

5.7 交互动效的渲染输出

在交互动效的制作过程中，渲染是最后一个步骤，也是非常关键的一步。在After Effects中，可以将合成项目渲染输出成视频文件或者序列图片等，由于渲染的格式影响着影片最终呈现的效果，因此即使前面制作得再精妙，不成功的渲染也会导致操作的失败。如果需要将交互动效输出为GIF格式的动画图片，则还需要用到Photoshop。

5.7.1 渲染选项设置

当我们在After Effects中完成一个项目文件的制作时，最终需要将其渲染输出，有时候只需要将影片中的一部分渲染输出，而不是整个工作区的影片，此时就需要调整渲染工作区，从而将部分动画渲染输出。

渲染工作区位于“时间轴”面板中，由“工作区域开头”和“工作区域结尾”两个点来控制渲染区域，如图5-160所示。

图5-160 渲染工作区

在After Effects中，我们可以通过“渲染队列”面板来设置动画的渲染输出，在该面板中可以控制整个渲染进度，整理每个合成项目的渲染顺序，设置每个合成项目的渲染质量、输出格式和路径等。

执行“合成>添加到渲染队列”命令，或者按快捷键【Ctrl+M】，即可打开“渲染队列”面板，如图5-161所示。

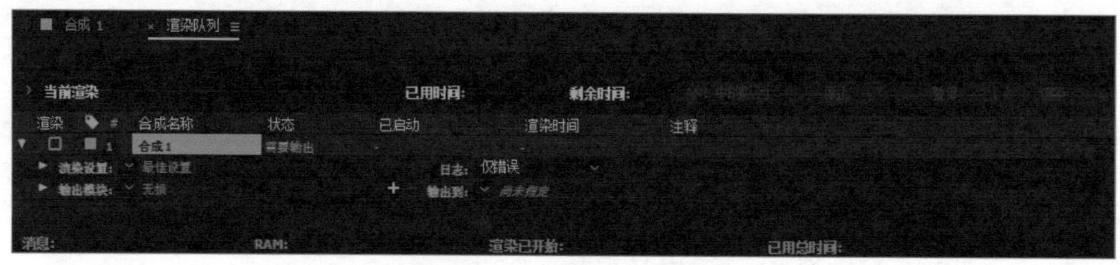

图5-161 “渲染队列”面板

- 渲染设置

在“渲染队列”面板中某个需要渲染输出的合成下方，单击“渲染设置”选项右侧的下三角按钮 ，即可在弹出的菜单中选择系统自带的渲染预设，如图5-162所示。

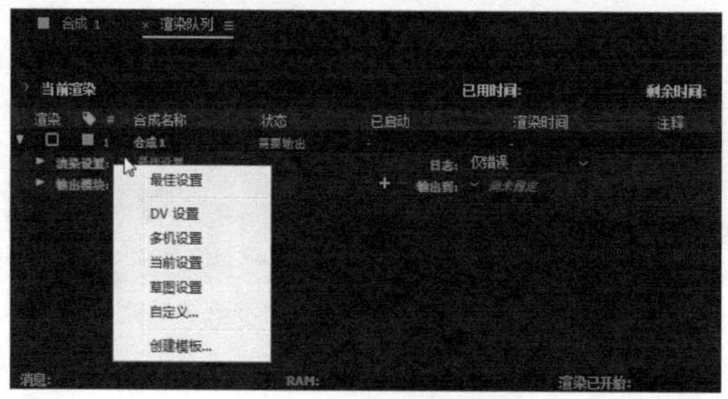

图5-162 渲染预设列表

- 日志

“渲染设置”右侧的“日志”选项主要用于设置渲染动画的日志显示信息，在该选项的下拉列表中可以选择日志中需要记录的信息类型，如图5-163所示，默认选择“仅错误”选项。

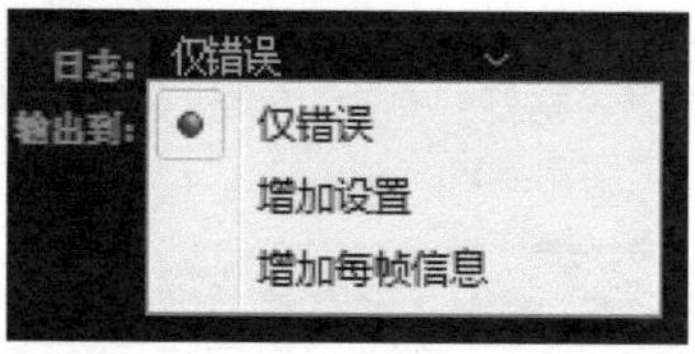

日志: 仅错误
输出到:
仅错误
增加设置
增加每帧信息

图5-163 “日志”下拉列表

- 输出模块

在“渲染队列”面板中某个需要渲染输出的合成下方，单击“输出模块”选项右侧的下三角按钮，即可在弹出的菜单中选择不同的输出模块，如图5-164所示。默认选择“无损”选项，表示所渲染输出的文件为无损压缩的视频文件。

单击“输出模块”右侧的加号按钮，可以为该合成添加一个输出模块，如图5-165所示，即可以添加一种输出的文件格式。

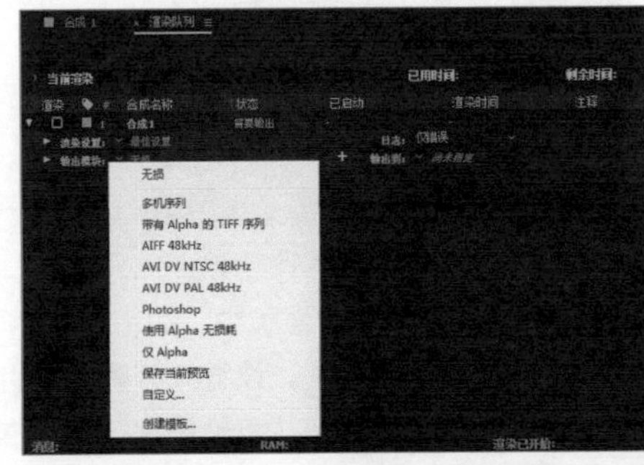

图5-164 “输出模块”下拉列表

图5-165 添加输出模块

如果需要删除某种输出格式，可以单击该“输出模块”右侧的减号按钮，需要注意的是，必须保留至少一个输出模块。

● 输出到

“输出到”选项在“渲染队列”面板中某个需要渲染输出的合成下方，主要用于设置该合成渲染输出的文件位置和名称。单击“输出到”选项右侧的下三角按钮，即可在弹出的菜单中选择预设的输出名称格式，如图5-166所示。

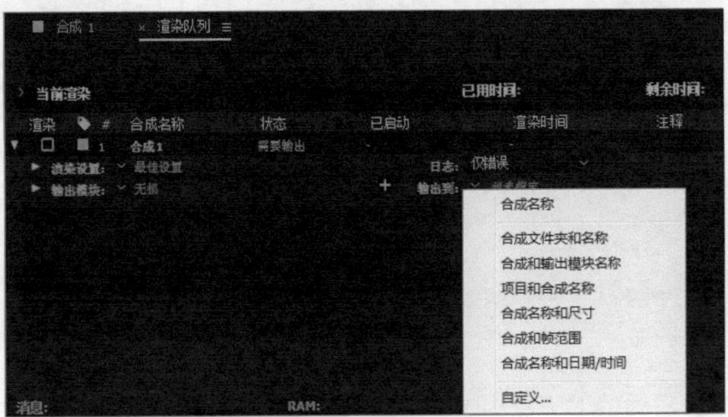

图5-166 “输出到”下拉列表

5.7.2 使用Photoshop将动效输出为GIF文件

在交互动效的应用中，有时需要将动效输出为GIF格式的动画文件，但是在After Effects中无法直接输出GIF格式的动画文件，这时就需要使用Photoshop。可以先在After Effects中输出MOV格式的视频文件，再将所输出的MOV格式视频导入Photoshop中，利用Photoshop来输出GIF格式动画文件。

实战练习 05 将动效渲染输出为GIF动画文件

源文件：资源包\源文件\第5章\5-7-2.gif　　视 频：资源包\视频\第5章\5-7-2.mp4

01 打开After Effects，执行“文件>打开项目”命令，弹出“打开”对话框，选择制作好的“5-6-4.aep”文件，如图5-167所示。单击“打开”按钮，在After Effects中打开该项目文件，如图5-168所示。

图5-167 选择需要打开的项目文件

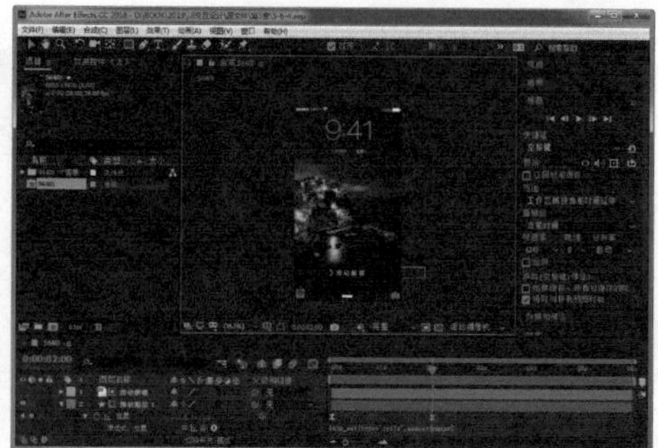
图5-168 打开项目文件

02 执行“合成>添加到渲染队列”命令，将该动画中的合成添加到“渲染队列”面板中，如图5-169所示。单击“渲染设置”选项后的“最佳设置”文字，弹出“渲染设置”对话框，设置“分辨率”为“三分之一”，其他选项保持默认设置，如图5-170所示。单击“确定”按钮，完成“渲染设置”对话框的设置。

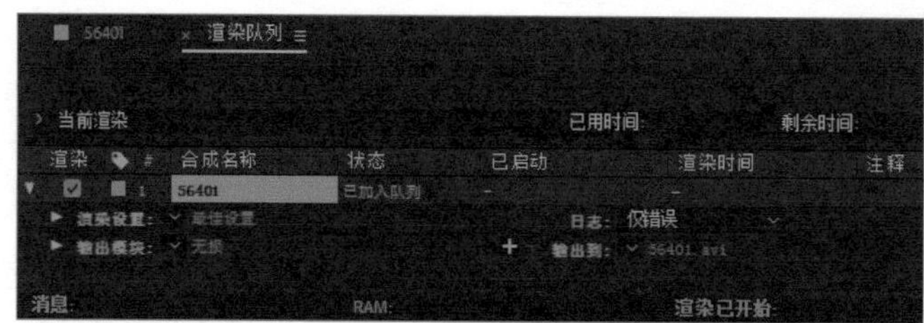
图5-169 添加到“渲染队列”面板

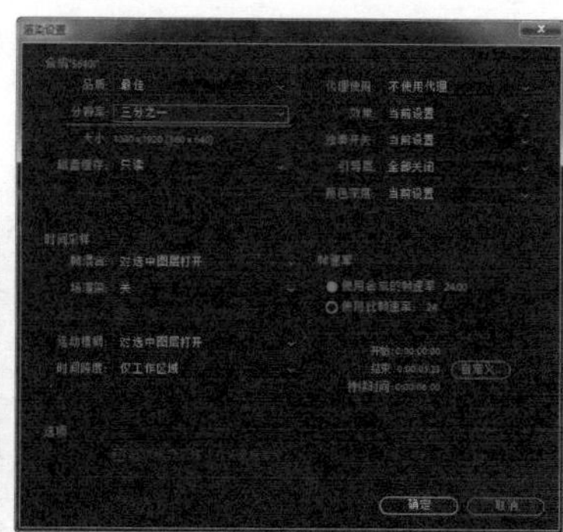
图5-170 “渲染设置”对话框

提示：此处，我们需要渲染输出的项目文件的分辨率为1 080px × 1 920px，但以这样的分辨率输出的视频文件会非常大，所以这里我们设置输出的视频文件的分辨率为原项目文件分辨率的三分之一。

03 单击“输出模块”选项后的“无损”文字，弹出“输出模块设置”对话框，设置“格式”选项为QuickTime，其他选项采用默认设置，如图5-171所示。单击“确定”按钮，完成“输出模块设置”对话框的设置，单击“输出到”选项后的文字，弹出“将影片输出到”对话框，设置输出文件的名称和保存位置，如图5-172所示。

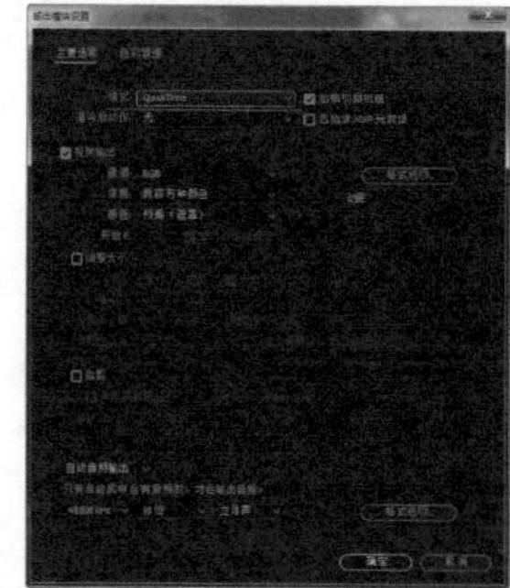
图5-171 选择输出格式

图5-172 设置输出位置和名称

04 单击“保存”按钮，完成该合成相关输出选项的设置，如图5-173所示。单击“渲染队列”面板右上角的“渲染”按钮，即可按照当前的渲染输出设置对合成进行输出操作，输出完成后在选择的输出位置可以看到所输出的“5-7-2.mov”文件，如图5-174所示。

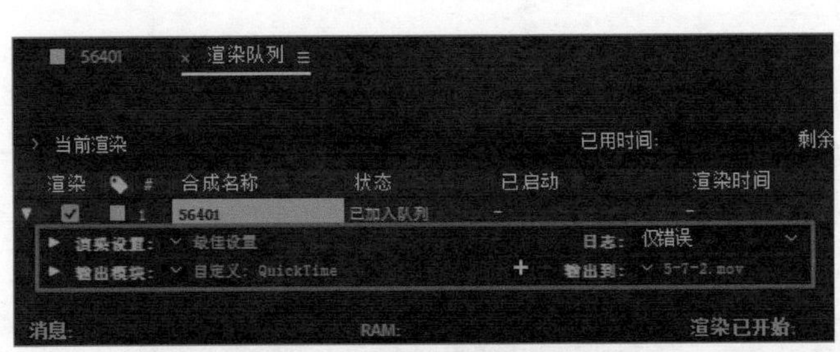

图5-173 输出选项设置

图5-174 输出视频文件

05 打开Photoshop，执行“文件>导入>视频帧到图层”命令，弹出“打开”对话框，选择刚导出的视频文件“5-7-2.mov”，如图5-175所示。单击“打开”按钮，弹出“将视频导入图层”对话框，如图5-176所示。

图5-175 选择需要导入的视频文件

图5-176 “将视频导入图层”对话框

06 采用默认设置，单击“确定”按钮，完成视频文件的导入，Photoshop自动将视频中的每一帧画面放入“时间轴”面板中，如图5-177所示。执行“文件>导出>存储为Web所用格式”命令，弹出“存储为Web所用格式”对话框，如图5-178所示。

图5-177 将每一帧画面放入“时间轴”面板

图5-178 “存储为Web所用格式”对话框

07 在“存储为Web所用格式”对话框中的右上角选择格式为GIF，在右下角的“动画”选项区中设置“循环选项”为“永远”，还可以单击播放按钮预览动画播放效果，如图5-179所示。单击“存储”按钮，弹出“将优化结果存储为”对话框，设置保存位置和保存文件名称，如图5-180所示。

图5-179 设置“循环选项”

图5-180 设置保存位置和名称

08 单击“保存”按钮，即可完成GIF格式动画文件的输出，在输出位置，可以看到输出的GIF文件，如图5-181所示。在浏览器中打开该GIF动画文件，可以预览该动画效果，如图5-182所示。

图5-181 输出GIF图片

图5-182 预览GIF动画图片

5.7.3 将动效嵌入手机模板

在网络中，我们常常看到将动效嵌入手机模板的不规则动画效果，这样的效果是如何实现的呢？其实这样的效果在After Effects和Photoshop中都可以实现。如果是在After Effects中，可以通过为合成添加“边角固定”效果，从而对该合成进行调整，得到需要的效果；如果是在Photoshop中，可以将动效先输出为GIF动画文件，然后将该GIF动画创建为智能对象，再将该智能对象嵌入手机模板中就可以了。

实战练习 06 将动效嵌入手机模板

源文件：资源包\源文件\第5章\5-7-3.gif　　视 频：资源包\视频\第5章\5-7-3.mp4

01 打开Photoshop，执行“文件>打开”命令，打开上一节输出的GIF格式动画文件“5-7-2.gif”，如图5-183所示。在“时间轴”面板菜单中执行“将帧拼合到图层”命令，如图5-184所示，这样就可以将动画中的每一帧分别转换为一个图层。

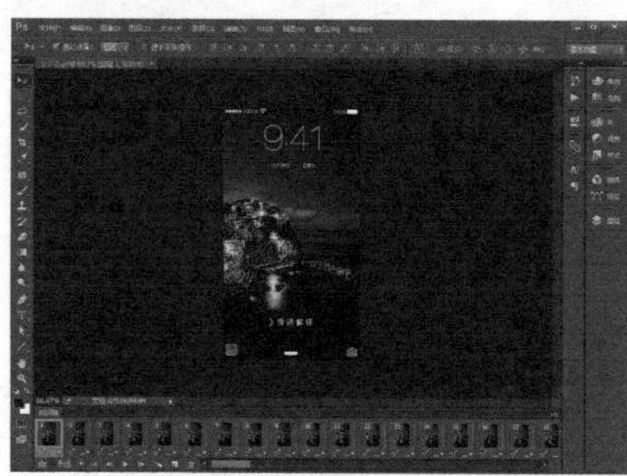

图5-183 打开GIF动画图片

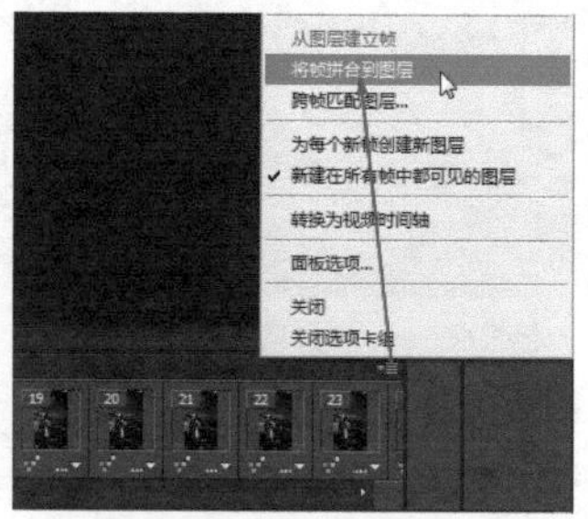

图5-184 执行面板菜单命令

02 单击“时间轴”面板左下角的“转换为视频时间轴”按钮，转换为视频时间轴面板，如图5-185所示。在“图层”面板中同时选中所有图层，执行“图层>智能对象>转换为智能对象”命令，得到智能对象图层，如图5-186所示。

图5-185 转换为视频时间轴

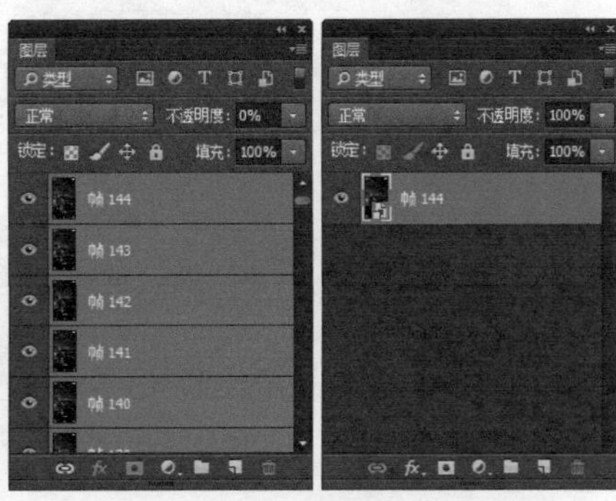

图5-186 转换为智能对象图层

03 在Photoshop中打开准备好的手机素材图片，如图5-187所示。将得到的智能对象图层拖至该手机素材图片中，按快捷键【Ctrl+T】，显示自由变换框，将该智能对象等比例缩小，并进行扭曲操作，使其适合该手机，如图5-188所示。

图5-187 打开素材图片

图5-188 对智能对象进行扭曲操作

04 完成智能对象的变换调整后，单击“时间轴”面板上的“创建视频时间轴”按钮，即可创建出视频时间轴，可以预览动画的效果，如图5-189所示。执行“文件>导出>存储为Web所用格式”命令，弹出“存储为Web所用格式”对话框，如图5-190所示。

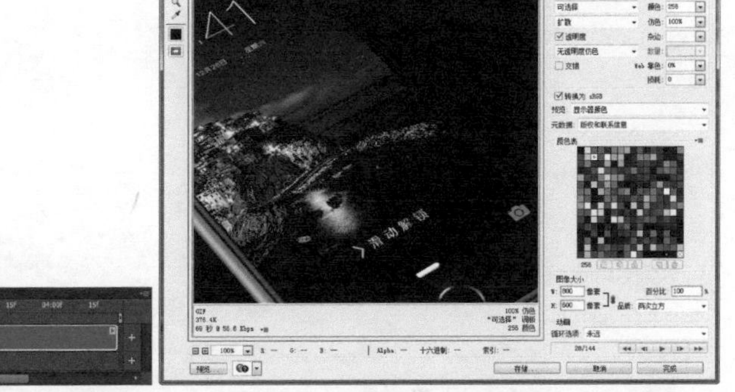

图5-189 创建视频时间轴

图5-190 “存储为Web所用格式”对话框

05 单击“存储”按钮，即可将其输出为GIF格式的动画文件，在浏览器中打开该GIF动画文件，可以预览该动画效果，如图5-191所示。

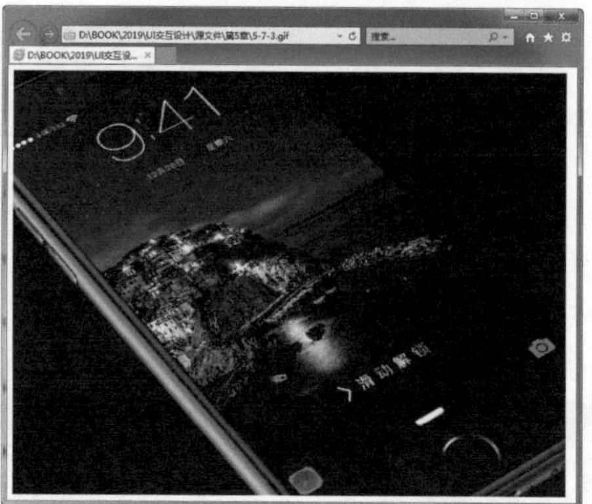

图5-191 预览输出的GIF动画文件

5.8 本章小结

本章向读者介绍了有关After Effects软件的基础知识，包括认识After Effects的工作界面，After Effects的基本操作、素材的导入与管理，并且详细介绍了交互动效制作的关键——“时间轴”面板、帧和关键帧、蒙版等相关知识。关键帧是动效制作的基础，而基础的属性变换则是各种复杂动效的基础，所以读者需要能够熟练掌握本章所介绍的相关知识，并能够制作出基础的关键帧动效。

读书笔记

第6章 UI交互动效设计与实现

近几年交互动效在UI中使用得越来越多，甚至在某些设计方案中，动效已经成为其重要的组成部分。UI中交互动效的设计并不是为了娱乐用户，而是为了让用户理解现在所发生的事情，更有效地说明产品的使用方法。本章将向读者介绍UI中各种元素的交互动效的表现形式和方法，并通过案例的制作使读者掌握UI交互动效的制作方法。

6.1 开关按钮交互动效

开关按钮是App界面中常见的组件之一，通过开关按钮可以控制App中某种功能的开启和关闭。当用户在界面中点击开关按钮时，通常需要结合动效的表现形式，从而为用户提供清晰的反馈。

6.1.1 开关按钮的功能与特点

开关顾名思义就是开启和关闭，开关按钮是移动端界面中常见的元素。在移动端操作系统中，开关按钮非常常见，通过开关按钮来打开或关闭应用中的某种功能，这样的设计符合现实生活的经验，是一种习惯用法。

移动端UI中的开关按钮用于展示当前功能的激活状态，用户通过点击或“滑动”可以切换该选项或功能的状态，其常见的表现形式有矩形和圆形两种，如图6-1所示。

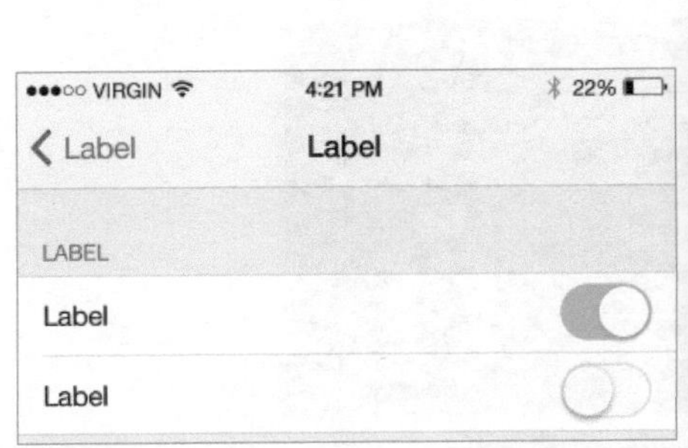

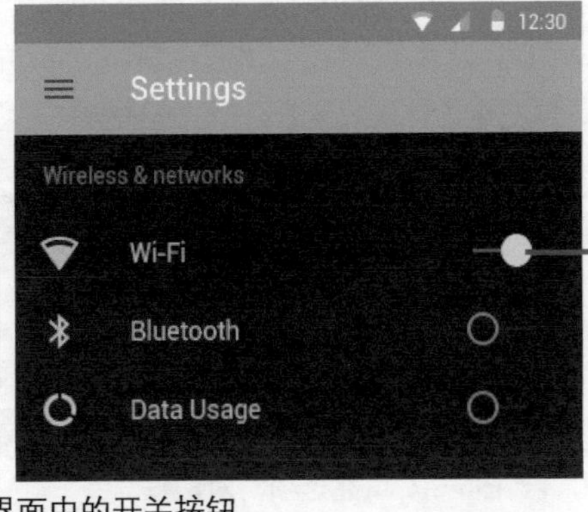

在App界面中，开关元素的设计非常简约，通常使用基本图形搭配不同的颜色来表现该功能的打开或关闭状态。

图6-1 移动端界面中的开关按钮

6.1.2 制作开关按钮交互动效

在移动端UI设计中可以为开关按钮控件添加交互动效设计，当用户进行操作时，界面会以交互动效的方式向其展示功能切换过程，给人一种动态、流畅的感觉。

实战练习 01 制作开关按钮交互动效

源文件：资源包\源文件\第6章\6-1-2.aep　　视 频：资源包\视频\第6章\6-1-2.mp4

01 在After Effects中新建一个空白项目，执行“合成>新建合成”命令，弹出“合成设置”对话框，对相关选项进行设置，如图6-2所示。使用“矩形工具”，在“合成”窗口中绘制矩形，如图6-3所示。

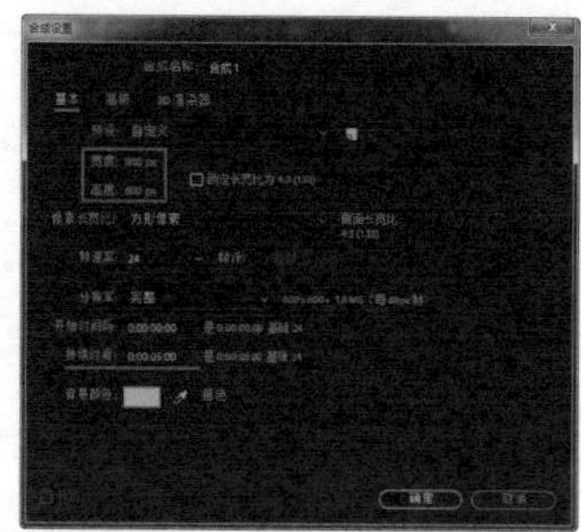

图6-2 “合成设置”对话框

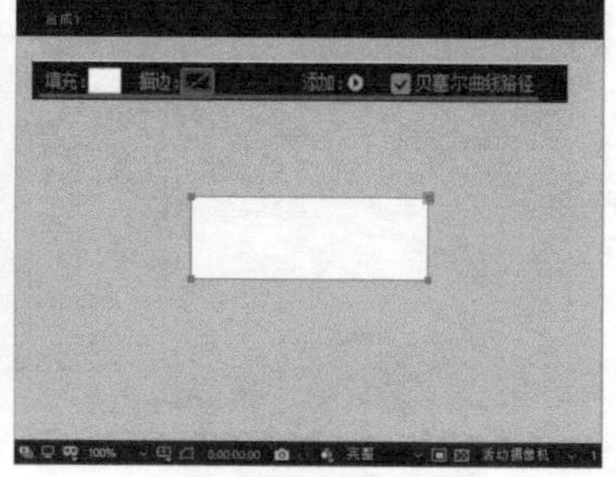

图6-3 绘制矩形

02 在“时间轴”面板中将该图层重命名为“开关背景”，单击该图层下方“内容”选项右侧的“添加”按钮，在弹出的菜单中选择“圆角”选项，添加“圆角”选项，设置“半径”为40，如图6-4所示。在“合成”窗口中可以看到，矩形变成了圆角矩形，效果如图6-5所示。

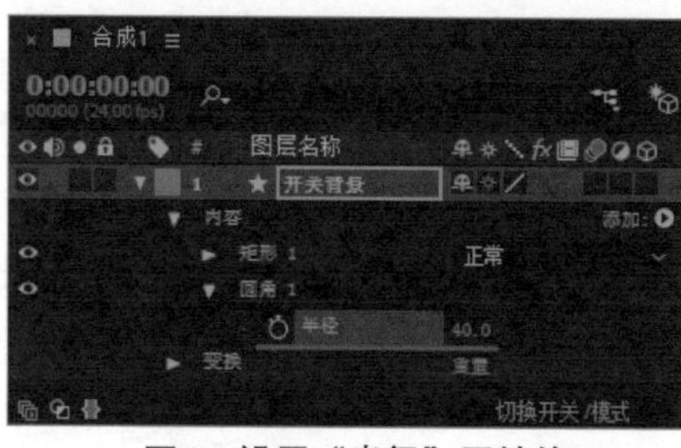

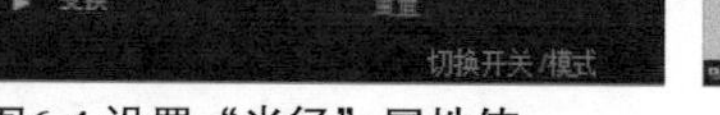

图6-4 设置“半径”属性值

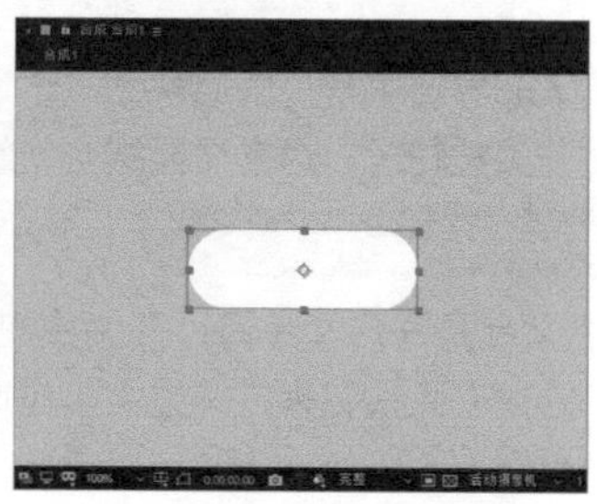

图6-5 矩形变成圆角矩形

03 不选择任何对象，使用“椭圆工具”，在工具栏中单击“填充”文字，弹出“填充选项”对话框，选择“径向渐变”选项，如图6-6所示。单击“确定”按钮，单击“填充”文字后的拾色器，弹出“渐变编辑器”对话框，设置渐变颜色，如图6-7所示。单击“确定”按钮，完成渐变颜色的设置。

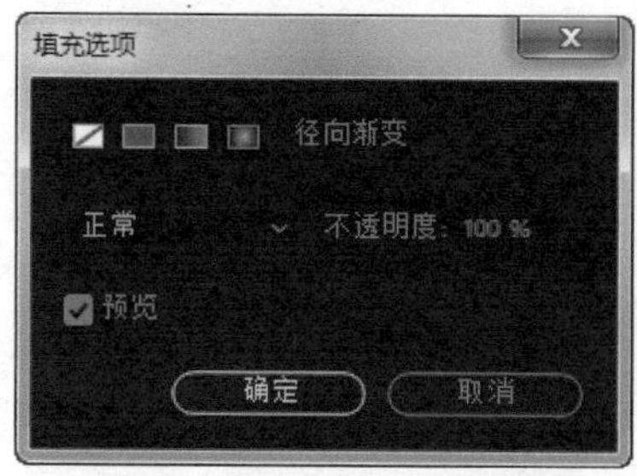

图6-6 “填充选项”对话框

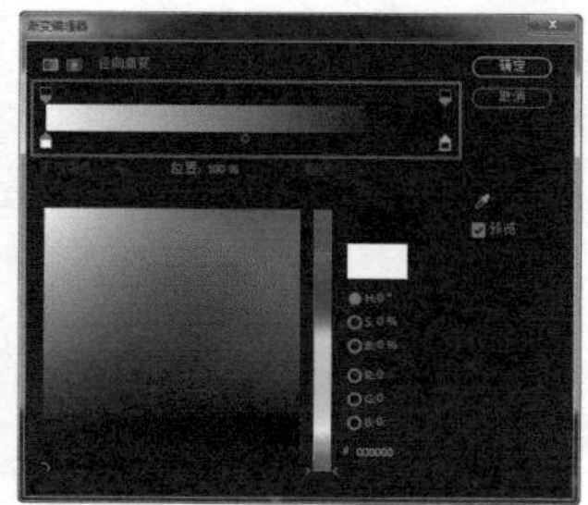

图6-7 设置渐变颜色

04 在“合成”窗口中按住【Shift】键拖动鼠标绘制一个正圆形，调整该正圆形的大小和位置，如图6-8所示。选择“形状图层1”下方的“椭圆1”选项，即可在所绘制的椭圆形上显示渐变填充轴，拖动该正圆形的渐变填充轴，调整径向渐变的填充效果，如图6-9所示。

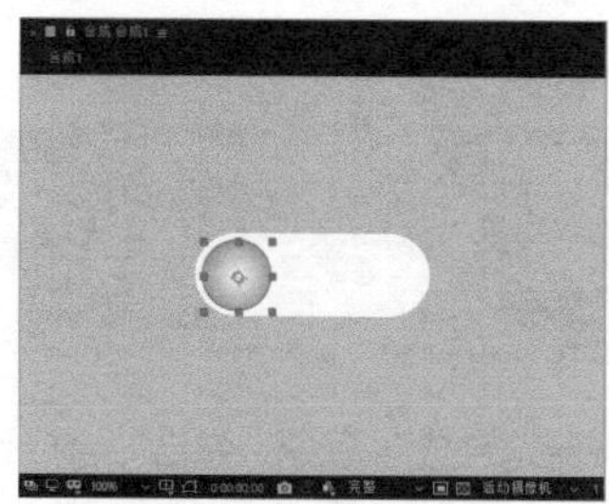

图6-8 绘制正圆形

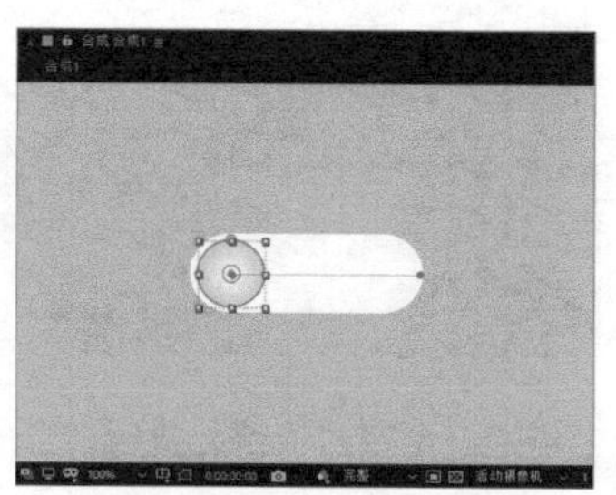

图6-9 调整渐变颜色填充

此处，我们需要为正圆形填充从白色到浅灰色的径向渐变颜色，所以通过调整默认的黑白径向渐变就可以得到我们所需要的效果。如果需要填充其他的渐变填充颜色，可以展开该图层下方的“渐变填充”选项，单击“颜色”属性右侧的“编辑渐变”链接，在弹出的“渐变编辑器”对话框中设置渐变颜色。

05 在“时间轴”面板中将该图层重命名为“圆”，执行“图层>图层样式>投影”命令，为该图层添加“投影”图层样式，对相关选项进行设置，如图6-10所示。在“合成”窗口中可以看到为该正圆形添加“投影”图层样式的效果，如图6-11所示。

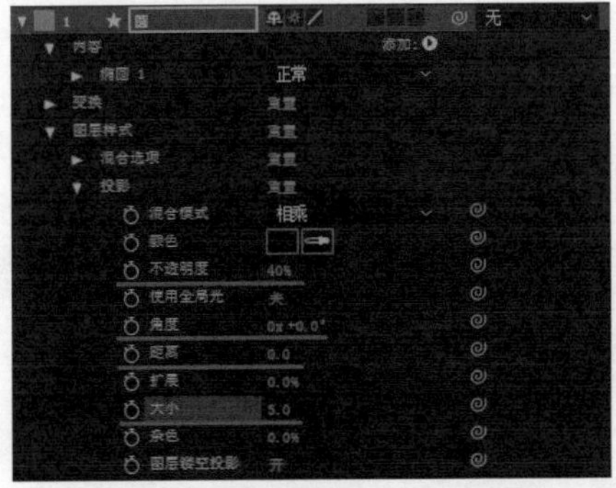

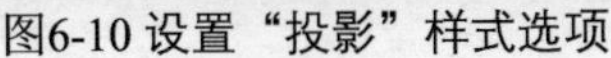
图6-10 设置“投影”样式选项

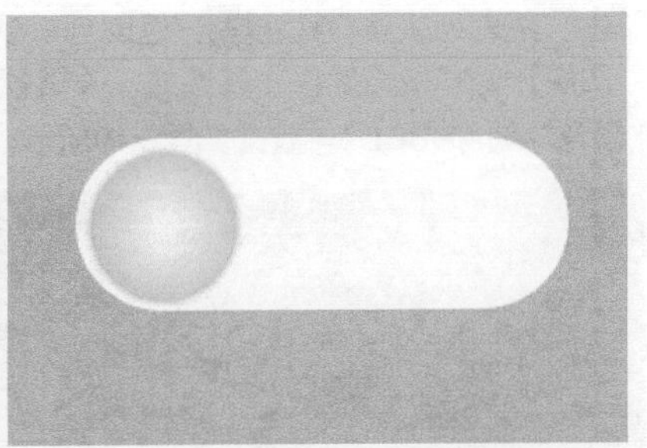
图6-11 为正圆形添加投影效果

06 选择“圆”图层，按快捷键【P】，显示该图层的“位置”属性，为该属性插入关键帧，如图6-12所示。将“时间指示器”移至1秒的位置，在“合成”窗口中将该正圆形向右移至合适的位置，如图6-13所示。

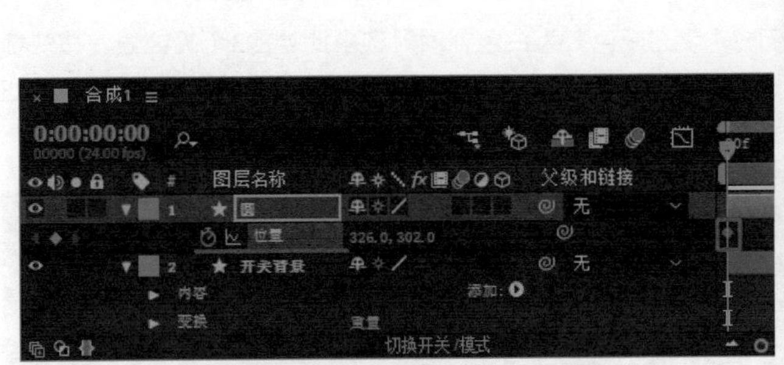

图6-12 插入“位置”属性关键帧

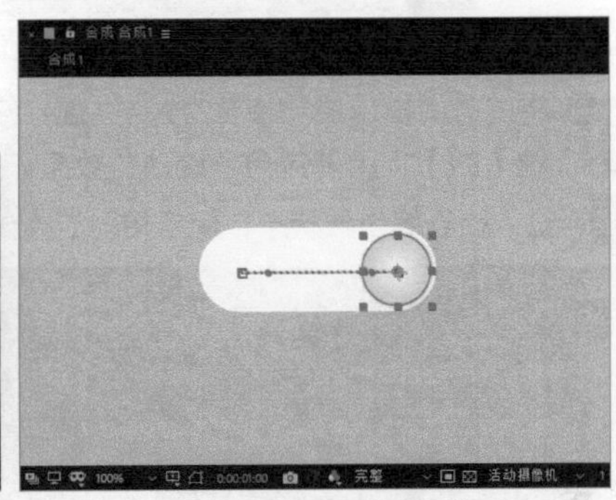
图6-13 移动正圆形的位置

07 将“时间指示器”移至2秒的位置，选择起始位置上的关键帧，按快捷键【Ctrl+C】进行复制，按快捷键【Ctrl+V】将其粘贴到2秒的位置，如图6-14所示。同时选中该图层中的3个关键帧，按快捷键【F9】，为其应用“缓动”效果，如图6-15所示。

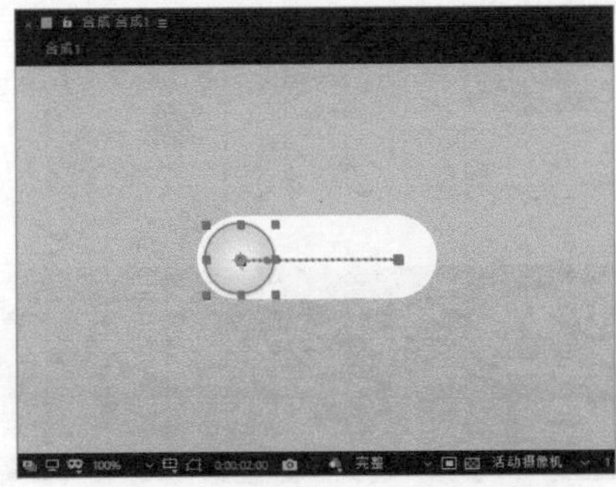
图6-14 “合成”窗口中的效果

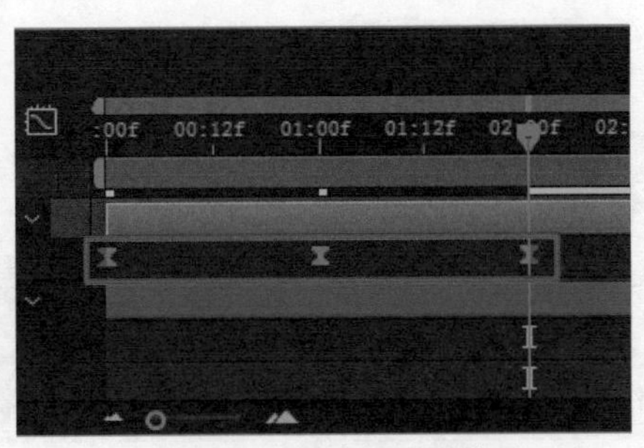

图6-15 应用“缓动”效果

08 单击“时间轴”面板上的“图表编辑器”按钮，进入图表编辑器状态，如图6-16所示。单击曲线上的锚点，拖动方向线调整运动速度曲线，如图6-17所示。

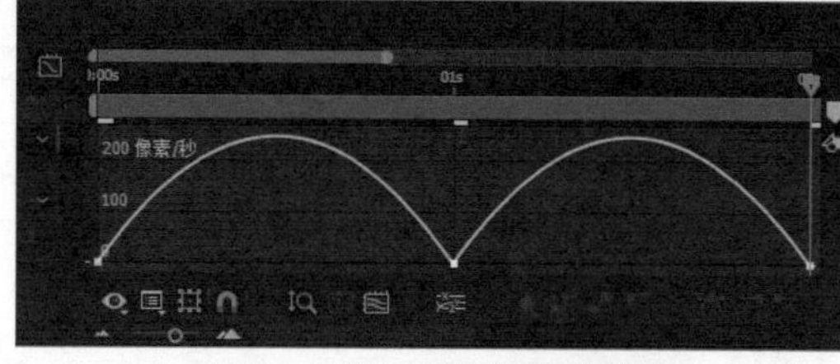

图6-16 进入图表编辑器状态

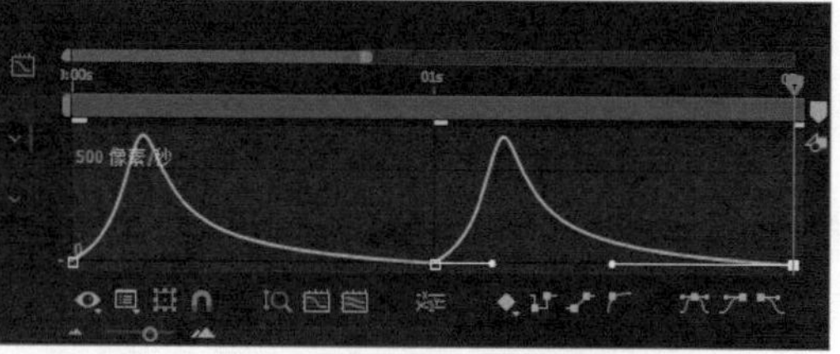

图6-17 调整运动速度曲线

09 再次单击“图表编辑器”按钮，返回到默认状态。将“时间指示器”移至起始位置，选择“开关背景”图层，为“填充颜色”属性插入关键帧，如图6-18所示。将“时间指示器”移至1秒的位置，修改“填充颜色”为#00BCD4，效果如图6-19所示。

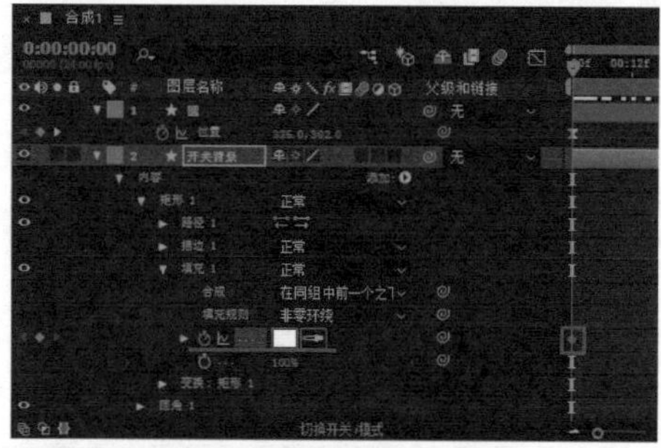

图6-18 插入属性关键帧

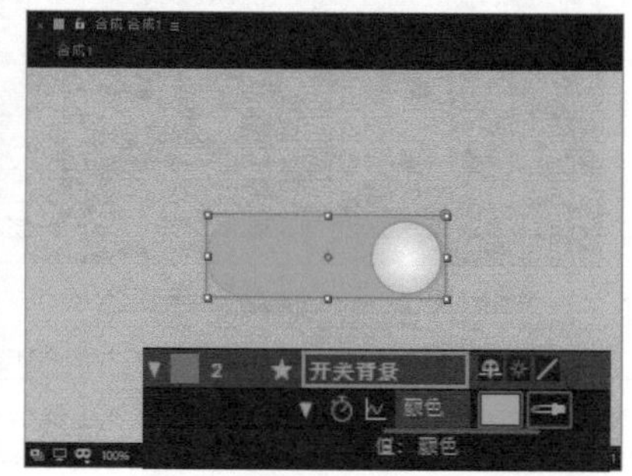

图6-19 设置“颜色”属性

10 将“时间指示器”移至2秒的位置，修改“填充颜色”为白色，同时选中此处的3个关键帧，按快捷键【F9】，为其应用“缓动”效果，如图6-20所示。单击“时间轴”面板上的“图表编辑器”按钮，进入图表编辑器状态，使用相同的方法，对该图层的运动速度曲线进行调整，如图6-21所示。

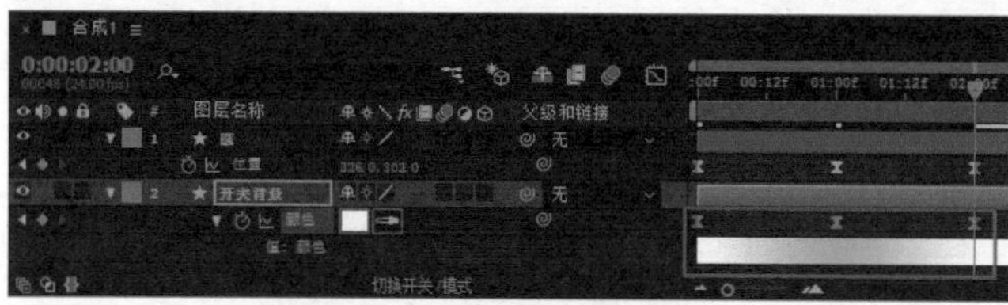

图6-20 应用“缓动”效果

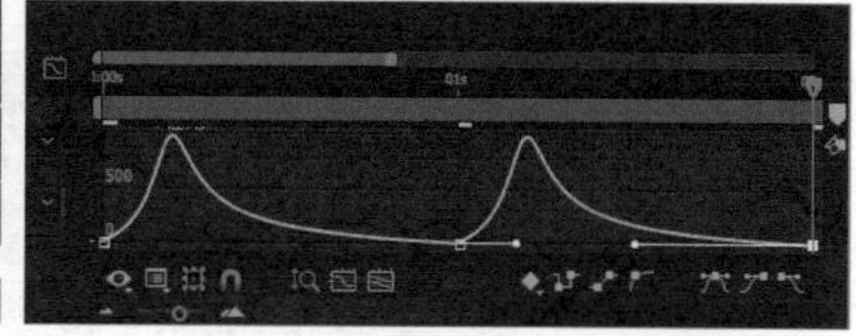

图6-21 调整运动速度曲线

11 在“项目”面板的合成上单击鼠标右键，在弹出的菜单中执行“合成设置”命令，弹出“合成设置”对话框，修改“持续时间”为3秒，如图6-22所示。单击“确定”按钮，完成相应对话框的设置，展开各图层所设置的关键帧，“时间轴”面板如图6-23所示。

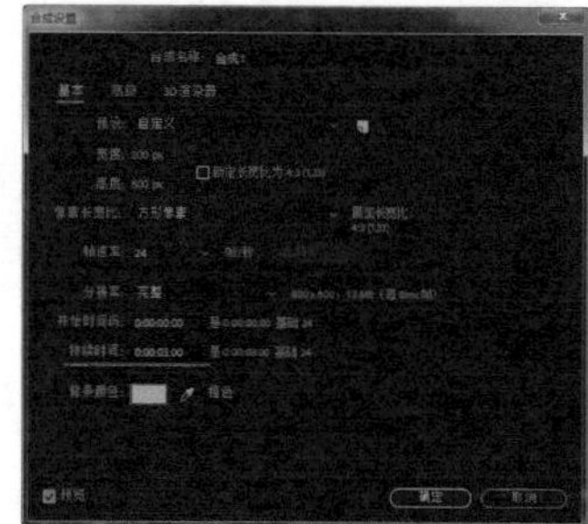

图6-22 修改“持续时间”选项

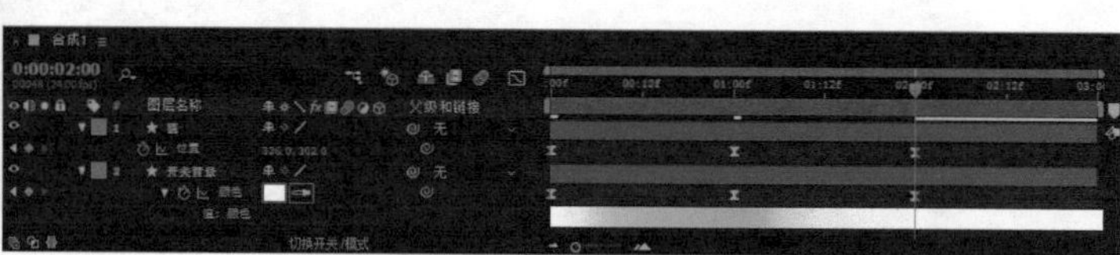

图6-23 “时间轴”面板

12 完成开关按钮动效的制作，单击“预览”面板上的“播放/停止”按钮▶，可以在“合成”窗口中预览动画效果。也可以将该动画渲染输出为视频文件，再使用Photoshop将其输出为GIF格式的动画，效果如图6-24所示。

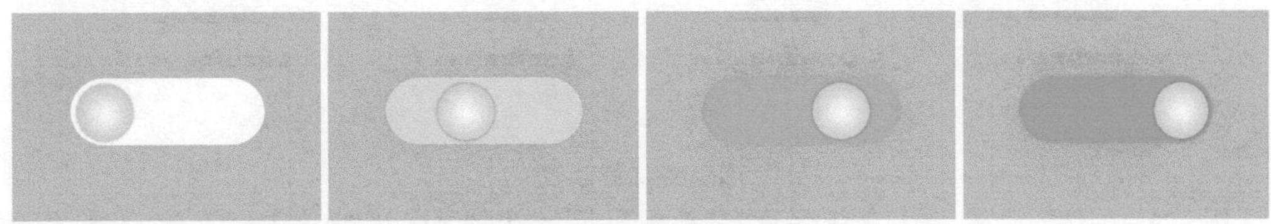

图6-24 预览开关按钮动效

6.2 加载进度交互动效

在浏览移动端App时，因为网速或者硬件的关系，难免会遇上等待加载的情况，耐心差的用户可能因为操作得不到及时反馈，直接选择放弃。所以，在移动端App中还有一种常见的交互动效就是进度条动画，通过进度条动画，可以使用户了解当前的操作进度，给用户心理暗示，使用户能够耐心等待，从而提升用户体验。

6.2.1 了解加载等待动效

根据抽样调查，用户认为打开速度较快的移动端App质量更高、更可信、更有趣。相应地，移动端App打开速度越慢，用户的心理挫折感越强，就会对其可信度和质量产生怀疑。在这种情况下，用户会觉得可能后台出现了错误，因为在很长一段时间内，用户没有得到任何提示。缓慢的打开速度也会让用户忘记下一步要做什么，不得不重新回忆，这会进一步恶化用户体验。

对于电子商务类 App 来说，打开速度尤其重要，页面载入的速度越快，就越容易使访问者变成客户，降低客户选择商品后放弃结账的比例。

如果在等待移动端App加载期间，能够及时向用户显示反馈信息，如一个加载进度动画，那么用户的等待时间会相应地延长。

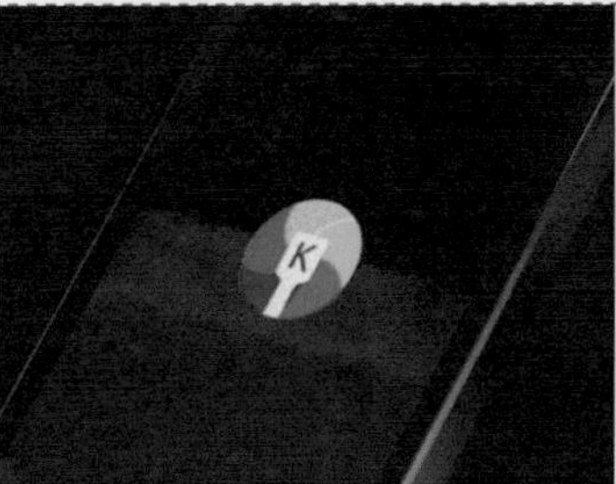
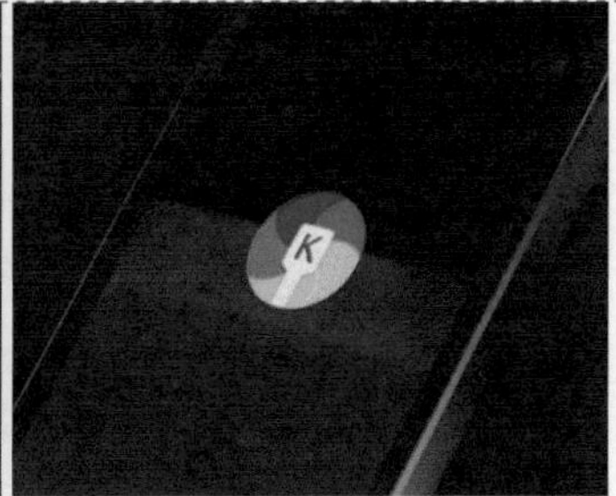

图6-25 移动端App加载动效

图6-25中的移动端App加载动效，将该App的Logo很好地与加载动画相结合，通过圆形Logo背景的顺时针旋转来表现界面的加载，既起到了反馈的作用，又能够加深用户对该Logo的印象。

虽然目前很多移动端App将加载动画作为强化用户第一印象的组件，但是它的实际使用范畴远不止如此，在许多设计项目中，加载动画几乎无处不在。界面切换时可以使用，组件加载时可以使用，甚至幻灯片切换时同样也可以使用。不仅如此，还可以使用数据加载的过程呈现状态的改变，填补崩溃或者出错的界面，它们承前启后，将错误和等待转化为令用户愉悦的细节。

图6-26 加载动效

图6-26中的加载动效，通过咖啡杯图形的动画设计，形象地表现出动态的加载效果，非常适用于与咖啡相关的App。

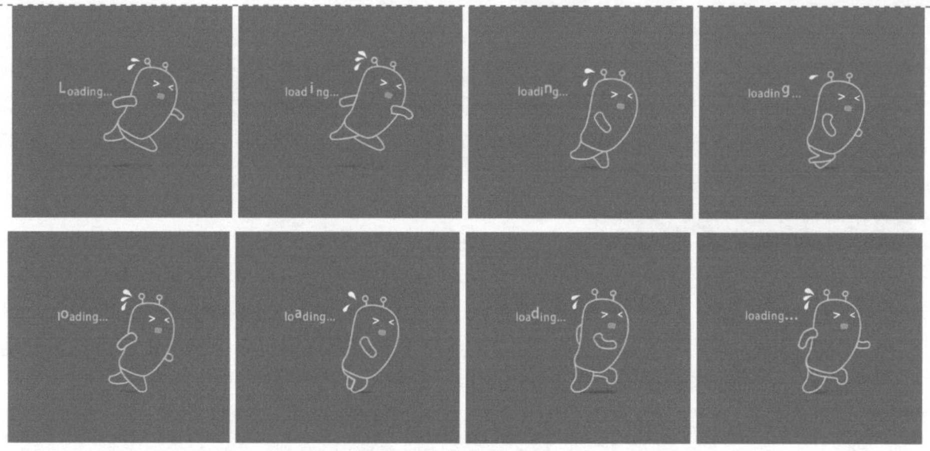

图6-27 卡通加载动效

图6-27是一个卡通形象的界面加载动效，在该动效的设计过程中，使用一个奔跑的拟人卡通形象来告诉用户：“我在很努力地加载，请耐心等待”。该加载动效让人感觉可爱而有趣。

6.2.2 常见的加载进度动效表现形式

进度条与滚动条非常相似，只是在外观上进度条比滚动条缺少了可拖动的滑块。进度条用于移动端App在处理任务时，实时地以图形方式显示当前任务处理的进度、完成度，未完成任务量的大小和可能需要完成的时间，如下载进度、视频播放进度等。大多数移动端界面中的进度条是以长条矩形和圆形的形式显示的，如图6-28所示。进度条的设计方法相对比较简单，重点是色彩的运用和质感的体现。

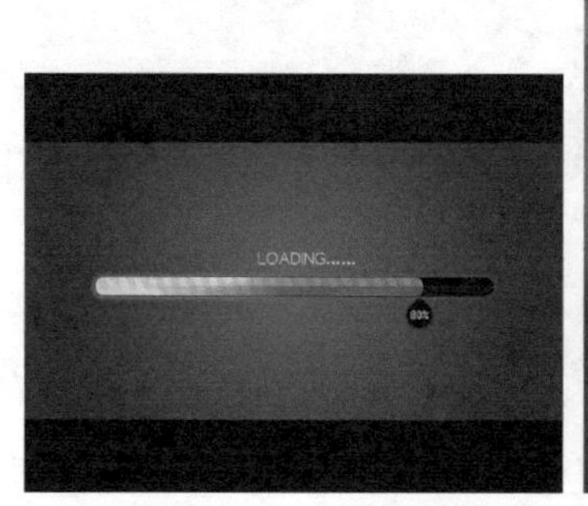

图6-28 常见加载进度条

进度条动画一般用于较长时间的加载，通常配合百分比指数，让用户对当前加载进度和要等待的时间有个明确的心理预期。

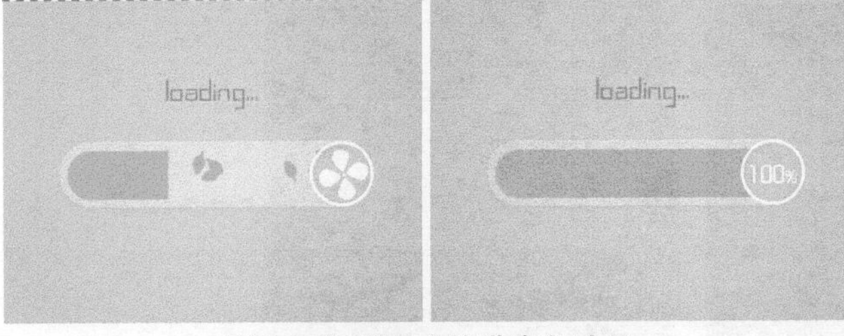

图6-29 矩形形式的进度条动画

矩形形式的进度条是移动端App中最常见的进度条表现形式。图6-29的进度条动画使用了转动的风叶与逐渐变长的矩形，非常直观地表现出当前的进度，给用户很好的提示。

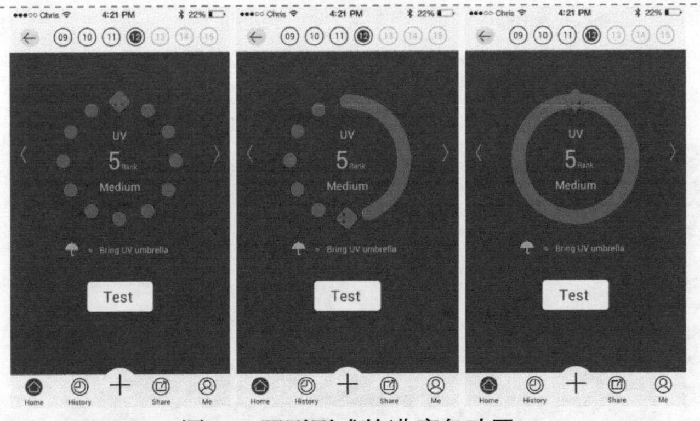

图6-30 圆形形式的进度条动画

圆形形式的进度条动画也是目前比较常见的一种进度条动画表现形式。图6-30的进度条动画将圆形与贪吃蛇形象很好地结合在一起：贪吃蛇围绕圆点进行旋转并吃掉所有圆点，形象而生动。

6.2.3 制作矩形进度条动效

进度条能够体现出当前的加载进度，为用户带来直观的体验，避免用户盲目等待，能够有效提升App的用户体验。本节将带领读者完成一个矩形进度条动效的制作，在该矩形进度条动效的制作过程中，主要通过使用变形的蒙版路径实现进度条的显示动效，并且通过添加“色相/饱和度”效果，制作出在进度条变化过程中其色彩也一起变化的效果。

实战练习 02 制作矩形进度条动效

源文件：资源包\源文件\第6章\6-2-3.aep　　视　频：资源包\视频\第6章\6-2-3.mp4

01 在After Effects中新建一个空白项目，执行“文件>导入>文件”命令，在弹出的“导入文件”对话框中选择“资源包\源文件\第6章\素材\62301.psd”，如图6-31所示。弹出设置对话框，设置如图6-32所示。

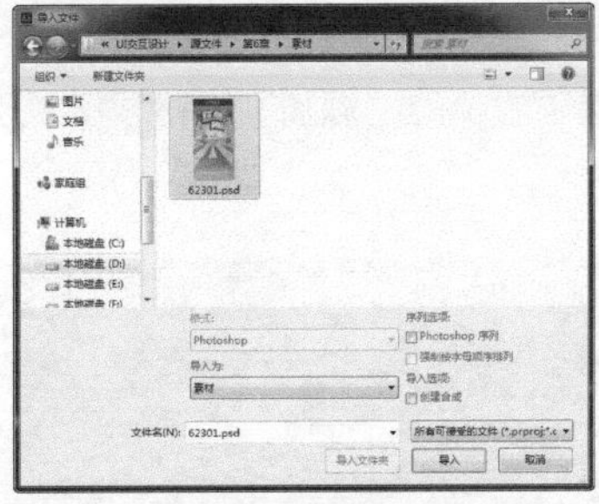
图6-31 选择需要导入的素材

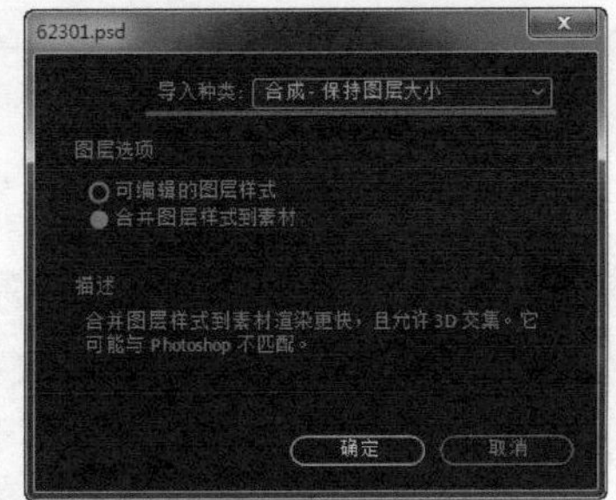

图6-32 设置对话框

02 单击“确定”按钮，导入PSD素材自动生成合成，如图6-33所示。在“项目”面板中的合成上单击鼠标右键，在弹出的菜单中执行“合成设置”命令，弹出“合成设置”对话框，设置“持续时间”为5秒，如图6-34所示，单击“确定”按钮。

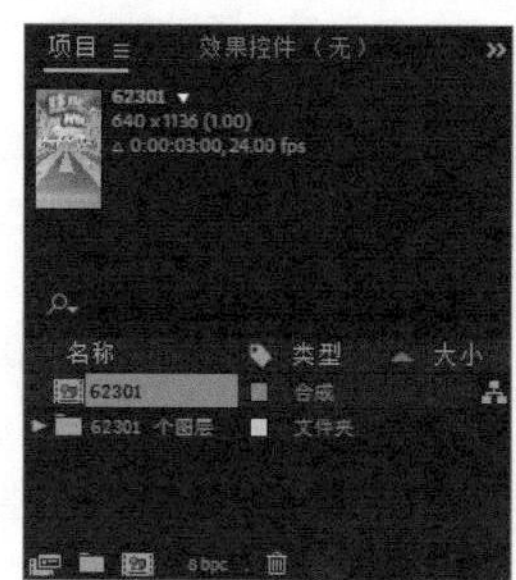

图6-33 “项目”面板　图6-34 修改“持续时间”选项

03 双击“项目”面板中自动生成的合成，在“合成”窗口中打开该合成，如图6-35所示。在“时间轴”面板中可以看到该合成中相应的图层，将当前的三个图层全部锁定，如图6-36所示。

图6-35 打开合成

图6-36 锁定图层

04 使用“钢笔工具”，在工具栏中设置“填充”为无，“描边”为#FBB000，“描边宽度”为28像素，绘制直线，如图6-37所示。将得到的“形状图层1”重命名为“进度条”，执行“内容>形状1>描边1”命令，设置“线段端点”属性为“圆头端点”，如图6-38所示。

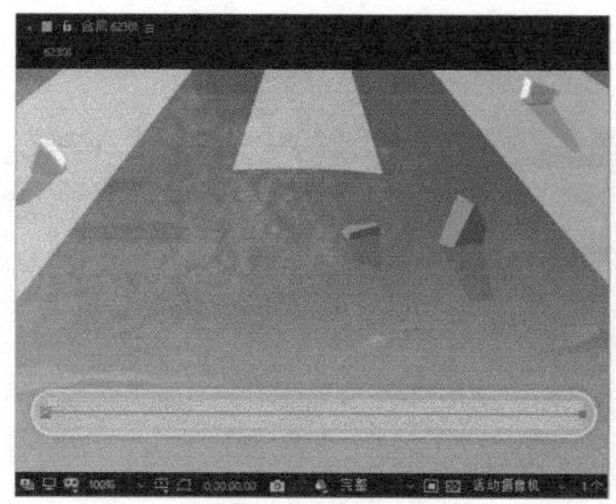

图6-37 绘制直线

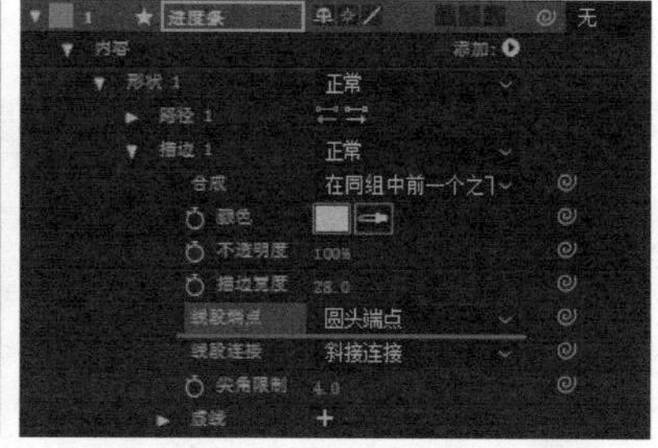

图6-38 设置“线段端点”属性

05 在“合成”窗口中可以看到所绘制直线段端点的效果，并将直线段调整至合适的长度，如图6-39所示。展开“进度条”图层选项，单击“内容”选项右侧的“添加”按钮，在弹出的菜单中选择“修剪路径”选项，并进行相应的添加，如图6-40所示。

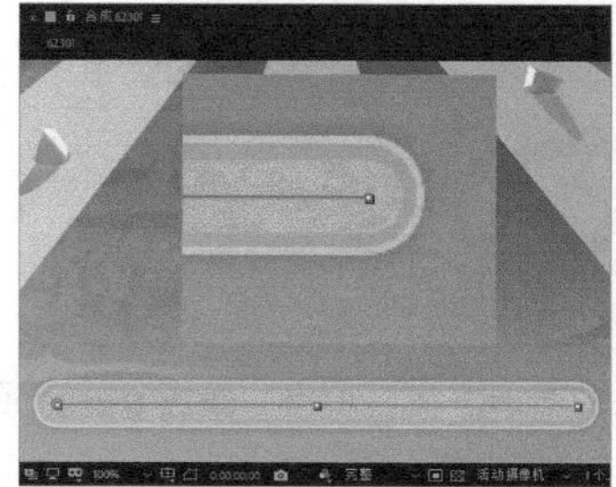

图6-39 调整直线长度

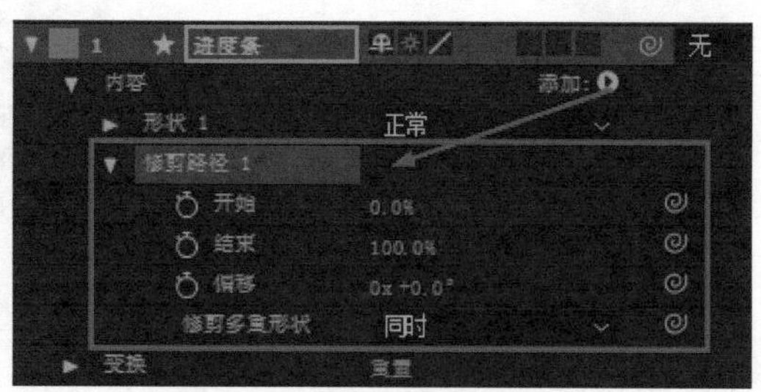

图6-40 添加“修剪路径”选项

06 将“时间指示器”移至0秒的位置，为“修剪路径1”选项中的“结束”属性插入关键帧，并设置该属性值为0%，如图6-41所示。将“时间指示器”移至1秒的位置，设置“结束”属性值为15%，如图6-42所示。

图6-41 插入属性关键帧并设置属性值

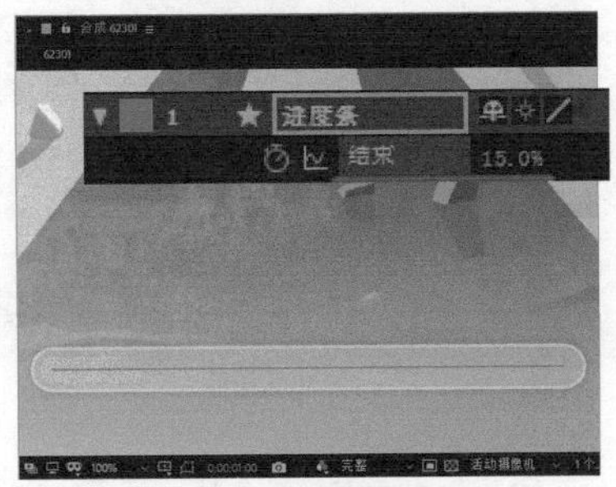

图6-42 设置属性值

07 将“时间指示器”移至3秒的位置，设置“结束”属性值为80%，如图6-43所示。将“时间指示器”移至4秒的位置，设置“结束”属性值为100%，如图6-44所示。

图6-43 设置属性值

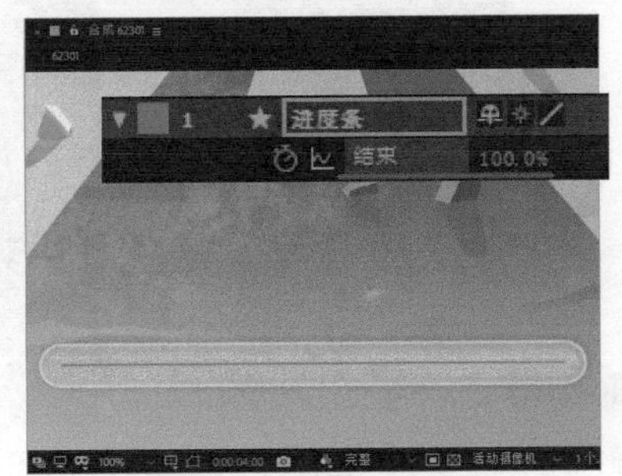

图6-44 设置属性值

08 同时选中该属性的4个关键帧，按快捷键【F9】，为其应用“缓动”效果，如图6-45所示。将“时间指示器”移至0秒的位置，为“形状1 > 描边1 > 颜色”属性插入关键帧，按快捷键【U】，只显示插入关键帧的属性，如图6-46所示。

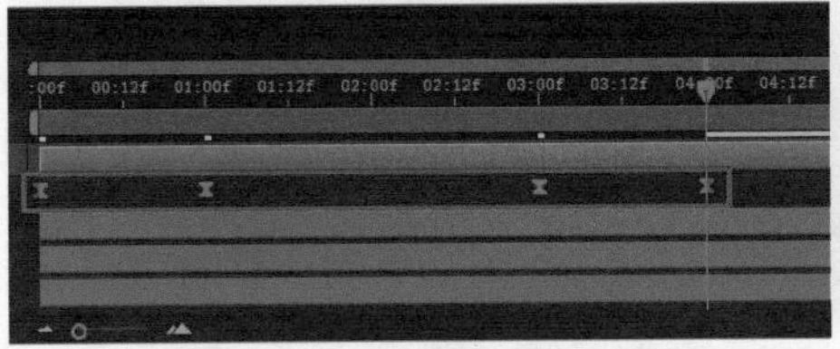

图6-45 应用“缓动”效果

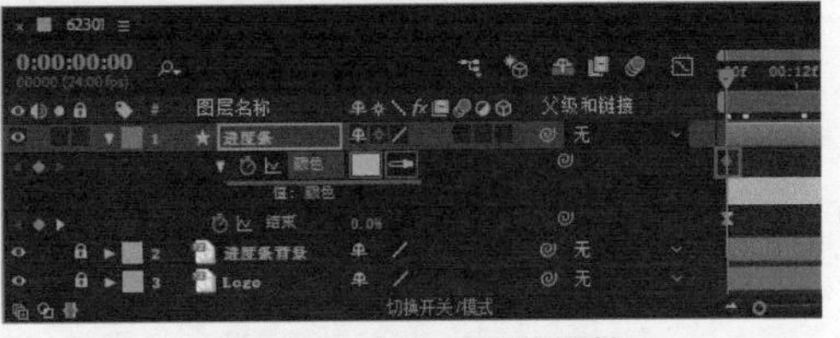

图6-46 插入属性关键帧

09 将“时间指示器”移至4秒的位置，修改“颜色”属性值为#CA4C30，效果如图6-47所示，“时间轴”面板如图6-48所示。

图6-47 修改颜色值效果

图6-48 “时间轴”面板

10 将“时间指示器”移至起始位置，执行“图层>新建>文本”命令，添加一个空文本图层，如图6-49所示。选中该文本图层，执行“效果>文本>编号”命令，弹出“编号”对话框，设置如图6-50所示。

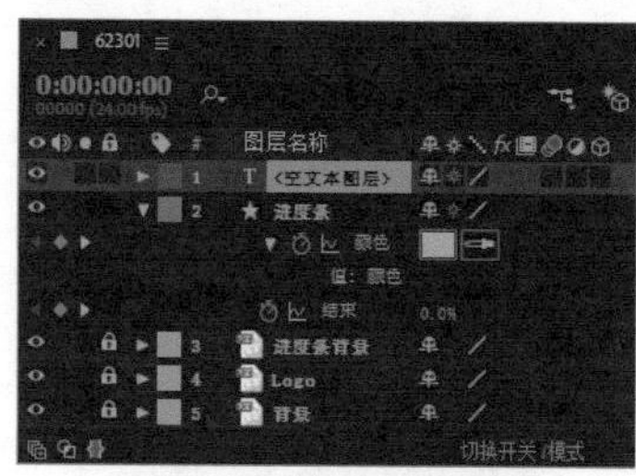

图6-49 新建文本图层

图6-50 设置“编号”对话框

11 单击“确定”按钮，为该图层应用“编号”效果，在“效果控件”面板中对相关选项进行设置，如图6-51所示。在“合成”窗口中将编号数字调整至合适的位置，如图6-52所示。

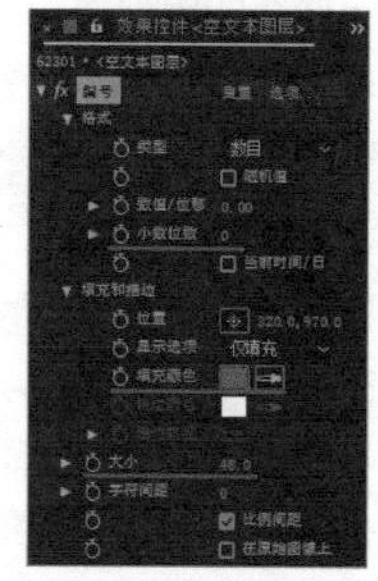

图6-51 设置“编号”效果选项

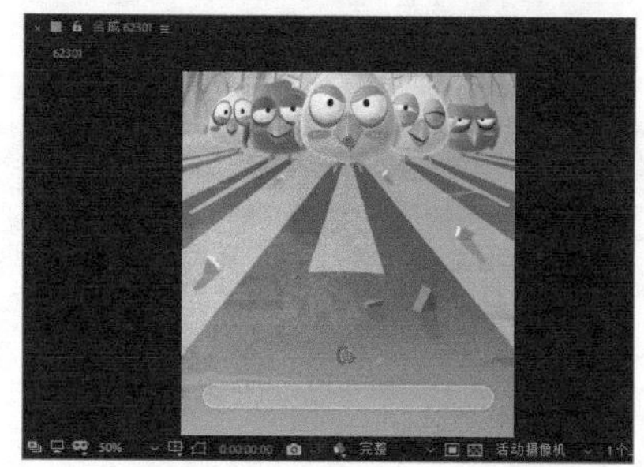

图6-52 调整编号数字位置

12 不选择任何对象，使用“横排文字工具”，在“合成”窗口中单击并输入文字，如图6-53所示。将“时间指示器”移至0秒的位置，选择“空文本图层”，执行“效果＞编号＞格式”命令，为“数值/位移/随机最大”属性插入关键帧，如图6-54所示。

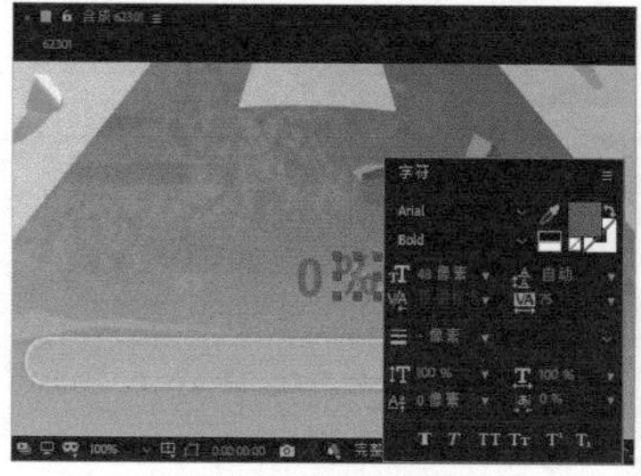

图6-53 输入文字

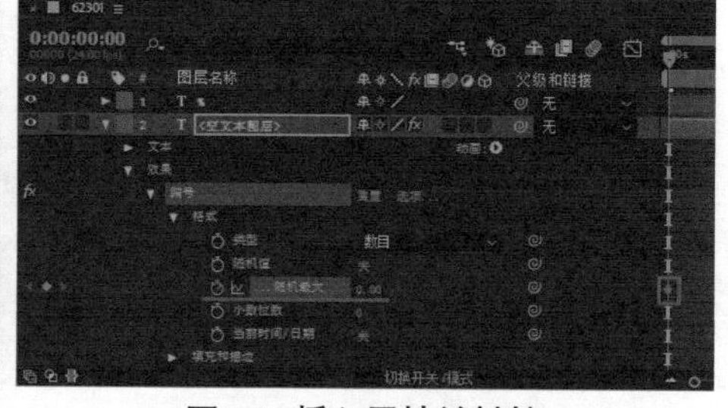

图6-54 插入属性关键帧

13 将“时间指示器”移至1秒的位置，修改“数值/位移/随机最大”属性值为15，如图6-55所示。将“时间指示器”移至3秒的位置，修改“数值/位移/随机最大”属性值为80，如图6-56所示。

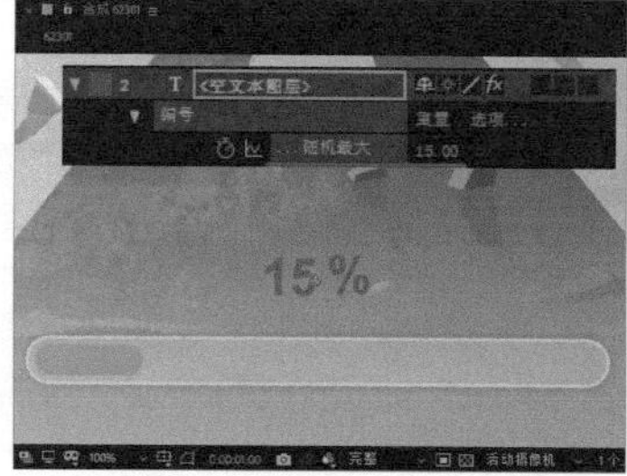

图6-55 设置属性值效果

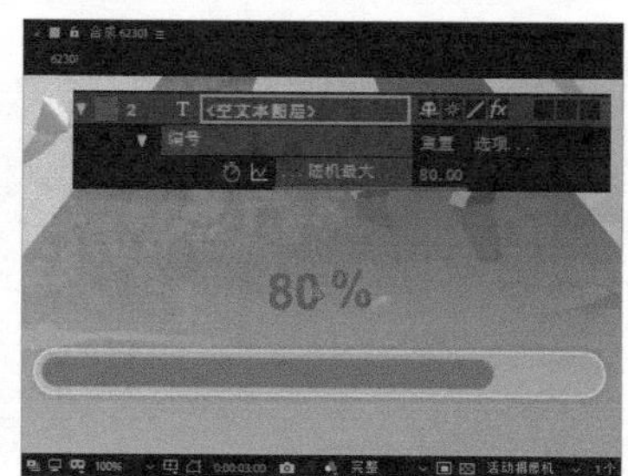

图6-56 设置属性值效果

14 将“时间指示器”移至4秒的位置，修改“数值/位移/随机最大”属性值为100，如图6-57所示。完成该加载进度条动效的制作，在“时间轴”面板中可以看到各图层的关键帧属性，如图6-58所示。

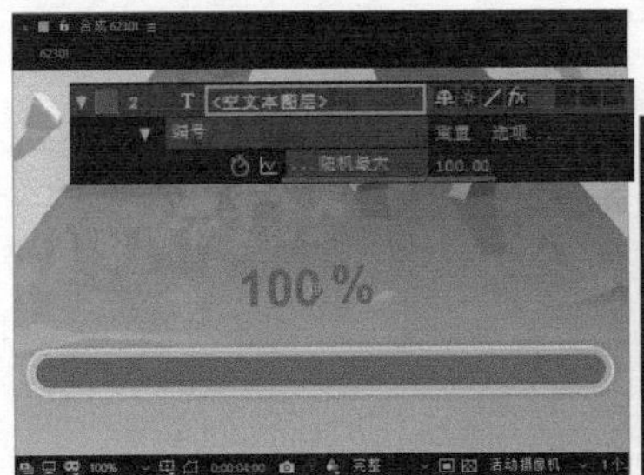

图6-57 设置属性值效果

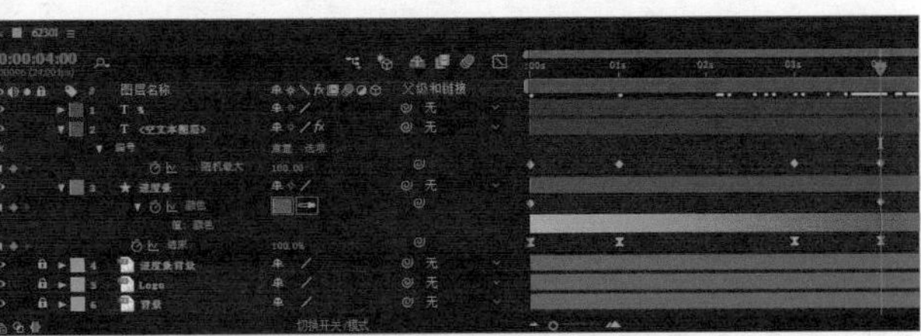

图6-58 “时间轴”面板

15 单击“预览”面板上的“播放/停止”按钮▶，可以在“合成”窗口中预览动画效果。也可以将该动画渲染输出为视频文件，再使用Photoshop将其输出为GIF格式的动画，效果如图6-59所示。

图6-59 预览进度条动效

6.3 文字交互动效

文字是移动端界面设计中重要的元素之一，随着设计的发展，设计的边界也越来越模糊，过去移动端静态的主题文字设计遇上今天的时尚交互设计，使得原本安静的文字“动”了起来。

6.3.1 文字动效的表现优势

在以往的UI设计中，大家经常提到字体样式，但文字动效很少被人提及，一是因为技术限制，二是因为设计理念。但是随着简约设计的流行，让文字在界面中“动”起来，即使是简单的图文界面也会立即“活”起来，带给用户一种别样的视觉体验。

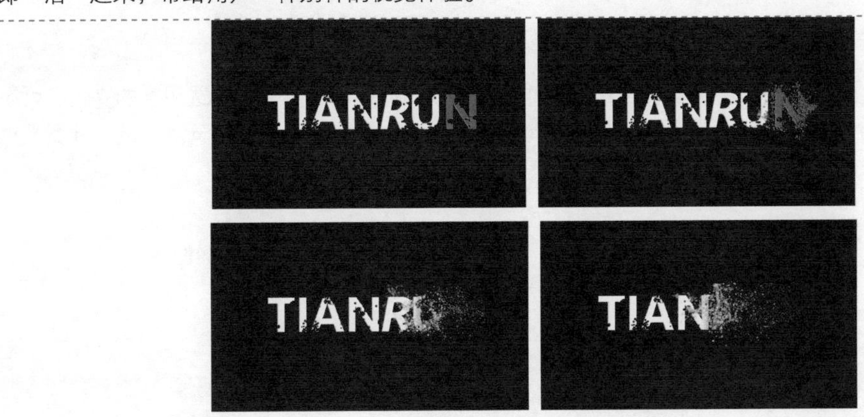

图6-60 文字粒子消散动效

图6-60中的文字粒子消散动效，主要是将文字的遮罩与粒子飘散动效相结合，呈现了文字的笔画逐个飘散为细小的粒子到最终消失的效果。这种粒子消散动效在影视后期制作应用很常见，具有很强的视觉表现力。

文字动效在移动端界面设计中的表现优势主要有以下几个方面：

（1）采用动画效果的文字除了看起来漂亮，动画还起到一个“传播者”的作用，比起静态文字描述，动画文字能使内容表达得更彻底、更简洁、更具冲击力。

（2）运动的物体容易吸引人的注意力。让界面中的主题文字动起来，是一个很好的表现主题的方式，且不会让用户感觉突兀。

（3）文字动画能够在一定程度上丰富界面的表现力，提升界面的设计感，使界面充满活力。

图6-61 动态Logo

图6-61是一个动态Logo，Logo中的图形和文字都制作了相应的动画效果，首先通过遮罩的方式逐渐显示主体图形，在显示主体图形的过程中结合图形的变形动画，使图形动画效果的表现更加自然。主体图形下方的文字则采用了类似手写动画的形式，并且通过浅蓝色与深蓝色相互叠加增强了文字动画的层次感。

6.3.2 常见的文字动效表现形式

文字动画的制作和表现方法与其他元素的动画类似，大多数都是通过文字的基础属性来实现的，还有通过对文字添加蒙版或添加效果来实现特殊的文字动效，下面向读者介绍几种常见的文字动画表现形式。

- 基础文字动画

基础文字动画，是指基于文字的基础属性来制作关键帧动画，如位置的变化、透明度的变化、大小的变化等，可以逐字逐词制作动画，也可以针对一句完整的文本内容来制作动画，灵活运用基础属性也可以表现出丰富的动效。

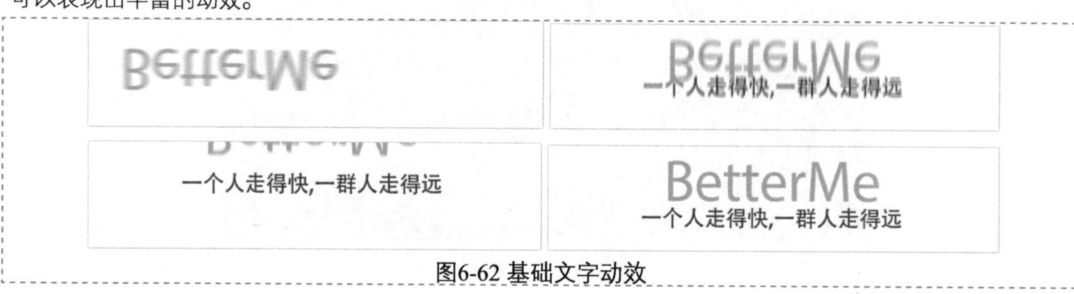

图6-62 基础文字动效

如图6-62所示，文字分别从左侧和底部模糊入场，通过文字的“撞击”，使上面颠倒的文字翻转为正常的表现效果，从而构成完整的文字动画。

● 文字遮罩动画

遮罩是动画中非常常见的一种表现形式，在文字动画中也不例外。从视觉感官上来说，通过简单的元素、丰富得体的运动设计，营造的冲击力清新而美好。文字遮罩动画的表现形式也非常多，但需要注意的是，在设计文字动画时，形式勿大于内容。

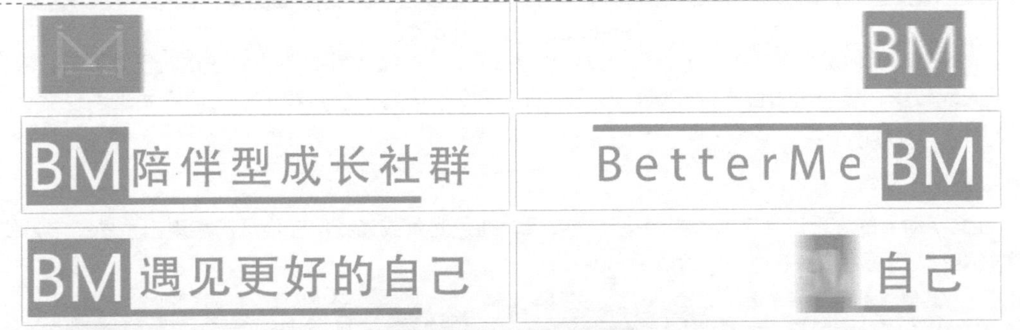

图6-63 文字运动遮罩动效

如图6-63所示，该文字运动遮罩动效，通过一个矩形在界面中左右移动，每移动一次都会以遮罩的形式表现出新的主题文字内容，最后使主题文字内容消失，从而实现动画的循环。在动画的处理过程中，适当地为元素加入缓动和模糊效果，使得动画的表现更加自然。

● 与手势结合的文字动画

随着智能设备的兴起，“手势动画”也随之大热。这里所说的与手势相结合的文字动画是指让真正的手势参与到文字动画的表现中来，也就是在文字动画的基础上加上“手”这个元素。

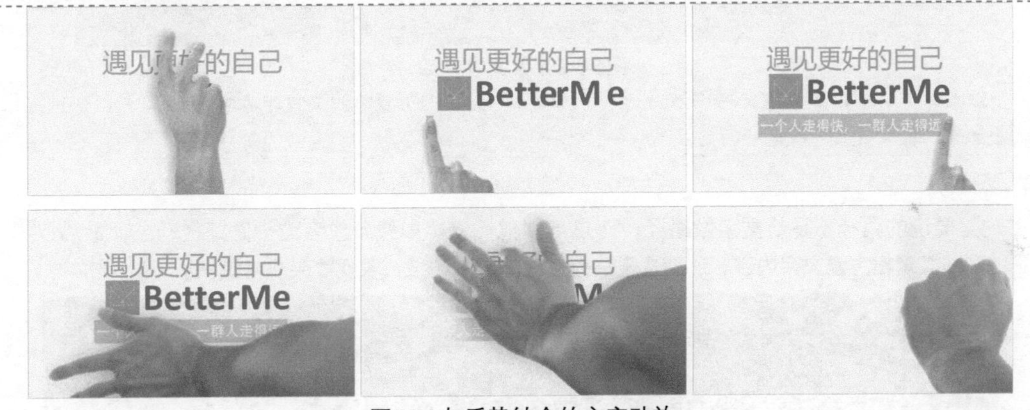

图6-64 与手势结合的文字动效

图6-64是一个与手势结合的文字动效，该动效通过手指的滑动遮罩显示相应的文字内容，最后通过人物的抓取手势，制作出主题文字整体遮罩消失的效果。将文字动画与人物操作手势相结合，给人一种非常新奇的视觉感受。

● 粒子消散动画

将文字内容与粒子动画相结合可以制作出文字的粒子消散动效，给人很强的视觉冲击力。尤其是在After Effects中，利用各种粒子插件，如Trapcode Particular 、Trapcode Form等，可以表现出多种炫酷的粒子消散动效。

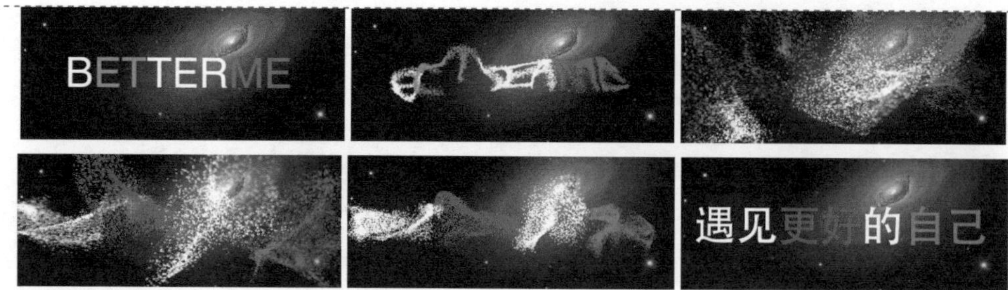

图6-65 文字粒子消散动效

图6-65所示的是一个文字粒子消散动效，该动效通过将主题文字转变为细小的粒子并逐渐扩散，从而实现转场，转场后的粒子逐渐聚集形成新的主题文字内容。使用粒子动画的方式来表现文字效果，给人一种炫酷的视觉感受。

● 光效文字动画

在文字动画的表现过程中加入光晕或光线效果，通过光晕或光线的变换从而表现出主题文字，使得文字效果的表现更加富有视觉冲击力。

图6-66 光效文字动效

如图6-66所示，该光效文字动效通过将光晕动画与文字的3D翻转结合来表现主题文字，视觉效果表现强烈，给人较强的视觉冲击力。

● 路径生成动画

这里要说的路径不是给文字做路径，而是用其他元素比如线条或者粒子做路径动画，最后以“生成”的形式表现出主题文字内容。这种基于路径生成的文字动画，表现效果非常绚丽。

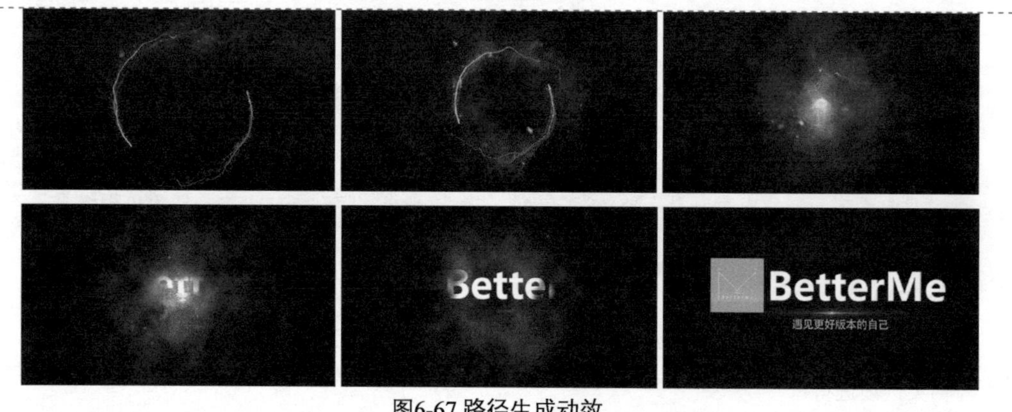

图6-67 路径生成动效

如图6-67所示，该动效通过两条对比色彩的线条围绕圆形路径进行运动，并逐渐缩小圆形路径范围，最终形成强光点，然后采用遮罩的形式从中心位置逐渐向四周扩散表现出主题文字内容。在整个动画过程中还加入了粒子效果，使得文字动画的表现绚丽多彩。

● 动态文字云

在文字排版中，“文字云”的形式越来越受到大家的欢迎，那么，我们同样可以使用文字云的形式来表现文字的动画效果，既能够表现文字内容，又能够通过文字组合形成一定的形状表现其主题。

图6-68 文字云效果

如图6-68所示，主题文字与其相关的各种关键词内容从各个方向飞入，组成汽车形状图形，非常生动并富有个性。

除了以上介绍的几种常见的文字动画表现形式，还有其他的文字动画表现形式，但是我们仔细进行分析可以发现，这些文字动画效果基本上都是通过基本动画结合遮罩或一些特效表现出来的，这就要求我们在文字动画的制作过程中能够进行灵活的运用。

6.3.3 制作手写文字动效

手写文字动效是一种非常常见的文字动效表现形式，搭配手写字体，能够表现出很强的视觉效果，适用于表现产品的主题。本节将带领读者完成一个手写文字动效的制作，在该动效的制作过程中主要通过将遮罩与“描边”效果结合来实现文字的手写效果。

实战练习 03 制作手写文字动效

源文件：资源包\源文件\第6章\6-3-3.aep　　视 频：资源包\视频\第6章\6-3-3.mp4

01 在After Effects中新建一个空白的项目，执行“合成>新建合成”命令，弹出“合成设置”对话框，对相关选项进行设置，如图6-69所示。单击“确定”按钮，新建合成。执行“文件>导入>文件”命令，导入素材“资源包\源文件\第6章\素材\63301.jpg和63302.png”，“项目”面板如图6-70所示。

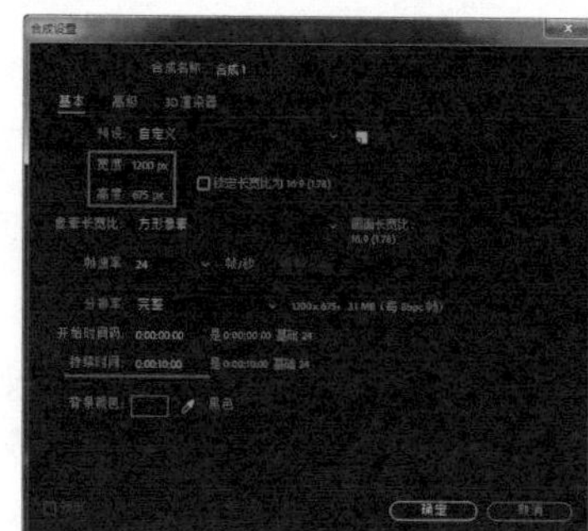

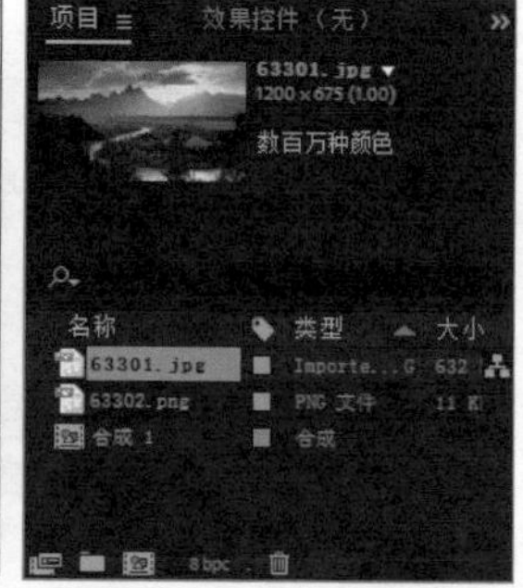

图6-69 “合成设置”对话框　　图6-70 导入素材图像

02 在“项目”面板中将“63301.jpg”素材拖入“时间轴”面板中，将该图层锁定，如图6-71所示。使用“横排文字工具”，在“合成”窗口中单击并输入相应的文字，在“字符”面板中对文字的相关属性进行设置，如图6-72所示。

图6-71 拖入素材图像　　图6-72 输入文字

03 在“合成”窗口中选择文字，打开“对齐”面板，单击“水平对齐”和“垂直对齐”按钮，对齐文字，如图6-73所示。选择文字图层，使用“钢笔工具”，在“合成”窗口中沿着文字笔画绘制路径，如图6-74所示。

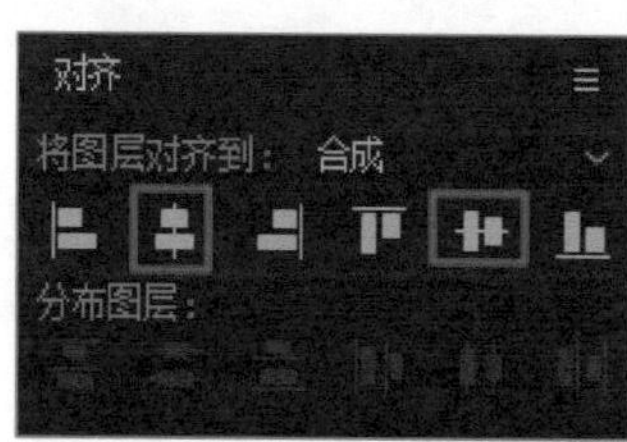

图6-73 “对齐”面板　　图6-74 沿文字笔画绘制路径

使用“钢笔工具”沿文字笔画绘制路径时，需要注意尽可能按照文字的正确书写笔画来绘制路径，并且尽量将路径绘制在文字笔画的中间位置，而且要保持所绘制的路径为一条完整的路径。

04 执行“效果>生成>描边”命令，为文字图层应用“描边”效果，在“效果控件”面板中设置“画笔大小”选项，设置“绘画样式”选项为“显示原始图像”，如图6-75所示。在“合成”窗口中可以看到当前文字的效果，如图6-76所示。

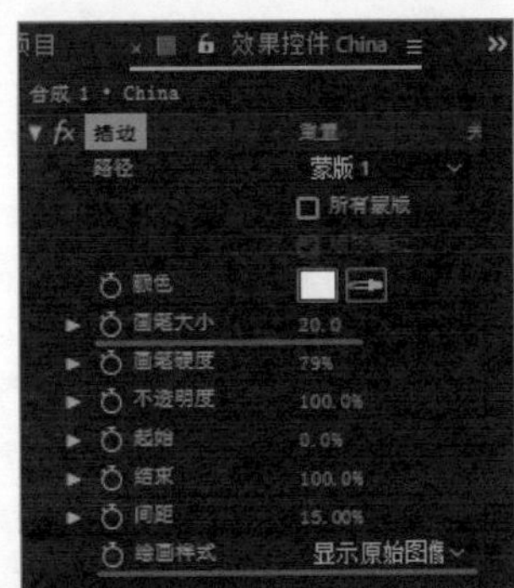
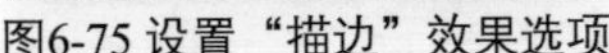
图6-75 设置“描边”效果选项

图6-76 “合成”窗口中的效果

在“效果控件”面板中设置“画笔大小”选项时，注意观察“合成”窗口中的描边效果，描边能够完全覆盖文字的笔画粗细即可。而将“绘画样式”选项设置为“显示原始图像”，是因为我们需要通过该选项来制作原始文字的手写动画效果，而这里所设置的描边只相当于文字笔画的遮罩。

05 将“时间指示器”移至起始位置，展开文字图层的“效果”选项中的“描边”选项，设置“结束”属性为0%，并为该属性插入关键帧，如图6-77所示。在“合成”窗口中可以看到文字被完全隐藏，只显示刚绘制的笔画路径，如图6-78所示。

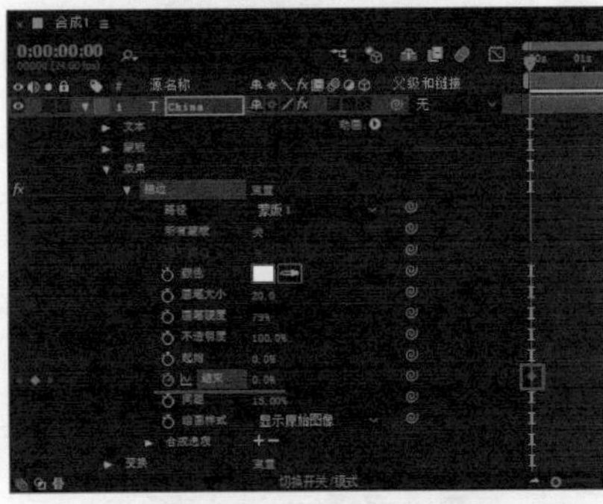
图6-77 插入属性关键帧

图6-78 “合成”窗口中的效果

06 选择文字图层，按快捷键【U】，在其下方只显示添加了关键帧的属性。将“时间指示器”移至3秒的位置，设置“结束”属性值为100%，如图6-79所示。在“合成”窗口中可以看到文字完全显示，如图6-80所示。

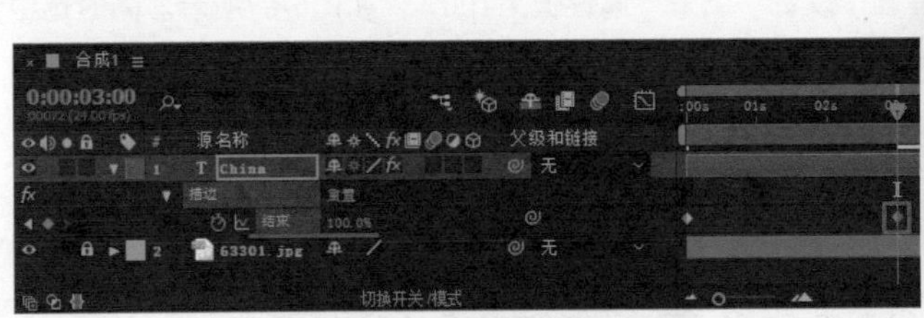
图6-79 设置“结束”属性值

图6-80 “合成”窗口中的效果

07 同时选中该图层的两个关键帧，按快捷键【F9】，为选中的关键帧应用“缓动”效果，如图6-81所示。在“项目”面板中将“63302.png”拖入“时间轴”面板中，在“合成”窗口中将该素材图像调整到合适的大小和位置，如图6-82所示。

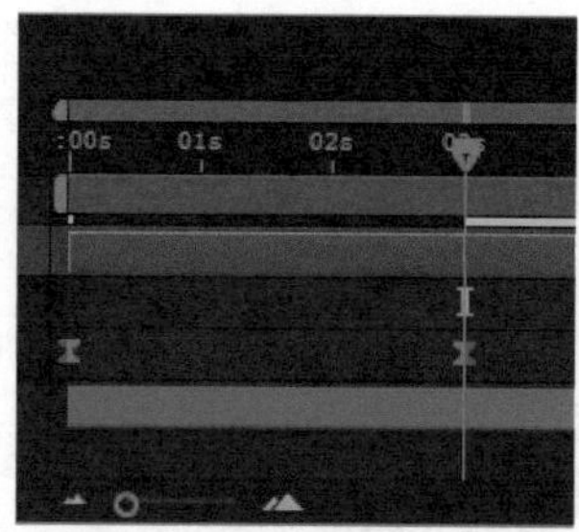

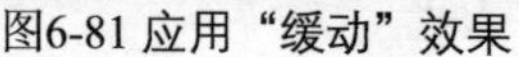

图6-81 应用“缓动”效果　　图6-82 拖入素材图像

08 选中该素材图像，使用“钢笔工具”，在“合成”窗口中沿着素材笔画绘制路径，如图6-83所示。执行“效果>生成>描边”命令，为该素材图层应用“描边”效果，在“效果控件”面板中设置“画笔大小”选项，设置“绘画样式”选项为“显示原始图像”，如图6-84所示。

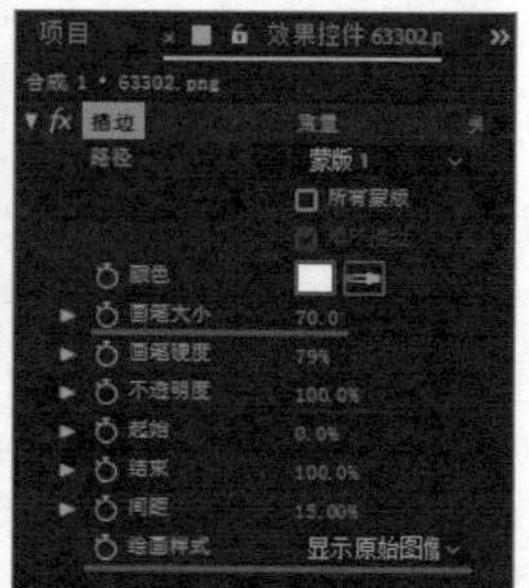

图6-83 绘制路径　　图6-84 设置“描边”效果选项

09 将“时间指示器”移至3秒的位置，展开该素材图层“效果”选项中的“描边”选项，设置“结束”属性为0%，并为该属性插入关键帧，按快捷键【U】，在其下方只显示添加了关键帧的属性，如图6-85所示。在“合成”窗口中可以看到素材图像被完全隐藏，只显示刚绘制的路径，如图6-86所示。

图6-85 插入属性关键帧　　图6-86 “合成”窗口中的效果

10 将“时间指示器”移至3秒18帧的位置，设置“结束”属性值为100%，如图6-87所示。同时选中该图层的两个关键帧，按快捷键【F9】，为选中的关键帧应用“缓动”效果，如图6-88所示。

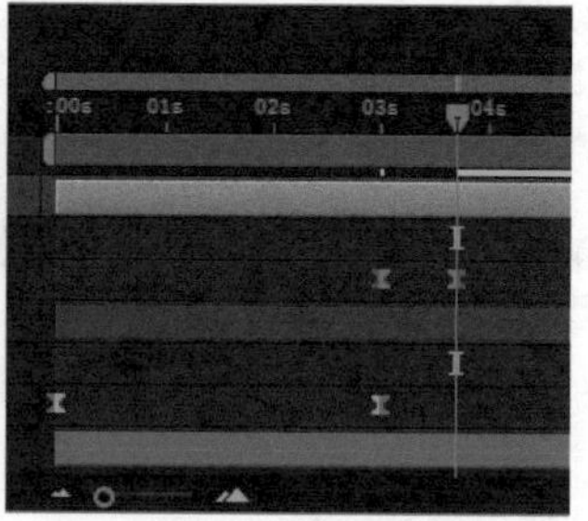

图6-87 设置“结束”属性值　　图6-88 应用“缓动”效果

11 在“时间轴”面板中同时选中文字图层和素材图像图层，如图6-89所示。执行“图层>预合成”命令，弹出“预合成”对话框，设置如图6-90所示。

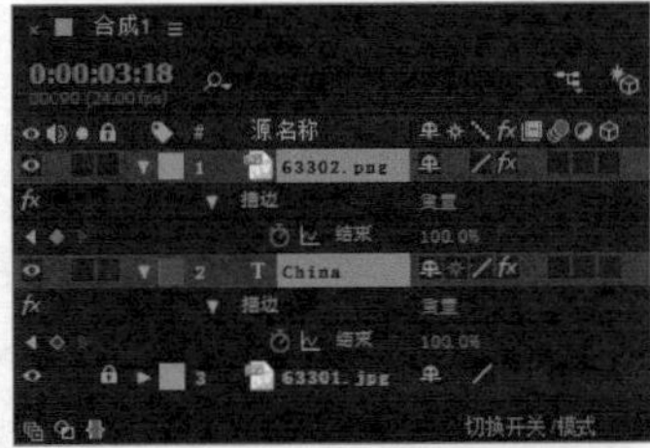
图6-89 同时选中两个图层

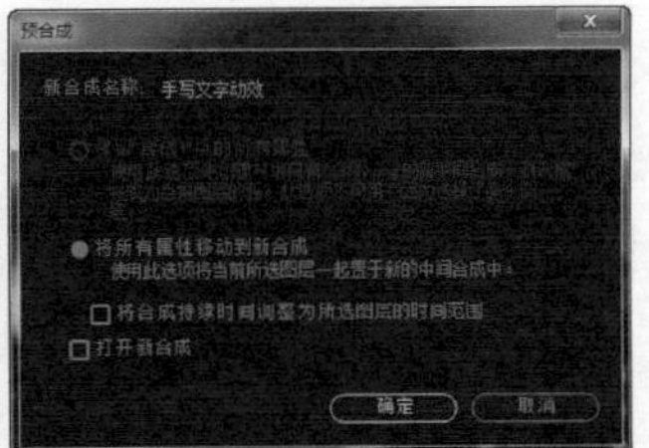
图6-90 “预合成”对话框

12 单击“确定”按钮，将同时选中的图层创建为一个名称为“手写文字动效”的预合成，开启该图层的3D功能，如图6-91所示。按快捷键【P】，显示该图层的“位置”属性，按住【Alt】键不放单击“位置”属性前的“秒表”按钮，显示表达式输入窗口，输入表达式，如图6-92所示。

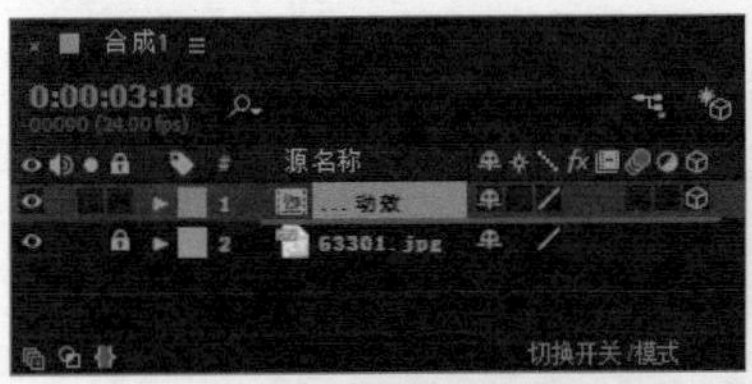
图6-91 开启图层3D功能

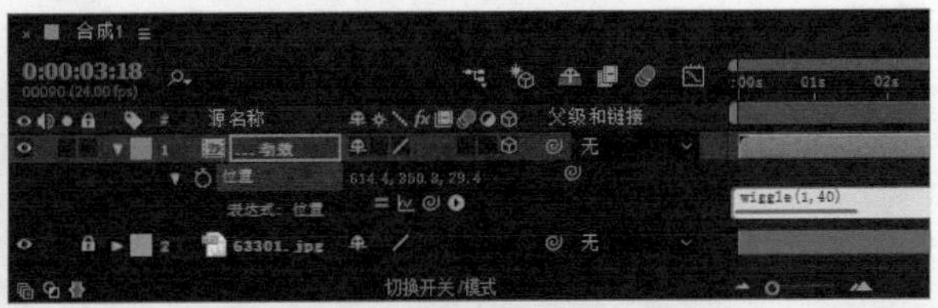
图6-92 输入表达式

提示

此处为“位置”属性添加一个抖动表达式，使文字产生抖动的效果。抖动表达式的语法格式为wiggle(x,y)，抖动频率为每秒摇摆 x 次，每次 y 像素。

13 执行“文件>导入>文件”命令，导入视频素材“资源包\源文件\第6章\素材\66303.mov”，如图6-93所示。在“项目”面板中将刚导入的视频素材拖入“时间轴”面板中，在“合成”窗口中将该视频素材调整至合适的大小和位置，效果如图6-94所示。

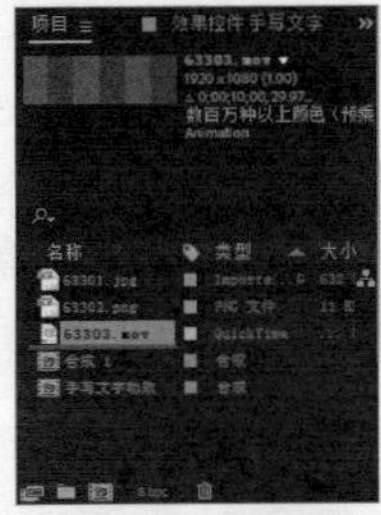
图6-93 导入视频素材

图6-94 拖入视频素材

14 执行“图层>新建>纯色”命令，弹出“纯色设置”对话框，设置如图6-95所示。单击“确定”按钮，添加一个纯色图层，如图6-96所示。

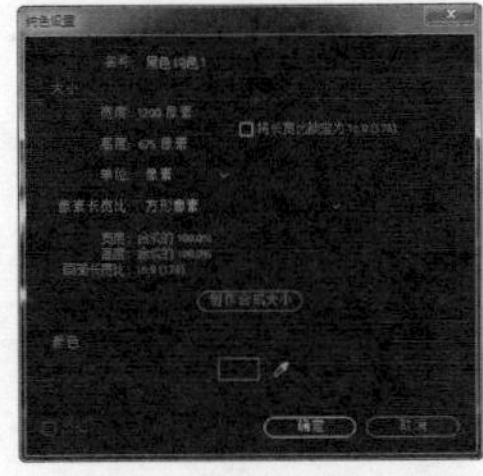
图6-95 “纯色设置”对话框

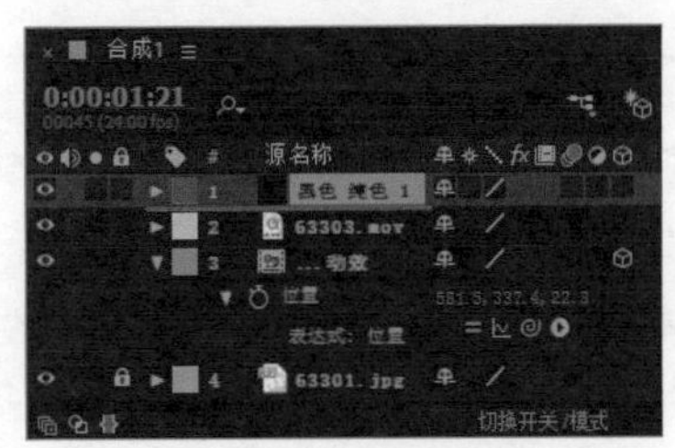
图6-96 创建纯色图层

15 选择刚添加的纯色图层，使用“矩形工具”，在该图层中绘制一个矩形蒙版，如图6-97所示。在“时间轴”面板中设置所添加蒙版的“模式”为“相减”，效果如图6-98所示。

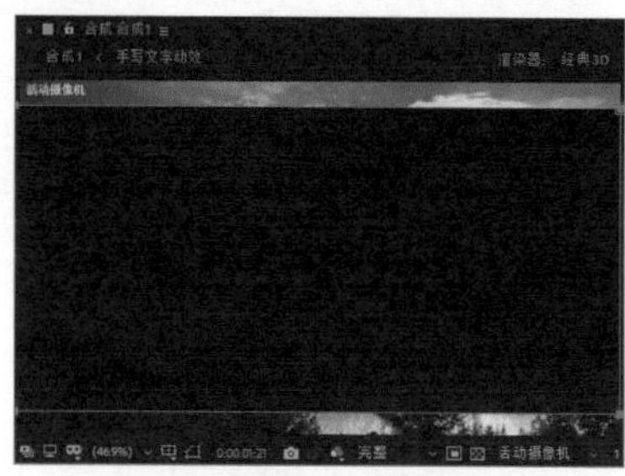
图6-97 绘制矩形蒙版

图6-98 蒙版效果

16 完成该手写文字动效的制作，单击“预览”面板上的“播放/停止”按钮▶，可以在“合成”窗口中预览动画效果。也可以将该动画渲染输出为视频文件，再使用Photoshop将其输出为GIF格式的动画，效果如图6-99所示。

图6-99 手写文字动效

6.4 图标交互动效

图标设计反映了人们对于事物的普遍理解，同时也展示了社会、人文等多种内容。图标设计是UI设计的基础，无论是何种行业，用户总是喜欢美观的产品，美观的产品会给用户留下良好的第一印象。而出色的动态图标设计，能够出色地诠释该图标的功能。

6.4.1 常见的图标动效表现形式

现在，越来越多的App和Web应用都开始注重图标的动态交互效果设计，如手机在充电过程中电池图标的动效表现，如图6-100所示；以及音乐播放器软件中播放模式的改变等，如图6-101所示。恰到好处的交互动效可以给用户带来愉悦的交互体验。

图6-100 电池图标动效　　图6-101 播放模式图标动效

过去，图标的转换十分死板，而近年来开始流行在切换图标时加入过渡动效，这种交互动效能够有效提升产品的用户体验，给App增色不少。下面向大家介绍图标动效的一些表现方法，便于我们在图标交互动效设计过程中合理应用。

● 属性转换法

绝大多数的图标动效都离不开属性的变化，这也是最普遍、最简单的一种图标动效表现方法。属性包含了位置、大小、透明度、颜色等，通过这些属性的变化来制作图标的动效，如果能够恰当地应用，同样可以制作出令人眼前一亮的图标动效。

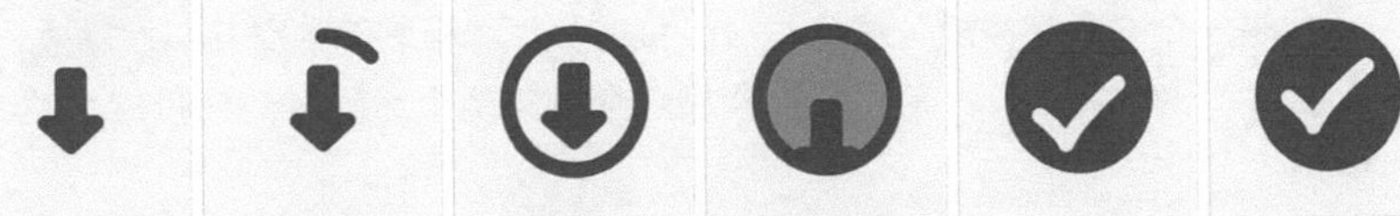

图6-102 下载图标动效

如图6-102所示，该下载图标动效，通过图形的位置和颜色属性的变化表现出简单的动画效果，在动效中同时加入缓动，使动效的表现更加真实。

图6-103 Wifi网络图标动效

如图6-103所示，该Wifi网络图标动效，使组成图形的形状围绕中心进行左右晃动，晃动的幅度也是从大到小，直到最终停止。在动效中同时加入缓动，使动效的表现更加真实。

● 路径重组法

路径重组法是指将组成图标的笔画路径在动效过程中进行重组，从而构成一个新的图标。采用路径重组法的图标动效，需要设计师能够仔细观察两个图标之间笔画的关系，这种图标动效的表现方法也是目前比较流行的图标交互动效。

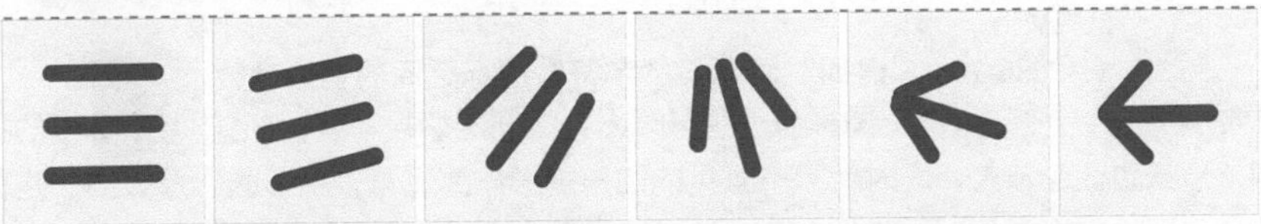

图6-104 “菜单”图标与“返回”图标之间的交互切换动效

如图6-104所示，该动效是一个“菜单”图标与“返回”图标之间的交互切换动效，通过“菜单”图标的三条路径进行旋转、缩放的变化逐渐组成箭头形状的“返回”图标，与此同时进行整体的旋转，最终过渡到新的图标。

图6-105 音量图标动效

如图6-105所示，该动效是一个音量图标的正常状态与静音状态之间的切换动效，通过对正常状态下的两条路径进行变形处理，将这两条路径变形为交叉的两条直线并放置在图标的右上角，从而切换到静音状态。

● 点线面降级法

点线面降级法指的是应用设计理念中点、线、面的理论，在动效表现过程中将面降级为线、将线降级为点，从而表现图标的切换过渡。

面与面进行转换时，可以使用线作为介质，一个面先转换为一条线，再通过这条线转换成另一个面。同样的道理，线和线转换时，可以使用点作为介质，一条线先转换成一个点，再通过这个点转换成另外一条线。

图6-106 “顺序播放”图标与“随机播放”图标之间的交互切换动效

图6-106所示的是一个“顺序播放”图标与“随机播放”图标之间的交互切换动效，“顺序播放”图标的路径由线收缩为一个点，然后在下方再添加一个点，两个点同时向外扩展为线，从而切换到“随机播放”图标。

图6-107 “记事本”图标与“更多”图标之间的切换动效

图6-107所示的是一个“记事本”图标与“更多”图标之间的切换动效，“记事本”图标沿路径由线收缩为点，再由点展开为线，直到变成圆环形，并进行旋转，从而实现从圆角矩形到圆形的切换动效。

● 遮罩法

遮罩法也是图标动画中常用的一种表现方法，两个图形之间相互转换时，可以使用其中一个图形作为另一个图形的遮罩，也就是“边界”，当这个图形放大时，因为另一个图形作为边界的缘故，转换变成另一个图形的形状。

图6-108 “时间”图标与“字符”图标之间的切换动效

图6-108所示的是一个“时间”图标与“字符”图标之间的切换动效，“时间”图标中的指针越转越快，其正圆形背景也逐渐放大，同时使用不可见的圆角矩形作为遮罩，当正圆形放大到一定程度时，被圆角矩形遮罩从而表现出圆角矩形背景，而时间指针图形也通过位置及旋转变化构成新的图形。

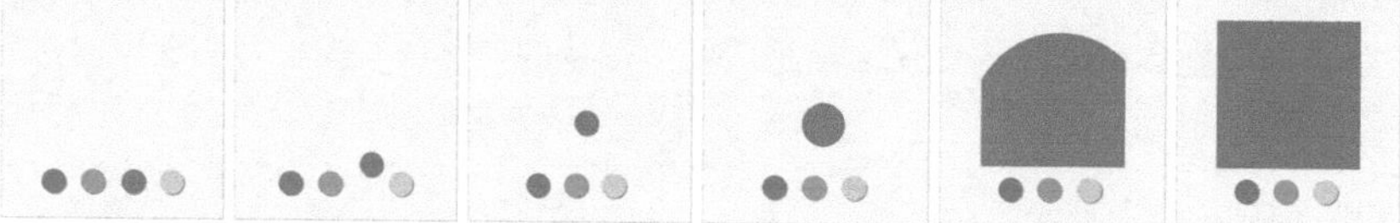

图6-109 “信息点”图标与“详情页”图标之间的切换动效

图6-109所示的是一个“信息点”图标与“详情页”图标之间的切换动效，底部的小点通过位置的变化移至合适的位置，再逐渐变大，并通过一个不可见的矩形作为遮罩，当圆形无限放大时，遮罩矩形成为它的边界，从而过渡到矩形的效果。

● 分裂融合法

分裂融合法是指构成图标的图形笔画相互融合变形从而切换为另外一个图标。分裂融合法特别适用于其中一个图标是一个整体、另一个图标由多个分离的部分组成的情况。

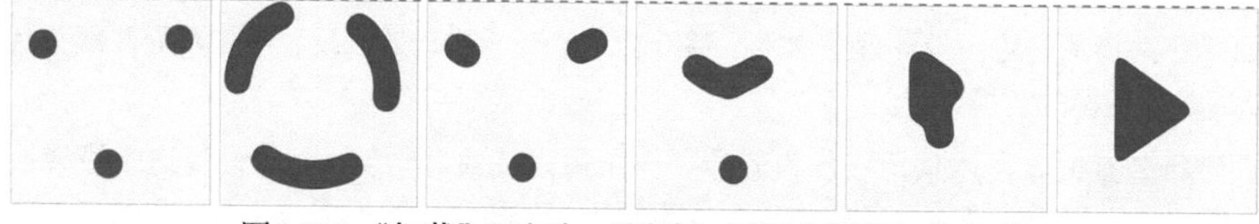

图6-110 “加载”图标与“播放”图标之间的切换动效

图6-110所示的是“加载”图标与“播放”图标之间的切换动效，“加载”图标的三个小点变形为弧线段并围绕中心旋转再变形为三个小点，由三个小点相互融合变形过渡到三角形“播放”图标。

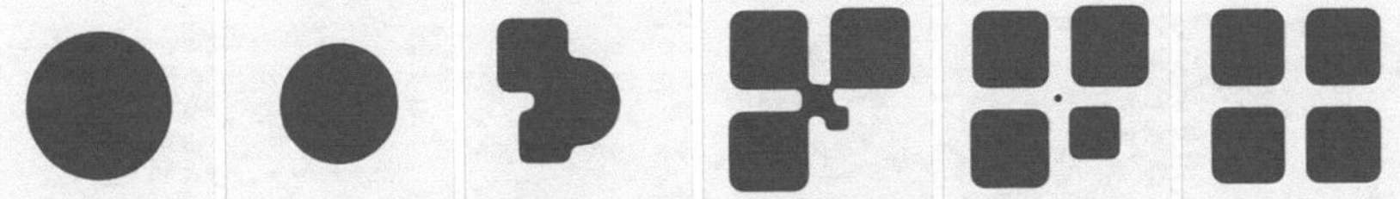

图6-111“网格”图标动效

图6-111所示的是一个“网格”图标动效，一个正圆形逐渐缩小并按顺序分裂出四个圆角矩形。

- 图标特性法

图标特性法是指根据所设计的图标在日常生活中的特征或者根据图标需要表达的实际意义来设计图标的交互动效，这要求设计师具有较强的观察能力和思维发散能力。

图6-112“删除”图标动效

图6-112所示的是一个“删除”图标的动效，通过垃圾桶图形来表现该图标。在图标动效的设计中，通过垃圾桶的压缩和反弹，以及模拟重力反弹的盖子，使得该“删除”图标的表现非常生动。

6.4.2 制作图标路径变换动效

随着扁平化设计风格的流行，在移动端UI中通常使用非常简约的线框功能图标，并且为线框功能图标加入相应的交互动效，例如，当用户点击某个功能图标、触发某种功能后，该图标会变形成另一种图标，从而可以实现另一种功能。本节将带领读者完成一个菜单图标的变换动效制作，通过该动效的制作使读者掌握图标变形动效的表现方法和制作技巧。

实战练习 04 制作图标路径变换动效

源文件：资源包\源文件\第6章\6-4-2.aep　　视 频：资源包\视频\第6章\6-4-2.mp4

01 在After Effects中新建一个空白项目，执行“合成>新建合成”命令，弹出“合成设置”对话框，对相关选项进行设置，如图6-113所示。使用“圆角矩形工具”，在工具栏中设置“填充”为白色，“描边”为无，在“合成”窗口中绘制圆角矩形，如图6-114所示。

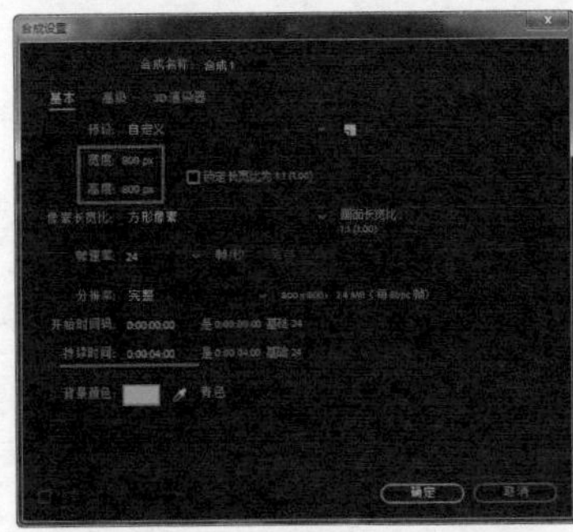

图6-113 “合成设置”对话框

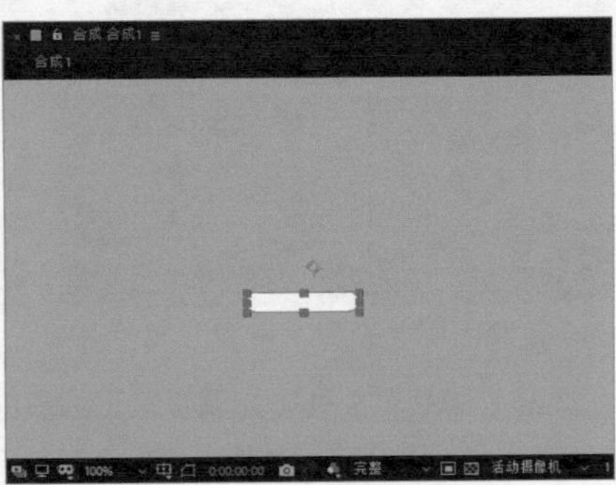

图6-114 绘制圆角矩形

02 在“时间轴”面板中展开该形状图层下方“矩形1”选项中的“矩形路径1”选项，设置其“大小”和“圆度”属性，如图6-115所示。使用“向后平移（锚点）工具”，调整该圆角矩形的锚点到图形的中心位置，如图6-116所示。

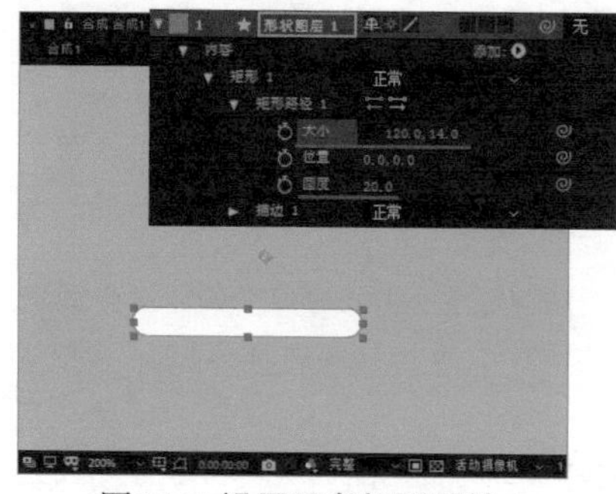

图6-115 设置圆角矩形属性

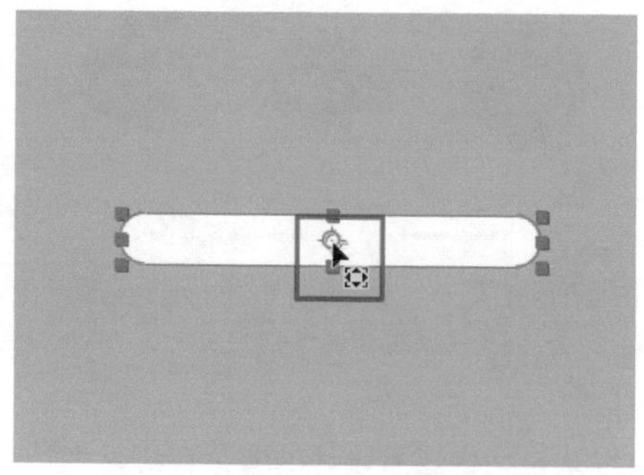

图6-116 调整锚点到图形中心

03 选择该形状图层，按快捷键【P】，显示该图层的“位置”属性，进行相应的设置，如图6-117所示。选择“形状图层1”，按快捷键【Ctrl+D】，原位复制该图层得到“形状图层2”，展开该图层的“位置”属性，进行相应的设置，如图6-118所示。

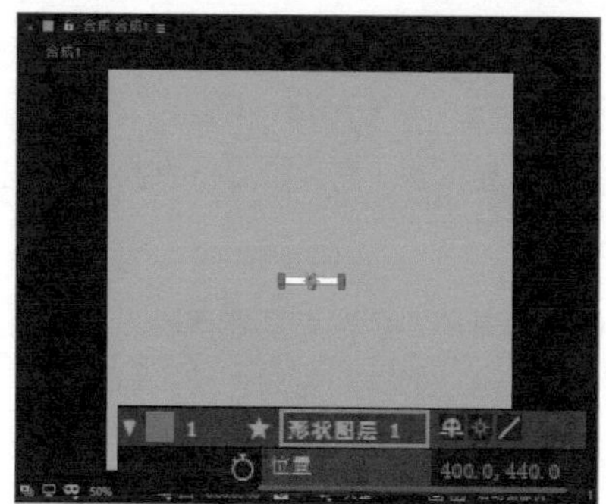

图6-117 设置“位置”属性值

图6-118 复制图层并设置“位置”属性

04 选择“形状图层2”，按快捷键【Ctrl+D】，原位复制该图层得到“形状图层3”，展开该图层的“位置”属性，进行相应的设置，如图6-119所示。不要选中任何元素和图层，使用“椭圆工具”，在工具栏中设置“填充”为无，“描边”为白色，“描边宽度”为12像素，在“合成”窗口中按住【Shift】键拖动鼠标绘制正圆形，如图6-120所示。

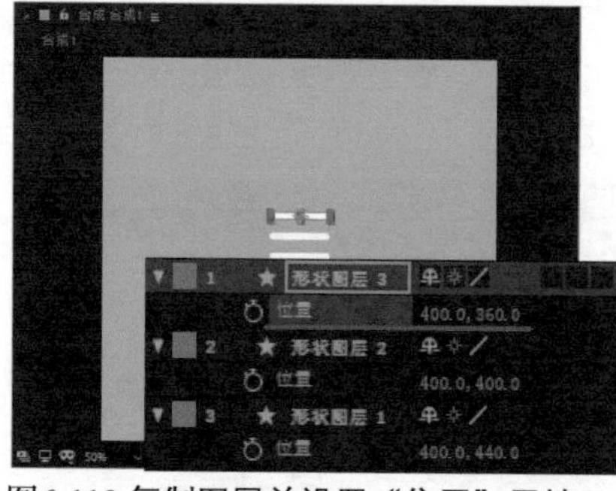

图6-119 复制图层并设置“位置”属性

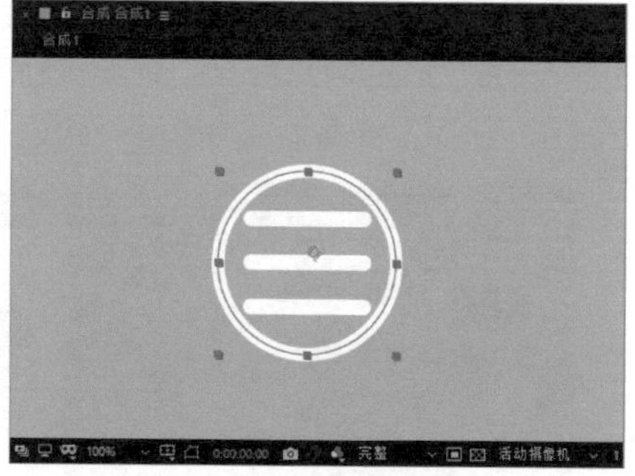

图6-120 绘制正圆形

05 使用“向后平移（锚点）工具”，调整该正圆形的锚点到图形的中心位置，并将其调整到合适的大小，如图6-121所示。选择“形状图层4”，单击该图层下方的“内容”选项右侧的三角形按钮，在弹出的菜单中选择“修剪路径”选项，为图形添加“修剪路径”属性，如图6-122所示。

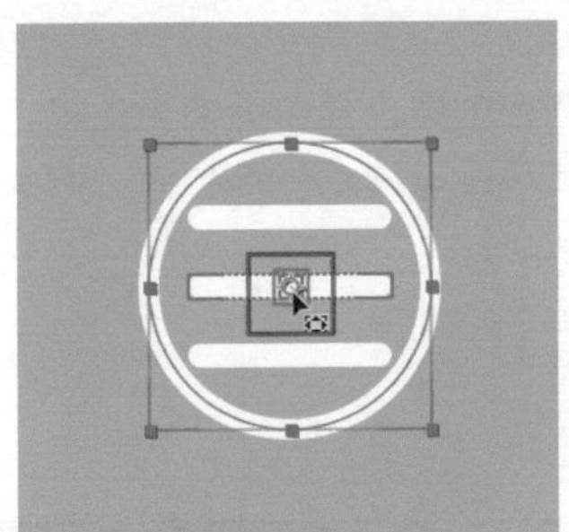

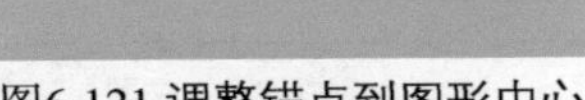

图6-121 调整锚点到图形中心

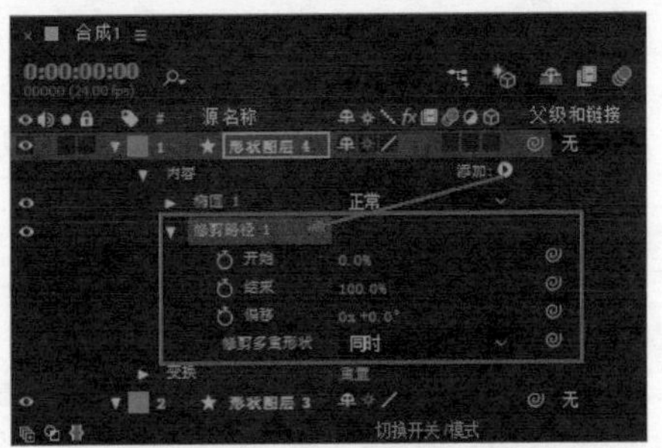

图6-122 添加“修剪路径”属性

06 将“时间指示器”移至0秒9帧的位置，为“修剪路径1”选项中的“结束”属性插入关键帧，并设置其值为0%，如图6-123所示。在“合成”窗口中可以看到正圆形描边完全不可见，如图6-124所示。

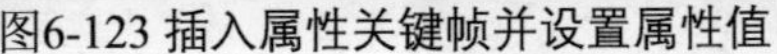

图6-123 插入属性关键帧并设置属性值

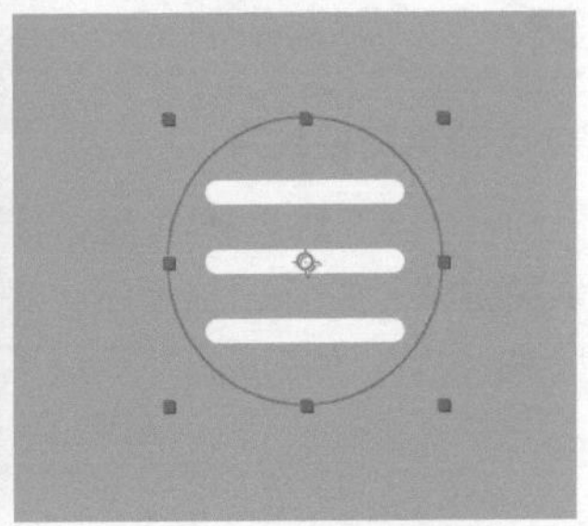

图6-124 图形效果

07 将“时间指示器”移至0秒17帧的位置，修改“修剪路径1”选项中的“结束”属性值为100%，效果如图6-125所示。将“时间指示器”移至1秒10帧的位置，单击“结束”属性左侧的“添加和移除关键帧”按钮，在当前时间为“结束”属性添加关键帧，如图6-126所示。

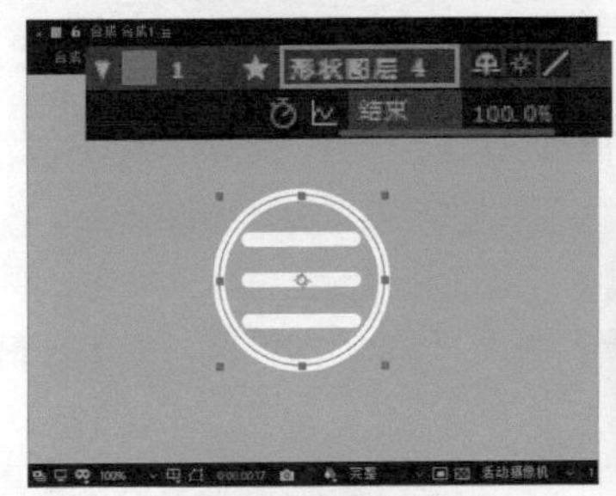

图6-125 图形效果

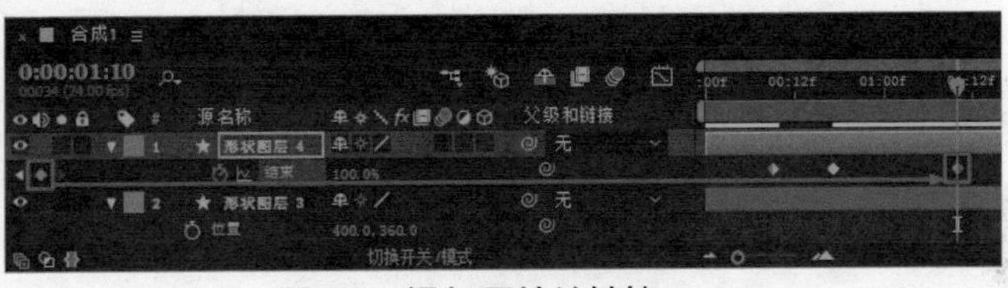

图6-126 添加属性关键帧

08 将“时间指示器”移至1秒18帧的位置，修改“修剪路径1”选项中的“结束”属性值为0%，效果如图6-127所示。同时选中该图层中的四个关键帧，按快捷键【F9】，为选中的关键帧应用“缓动”效果，如图6-128所示。

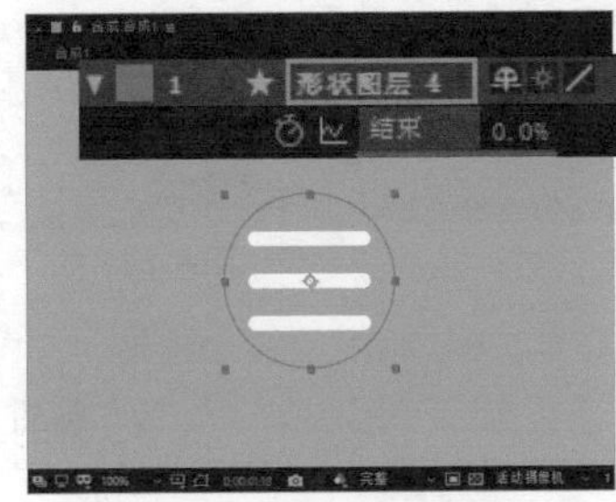

图6-127 图形效果

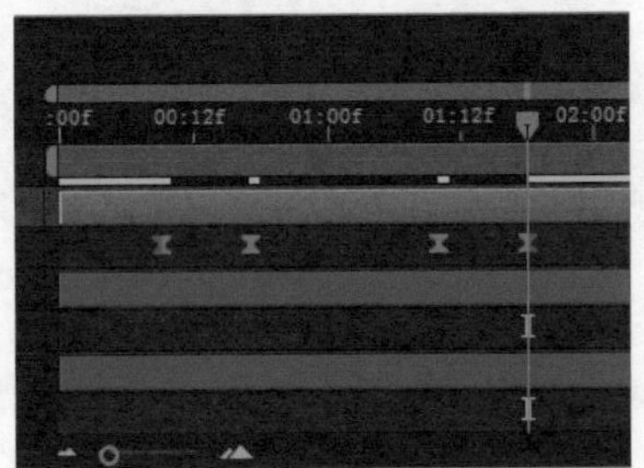

图6-128 应用“缓动”效果

09 此时，我们拖动“时间指示器”，在“合成”窗口中可以看到圆形修剪路径的动画效果，但是其路径端点是平角的，如图6-129所示。我们希望路径的端点显示为圆角效果，展开“形状图层4”下方的“椭圆1”选项中的“描边1”选项，设置其“线段端点”选项为“圆头端点”，如图6-130所示。

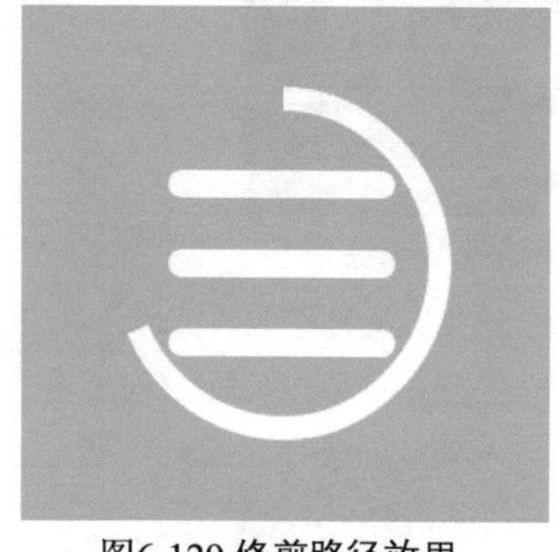

图6-129 修剪路径效果

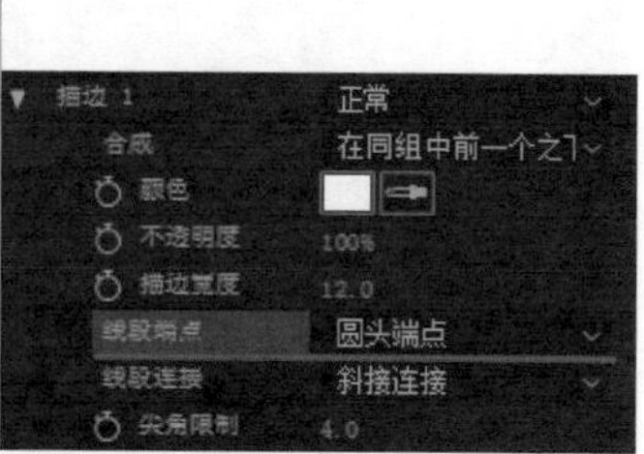

图6-130 设置“线段端点”选项

10 将“时间指示器”移至0秒位置，选择“形状图层1”，按快捷键【P】，显示“位置”属性，为该属性插入关键帧，如图6-131所示。将“时间指示器”移至0秒09帧的位置，将其向上移至与中间的圆角矩形相重合的位置，如图6-132所示。

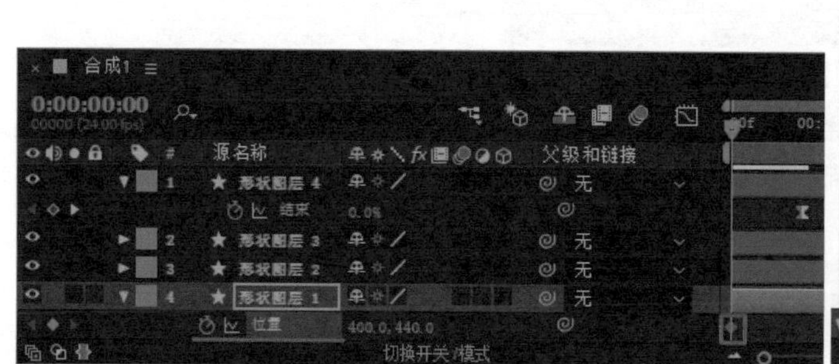

图6-131 插入“位置”属性关键帧

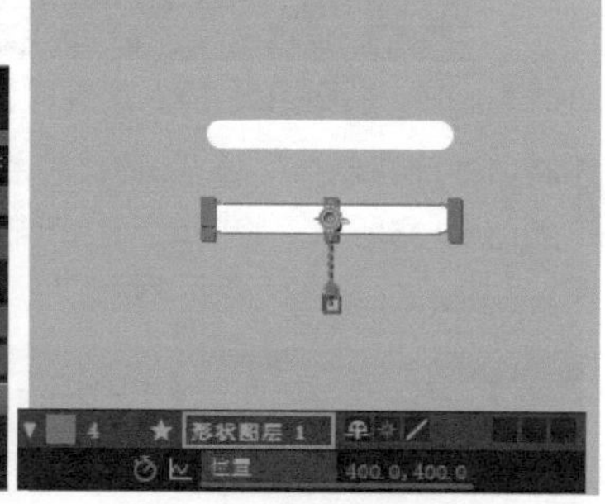

图6-132 向上移动元素

11 将“时间指示器”移至1秒18帧的位置，单击“位置”属性左侧的“添加和移除关键帧”按钮，在当前时间为该属性添加关键帧，如图6-133所示。将“时间指示器”移至2秒02帧的位置，将其向下移至合适的位置，如图6-134所示。

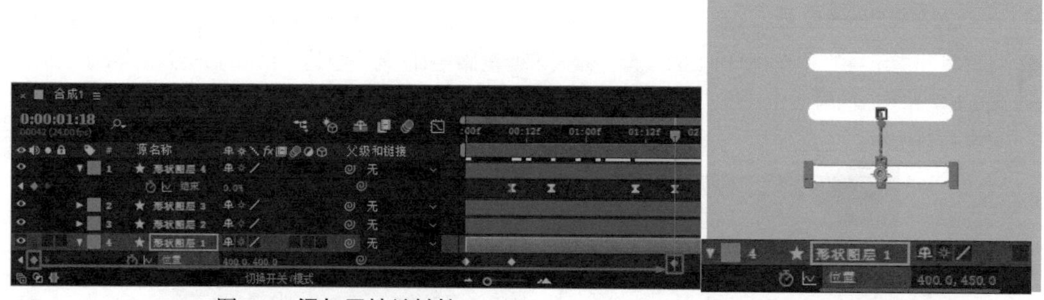

图6-133 添加属性关键帧

图6-134 向下移动元素

12 将“时间指示器”移至2秒04帧的位置，将其向上移至与0秒相同的初始位置，如图6-135所示。将“时间指示器”移至0秒09帧的位置，按快捷键【R】，显示该图层的“旋转”属性，为该属性插入关键帧，如图6-136所示。

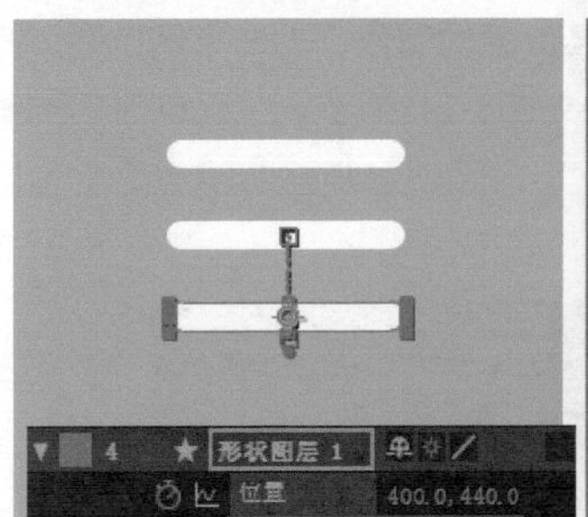
图6-135 向上移动元素

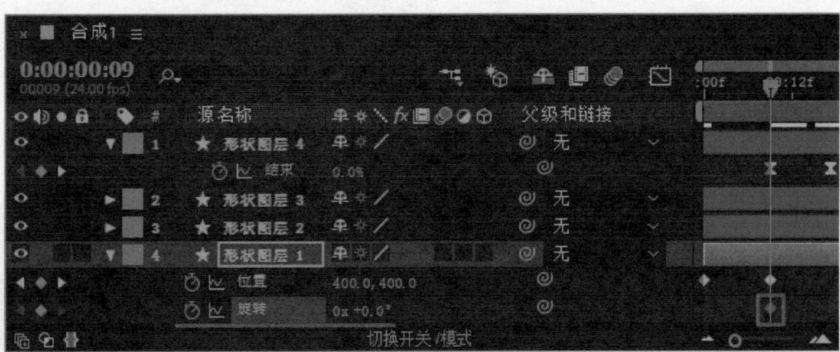
图6-136 插入“旋转”属性关键帧

13 将“时间指示器”移至0秒17帧的位置，设置元素的旋转角度为325°，效果如图6-137所示。将“时间指示器”移至0秒19帧的位置，设置元素的旋转角度为315°，效果如图6-138所示。

图6-137 旋转图形

图6-138 旋转图形

14 将“时间指示器”移至1秒10帧的位置，单击“旋转”属性左侧的“添加和移除关键帧”按钮，在当前时间为该属性添加关键帧，如图6-139所示。将“时间指示器”移至1秒18帧的位置，设置元素的旋转角度为0°，效果如图6-140所示。

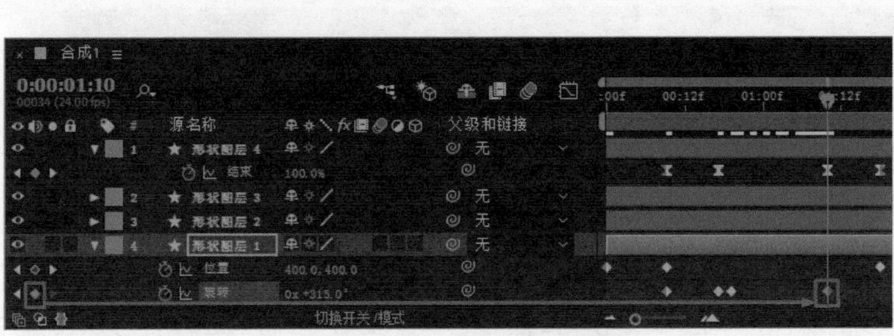
图6-139 添加属性关键帧

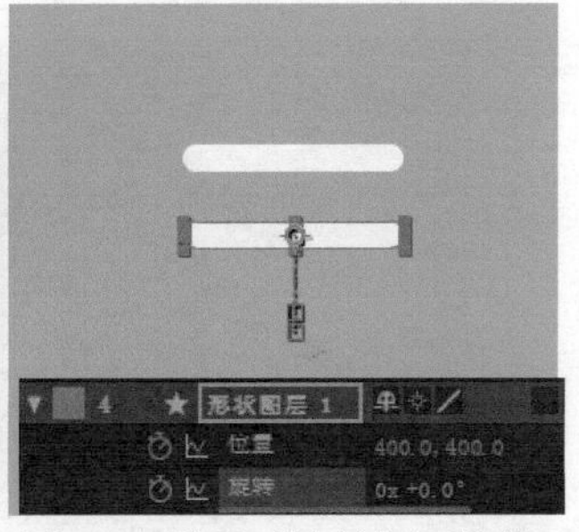
图6-140 设置“旋转”属性值

15 在“时间轴”面板中拖动鼠标，同时选中“形状图层1”中的所有关键帧，如图6-141所示。按快捷键【F9】，为选中的关键帧应用“缓动”效果，如图6-142所示。

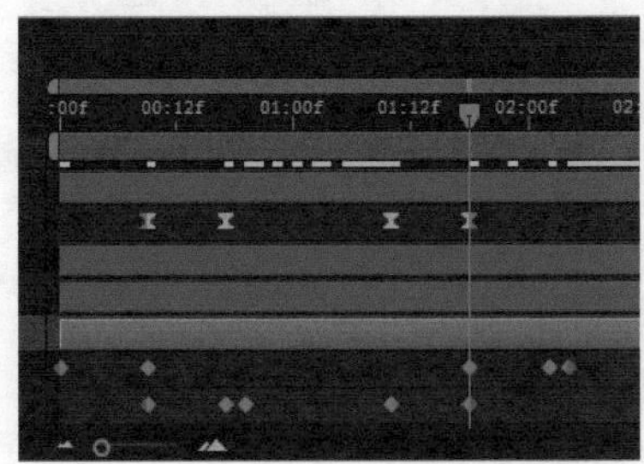
图6-141 选中多个属性关键帧

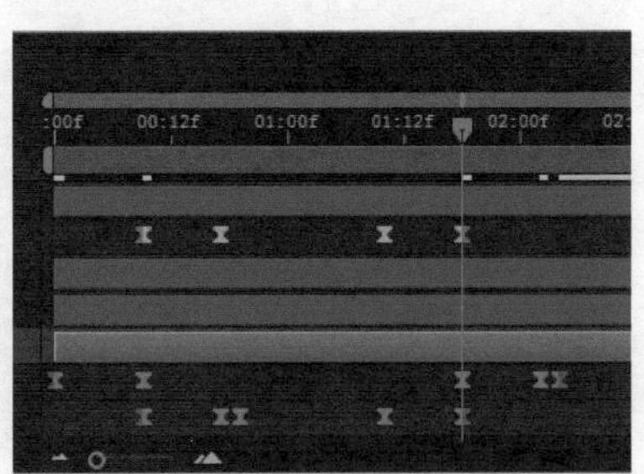
图6-142 应用“缓动”效果

16 使用与“形状图层1”相同的制作方法，完成“形状图层3”中动画效果的制作，唯一不同的是“形状图层3”中的图形是向下移动，并且其旋转是逆时针旋转，效果如图6-143所示，“时间轴”面板如图6-144所示。

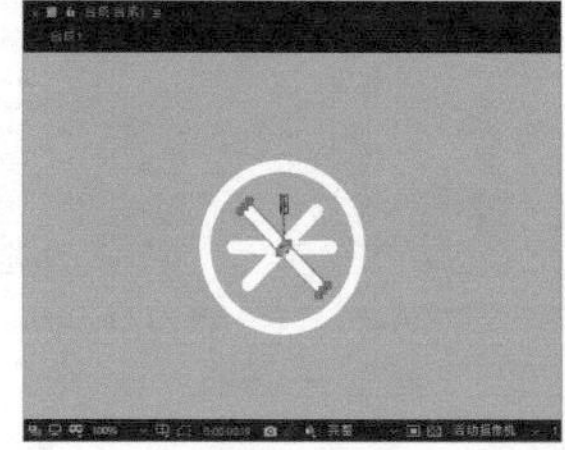

图6-143 “合成”窗口中的效果

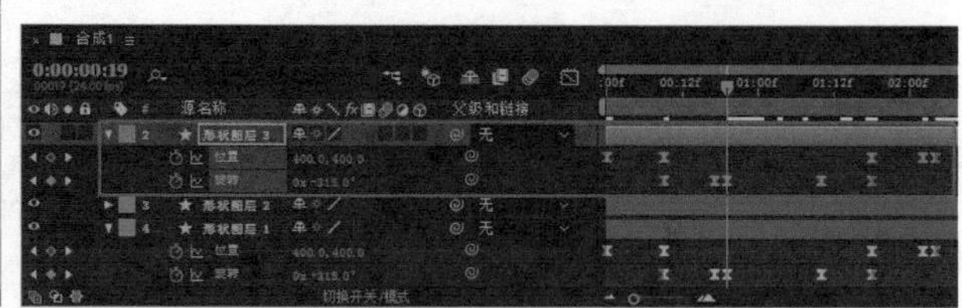

图6-144 “形状图层3”的“时间轴”面板

17 将“时间指示器”移至0秒08帧的位置，选择“形状图层2”，按快捷键【T】，显示该图层的“不透明度”属性，为该属性插入关键帧，如图6-145所示。将“时间指示器”移至0秒09帧的位置，设置“不透明度”属性值为0%，如图6-146所示。

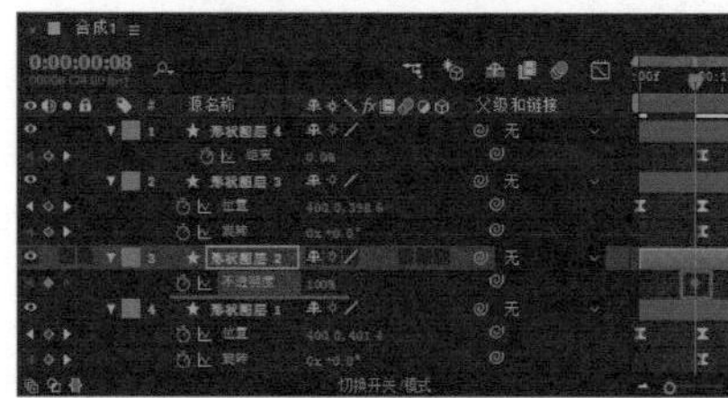

图6-145 插入“不透明度”属性关键帧

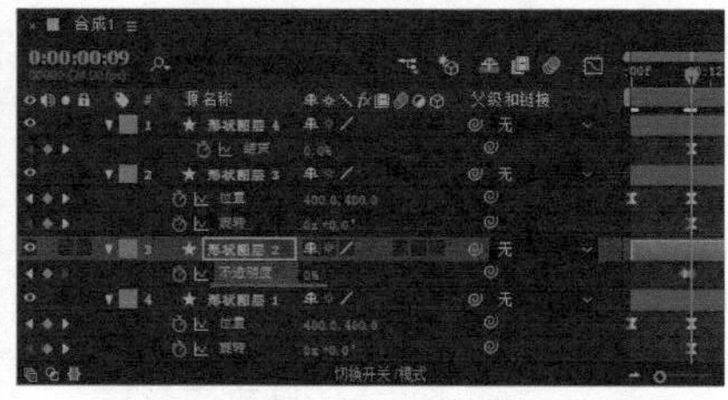

图6-146 设置“不透明度”属性值

18 将“时间指示器”移至1秒18帧的位置，单击“不透明度”属性左侧的“添加和移除关键帧”按钮，在当前时间为该属性添加关键帧，如图6-147所示。将“时间指示器”移至1秒19帧的位置，设置“不透明度”属性值为100%，如图6-148所示。

图6-147 添加属性关键帧

图6-148 设置“不透明度”属性值

19 完成该菜单按钮图标变换动效的制作，单击“预览”面板上的“播放/停止”按钮▶，可以在“合成”窗口中预览该动画效果。也可以将该动画渲染输出为视频文件，再使用Photoshop将其输出为GIF格式的动画，效果如图6-149所示。

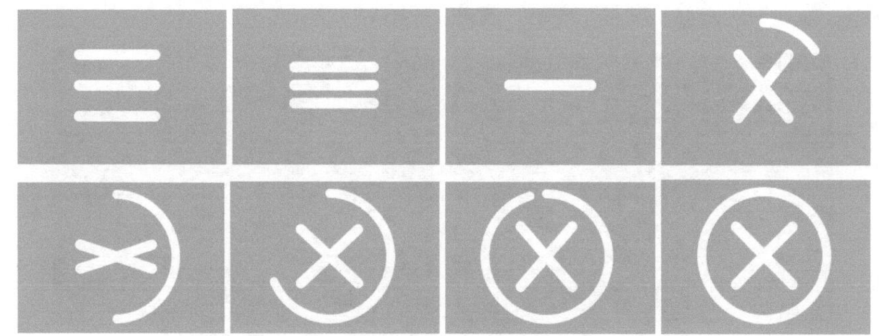

图6-149 菜单按钮图标动效

6.4.3 图标工具栏交互动效

工具栏是在移动端App中被频繁使用的功能，在App界面中一般会专门开辟出一块地方来设置这些常用的操作。这样的设计直观突出，让经常使用这类操作的用户觉得方便、更有效率。工具栏需要根据App界面整体的风格来进行设计，只有这样才能够使整个App界面和谐统一，图6-150所示的为设计精美的App工具栏。

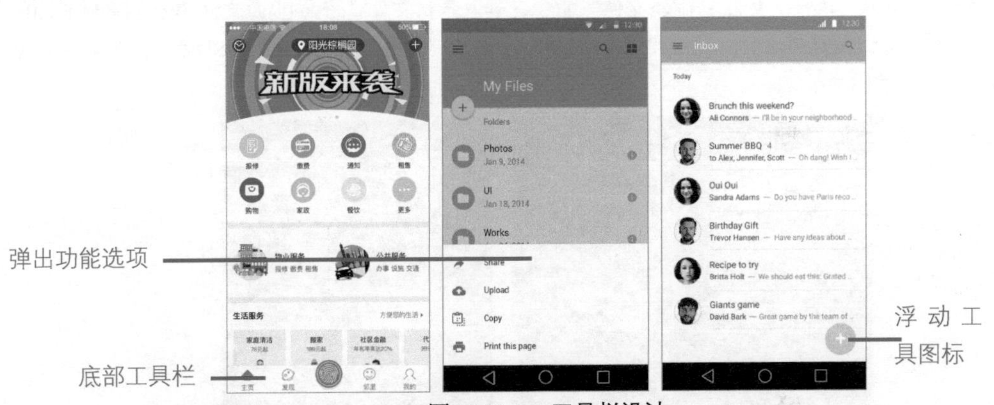

图6-150 App工具栏设计

目前，许多移动端界面设计都会为界面中的工具栏加入交互动效设计，特别是当一组工具图标进行显示或隐藏时，使用交互动画的方式呈现，会给用户带来很好的交互体验。

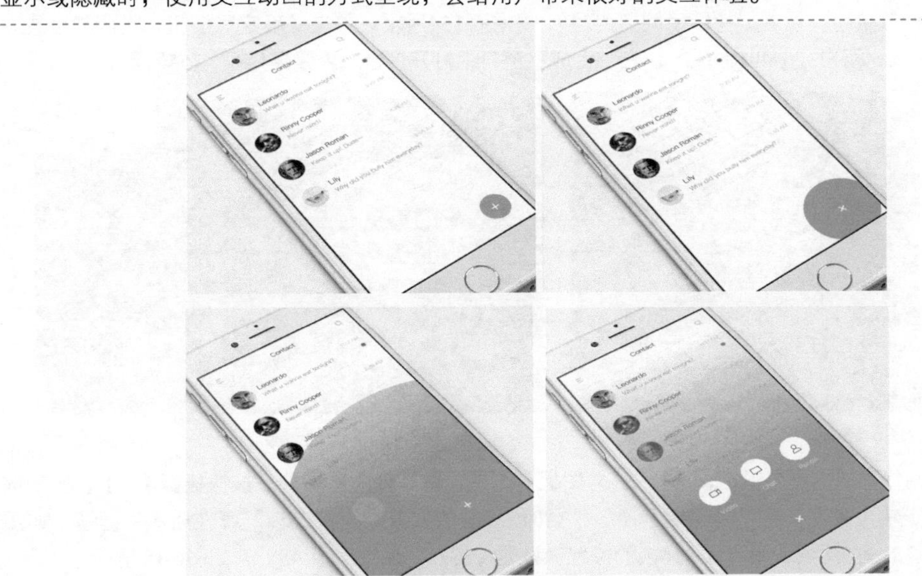

图6-151 工具图标的展开动效

图6-151所示的是移动端界面中工具图标的展开动效，界面中的一组工具图标默认隐藏在界面底部的“+”按钮图标中，当用户在界面中点击该图标时，隐藏的工具图标会以交互动画的方式呈现在界面中，便于用户的操作。再次点击底部的“×”按钮图标，界面会以交互动画的方式将相应的图标收缩隐藏，动态的切换给用户带来很好的体验。

6.4.4 制作工具图标动感展开动效

本案例是制作一个工具图标动感展开动效，在默认情况下，相关的功能图标被隐藏在特定的图标下方，当用户在界面中点击该图标后，隐藏的工具图标将以动画的形式展开显示，展开过程中伴随着图标的旋转和运动模糊效果，使界面的交互动效表现突出。

实战练习 05 制作工具图标动感展开动效

源文件：资源包\源文件\第6章\6-4-4.aep　　视 频：资源包\视频\第6章\6-4-4.mp4

01 打开After Effects，执行“文件>导入>文件”命令，导入素材文件“资源包\源文件\第6章\素材\64401.psd”文件，弹出设置对话框，设置如图6-152所示。单击“确定”按钮，导入PSD素材文件，并自动生成合成，如图6-153所示。

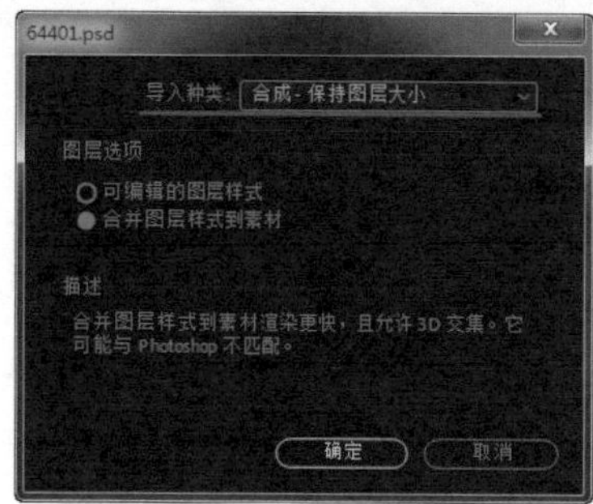

图6-152 设置对话框

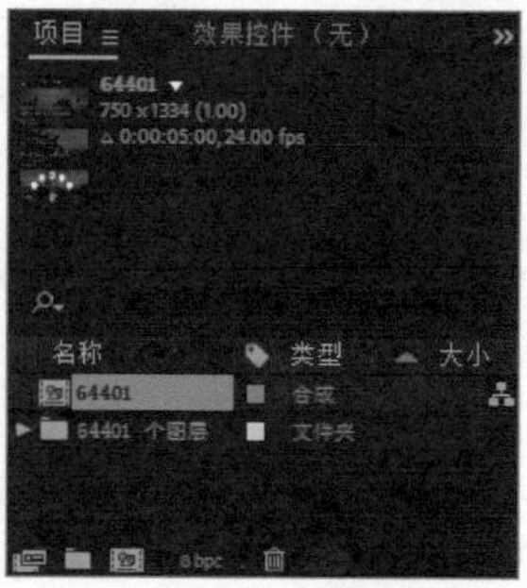

图6-153 导入素材

02 在“项目”面板中的“64401合成”上单击鼠标右键，在弹出的菜单中选择“合成设置”选项，弹出“合成设置”窗口，设置“持续时间”为3秒，如图6-154所示。单击“确定”按钮，完成“合成设置”对话框的设置，双击“64401合成”，在“合成”窗口中打开该合成，效果如图6-155所示。

图6-154 修改“持续时间”选项

图6-155 打开合成

03 将不需要制作动画的图层锁定，选择“+号图标”图层，将其他图层隐藏，按快捷键【R】，显示该图层的“旋转”属性，将“时间指示器”移至0秒05帧的位置，为“旋转”属性插入关键帧，如图6-156所示。将“时间指示器”移至0秒16帧的位置，设置“旋转”属性值为-45°，如图6-157所示。

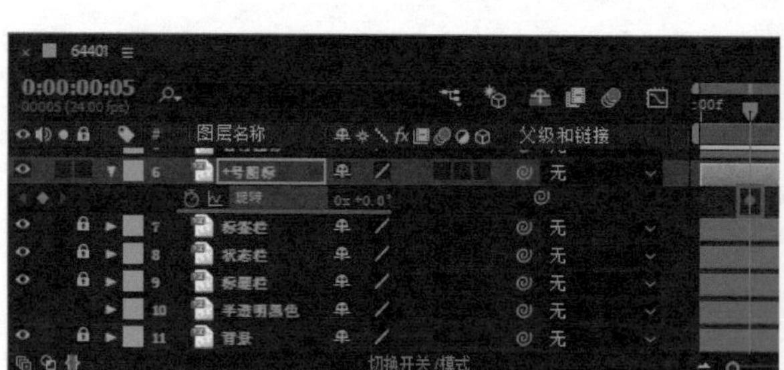

图6-156 插入“旋转”属性关键帧

图6-157 设置“旋转”属性值

04 将“时间指示器”移至0秒05帧的位置，选择“半透明黑色”图层，显示该图层，按快捷键【T】，显示该图层的“不透明度”属性，插入属性关键帧，并设置其值为0%，如图6-158所示。将“时间指示器”移至0秒16帧的位置，设置“不透明度”属性值为60%，效果如图6-159所示。

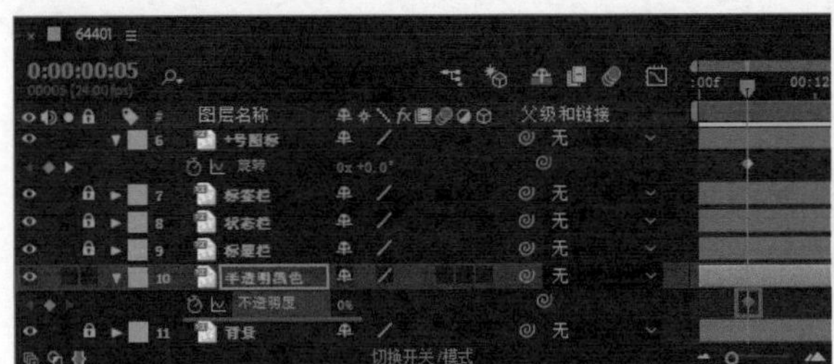

图6-158 插入“不透明度”属性关键帧

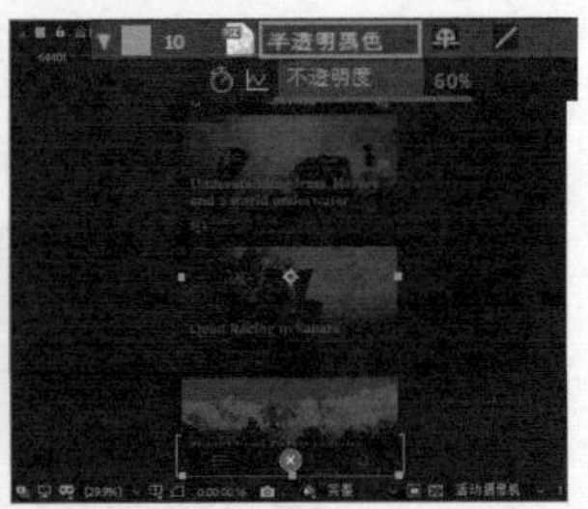

图6-159 设置“不透明度”属性值效果

05 显示“音符图标”图层并选择该图层，将“时间指示器”移至0秒16帧的位置，分别为“位置”和“旋转”属性插入关键帧，按快捷键【U】，只显示添加了关键帧的属性，如图6-160所示。将“时间指示器”移至1秒的位置，单击“位置”属性前的“添加或移除关键帧”按钮，在当前位置添加属性关键帧，设置“旋转”属性为1x，如图6-161所示。

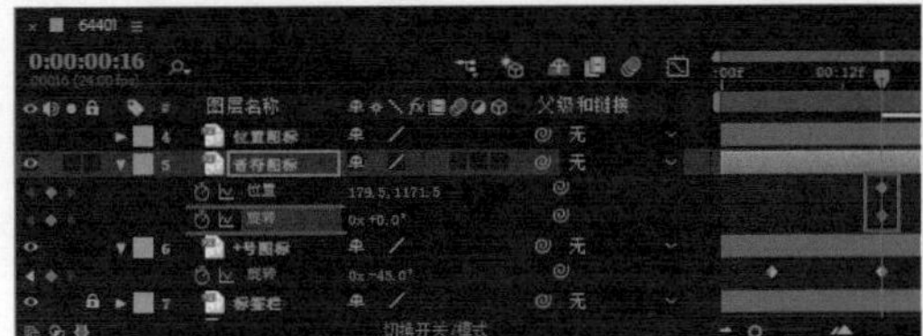

图6-160 插入属性关键帧

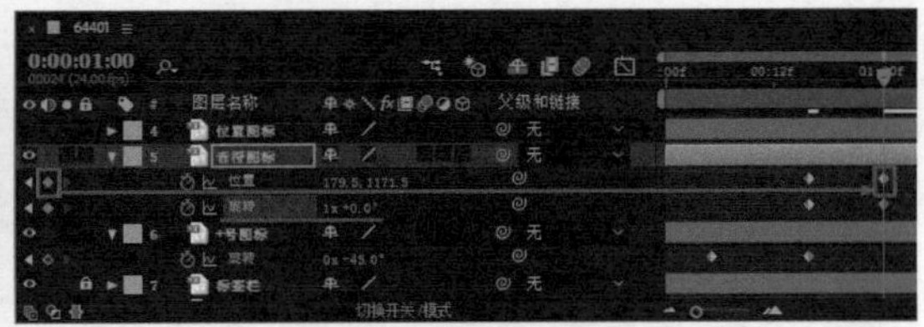

图6-161 添加属性关键帧

06 将“时间指示器”移至0秒16帧的位置，在“合成”窗口中调整该图标与“+号图标”的位置重叠，如图6-162所示。将“时间指示器”移至0秒22帧的位置，在“合成”窗口中将该图标向左上角拖动，调整其位置，如图6-163所示。

图6-162 调整元素位置

图6-163 调整元素位置

07 选中该图层中的所有属性关键帧，按快捷键【F9】，为其应用“缓动”效果，完成该图层中图标展开动效的制作，“时间轴”面板如图6-164所示。

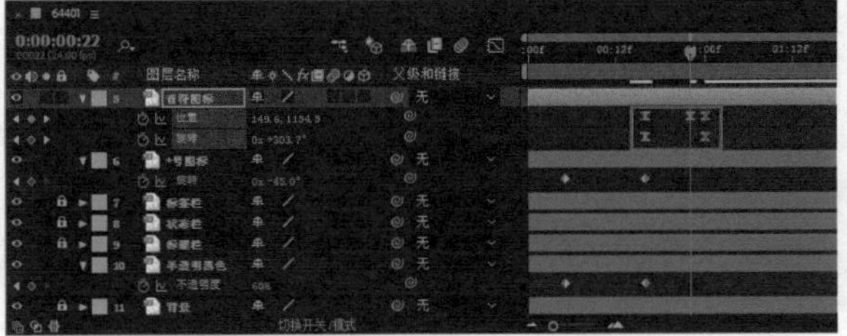

图6-164 “时间轴”面板

0 秒 16 帧为该图标动画的起始位置，1 秒为该图标动画的终止位置，在 0 秒 22 帧的位置将该图标向其运动的方向适当地延伸，制作出一个该图标向外延伸并回弹的动画效果。

08 采用与“音符图标”图层相同的制作方法，完成其他几个图标动画的制作，“合成”窗口如图6-165所示，“时间轴”面板如图6-166所示。

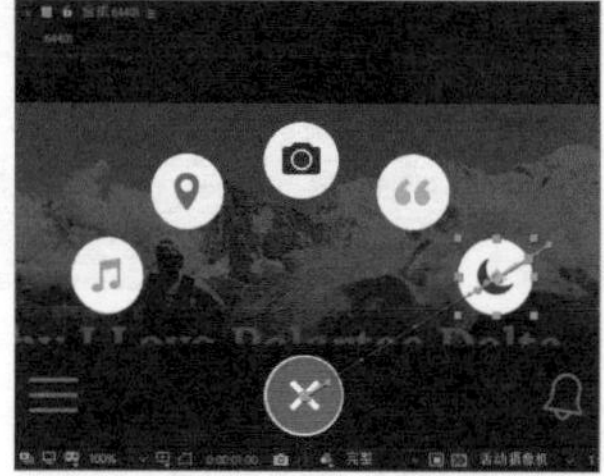

图6-165 “合成”窗口中的效果

图6-166 “时间轴”面板

09 在“时间轴”面板中将“+号图标”图层移至所有图层上方，如图6-167所示。接着制作各图标收回的动画效果，选择“音符图标”图层，按快捷键【U】，显示该图层添加了关键帧的属性，将“时间指示器”移至2秒的位置，分别为“位置”和“旋转”属性添加关键帧，如图6-168所示。

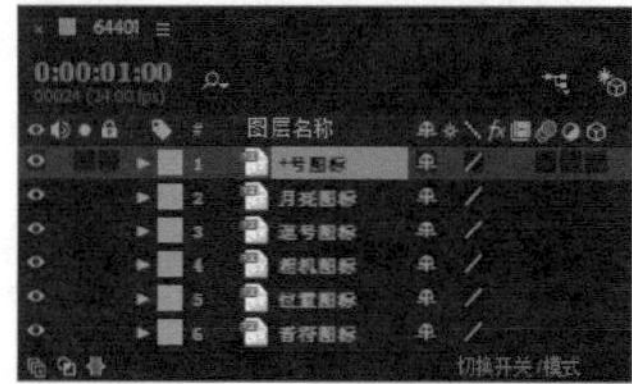

图6-167 调整图层顺序

图6-168 添加属性关键帧

10 将“时间指示器”移至2秒10帧的位置，设置“旋转”属性为0x，在“合成”窗口中拖动调整该图标的位置与“+号图标”的位置相重叠，如图6-169所示，“时间轴”面板如图6-170所示。

图6-169 调整元素位置

图6-170 “时间轴”面板

11 使用相同的制作方法，完成其他四个图标收回动画效果的制作，“时间轴”面板如图6-171所示。

图6-171 “时间轴”面板

12 选择“半透明黑色”图层，按快捷键【U】，显示该图层添加的关键帧属性，将“时间指示器”移至2秒10帧的位置，为“不透明度”属性添加关键帧，如图6-172所示。将“时间指示器”移至2秒18帧的位置，设置“不透明度”属性值为0%，效果如图6-173所示。

图6-172 添加属性关键帧

图6-173 设置“不透明度”属性值效果

13 选择“+号图标”图层，按快捷键【U】，显示该图层添加的关键帧属性，将“时间指示器”移至2秒10帧的位置，为“旋转”属性添加关键帧，如图6-174所示。将“时间指示器”移至2秒18帧的位置，设置“旋转”属性值为0°，效果如图6-175所示。

图6-174 添加属性关键帧

图6-175 设置“旋转”属性值效果

14 在“时间轴”面板中为五个展开的图标所在的图层开启“运动模糊”功能，展开各图层所设置的关键帧，“时间轴”面板如图6-176所示。

图6-176 “时间轴”面板

当开启图层的“运动模糊”功能后，该图层中对象的位移动画会自动模拟表现出运动模糊的效果。

15 完成工具图标动感展开动效的制作，单击“预览”面板上的“播放/停止”按钮，可以在“合成”窗口中预览该动画效果。也可以将该动画渲染输出为视频文件，再使用Photoshop将其输出为GIF格式的动画，效果如图6-177所示。

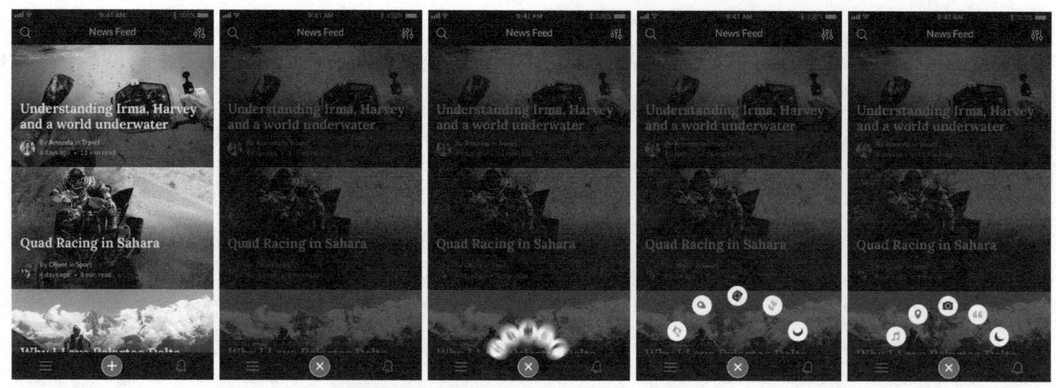

图6-177 工具图标动感展开动效

6.5 导航菜单交互动效

移动端UI中导航菜单的表现形式多种多样，除了目前广泛使用的交互式侧边导航菜单，还有其他的一些表现形式，合理的移动端导航菜单动画设计，不仅可以提高用户体验，还可以增强移动端App的设计感。

6.5.1 交互式导航菜单的优势

随着移动互联网的发展和普及，移动端的导航形式与传统PC端的导航形式有一定的区别，主要表现在移动端为了节省屏幕空间，通常采用交互式动态导航菜单。默认情况下，移动端界面会隐藏导航菜单，在有限的屏幕空间中充分展示界面内容，在需要使用导航菜单时，再通过点击相应的图标动态滑出导航菜单，常见的有侧边滑入菜单、顶端滑入菜单等形式。

图6-178 左侧滑入导航

图6-178所示的移动端界面采用左侧滑入导航，当用户需要进行相应操作时，可以点击相应按钮，滑出导航菜单，不需要时可以将其隐藏，节省界面空间。

图6-179 顶端滑入导航

图6-179所示的移动端界面采用顶端滑入导航，并且导航使用鲜艳的色块，与页面其他元素相区别，不需要使用时，可以将导航菜单隐藏。

侧边式导航又称“抽屉式导航”，在移动端界面中常常与顶部或底部标签导航结合使用。侧边式导航将部分信息内容进行隐藏，突出了界面中的核心内容。

交互式动态导航菜单能给用户带来新鲜感和愉悦感，并且能够有效地增强用户的交互体验，但是交互式动态导航菜单不能忽略其本身最主要的性质，即使用性。在设计交互式导航菜单时，我们需要尽可能使用用户熟悉和了解的操作方法来表现导航菜单动画，从而使用户能够快速适应界面的操作。

6.5.2 交互式导航菜单的设计要点

在设计移动端界面导航菜单时，最好能够按照移动操作系统所设定的规范进行，这样不仅能使设计的导航菜单界面美观丰富，还能与操作系统保持一致，使用户能够根据平时对系统的操作经验，触类旁通地知晓该移动端App的功能和操作方法，增强移动端App的灵活性和可操作性，图6-180所示的为常见的移动端导航菜单设计。

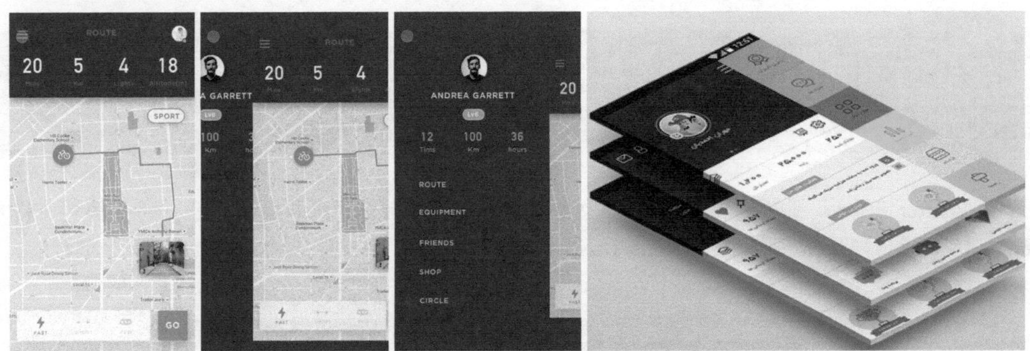

图6-180 常见的移动端导航菜单设计

- 不可操作的菜单项一般需要屏蔽变灰

导航菜单中有一些菜单项是以灰色的形式出现的，并使用虚线字符来显示，这一类的命令表示当前不可用，也就是说，执行此命令的条件当前还不具备。

- 对当前使用的菜单命令进行标记

对于当前正在使用的菜单命令，可以改变背景色或在菜单命令旁边添加勾号（√），区别显示当前选择和使用的命令，使菜单的应用更具有识别性。

- 对相关的命令使用分隔条进行分组

为了使用户迅速地在菜单中找到需要执行的命令项，非常有必要对菜单中相关的一组命令用分隔条进行分组，这样可以使菜单界面更清晰、更易于操作。

- 应用动态菜单和弹出式菜单

动态菜单是指在移动端App运行过程中会伸缩的菜单，弹出式菜单的设计则可以有效地节约界面空间，通过动态菜单和弹出式菜单的设计和应用，可以更好地提升App界面的灵活性和可操作性。

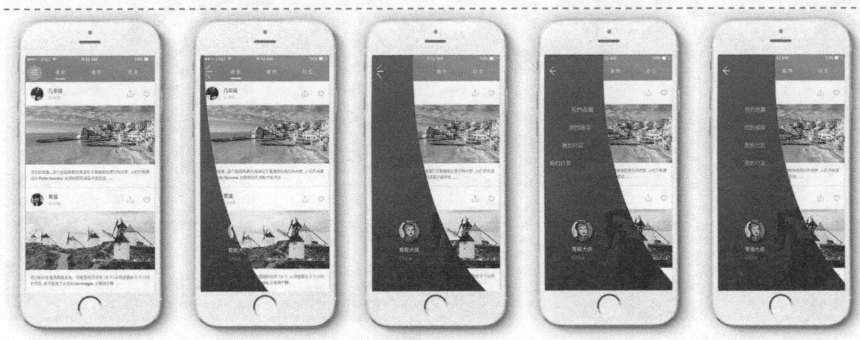

图6-181 侧边交互导航菜单动效

图6-181所示的是一个移动端App的侧边交互导航菜单动效，当用户点击界面左上角的导航菜单图标时，隐藏的导航菜单会以交互动画的形式从左侧滑入到界面中，并且该界面中的侧边导航菜单还采用了非常规整的圆弧状设计，给人留下深刻的印象。动态的表现方式使UI的交互性更加突出，有效提升了用户的交互体验。

6.5.3 制作侧滑交互导航菜单动效

侧滑导航菜单是移动端App最常见的导航菜单表现方式，这种方式能够有效地节省界面空间，当需要使用导航菜单时，可以点击界面中的某个图标，从而使隐藏的导航菜单从侧面滑出，不需要使用时可以将其隐藏，从而使界面具有一定的交互性。本节将带领读者完成一个侧滑导航菜单动效的制作，该动效的制作重点是通过“蒙版路径”“位置”“不透明度”等基础属性来实现该动效的表现。

实战练习 06 制作侧滑交互导航菜单动效

源文件：资源包\源文件\第6章\6-5-3.aep　　视　频：资源包\视频\第6章\6-5-3.mp4

01 打开After Effects，执行“文件>导入>文件”命令，导入素材“资源包\源文件\第6章\素材\65301.psd”，弹出设置对话框，设置如图6-182所示。单击“确定”按钮，导入PSD素材自动生成合成，如图6-183所示。

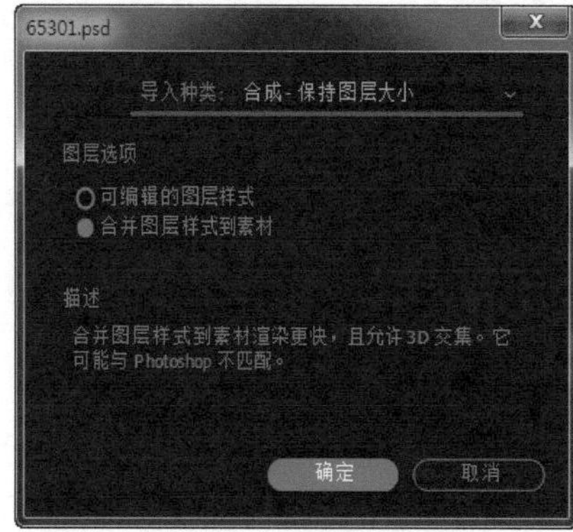

图6-182 设置对话框

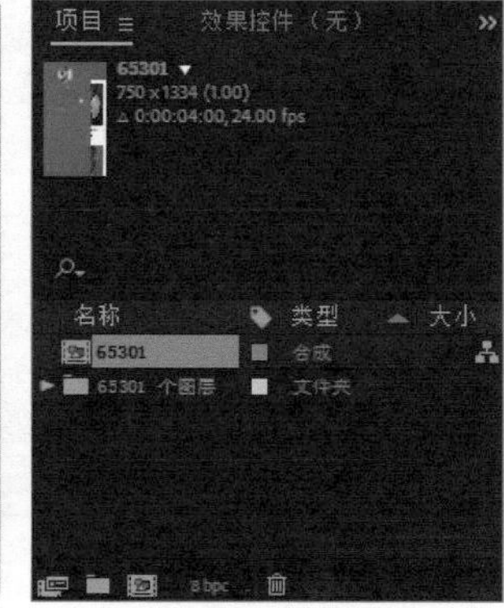

图6-183 导入素材

02 在“项目”面板中的“65301合成”上单击鼠标右键，在弹出的菜单中选择“合成设置”选项，弹出“合成设置”窗口，设置“持续时间”为4秒，如图6-184所示。单击“确定”按钮，完成“合成设置”对话框的设置，双击“65301合成”，在“合成”窗口中可以看到该合成的效果，如图6-185所示。

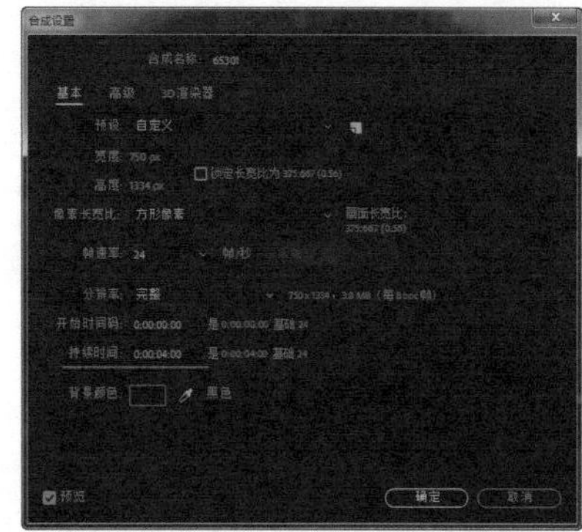

图6-184 修改“持续时间”选项

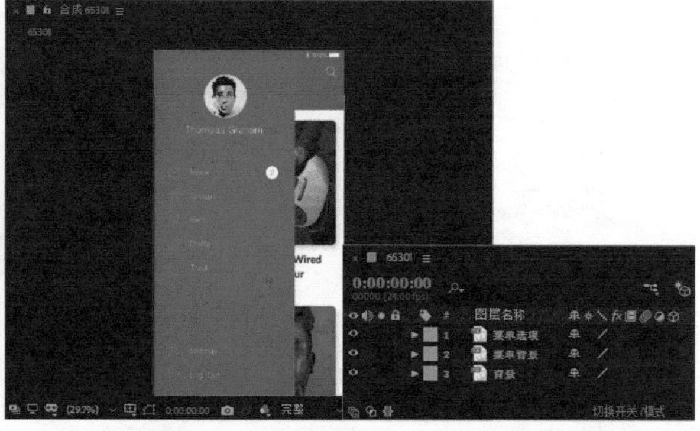

图6-185 打开合成

03 首先制作“菜单背景”图层的动画效果，在“时间轴”面板中将“背景”图层锁定，将“菜单选项”图层隐藏，如图6-186所示。选择“菜单背景”图层，使用“矩形工具”，在“合成”窗口中绘制一个与菜单背景大小相同的矩形蒙版，如图6-187所示。

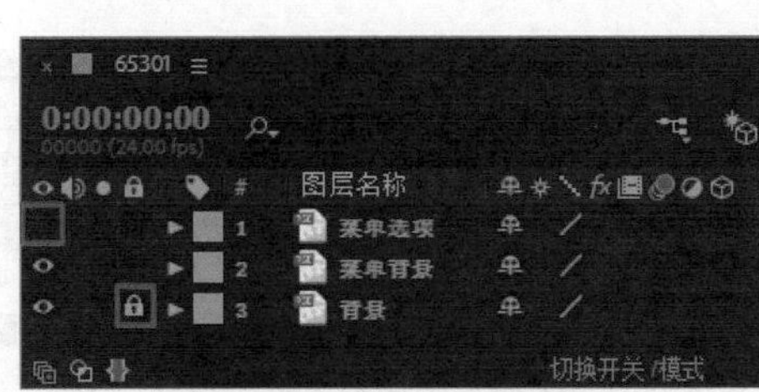

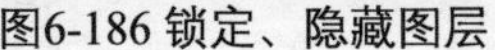
图6-186 锁定、隐藏图层

图6-187 绘制矩形蒙版

04 将“时间指示器”移至1秒16帧的位置，为该图层下方“蒙版1”选项中的“蒙版路径”选项插入关键帧，如图6-188所示。按快捷键【U】，在“菜单背景”图层下方只显示添加了关键帧的属性，如图6-189所示。

图6-188 插入属性关键帧

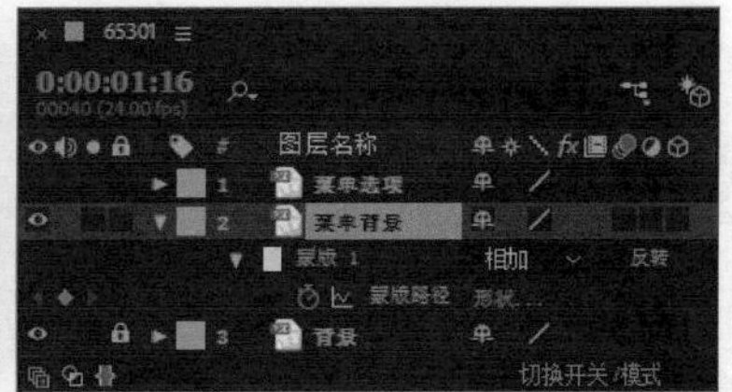

图6-189 只显示添加了关键帧的属性

05 使用“添加‘顶点’工具”，在蒙版形状右侧边缘的中间位置单击添加锚点，并使用“转换‘顶点’工具”单击所添加的锚点，在垂直方向上拖动鼠标，显示该锚点的方向线，如图6-190所示。将“时间指示器”移至起始位置，选择“蒙版1”选项，在“合成”窗口中使用“选取工具”调整该蒙版图形的大小和位置，如图6-191所示。

图6-190 添加锚点

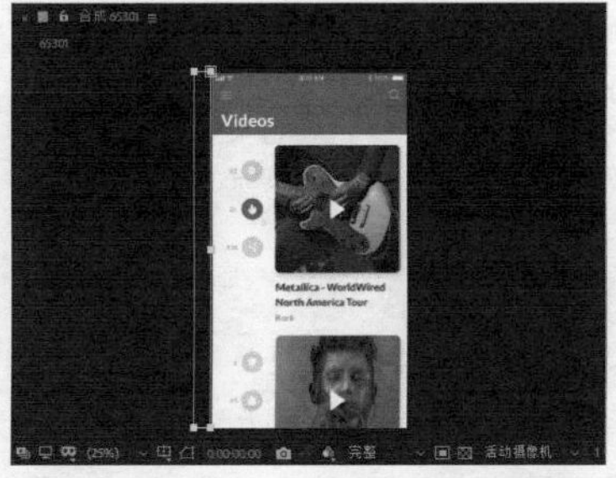

图6-191 调整蒙版图形的大小和位置

06 将“时间指示器”移至1秒的位置，在“合成”窗口中使用“选取工具”调整该蒙版图形的大小和位置，如图6-192所示。同时选中该图层中的三个关键帧，按快捷键【F9】，为所选中的关键帧应用“缓动”效果，如图6-193所示。

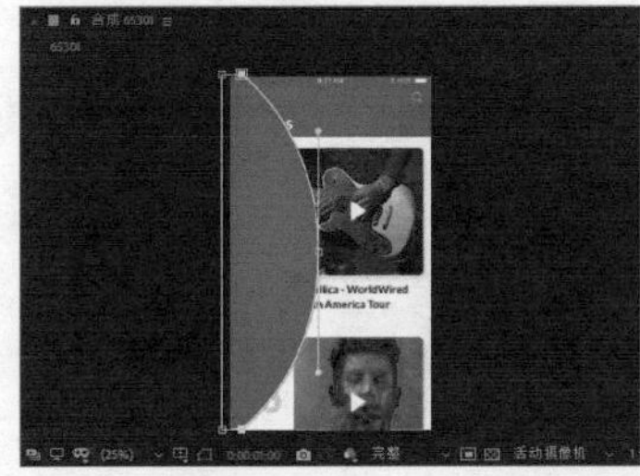

图6-192 调整蒙版图形的大小和位置

图6-193 应用“缓动”效果

07 单击“时间轴”面板上的“图表编辑器”按钮，进入图表编辑状态，如图6-194所示。单击右侧运动曲线锚点，拖动方向线调整运动速度曲线，如图6-195所示。

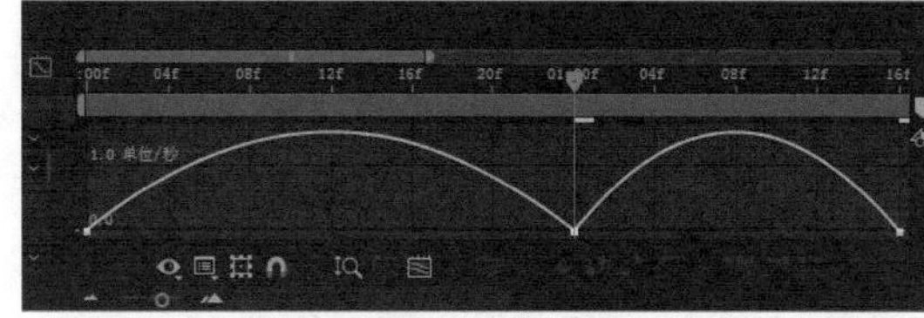
图6-194 图表编辑状态

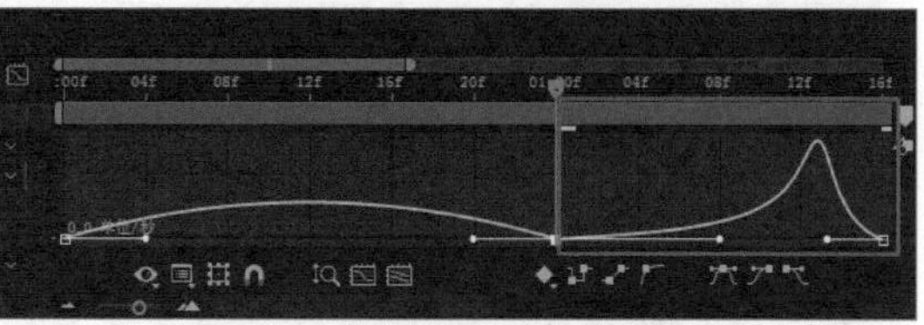
图6-195 调整运动速度曲线

08 再次单击“图表编辑器”按钮，返回到默认状态。选择并显示“菜单选项”图层，将“时间指示器”移至1秒18帧的位置，为该图层的“位置”和“不透明度”属性插入关键帧，如图6-196所示，“合成”窗口中的效果如图6-197所示。

图6-196 插入属性关键帧

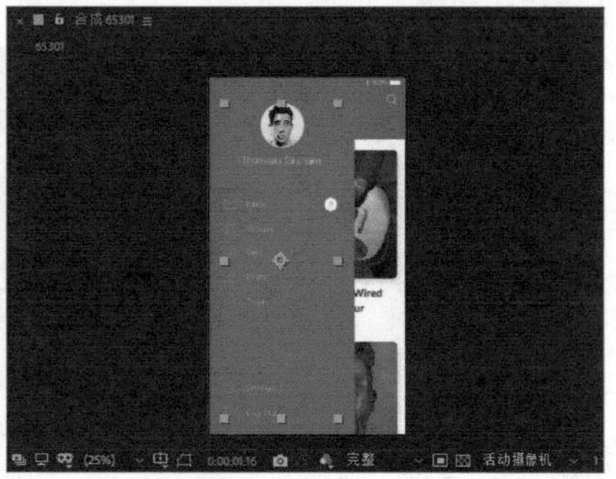
图6-197 “合成”窗口中的效果

09 将“时间指示器”移至1秒的位置，在“合成”窗口中将该图层内容向左移至合适的位置，并设置其“不透明度”属性值为0%，如图6-198所示。同时选中该图层中的两个“位置”属性关键帧，按快捷键【F9】，为所选中的关键帧应用“缓动”效果，如图6-199所示。

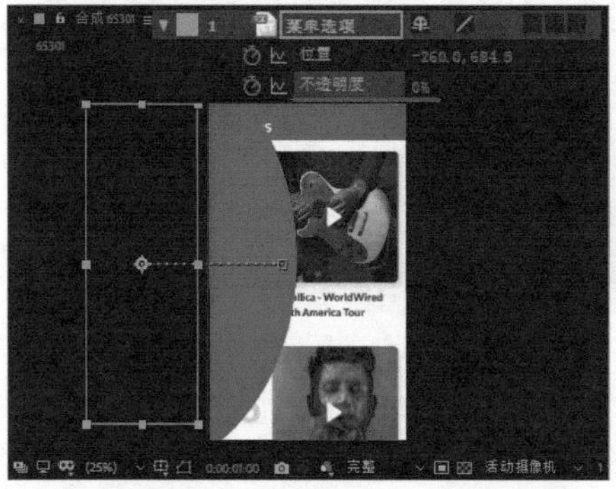
图6-198 设置“不透明度”属性值为0%

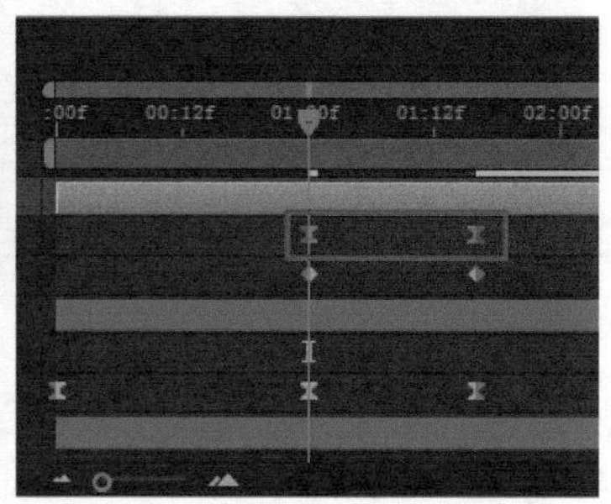
图6-199 应用“缓动”效果

在这里我们是将导航菜单选项作为一个整体，制作其同时进入界面中的动画效果，当然也可以将各导航菜单选项分开，分别制作各导航菜单项顺序进入界面的动画效果，这样可以使侧滑导航菜单的动效表现更加丰富。

10 执行“图层>新建>纯色”命令，新建一个黑色的纯色图层，将该图层移至“背景”图层上方，如图6-200所示。将“时间指示器”移至1秒的位置，为该图层插入“不透明度”属性关键帧，并设置该属性值为0%，如图6-201所示。

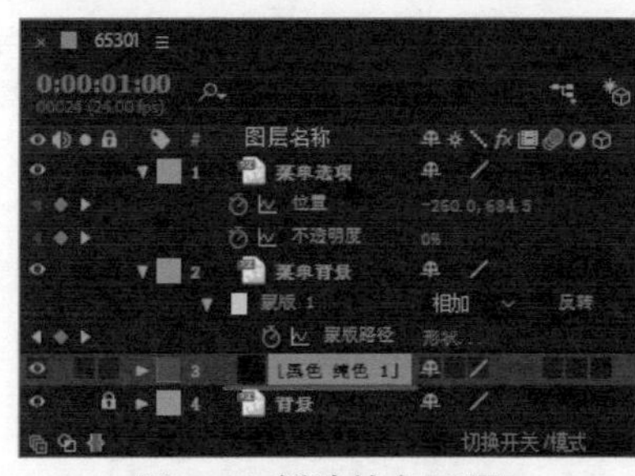
图6-200 新建纯色图层

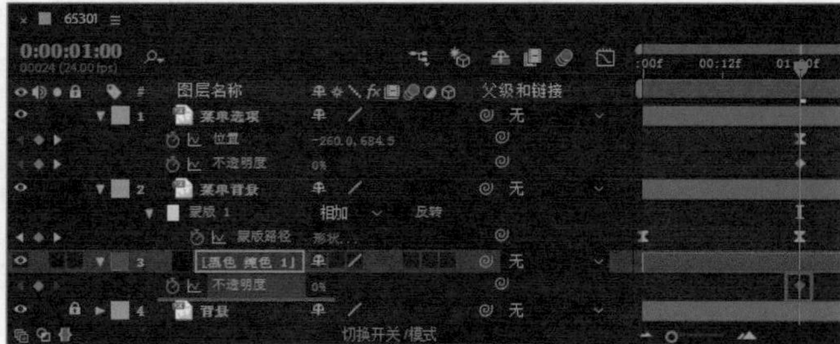
图6-201 插入属性关键帧

11 将“时间指示器”移至1秒16帧的位置，设置该图层的“不透明度”属性值为50%，如图6-202所示。完成该侧滑导航菜单动画的制作，展开各图层所设置的关键帧，“时间轴”面板如图6-203所示。

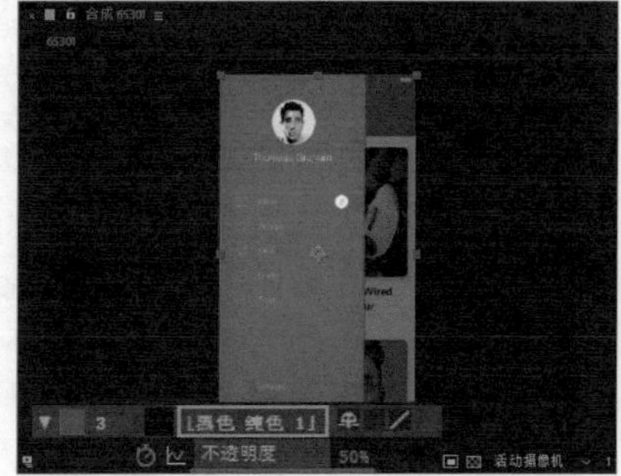
图6-202 设置“不透明度”属性

图6-203 “时间轴”面板

12 单击“预览”面板上的“播放/停止”按钮，可以在“合成”窗口中预览该动画效果。也可以将该动画渲染输出为视频文件，再使用Photoshop将其输出为GIF格式的动画，效果如图6-204所示。

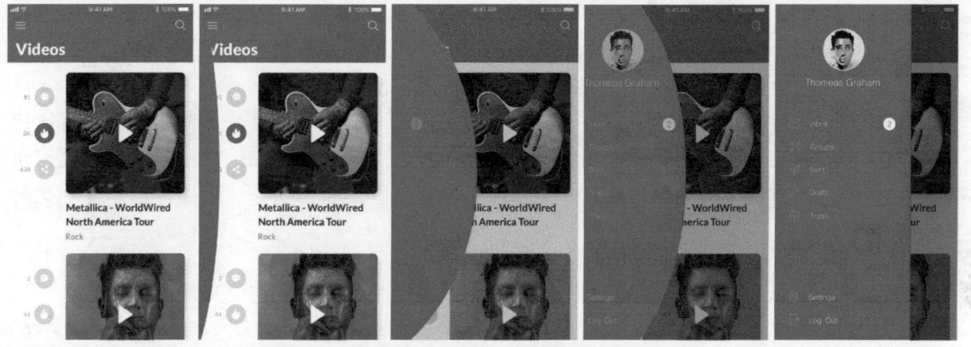

图6-204 侧滑导航菜单动效

6.6 UI交互动效

一个优秀的UI交互动效可以使App更易用，并且能够有效吸引用户的眼球，同时使用户使用App时完全不被动画分心。

6.6.1 UI交互动效的作用

为了能够充分地理解UI中的交互动效设计，我们必须要了解交互动效在App中的定位和职责。

● 视觉反馈

对于任何UI来讲，视觉反馈都是至关重要的。在现实生活中，我们跟物体的交互是伴随着视觉反馈的，同样地，人们期待从界面中得到一个类似的效果。UI要为用户的操作提供视觉、听觉以及触觉反馈，使用户感到他们在操控该界面。同时视觉反馈有个更简单的用途：它暗示着当前的App运行正常。当一个按钮在放大或者一个被滑动图片在朝着正确方向移动时，那么很明显，当前的App在运行，在回应着用户的操作。

图6-205 阅读类App界面动效设计

图6-205所示的为阅读类App界面动效设计，当用户点击界面中某个图书的封面时，该图书封面会在当前位置放大并结合翻页的动效切换到该图书的正文内容界面，这种结合现实对象的动效表现方式，在视觉上给用户很好的反馈，使用户专注于当前的操作。

● 功能改变

这种交互动效展示出当用户在界面中与某个元素交互时，这个元素的功能是如何变化的，它经常与按钮、图标和其他设计元素一起使用。

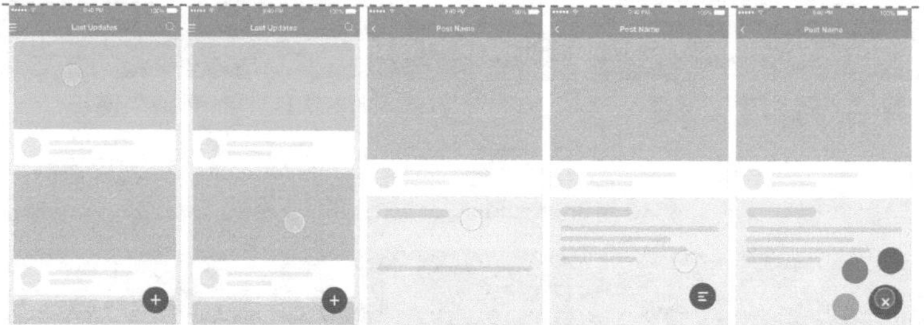

图6-206 图标展开动效

从图6-206所示的界面中我们可以发现，当用户点击某信息内容后，界面将切换至该信息的内容界面，与此同时，界面左上角的功能操作图标也会发生相应的变化，界面右下角的悬浮图标同样也会发生功能变化，点击界面右下角的悬浮图标，可以展开相应的功能操作按钮，而所点击的图标这时也会发生功能的变化。

● 扩展界面空间

大部分的App都有非常复杂的结构，所以设计师要尽可能地简化App的导航。对于这项任务来讲，交互动效是非常有用的。如果所设计的交互动效展示出了元素被藏在哪里，那么用户下次找起来就会很容易了。

图6-207 交互菜单动效

图6-207所示的是我们常见的交互菜单动效，默认情况下，为了节省界面空间，导航菜单被隐藏在界面以外，当用户点击相应的功能操作按钮时，导航菜单才会以动画的形式展示在界面中。

● 元素的层级结构及其交互

交互动效完美地展现了界面的某些部分，阐明了要怎样与它们进行交互。交互动效中每个元素都有其目的和定位，例如，一个按钮可以激活弹出菜单，那么该菜单最好从该按钮弹出而不是从屏幕侧面滑出，这样有助于用户理解这两个元素（按钮和弹出菜单）是有联系的。

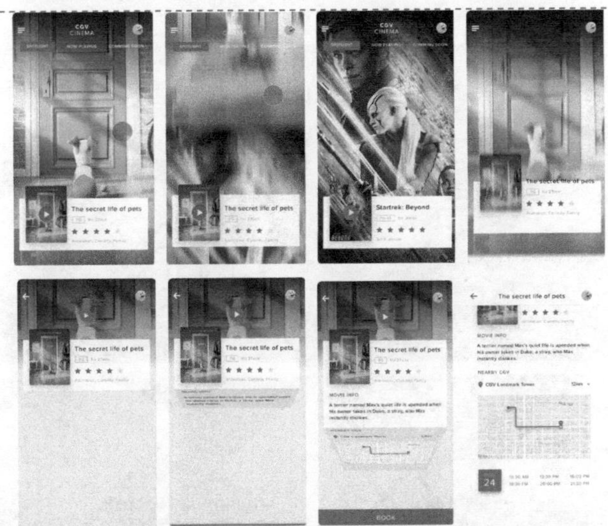

图6-208 影视类App界面动效设计

图6-208所示的为影视类App界面动效设计，使用电影海报作为界面的背景，在界面中上下滑动时，界面会以动感模糊的方式切换到另一个电影界面。在界面中点击该电影的名称部分，背景的电影海报会自动向上收缩，电影名称信息也会向上运动至合适的位置，下方会通过三维翻转的方式显示该电影的相关信息和最近的影院。点击最近的影院信息，界面信息内容向上运动，自动切换到最近的影院信息界面，并显示该影院的地址、地图和相关场次，便于用户选择。整个界面的结构清晰，动效表现流畅自然，表现出清晰的信息层级结构。

UI中所添加的动画效果都应该能够表现出元素之间是如何联系的，这种层级结构和元素的交互对于一个直观的界面来说是非常重要的。

● 视觉提示

如果某一个App中的元素间有不可预估的交互模式，这时通过加入合适的动画为用户提供视觉线索就显得非常有必要了，在界面中加入动画效果可以暗示用户如何与界面元素进行交互。

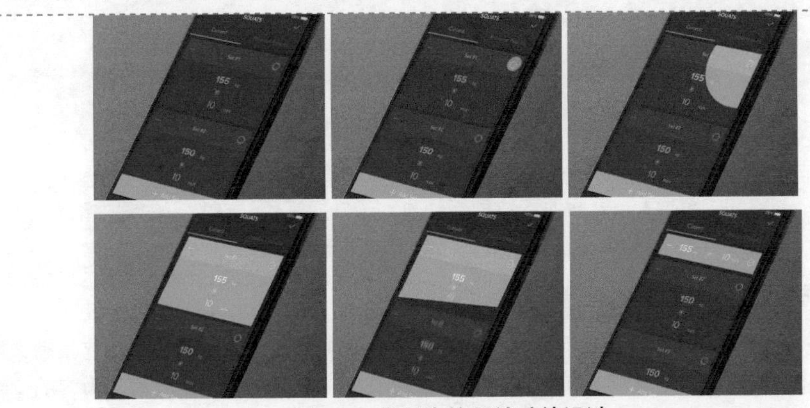

图6-209 界面中的反馈动效设计

在图6-209所示的信息界面中，当用户点击某条信息右上角的单选按钮时，该条信息内容的背景颜色将从点击位置逐渐扩展为整个信息的背景颜色，并继续收缩为一个绿色背景的信息条，在视觉上给用户很好的反馈，使用户专注于当前的操作。

● 系统状态

在App的运行过程中，总会有几个进程在后台运行，如从服务器下载、后台计算等，在UI设计中需要让用户知道App并没有停止运行或者崩溃，App正在良好地运行。这时，通常我们会在界面中通过动画的形式来表现当前App的运行状态，通过视觉符号的进度设计给用户一种控制感。

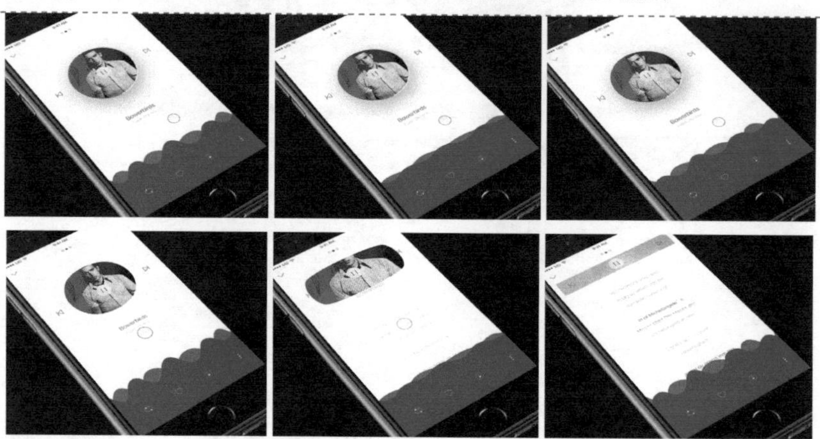

图6-210 音乐播放器界面动效

图6-210所示的音乐播放器界面动效，在界面底部使用了蓝色的、起伏的波形动效，从而表现出界面中音乐的播放状态，给人一种直观的感受。当用户在界面中点击歌词部分时，界面中的音乐播放控制部分会向上运动并逐渐变形为矩形形状，歌词部分放大并在界面中间显示，切换过程流畅、自然。通过动效的形式表现出当前的系统状态，给用户一种直观的视觉感受。

● 富有趣味性的动效

富有趣味性的动效设计可以对UI起到画龙点睛的作用，独特的动效能够吸引用户的关注，使其与其他同类型的App有所区别，从而脱颖而出。独特而富有趣味性的动效可以有效提高App的识别度。

图6-211 餐饮App界面下拉刷新动效

图6-211所示的是一个餐饮App界面的下拉刷新动效，该界面运用正在煮菜的锅的动画效果来表现界面刷新的过程，非常贴合餐饮美食类行业的特点，给用户留下深刻印象。

6.6.2 常见的UI交互动效表现形式

UI交互动效设计能够有效地表达页面或者内容之间的逻辑关系，通过视觉效果直接清晰地展示界面中操作的状态。通过动效的应用能够为用户提供更加清晰的操作指引，表现出界面和内容的位置或者层级关系。

本节将向读者分享UI中常见的交互动效及各自适用的场景，供读者进行参考。

● 滚动效果

滚动效果是指界面内容根据用户的操作手势进行滚动，该动画效果非常适用于查看界面中的列表信息。滚动交互动效在UI中使用非常频繁，也可以在滚动效果的基础上加入一些其他的动画效果，使得界面的交互更加有趣和丰富，图6-212所示的为滚动动画效果在UI中的应用。

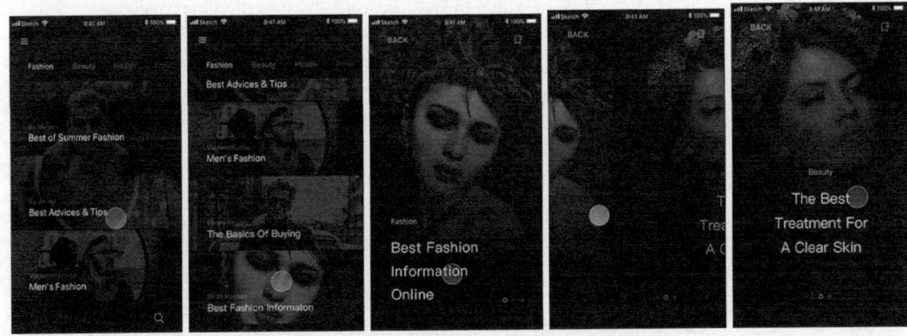

图6-212 滚动动画效果在UI中的应用

当用户在界面中需要进行垂直或水平滑动操作时，都可以使用滚动动画效果，如界面中的列表、图片等。

● 平移效果

当一张图片在有限的屏幕里没有办法完整查看时，就可以在界面中加入平移的交互动效，与此同时，还可以在平移的基础上配合放大等动效一起使用，从而使界面动画的表现更加实用，图6-213所示的为平移动画效果在UI中的应用。

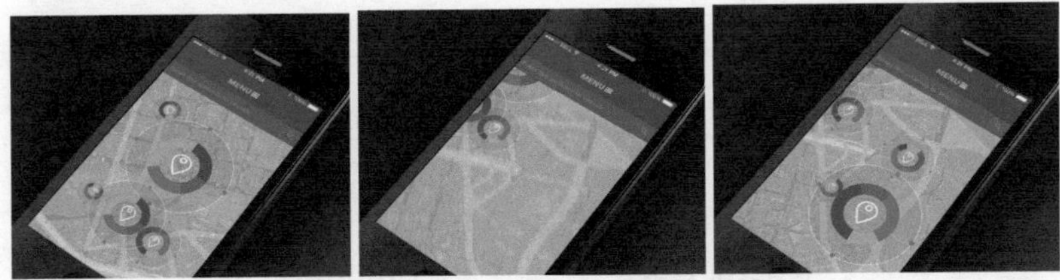

图6-213 平移动画效果在UI中的应用

在界面内容大于屏幕界面时可以使用平移动画效果，如地图等应用。

● 扩大弹出效果

界面中的内容会从缩略图转换为全屏视图（一般该内容的中心点也会跟随移动到屏幕的中央），反向动画效果就是内容从全屏视图转换为缩略图。扩大弹出动画效果的优点是能够清楚地告诉用户点击的地方被放大了。图6-214所示的为扩大弹出效果在UI中的应用。

图6-214 扩大弹出效果在UI中的应用

如果界面中的元素需要与用户进行单一交互，如点击图片查看详情，就可以使用扩大弹出的动画效果，使转场过渡更加自然。

● 最小化效果

界面元素在点击之后缩小，然后移动到屏幕上相应的位置，相反的动效就是扩大，从某个图标或缩略图重新切换为全屏。这样做的好处是能够清楚地告诉用户，最小化的元素可以在哪里被找到，如果没有动效的引导，可能用户需要花时间去寻找。图6-215所示的为最小化效果在UI中的应用。

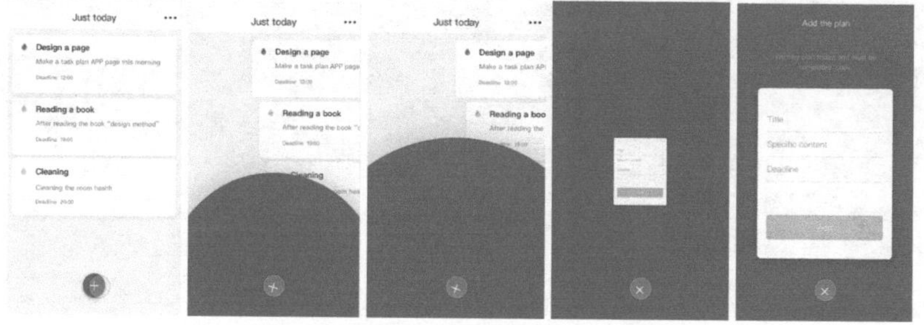

图6-215 最小化效果在UI中的应用

当用户想要最小化界面中的某个元素时，如搜索、快捷按钮图标等，这些地方都可以使用最小化的动画效果，符合“从哪来到哪去”的原理。

● 标签转换效果

标签转换动画效果是指根据界面中内容的切换，标签按钮在视觉上做出相应改变，这样能够清晰地展示标签和内容之间的从属关系，让用户能够清晰理解界面之间的架构，图6-216所示的为标签转换动画效果在UI中的应用。

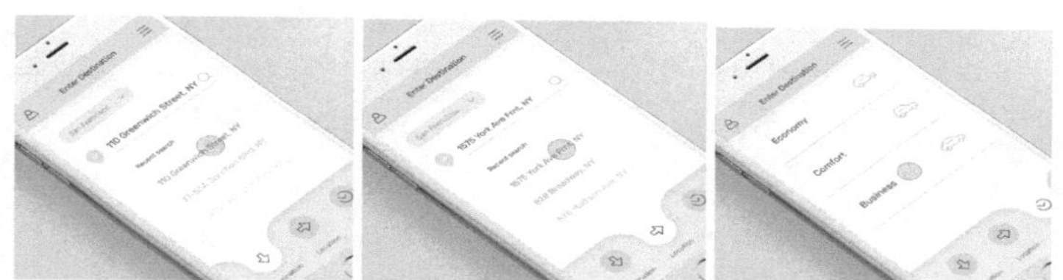

图6-216 标签转换动画效果在UI中的应用

标签转换效果适用于同一层级界面之间的切换，如切换导航。

● 滑动效果

信息列表跟随用户的交互手势而动，然后再回到相应的位置上，这种交互动画属于指向型动画，内容的滑动取决于用户是使用哪种手势滑动的。它的作用就是通过指向型转场，有效帮助用户厘清页面内容的层级排列情况。图6-217所示的为滑动效果在UI中的应用。

图6-217 滑动效果在UI中的应用

如果界面中的元素需要以列表的方式呈现时就可以使用滑动的交互动效，如一些人物的选择、款式的选择等，都适合使用滑动的交互动效方式呈现。

● 对象切换效果

对象切换动画效果是指当前界面移动到后面，新的界面移动到前面，这样能够清楚解释界面之间是如何进行切换的，转换不会显得太突兀和莫名其妙，图6-218所示的为对象切换效果在UI中的应用。

图6-218 对象切换效果在UI中的应用

滑动动画效果相对来说比较单一和常见，对象切换动画效果可以让用户产生眼前一亮的感觉，常用于一些商品图片的切换等。

● 展开堆叠效果

界面中堆叠在一起的元素被展开，能够清楚地告诉用户每个元素的排列情况，从哪里来到哪里去，也显得更加有趣，图6-219所示的为展开堆叠动画效果在UI中的应用。

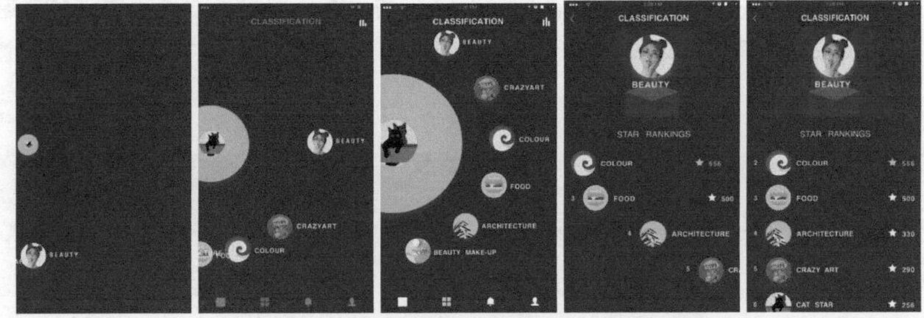

图6-219 展开堆叠动画效果在UI中的应用

如果某个UI中需要展示较多的功能选项时，可以使用展开堆叠的动画效果。例如，一个功能中隐藏了好几个二级功能时，就可以使用展开堆叠动画，有利于引导用户。

● 翻页效果

翻页效果是指当用户在UI中滑动手势时，出现类似现实生活中翻页一样的动画效果。翻页的动画效果也能够清晰地展现列表层级的信息架构，并且模仿现实生活中的动作更加富有情感。图6-220所示的为翻页动画效果在UI中的应用。

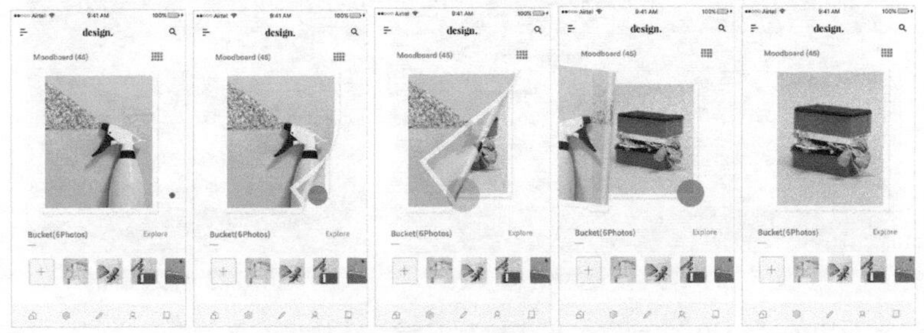

图6-220 翻页动画效果在UI中的应用

当用户进行一些翻页操作时，如看小说、读长篇文章等，使用翻页动画效果会更贴近现实生活，引起共鸣。

● 融合效果

融合效果是指UI中的元素会根据用户的点击进行分离或者结合，用户可以感受到元素与元素之间的关联，比起直接切换，融合动画会更加有趣，图6-221所示的为融合动画效果在UI中的应用。

图6-221 融合动画效果在UI中的应用

融合动画效果适用于当用户在界面中操作某一个功能图标时可能会触发其他的功能，例如，运动类App开始健身或跑步时，点击开始功能图标会同时出现暂停和结束功能操作图标。

6.6.3 制作火箭加载等待动效

界面内容加载等待动效几乎是目前PC端和移动端界面设计都无法绕过的部分，其能够有效提升产品的用户体验。本案例将界面中的加载动效设计成一个飞行的火箭，使界面表现出很强的趣味性。该加载动效的设计，主要是通过旋转火箭底部的喷气图形，并制作出背景星空的位移动效，从而达到模拟火箭高速飞行的效果。

实战练习 07 制作火箭加载等待动效

源文件：资源包\源文件\第6章\6-6-3.aep　　视 频：资源包\视频\第6章\6-6-3.mp4

01 打开After Effects，执行“文件>导入>文件”命令，导入素材“资源包\源文件\第6章\素材\66301.psd”，弹出设置对话框，设置如图6-222所示。单击“确定”按钮，导入PSD素材自动生成合成，如图6-223所示。

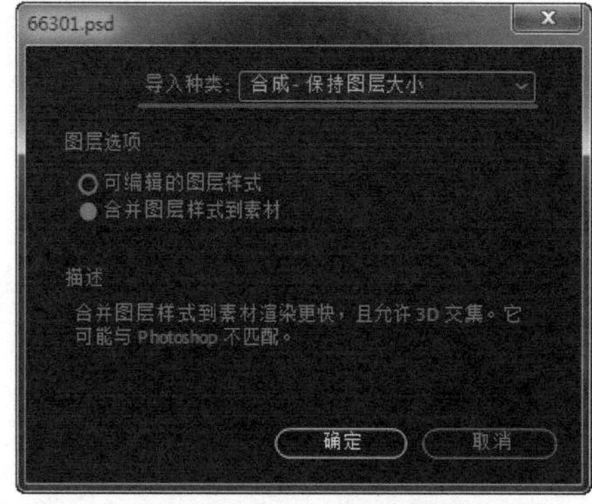

图6-222 导入设置对话框

图6-223 导入素材

02 在“项目”面板中的“66301合成”上单击鼠标右键，在弹出的菜单中选择“合成设置”选项，弹出“合成设置”对话框，设置“持续时间”为5秒，如图6-224所示。单击“确定”按钮，双击该合成，在“合成”窗口中打开，在“时间轴”面板中可以看到该合成相应的图层，如图6-225所示。

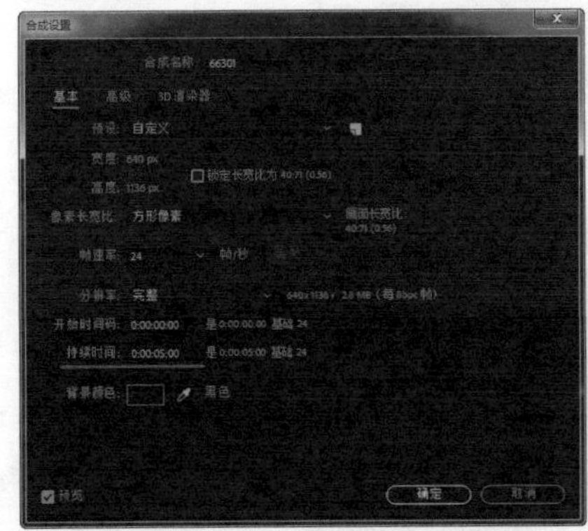

图6-224 修改“持续时间”选项

图6-225 打开合成

03 在本实例中我们主要制作的是小火箭部分的动画效果，所以我们可以将“背景”“PLEASE WAIT”“图层1”锁定，同时选中组成火箭动画的相关图层，如图6-226所示。执行“图层>预合成”命令，弹出“预合成”对话框，设置如图6-227所示。

图6-226 选中多个图层

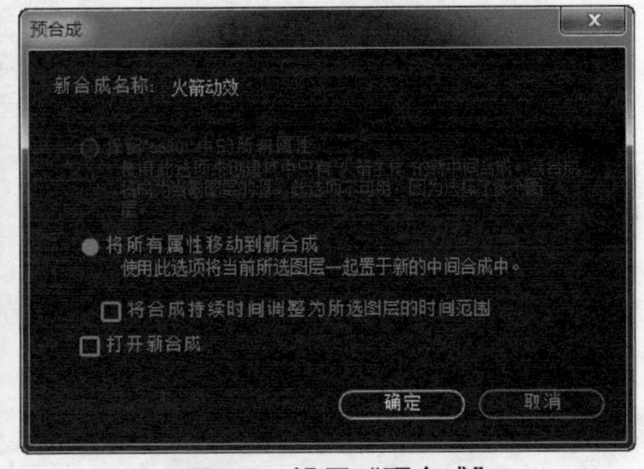

图6-227 设置“预合成”

04 单击“确定”按钮，将同时选中的多个图层创建为预合成，如图6-228所示。双击“时间轴”面板中的“火箭动效”预合成，进入该合成的编辑界面中，如图6-229所示。

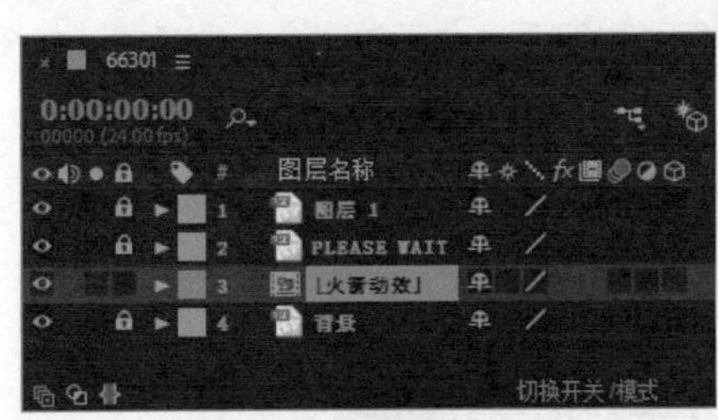

图6-228 创建预合成

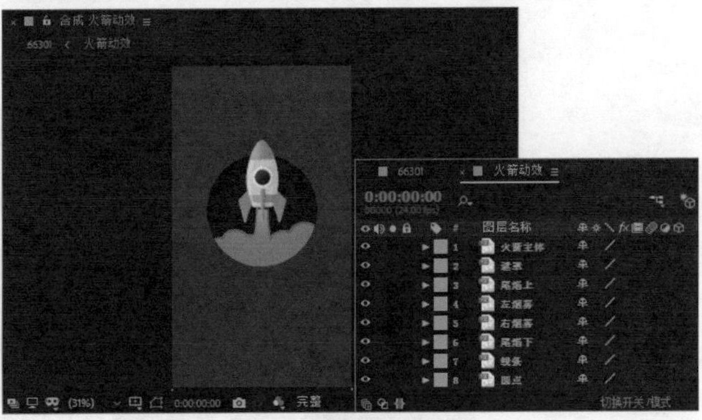

图6-229 进入预合成编辑界面

05 执行“图层>新建>纯色”命令，弹出“纯色设置”对话框，设置“颜色”为#2E282C，如图6-230所示。单击“确定”按钮，新建纯色图层，将其移至所有图层下方，并将该图层锁定，如图6-231所示。

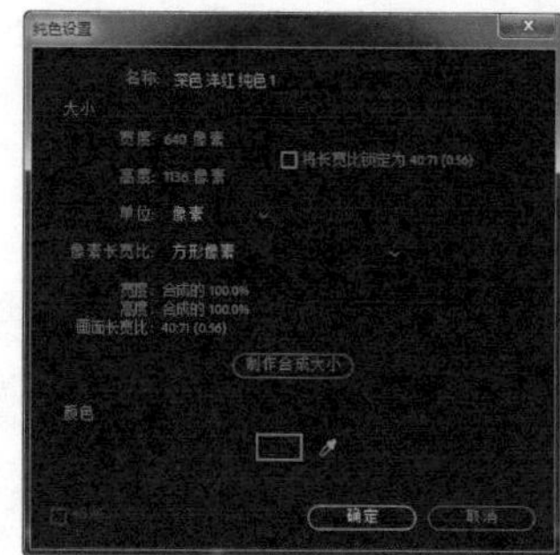
图6-230 “纯色设置”对话框

图6-231 调整图层位置并锁定

06 选择“圆点”图层，按快捷键【P】，显示“位置”属性，在“合成”窗口中将该图层中的内容垂直向上移至合适的位置，插入该属性关键帧，如图6-232所示。将“时间指示器”移至2秒08帧的位置，在“合成”窗口中将该图层内容垂直向下移至合适的位置，如图6-233所示。

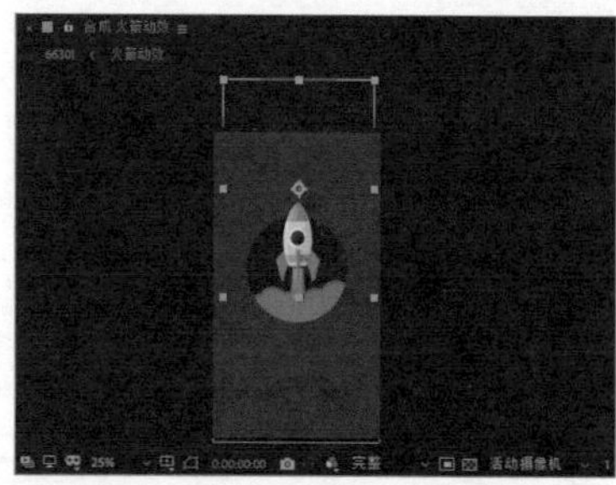
图6-232 向上移动元素位置

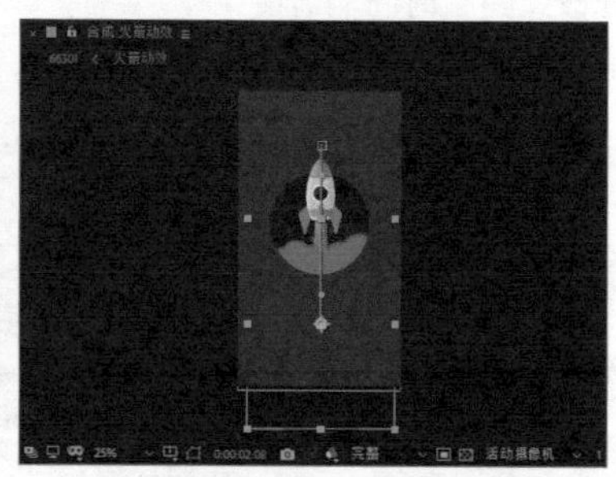
图6-233 向下移动元素位置

07 同时选中该图层中的两个关键帧，按快捷键【Ctrl+C】，复制选中的两个关键帧，如图6-234所示。将“时间指示器”移至2秒09帧的位置，按快捷键【Ctrl+V】，粘贴所复制的两个关键帧，并将粘贴得到的第2个关键帧移至4秒23帧的位置，如图6-235所示。

图6-234 复制选中的两个关键帧

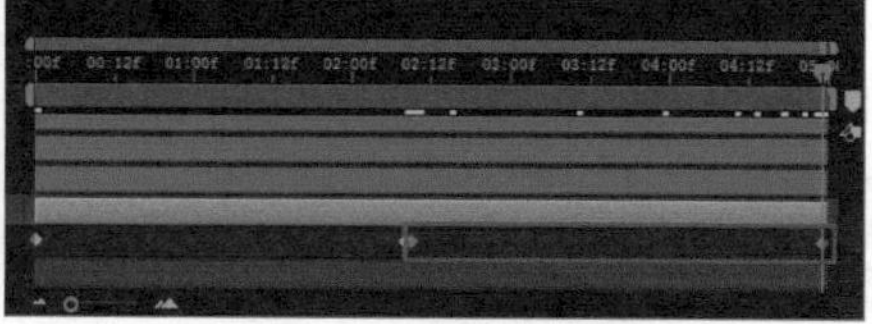
图6-235 粘贴关键帧

08 将“时间指示器”移至起始位置，选择“线条”图层，按快捷键【P】，显示“位置”属性，在“合成”窗口中将该图层中的内容垂直向上移至合适的位置，插入该属性关键帧，如图6-236所示。将“时间指示器”移至4秒23帧的位置，在“合成”窗口中将该图层内容垂直向下移至合适的位置，如图6-237所示。

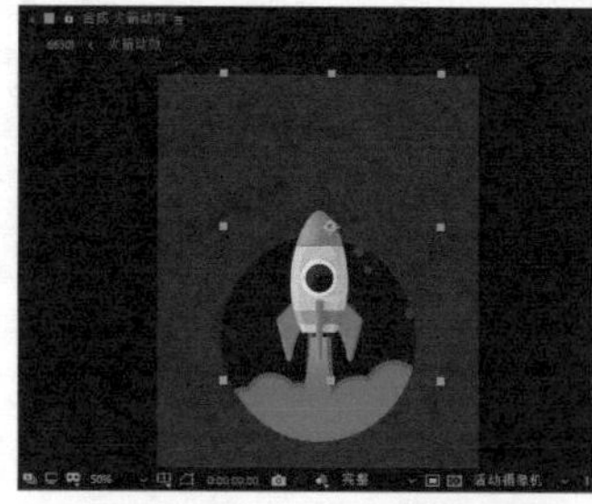
图6-236 向上移动元素位置

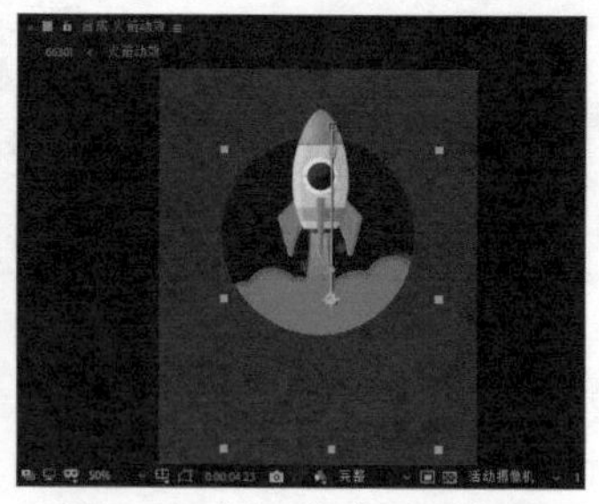
图6-237 向下移动元素位置

09 完成“圆点”和“线条”图层中的动画制作，在“时间轴”面板中可以看到这两个图层的时间轴效果，如图6-238所示。

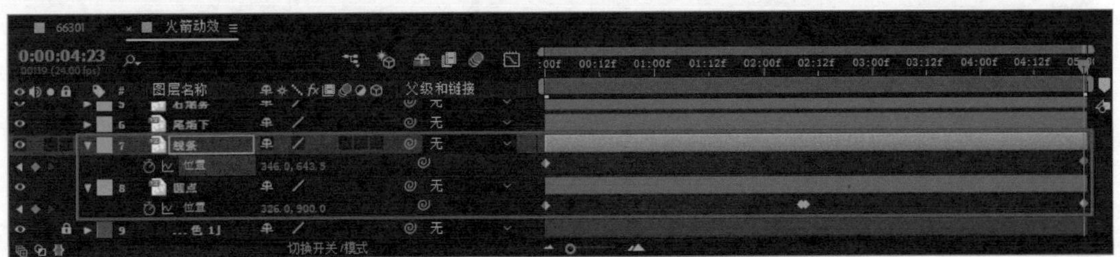

图6-238 “时间轴”面板

10 将“遮罩”图层隐藏，选择“右烟雾”图层，将“时间指示器”移至起始位置，按快捷键【R】，显示“旋转”属性，插入该属性关键帧，如图6-239所示。将“时间指示器”移至4秒23帧的位置，设置“旋转”属性值为2x，如图6-240所示。

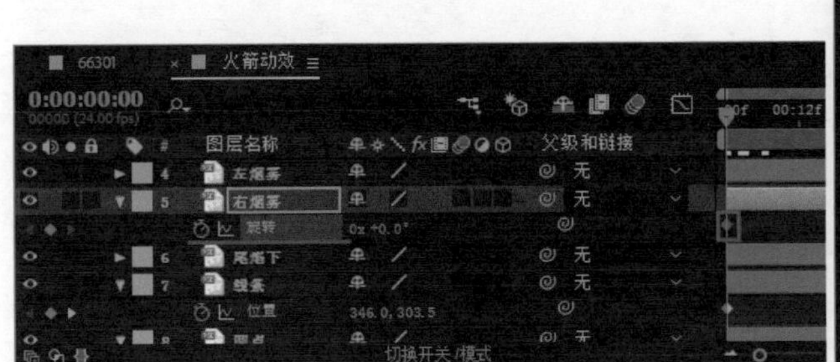

图6-239 插入“旋转”属性关键帧

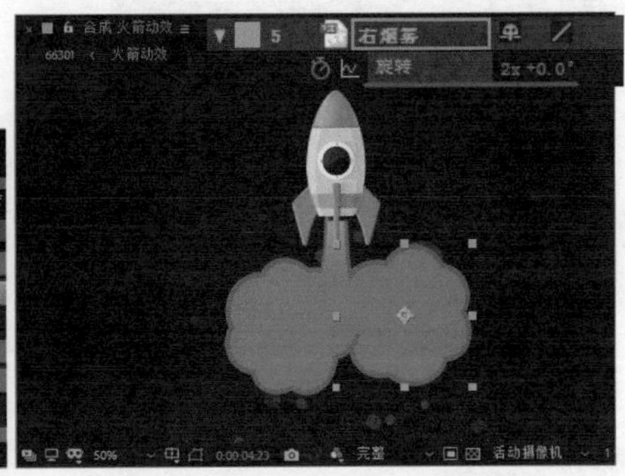

图6-240 设置“旋转”属性值

11 选择“左烟雾”图层，将“时间指示器”移至起始位置，按快捷键【R】，显示“旋转”属性，并插入该属性关键帧，如图6-241所示。将“时间指示器”移至4秒23帧的位置，设置“旋转”属性值为-2x，如图6-242所示。

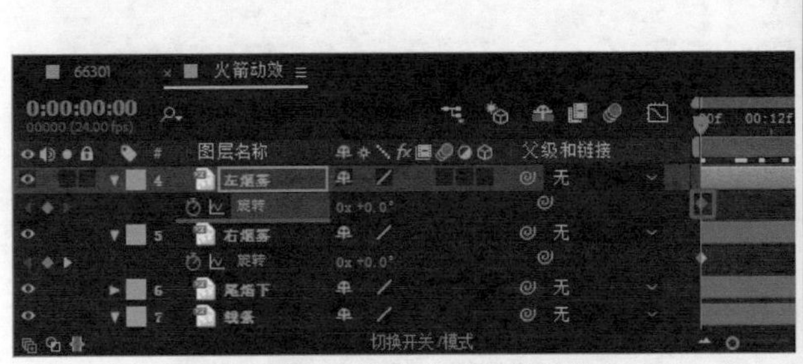

图6-241 插入“旋转”属性关键帧

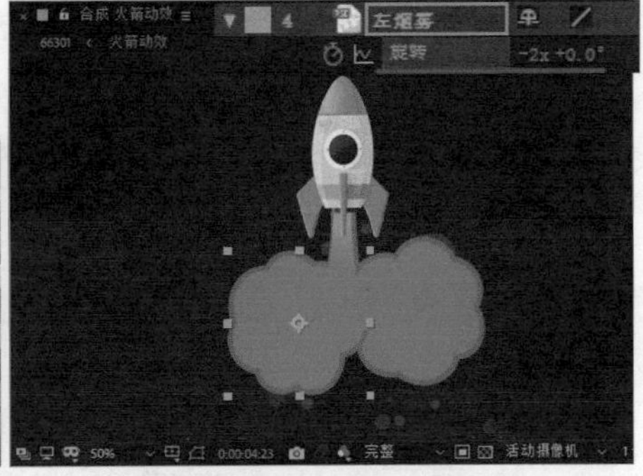

图6-242 设置“旋转”属性值

此处在制作火箭底部烟雾的旋转动画时需要注意，右侧烟雾的“旋转”属性值为正值，表示顺时针进行旋转，而左侧烟雾的“旋转”属性值为负值，表示逆时针进行旋转，从而模拟了比较真实的效果。

12 选择“火箭主体”图层，将“时间指示器”移至0秒01帧的位置，按快捷键【P】，显示“位置”属性，插入该属性关键帧，如图6-243所示。将“时间指示器”移至1秒的位置，在“合成”窗口中将该图层内容向右移至合适的位置，如图6-244所示。

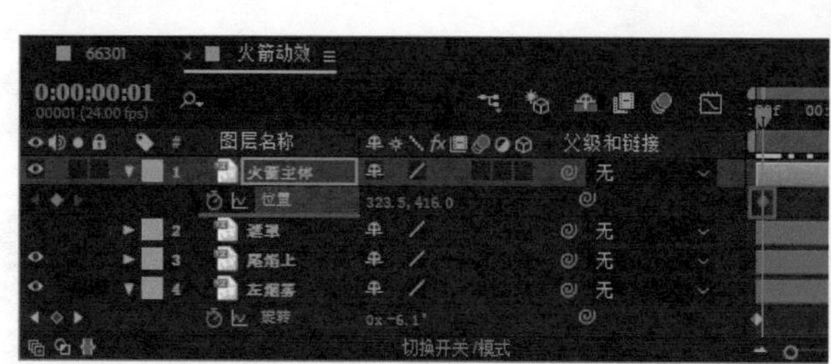
图6-243 插入“位置”属性关键帧

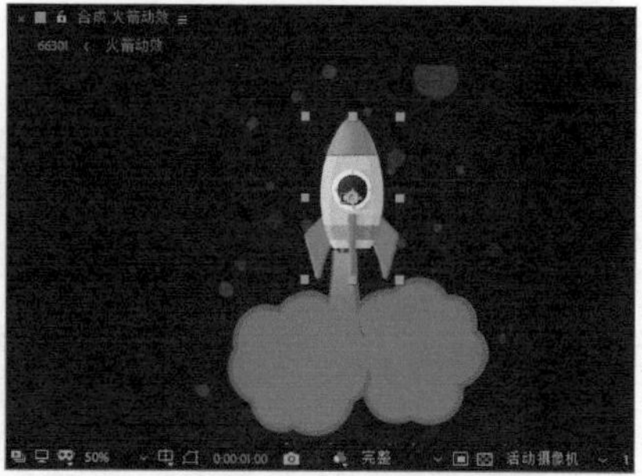
图6-244 移动元素位置

13 将“时间指示器”移至1秒20帧的位置，在“合成”窗口中将该图层内容向左移至合适的位置，如图6-245所示。使用相同的制作方法，在该图层不同的时间位置制作出火箭主体左右移动的动画效果，“时间轴”面板如图6-246所示。

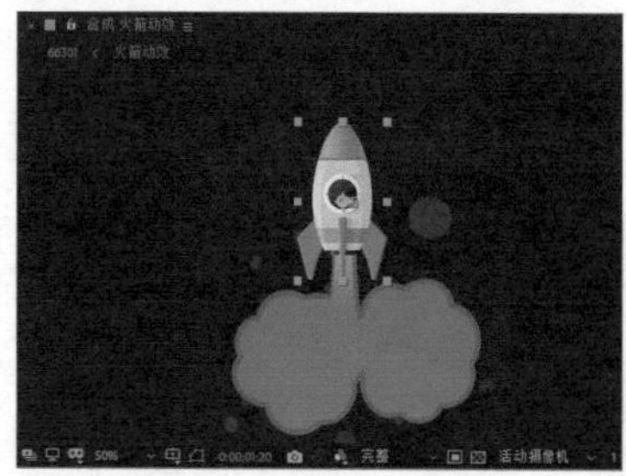
图6-245 移动元素位置

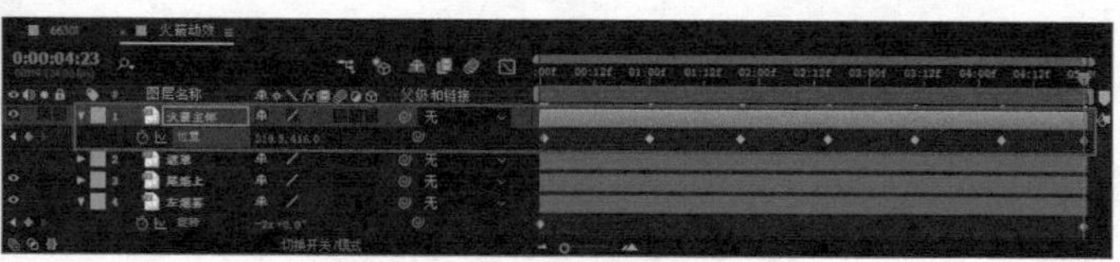
图6-246 “时间轴”面板

14 选择“尾焰上”图层，单击并拖动该图层的“父子关系”图标◎至“火箭主体”图层，如图6-247所示。从而指定“火箭主体”图层为该图层的父级，如图6-248所示。这样该图层中的动画效果会与“火箭主体”图层中的动画效果保持一致。

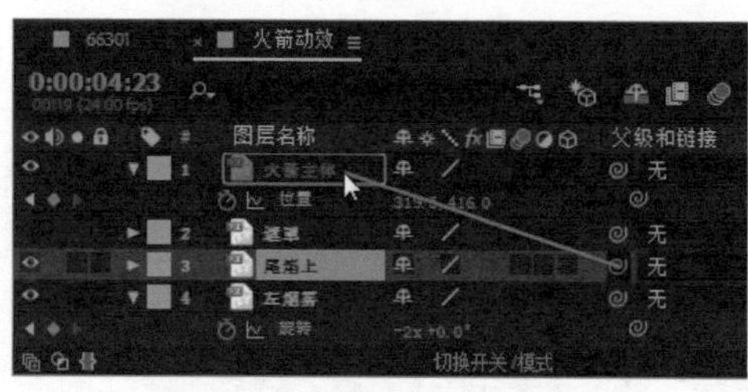
图6-247 设置图层父子关系

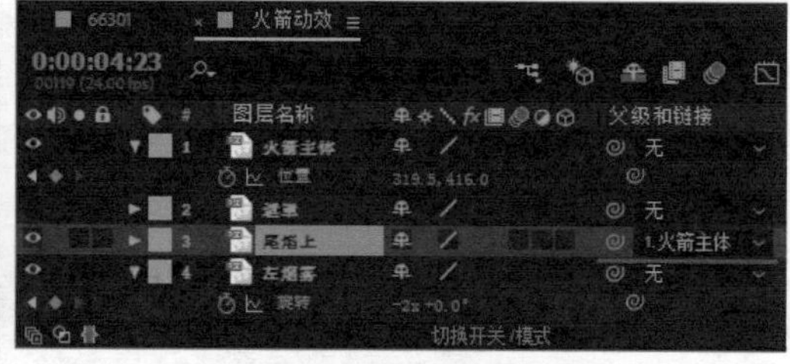
图6-248 显示父子关系

15 显示“遮罩”图层，展开所有添加了属性关键帧的图层，为所有的属性关键帧应用“缓动”效果，如图6-249所示。

图6-249 应用“缓动”效果

16 完成“火箭动效”合成中动画的制作，返回到“66301合成”的编辑状态中，选择“火箭动效”图层，按快捷键【R】，显示“旋转”属性，设置其属性值为45°，如图6-250所示。从而使所制作的火箭动画效果在界面中能够以倾斜45°角的效果显示，如图6-251所示。

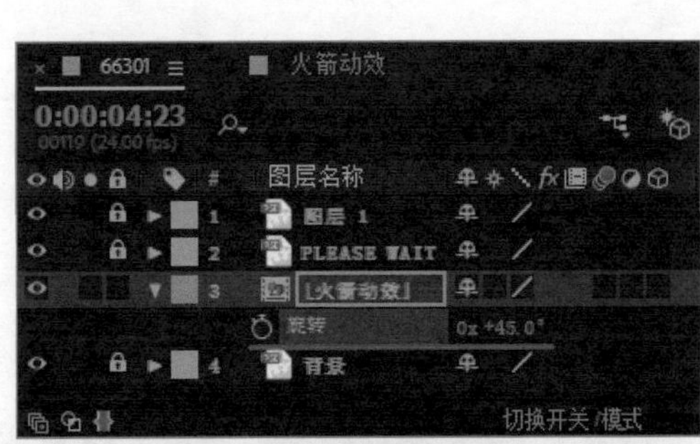

图6-250 设置“旋转”属性值

图6-251 “合成”效果

除了可以通过拖动图标指向父级图层的方式来指定该图层的父级图层，还可以在该图层名称右侧的“父级”选项下拉列表中直接选择图层名称，从而指定其父级图层。

17 完成该火箭加载动效的制作，单击“预览”面板上的“播放/停止”按钮▶，可以在“合成”窗口中预览该动画效果。也可以将该动画渲染输出为视频文件，再使用Photoshop将其输出为GIF格式的动画，效果如图6-252所示。

图6-252 火箭加载动效

6.7 UI转场交互动效

界面切换动效是移动端应用最多的动效，虽然界面切换动效通常只有零点几秒的时间，却能够在一定程度上影响用户对界面间逻辑的认知。通过合理的动效能让用户更清楚“我从哪里来，现在在哪，怎么回去”等一系列问题。

6.7.1 常见的UI转场动效形式

用户初次接触产品，恰当的动效能使产品界面间的逻辑关系与用户自身建立起来的认知模型吻合，且操作后的反馈符合用户的心理预期。本节将向读者介绍移动端App中常见的界面切换转场动效。

● 弹出

弹出形式的动效多应用于移动端的信息内容界面，用户将绝大部分注意力集中在内容信息本身。当信息不足或者展现形式上不符合要求时，临时调用工具对该界面内容进行添加、编辑等操作。在临时界面停留时间短暂，只想快速操作后重新回到信息内容本身。弹出形式的动效演示如图6-253所示。

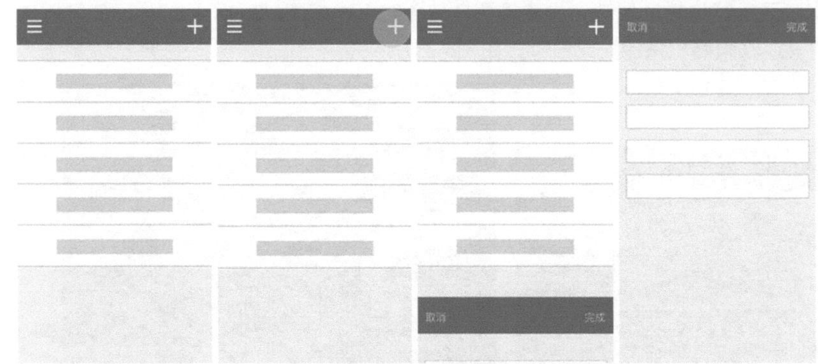

用户在该信息内容界面中进行操作时，需要临时调用相应的工具或内容，就点击该界面右上角的“+”号按钮，相应的界面会从底部弹出。

图6-253 弹出形式动效

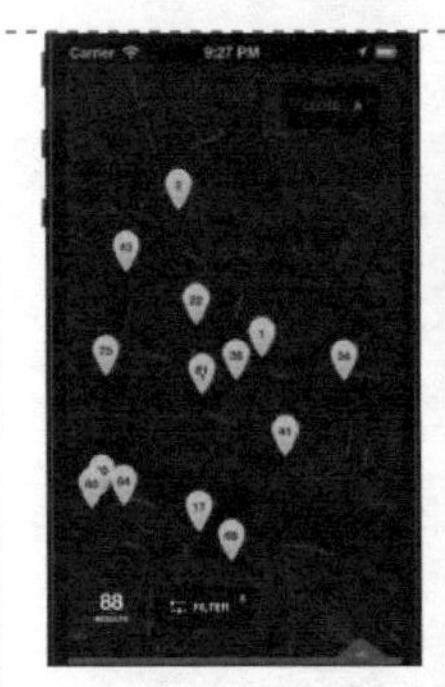
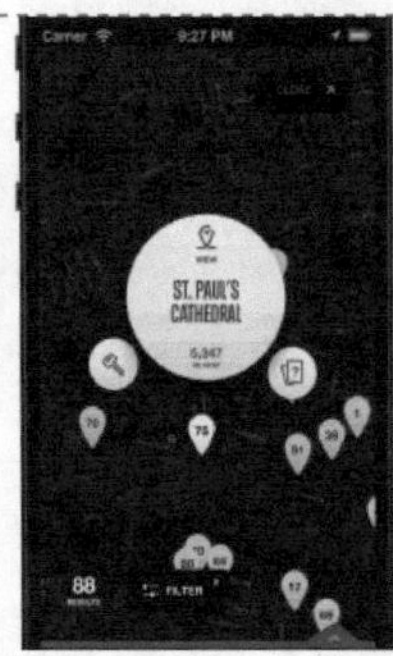
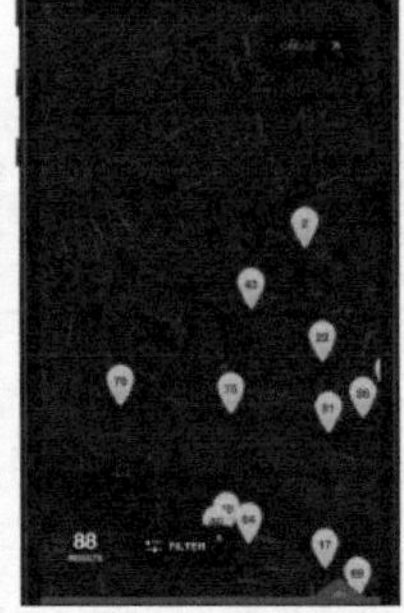
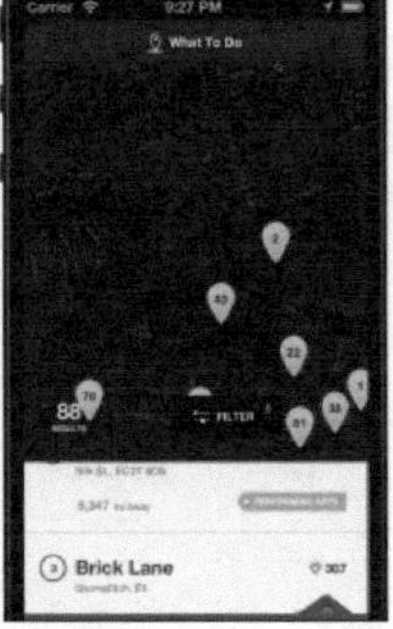
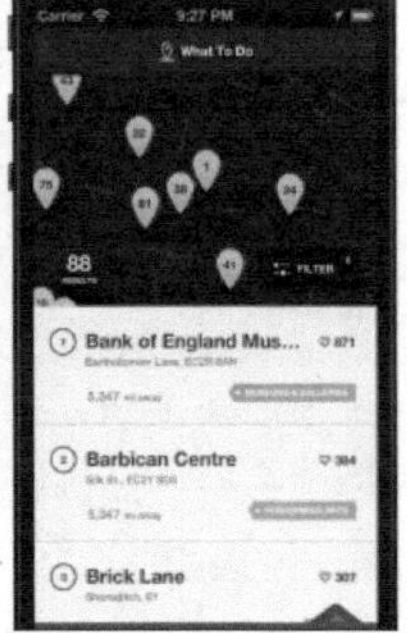

图6-254 App界面中的弹出动效

在图6-254所示的移动端App界面中，当用户点击界面中的黄色位置图标时，界面会以弹出的形式显示相应的信息和功能操作图标。如果用户点击了界面右上角的按钮，界面底部则会以弹出的形式显示相应的功能操作选项，当用户完成操作后，该功能操作窗口会逐渐向下隐藏。

还有一种情况类似于侧边导航菜单，这种动效并不完全属于页面间的转场切换，但是其使用场景很相似。

当界面中的功能比较多时就需要在界面中设计多个功能操作选项或按钮，但是界面空间有限，不可能将这些选项和按钮全部显示在界面中，这时通常的做法就是通过界面中某个按钮来触发一系列的功能或者一系列的次要内容导航，同时主要的信息内容页面并不离开用户视线，始终提醒用户来到该界面的初衷。侧边弹出形式的动效演示如图6-255所示。

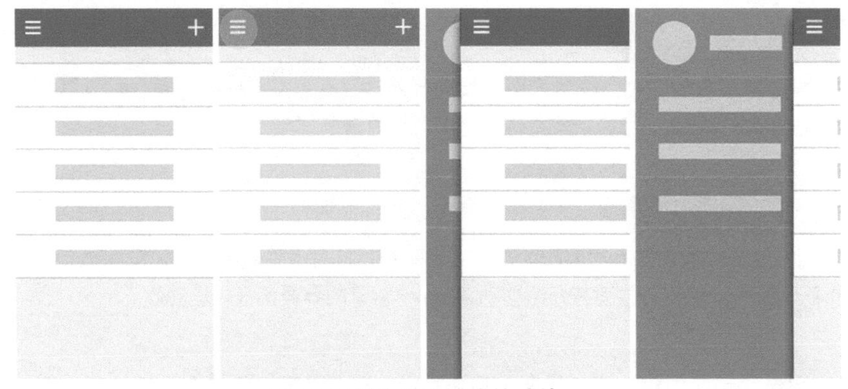

该App的主要功能都集中在一个页面上，侧边弹出其他页面的导航入口，这些次要页面都属于临时调出。

图6-255 侧边弹出形式的动效

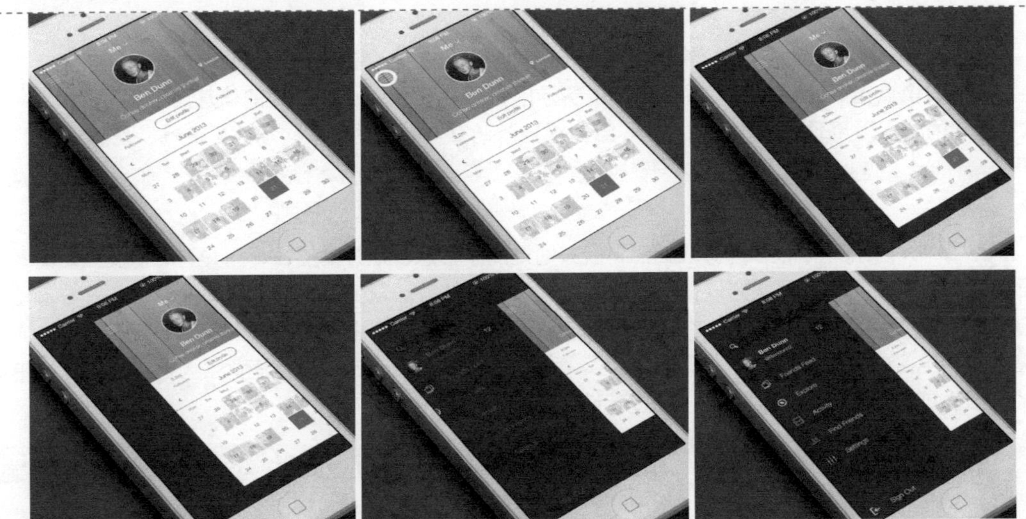

图6-256 社交类App界面动效

图6-256所示的社交类App，常常需要在各功能界面之间进行跳转，为了扩大界面的空间，通常都会将相应的功能操作选项放在侧边隐藏的导航菜单中，在需要使用时，才通过点击界面中相应的按钮，从侧边弹出导航菜单选项。

● 侧滑

当界面之间存在父子关系或从属关系时，通常会在这两个界面之间使用侧滑转场动效。通常看到侧滑的界面切换效果，用户就会在头脑中形成不同层级间的关系。侧滑形式的界面切换动效演示如图6-257所示。

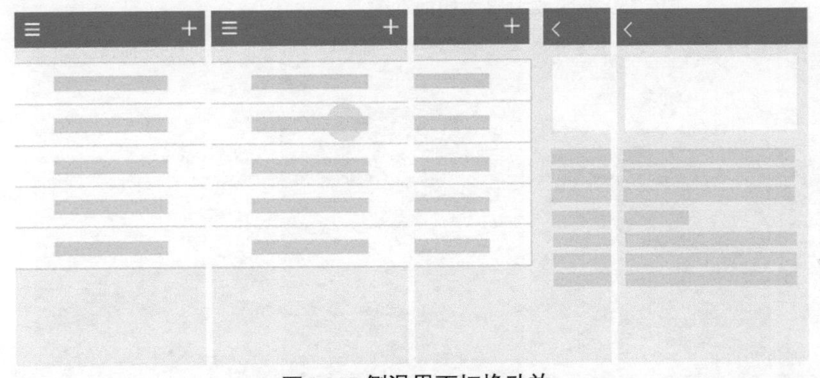

每条信息的详情界面都属于信息列表界面的子页面，所以它们之间的转场切换通常都会采用侧滑的转场形式。

图6-257 侧滑界面切换动效

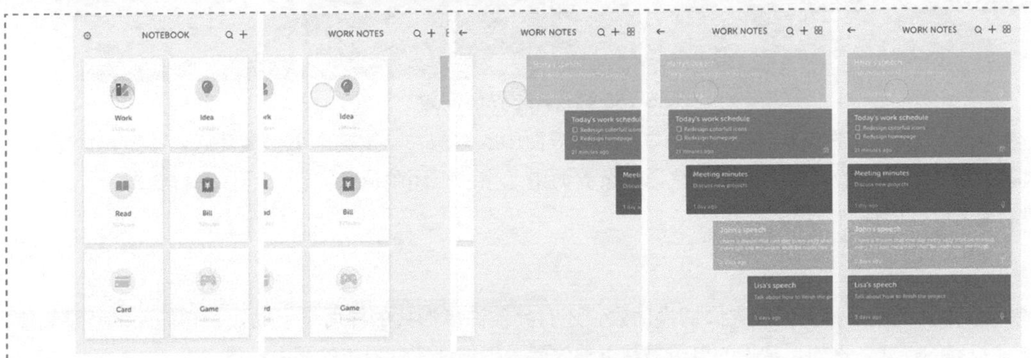

图6-258 App界面内容切换动效

图6-258所示的App主界面，使用功能图标与说明文字相结合的方式来表现不同的内容分类。当用户在界面中点击某个分类时，界面将通过侧滑的方式切换到所点击分类的信息内容列表中，并且该列表中的内容采用了顺序入场的方式，给人很强的动感，界面的切换转场效果流畅、自然。

● 渐变放大

在界面中如果排列了很多同等级信息，就如同贴满了信息、照片的墙面，用户有时需要近距离看看上面都是什么内容，需要在快速浏览和具体查看之间轻松切换。渐变放大的界面切换动效与左右滑动切换动效最大的区别是，前者大多用在张贴显示信息的界面中，后者主要用于罗列信息的列表界面中。在张贴信息的界面中左右切换进入详情总会给人一种不符合心理预期的感觉，违背了人们在现实世界中形成的习惯认知。渐变放大的界面切换动效演示如图6-259所示。

图6-259 渐变放大界面切换动效

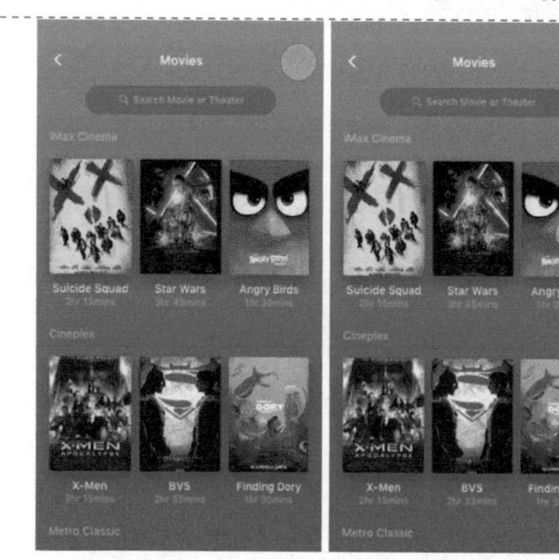

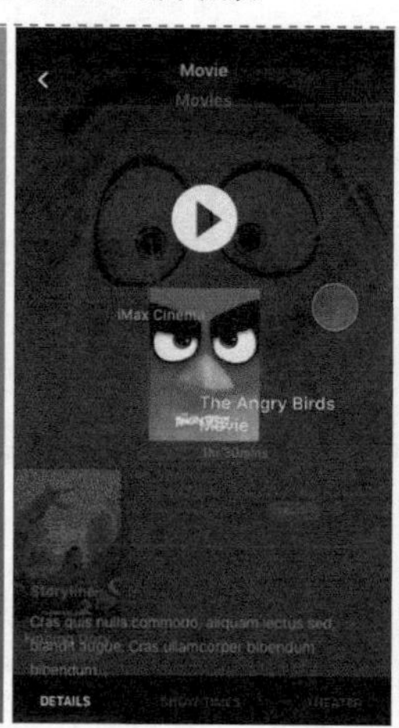

图6-260 影视App界面动效

如图6-260所示，在该移动端App的电影列表界面中，当用户点击某个电影图片后，该图片将渐变放大并切换到该信息的详情页界面。在详情页界面中点击左上角的返回按钮，界面同样会以渐变放大的转场动画形式切换到电影列表界面。

● 其他

除了以上介绍的几种常见的界面切换动效，还有其他许多形式的界面切换动效，它们大多都是高度模仿现实世界的样式，例如，常见的电子书翻页动效就是模仿现实世界中的翻书动作。

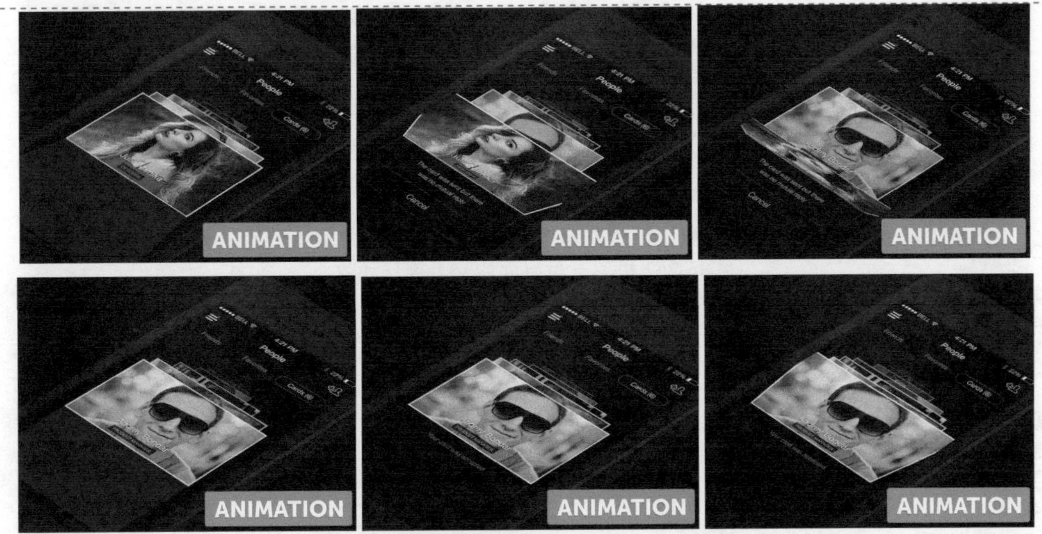

图6-261 移动端App界面中的图片切换动效

图6-261所示的是一个移动端App界面中的图片切换动效，通过图片在三维空间中的翻转来实现图片的切换，与现实生活中卡片翻转的表现方式相统一，容易使用户理解，同时也使界面表现出很强的三维空间感。

6.7.2 UI转场交互动效设计要求

界面切换动效在界面中所起到的作用无疑是显著的。相比于静态的界面，动态的界面切换更符合人们的自然认知体系，有效地降低了用户的认知负担。屏幕上元素的变化过程，前后界面的变化逻辑，以及层次结构之间的变化关系，都在动画的表现下，变得更加清晰自然。从这个角度上来说，交互动效不仅是界面的重要支持元素，也是用户交互的基础。

● 界面切换要自然

在现实生活中，事物不会突然出现或者突然消失，通常它们都会有一个转变的过程。而在界面中，默认情况下，界面状态的改变是直接而且生硬的，这使得用户有时候很难立刻理解。当界面有两个甚至更多状态时，状态之间的变化要使用过渡动画效果来表现，让用户明白它们是怎么来的。

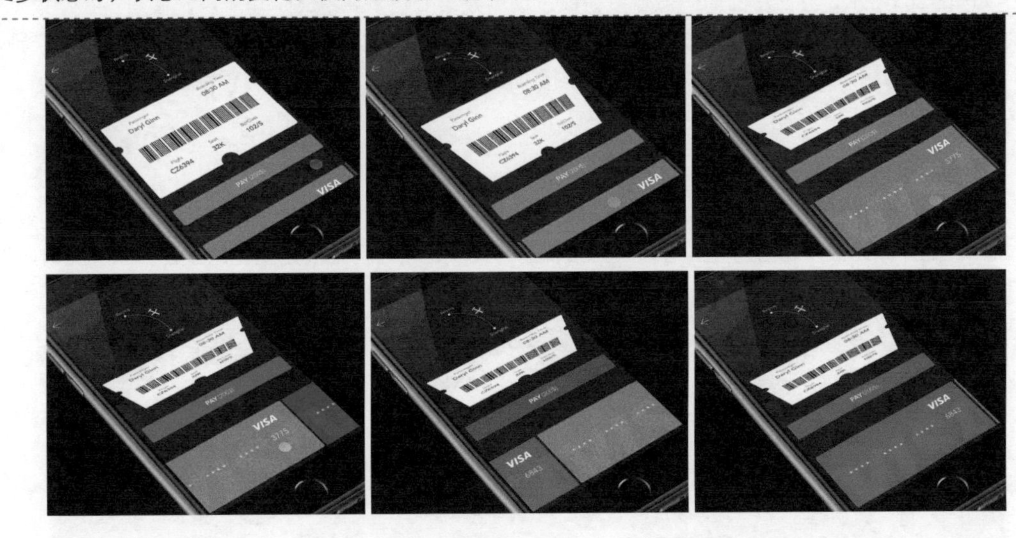

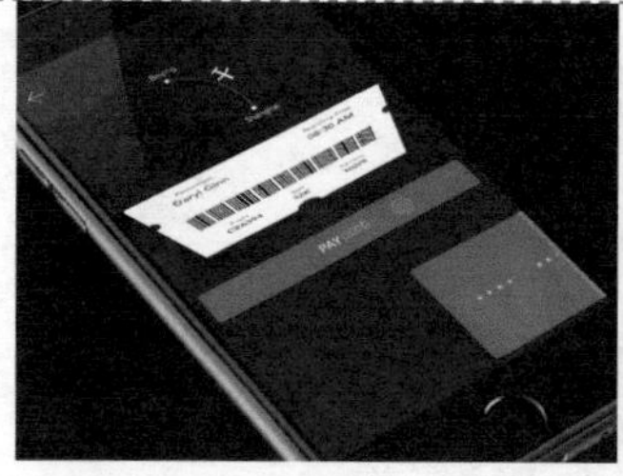
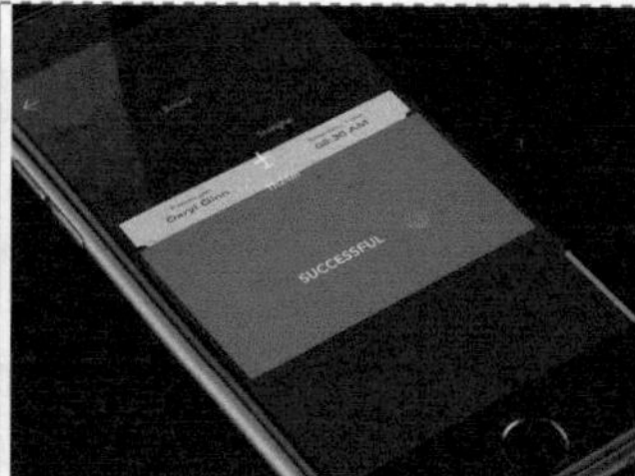

图6-262 机票支付界面的交互操作动效

图6-262所示的是一个机票支付界面的交互操作动效，当用户点击界面下方的银行卡时，界面中的机票信息卡片会在垂直方向上发生三维旋转，从而使界面下方有充足的空间显示银行卡。同时在界面下方用户可以左右滑动选择银行卡，当选择好相关的银行卡后，点击界面中的支付按钮，界面中的元素会从界面中移出，而支付按钮会扩大填充至整个界面，从而平滑地过渡到支付信息界面。整个界面中的动效表现非常自然、流畅，便于用户的理解和操作。

● 层次要分明

一个层次分明的界面切换动效通常能够清晰地展示界面状态的变化，抓住用户的注意力。良好的过渡动画有助于在正确的时间点，将用户的注意力吸引到关键的内容上。

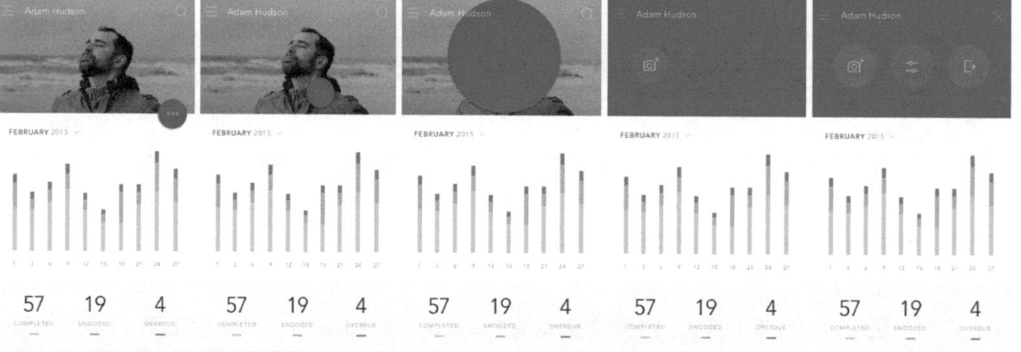

图6-263 App界面功能切换动效

如图6-263所示，界面中圆形的悬浮按钮通过动画效果变化扩展为三个功能操作按钮。在动效发生之前，用户并不清楚其变化的结果，但是动画的运动趋势和变化趋势让用户对于后续的发展有了预期，其后产生的结果也不会离预期太远。与此同时，红色的按钮在视觉上也拥有足够的吸引力，这个动画效果有助于引导用户进行下一步的交互操作。

● 界面切换要相互关联

同一个App中不同功能界面的切换，自然就牵涉到变化前后界面之间的关联。良好的切换过渡动效连接着新出现的界面元素和之前的交互与触发元素，这种关联逻辑让用户清楚变化的过程，以及界面所发生的前后变化。

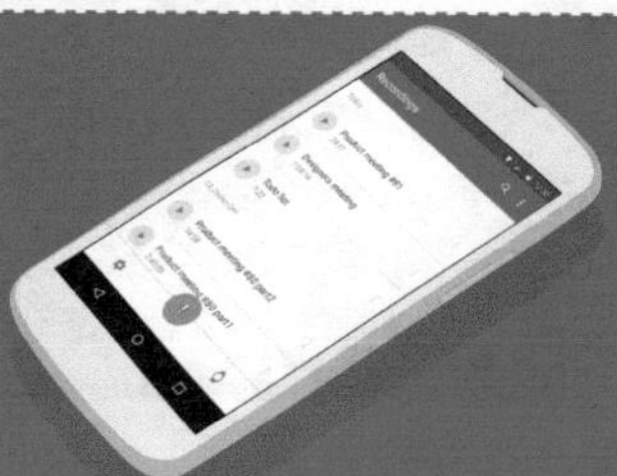
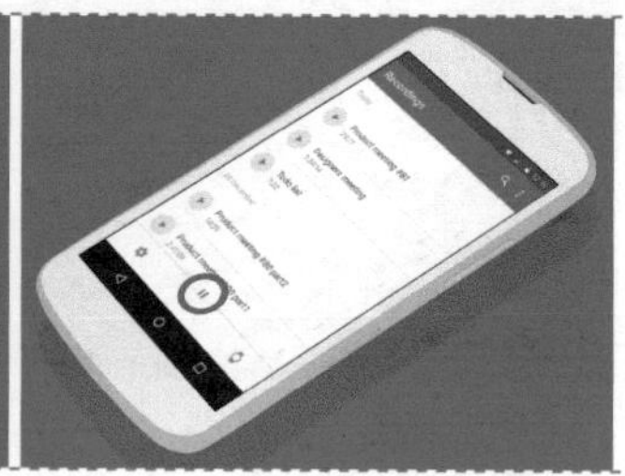

图6-264 录音App界面的转场过渡动效

图6-264所示的是一个录音App界面的转场过渡动效，当用户点击界面底部的红色录音按钮时，红色逐渐放大至整个界面，该按钮图标也变成白色的暂停按钮，从而自然、流畅地转场到录音界面，很好地体现了界面之间的关联性。并且无论是配色还是界面中功能图标的操作位置，都保持了一致性。

● 快速地过渡

在设计界面切换动效时，时间和速度一定要把握好。快速准确，绝不拖沓，这样的动效才不会浪费用户的时间，不会让人觉得App产生了延迟，不会让用户烦躁。

当元素在不同状态之间切换时，运动过程要让人在看得清、容易理解的情况下尽快进行，这样才是最佳的状态。为了兼顾动效的效率、理解的便捷及用户体验，动效应该在用户触发后的0.1s内开始，在0.3s 内结束，这样才不会浪费用户的时间，恰到好处。

图6-265 移动端App的加速动效

图6-265所示的是一个移动端App的加速动效，当用户点击界面中的按钮后，界面会通过动效的形式表现当前的加速过程，其采用了先慢后快的处理方式，先是围绕火箭的图标由慢到快地进行旋转，然后火箭图像快速地向上运动并消失，并且在向上运动过程中还加入了运动模糊，给用户一种“速度提升得飞快”的心理暗示。快速的动效表现，让人感觉App运行非常迅速、敏捷，从而提升用户的心理体验。

● 清晰的动画效果

清晰几乎是所有好设计的共通点，对于界面切换动效来说也是如此。移动端的动效应该是以功能优先、视觉传达为核心的视觉元素，太过复杂的动效除了有炫技之嫌，还会让人难以理解，甚至在操作过程中失去方向感，这对于用户体验来说是一个退步，而非优化。所以请务必记住，屏幕上的每一个变化都会让用户注意到，它们都会成为影响用户体验和用户决策的因素，不必要的动效会让用户感到混乱。

应该避免一次呈现过多效果，尤其动态效果同时存在多重、复杂变化的时候，会呈现出混乱的态势，少即是多的原则对于动效设计同样适用。如果某个动效的简化能够让整个UI变得更加清晰、直观，那么这个修改一定是个好主意。当动效同时包含形状、大小和位移变化时，请务必保持路径的清晰及变化的直观性。

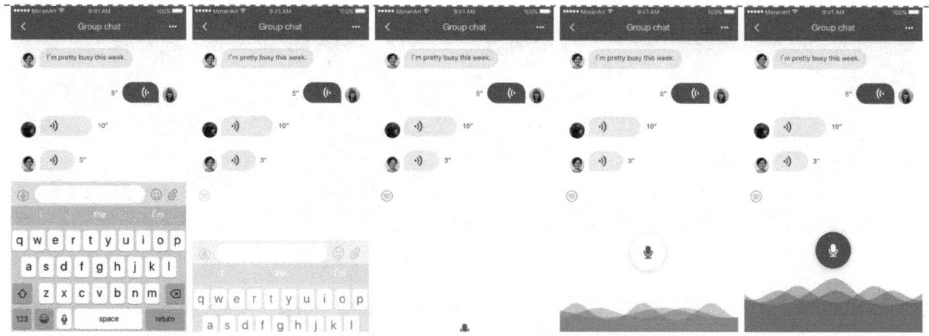

图6-266 聊天App界面功能切换动效

图6-266所示的是一个聊天App界面中文字输入功能与语音输入功能相互切换的动效设计，当用户点击界面中的语音输入图标时，界面下方的文字输入键盘会向下移动并逐渐淡出，接着语音输入图标会从界面下方移入界面，并且在界面下方显示声音波形，当用户按下语音输入图标，该图标将会反白并显示声音波形动画。界面中功能切换的动效表现没有过多复杂的设计，只是使用了位置、不透明度等基础属性来表现，同样可以实现简洁、流畅的过渡。

6.8 UI交互动效设计规范

UI交互动效设计同其他UI设计分支一样，具备完整性和目的性。伴随拟物化设计风潮的告一段落，UI设计更加自由随心。现如今，UI交互动效设计已经具备丰富的特性，炫酷灵活的特效已经是UI设计不可分割的一部分。

6.8.1 UI交互动效设计要点

UI交互动效设计同其他设计一样，也是有规律可循的。在我们开始动手设计制作各种交互动效之前，不妨先了解一下UI交互动效的设计要求。

● 富有个性

这是UI交互动效设计最基本的要求，动效设计就是要摆脱传统应用的静态设定，设计独特的动画效果，从而达到引人入胜的目的。

在确保UI风格一致的前提下，表达出App的鲜明个性，这就是UI交互动效设计的“个性化”。同时，还应该保证动画效果的细节符合约定俗成的交互规则，这样动效就具备了“可预期性”，如此，UI交互动效设计便有助于强化用户的交互经验，保持移动端App的用户黏性。

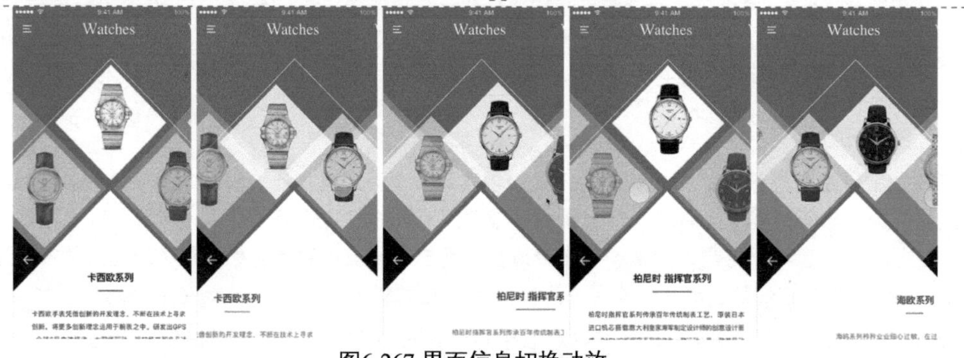

图6-267 界面信息切换动效

如图6-267所示，该款产品介绍界面的设计打破传统的排版方式，采用了菱形的布局设计，同时界面中各产品信息的切换使用了位置和不透明度变化的方式进行呈现，不仅可以点击产品图片实现产品信息的切换，还可以点击界面左右两侧的箭头实现切换，界面的表现富有个性，给人留下深刻的印象。

● 为用户提供操作导向

在设计UI交互动效时，设计师需要将屏幕视为一个物理空间，将UI元素看作物理实体，让它们能在这个物理空间中打开、关闭、移动、展开或者聚焦为一点。动效应该随动作移动而自然变化，为用户做出应有的引导。不论是在动作发生前、动作发生过程中还是动作完成后，UI交互动效应该如同导游一样，为用户指引方向，防止用户感到无聊，减少额外的图形化说明。

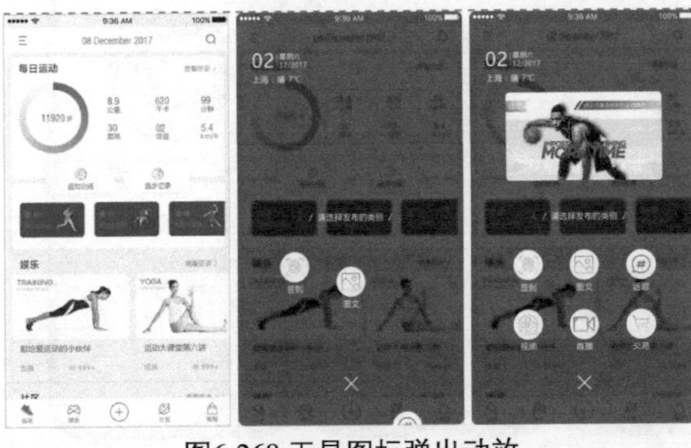

图6-268 工具图标弹出动效

图6-268所示的工具图标弹出动效，使用了界面背景变暗和图标元素惯性弹出相结合的动画，从而有效地创造出界面的视觉焦点，使用户的注意力被吸引到弹出的彩色功能操作图标上，引导用户操作。

● 为内容赋予动态背景

动效应该为内容赋予背景，通过背景来表现内容的物理状态和所处环境。在摆脱模拟物品细节和纹理的设计束缚之后，UI设计甚至可以自由地表现与环境矛盾的动态效果，如为对象添加拉伸或者形变的效果，或者为列表添加俏皮的惯性滚动，这些都是提升用户体验的有效手段。

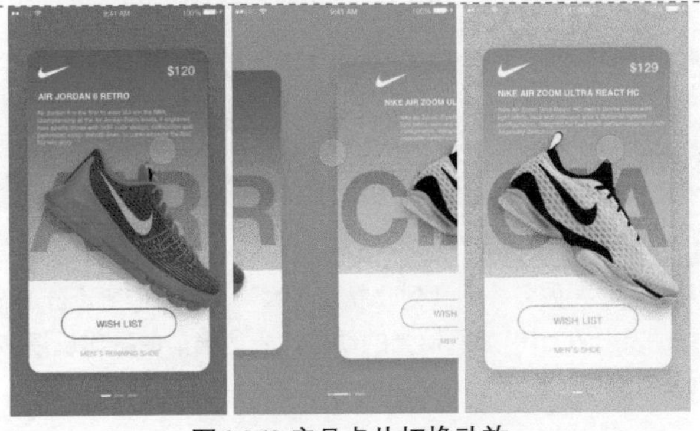

图6-269 产品卡片切换动效

图6-269所示的App界面，以卡片的形式来表现产品，并且在界面中可以通过左右滑动的方式来切换不同的产品。当滑动切换不同产品的显示时，整个界面的背景颜色也会发生相应的变化，从而有效地区分不同产品，使界面的表现更生动、富有活力。

● 引起用户共鸣

UI中所设计的交互动效应该具有直觉性和共鸣性。UI交互动效的目的是与用户互动，产生共鸣，而非令用户感到困惑甚至意外。UI交互动效和用户操作之间的关系应该是互补的，两者共同促成交互完成。

图6-270 App界面动效

图6-270所示的App界面动效，各功能选项都使用了不同的图片作为背景，当用户在界面中点击某个选项后，该选项会逐渐放大并过渡到高亮的显示状态，与其他选项进行区别显示，有效提升用户的操作体验。

● 提升用户情感体验

出色的UI交互动效能够唤起用户积极的情绪反应，平滑流畅的滚动能带来舒适感，而有效的动作执行往往能让人兴奋。

图6-271 音乐App界面动效设计

图6-271所示的音乐App界面动效，将音乐专辑设计成传统的黑胶唱片和唱片封套的形式，当用户需要听某一张专辑时，只需要在界面点击该专辑，唱片就会从封套中以动画形式滑出，再次点击该唱片，切换到该专辑的播放界面中，与此同时在界面中会出现相关的其他功能操作按钮和播放进度条，点击“播放”按钮，黑胶唱片在界面中表现为转动的效果。平滑的切换过渡给用户带来流畅感，有效提升用户体验。

UI 交互动效的目的是用来保持用户关注、引导用户操作，不要强硬地在界面中添加动效。在 UI 中滥用动效会让用户分心，过度表现和过多的转场动效会令用户烦躁，所以我们需要把握好动效在 UI 中的平衡。

6.8.2 通过交互动效设计提升UI用户体验

在用户体验中，我们总是强调“以人为本”，如何才能做到“以人为本”，如我们所设计的App应该使用日常用语等，界面应该成为用户的好朋友。在UI中加入恰当的动效，表达当前的操作反馈和状态，无论背景的逻辑多么复杂，都能够使界面更加亲切。

● 显示系统状态

当用户在界面中进行操作时，总是希望能够马上获得回复，并知晓当前发生了什么。例如，在用户进行操作时，在界面中显示完成的百分比，或者播放声音，让用户了解当前发生的事情。

这个原则也适用于文件传输，不要让用户觉得无聊，要为用户提供文件传输的进度显示，即使是不太令人愉快的通知，例如，传输失败，也应该以令人喜爱的方式展现。

图6-272 文件上传图标动效

图6-272所示的文件上传图标动效，当用户在上传文件时，上传图标会以动画的形式转换为上传进度图标，并动态显示当前的上传进度。当上传完成后，该上传图标同样以动画的形式转换成上传完成的图标，并给出文字提示，给用户在不同状态下的提醒，非常直观。

● 突出显示变化

图标状态的切换是界面中常见的一种表示状态变化的方式。通过动画的形式来表现按钮状态的变化，能够有效吸引用户的注意，不至于忽略界面中重要的信息。例如，常见的“播放”按钮状态的变化，当用户点击后会变换为“暂停”按钮，通过动效的形式更容易吸引用户。

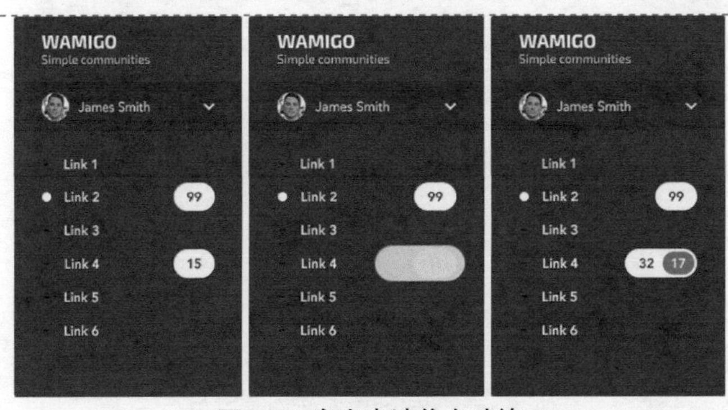

图6-273 突出未读信息动效

图6-273所示的界面，各信息选项以静态方式呈现，选项右侧会用白色背景来突出表现未读信息，当用户收到新的未读信息时，会以动效的形式突出显示，很好地吸引用户注意。

● 保持前后关联

智能移动设备的屏幕尺寸有限，很难在屏幕中同时展现大量的信息内容，这时就需要设计一种处理方式，让其能够在不同界面之间保持清晰的导航，让用户理解该界面从何而来，与之前的界面有什么关联，如何返回到之前的界面，这样才能够使用户的操作更加得心应手。

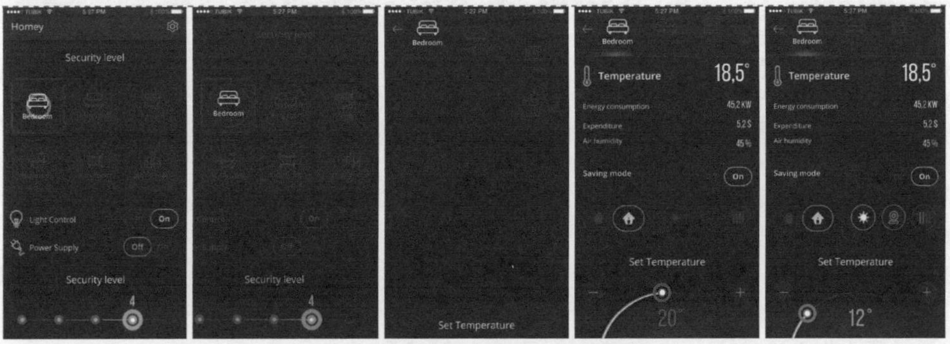

图6-274 家居智能控制App界面动效

图6-274所示为家居智能控制App界面动效，当用户在界面中点击某个家居空间按钮后，界面中的相关家居空间选项图标会切换为横向排列并自然过渡到另一个设置界面中。在该界面设置完成后，可以通过点击界面左上角的“←”（返回）箭头按钮返回到上级界面，界面的过渡非常流畅，并且各界面的色彩及图标形式、动效表现形式等保持一致，具有很好的关联性。

● 非标准布局

如果界面采用了非标准的布局方式，那么就需要为其添加交互动效来帮助用户理解如何操作非标准的布局，去除用户不必要的疑惑。

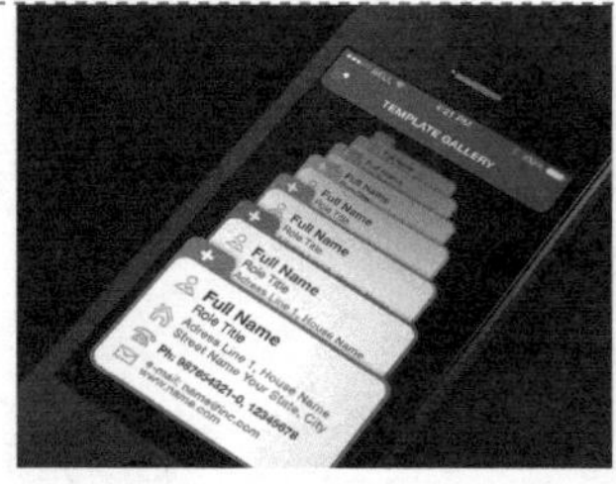

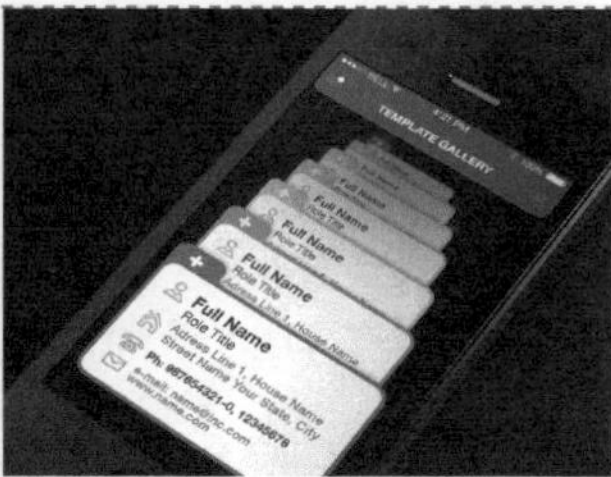

图6-275 信息内容切换动效

图6-275所示的信息内容切换动效比较特殊，采用了选项式的形式来表现各信息内容，并且使用不同的颜色来区分不同的信息选项卡，并在界面中以纵深方式排列各选项卡，给人一种强烈的立体空间感。信息卡片的切换动画模拟了现实生活中的效果，卡片快速向下模糊消失，后面的信息卡片向前顶上。

● 行动号召

界面中的动效设计除了能够帮助用户有效地操作App，还能够鼓励用户在界面中进行其他的操作，如持续浏览、点赞或分享内容等，只有充分发挥动画的吸引力，才能够更有效地吸引用户。

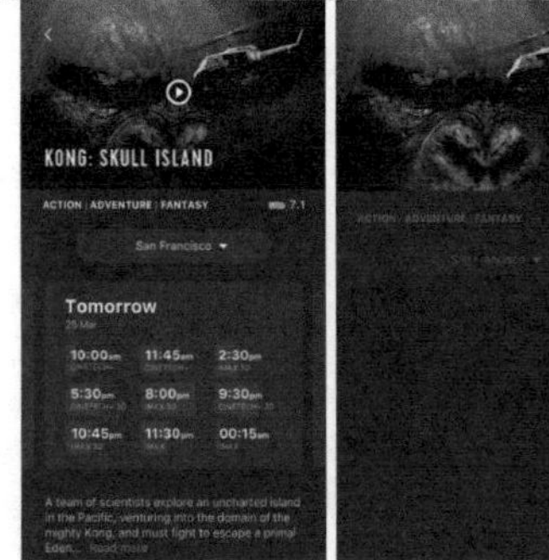

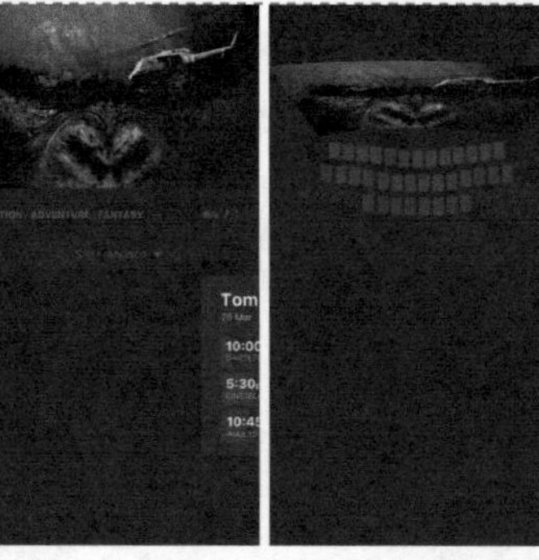

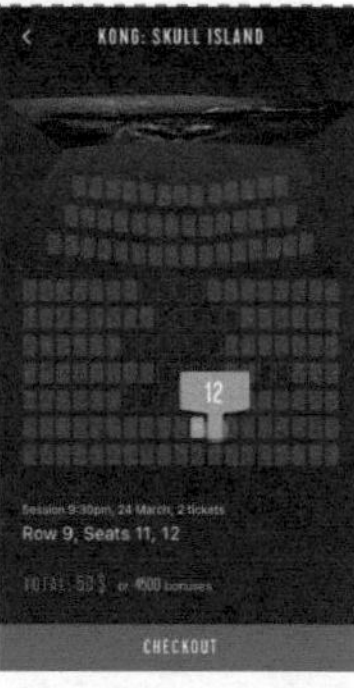

图6-276 在线购票App界面动效

图6-276所示在线购票App界面动效，当用户在界面中点击相应的场次之后，界面中的相应信息会逐渐滑出界面，界面顶部的电影宣传图片则会翻转变形为电影屏幕，并且界面会逐渐显示所有座位的示意图，用户在界面中点击选择相应的座位之后，点击界面底部的红色按钮，即可切换到确认购票界面和支付界面，一步一步吸引用户进行操作。

● 输入的视觉化

在App中，数据输入是非常重要的操作之一，数据的输入重点是尽可能防止用户输入错误，而且要在用户输入过程中加入适当的交互动效，使得数据输入过程不是那么枯燥和无趣。

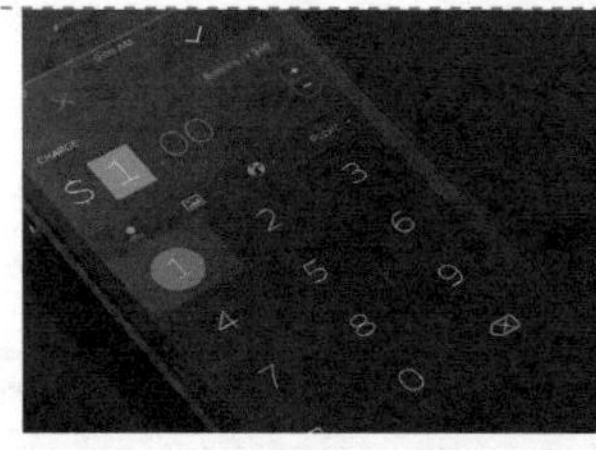

图6-277 数据输入动效

图6-277所示的数据输入动效，当用户在需要输入数据的位置点击，该部分就会以高亮的颜色突出显示，并且通过动画的形式在界面下方显示输入键盘。当用户在键盘上点击输入数据时，每点击一个数字，该数字区域就会以动画的形式进行突出显示，从而有效吸引用户的注意力，使用户专注于信息内容的输入。

6.8.3 制作登录转场动效

很多移动端App都会设置登录界面，通过登录界面来验证用户的身份。本节将带领读者制作完成一个登录转场动效，该动效属于演示动效，用于演示该移动端App的用户登录，以及登录成功跳转到主界面的整个过程。

实战练习 08 制作登录转场动效

源文件：资源包\源文件\第6章\6-8-3.aep　　视 频：资源包\视频\第6章\6-8-3.mp4

01 打开After Effects，执行“文件>导入>文件”命令，导入素材“资源包\源文件\第6章\素材\68301.psd”，弹出设置对话框，设置如图6-278所示。单击“确定”按钮，导入PSD素材自动生成合成，如图6-279所示。

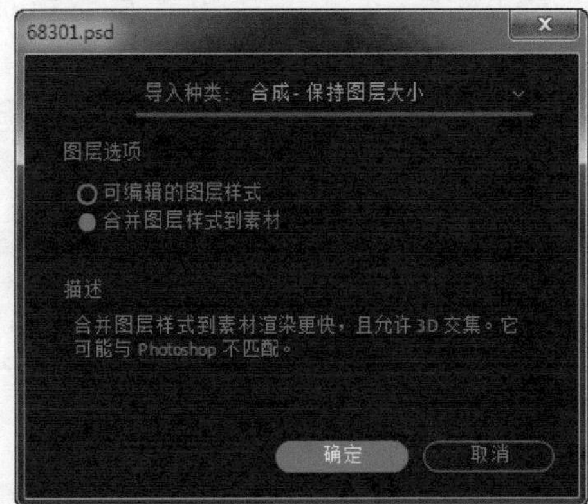

图6-278 导入设置对话框

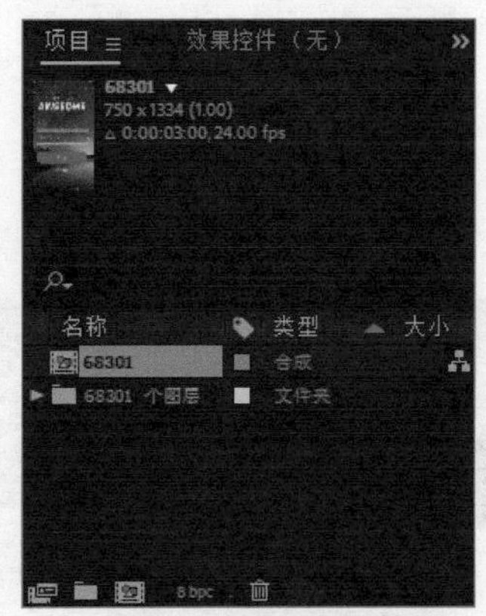

图6-279 导入素材

02 在“项目”面板中的“68301合成”上单击鼠标右键，在弹出的菜单中选择“合成设置”选项，弹出“合成设置”窗口，设置“持续时间”为8秒，如图6-280所示。单击“确定”按钮，双击“68301合成”，在“合成”窗口中可以看到该合成的效果，如图6-281所示。

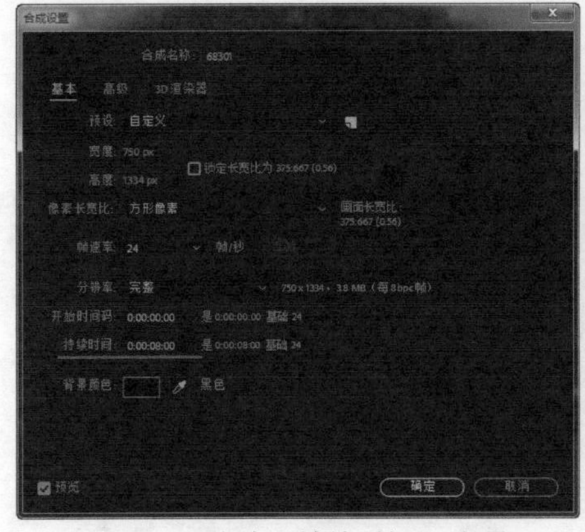

图6-280 修改“持续时间”选项

图6-281 打开合成

03 在“时间轴”面板中将不需要制作为动画的图层锁定，选择“线条1”图层，将“时间指示器”移至0秒05帧的位置，为该图层的“不透明度”属性插入关键帧，并设置其属性值为70%，如图6-282所示。将“时间指示器”移至0秒10帧的位置，设置“不透明度”属性值为100%，效果如图6-283所示。

图6-282 插入属性关键帧并设置属性值

图6-283 设置“不透明度”属性值

04 将“时间指示器”移至0秒05帧的位置，选择“Username”图层，为“不透明度”属性插入关键帧，如图6-284所示。将“时间指示器”移至0秒10帧的位置，设置“不透明度”属性值为0%，效果如图6-285所示。

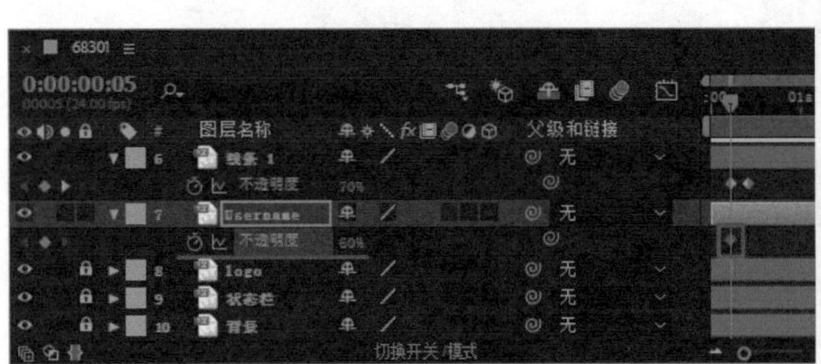

图6-284 插入属性关键帧

图6-285 设置“不透明度”属性值

05 使用“横排文字工具”，在“合成”窗口中单击并输入文字，并且将所输入的文字与表单元素中的文字完全对齐，如图6-286所示。将该文字图层调整至“Username”图层的上方，将“时间指示器”移至0秒10帧的位置，展开该图层下方的“文本”选项，为“源文本”属性插入关键帧，如图6-287所示。

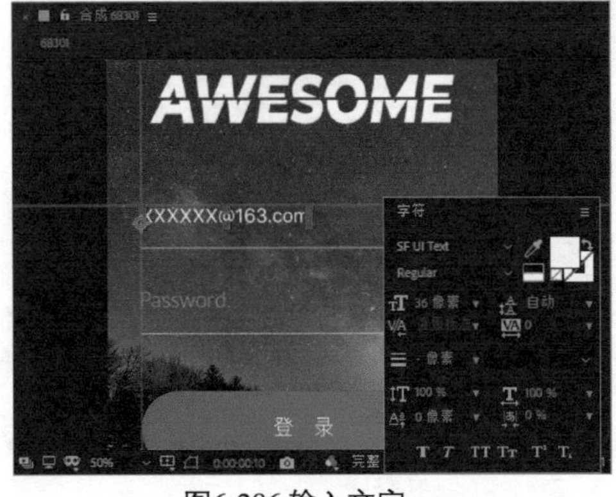

图6-286 输入文字

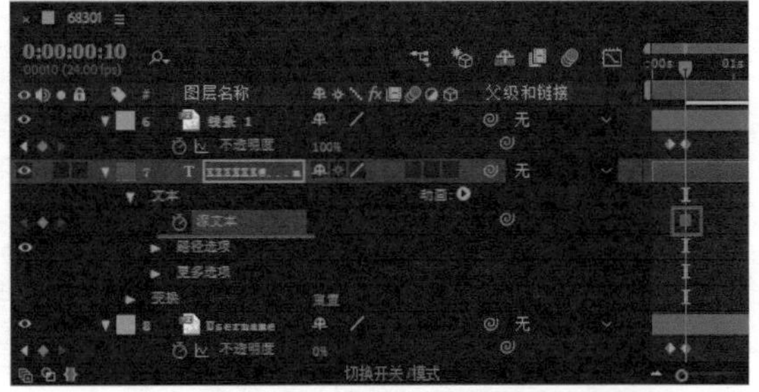

图6-287 插入“源文本”属性关键帧

06 将“时间指示器”移至0秒13帧的位置，添加“源文本”属性关键帧，在“合成”窗口中只保留第一个字母，如图6-288所示。将“时间指示器”移至0秒16帧的位置，添加“源文件”属性关键帧，在“合成”窗口中只保留前两个字母，如图6-289所示。

图6-288 只保留第一个字母

图6-289 保留前两个字母

07 使用相同的制作方法，每隔3帧添加一个“源文本”属性关键帧，并逐渐显示出字母，“时间轴”面板如图6-290所示。选择0秒10帧位置的关键帧，在“合成”窗口中将该关键帧上的所有文字全部删除，将该图层重命名为“账号”，如图6-291所示。

图6-290 “时间轴”面板

图6-291 将文字删除并修改图层名称

08 将“时间指示器”移至2秒08帧的位置，选择“线条1”图层，为“不透明度”属性添加关键帧，如图6-292所示。将“时间指示器”移至2秒13帧的位置，设置“不透明度”属性值为70%，效果如图6-293所示。

图6-292 插入属性关键帧

图6-293 设置“不透明度”属性值

09 将“时间指示器”移至2秒13帧的位置，选择“线条2”图层，按快捷键【T】，显示该图层的“不透明度”属性，设置该属性值为70%，并为该属性插入关键帧，如图6-294所示。将“时间指示器”移至2秒18帧的位置，设置“不透明度”属性值为100%，效果如图6-295所示。

图6-294 插入属性关键帧

图6-295 设置“不透明度”属性值

10 选择“Password”图层，使用与“Username”图层相同的制作方法，制作出该图层“不透明度”属性变化的动画，“时间轴”面板如图6-296所示。

图6-296 “时间轴”面板

11 使用“横排文字工具”，在“合成”窗口中单击并输入文字，并且将所输入的文字与密码框中的文字完全对齐，如图6-297所示。将该文字图层调整至“Password”文字图层的上方，将“时间指示器”移至2秒18帧的位置，展开该图层下方的“文本”选项，为“源文本”属性插入关键帧，如图6-298所示。

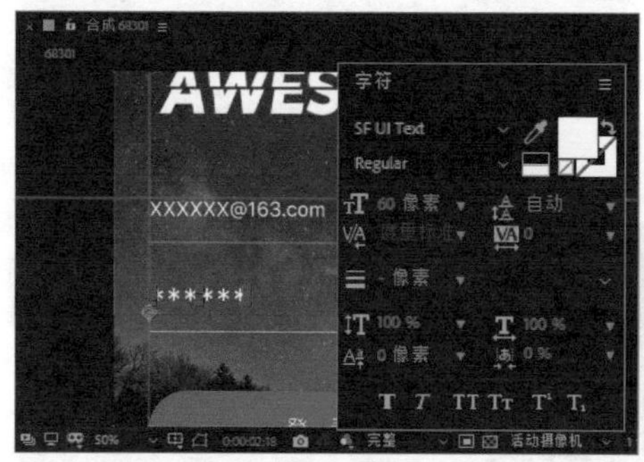

图6-297 输入文字

图6-298 插入“源文本”属性关键帧

12 将该图层重命名为“密码”，使用与“账号”图层相同的制作方法，完成该图层中文字逐个显示动画的制作，“时间轴”面板如图6-299所示。

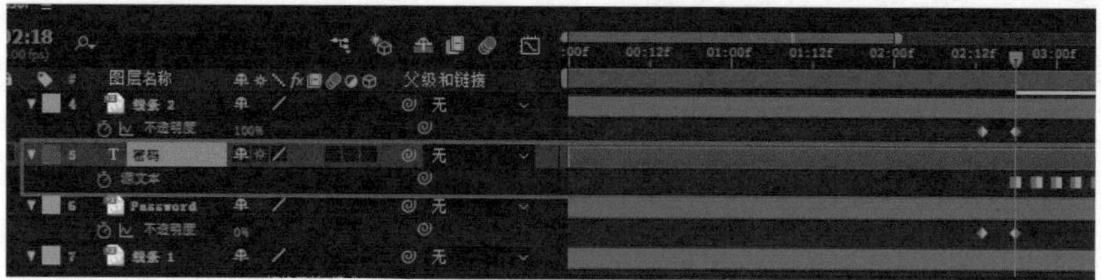

图6-299 “时间轴”面板

13 将“时间指示器”移至3秒17帧的位置，选择“线条2”图层，为“不透明度”属性添加关键帧，如图6-300所示。将“时间指示器”移至3秒22帧的位置，设置“不透明度”属性值为70%，效果如图6-301所示。

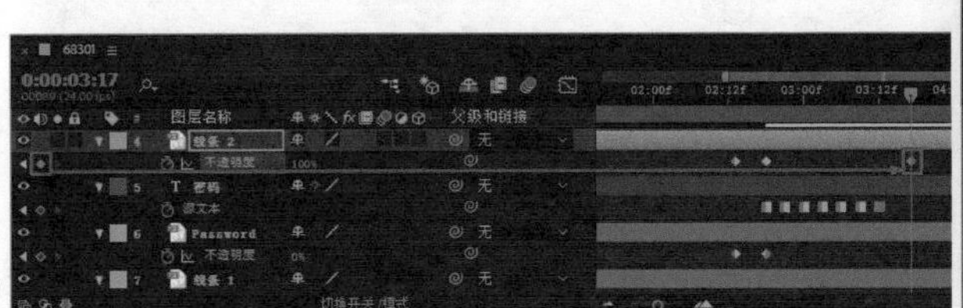
图6-300 添加属性关键帧

图6-301 设置“不透明度”属性值

14 将“时间指示器”移至4秒的位置，选择“按钮背景”图层，按快捷键【S】，显示该图层“缩放”属性，为该属性插入关键帧，如图6-302所示。将“时间指示器”移至4秒02帧的位置，设置“缩放”属性值为90%，效果如图6-303所示。

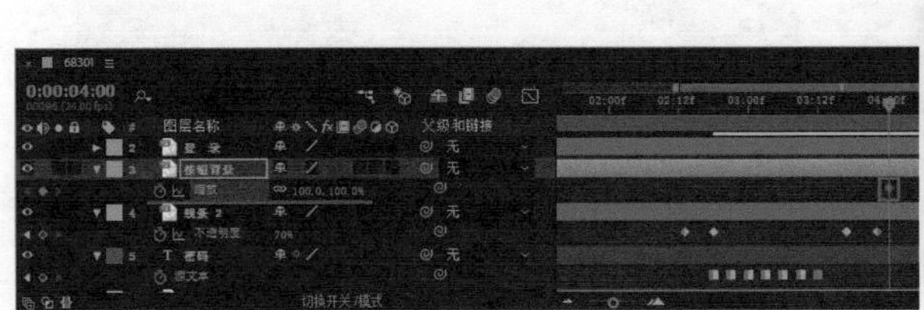
图6-302 插入“缩放”属性关键帧

图6-303 设置“缩放”属性值

15 将“时间指示器”移至4秒04帧的位置，设置“缩放”属性值为100%，效果如图6-304所示。将“时间指示器”移至4秒04帧的位置，选择“登录”图层，为该图层的“不透明度”属性插入关键帧，如图6-305所示。

图6-304 设置“缩放”属性值

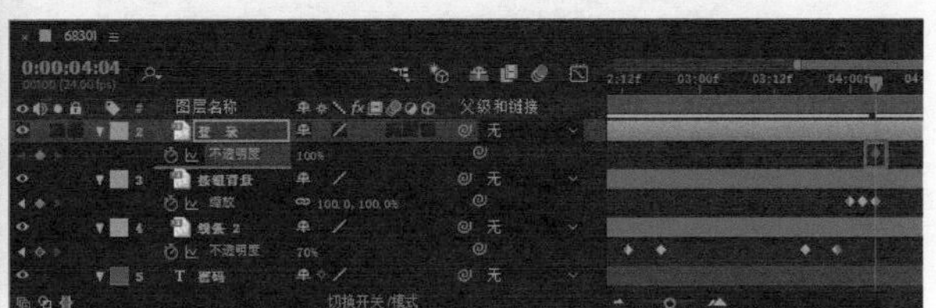
图6-305 插入“不透明度”属性关键帧

16 将“时间指示器”移至4秒09帧的位置，设置“不透明度”属性值为0%，效果如图6-306所示。导入素材“资源包\源文件\第6章\素材\68302.png”，将其拖入到“合成”窗口中，调整其大小和位置，将该素材图层重命名为“圆”，如图6-307所示。

图6-306 设置“不透明度”属性值　　图6-307 拖入素材图像

17 将“时间指示器”移至4秒04帧的位置，按快捷键【T】，显示该图层的“不透明度”属性，为该属性插入关键帧并设置其值为0%，效果如图6-308所示。将“时间指示器”移至4秒09帧的位置，设置“不透明度”属性值为100%，效果如图6-309所示。

图6-308 插入属性关键帧并设置属性值

图6-309 设置“不透明度”属性值

18 选择“圆”图层，按快捷键【R】，显示出该图层的“旋转”属性，在4秒09帧的位置，为“旋转”属性插入关键帧，如图6-310所示。将“时间指示器”移至5秒的位置，设置“旋转”属性值为4x，如图6-311所示。

图6-310 插入“旋转”属性关键帧

图6-311 设置“旋转”属性值

19 执行“文件>导入>文件”命令，导入素材“资源包\源文件\第6章\素材\68303.psd”，弹出设置对话框，设置如图6-312所示。单击“确定”按钮，导入PSD素材自动生成合成，将该合成重命名为“首界面”，如图6-313所示。

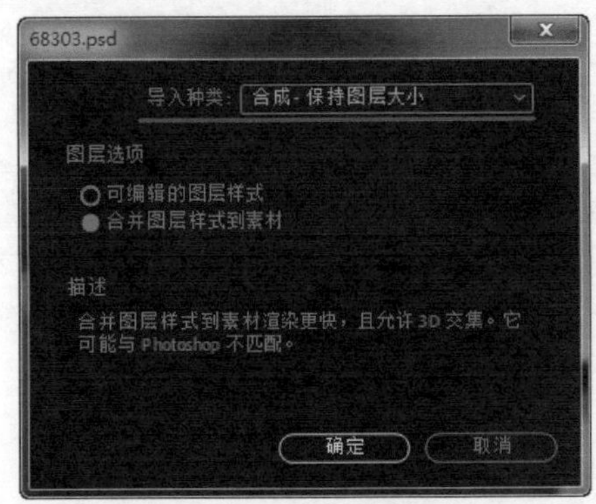

图6-312 导入设置对话框

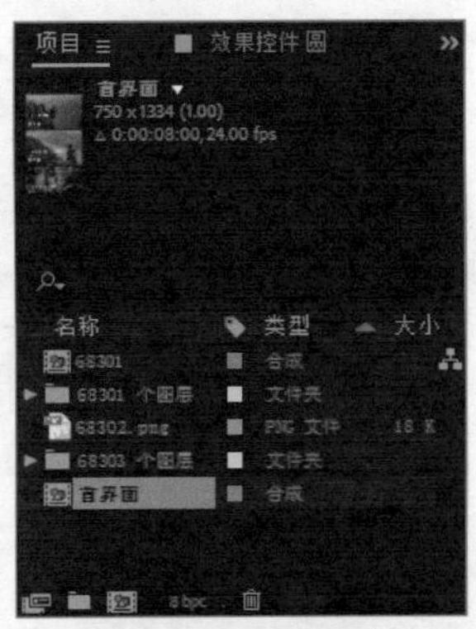

图6-313 导入素材

20 将“首界面”合成拖入到“时间轴”面板中，并设置该图层的入点在5秒的位置，如图6-314所示。在“时间轴”面板中双击“首界面”图层，进入该合成的编辑状态，效果如图6-315所示。

图6-314 调整图层入点位置

图6-315 进入合成编辑状态

21 选择“背景”图层，将其他图层暂时隐藏，将“时间指示器”移至5秒的位置，为该图层插入“不透明度”和“缩放”属性关键帧，并设置“缩放”为0%，“不透明度”为0%，如图6-316所示。将“时间指示器”移至5秒05帧的位置，设置“缩放”和“不透明度”属性值均为100%，效果如图6-317所示。

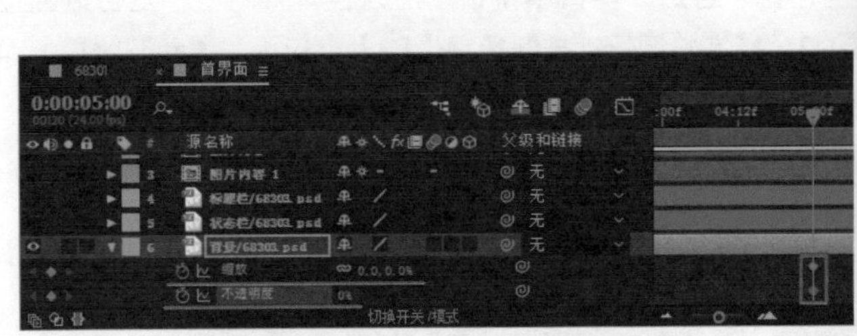

图6-316 插入属性关键帧并设置属性值

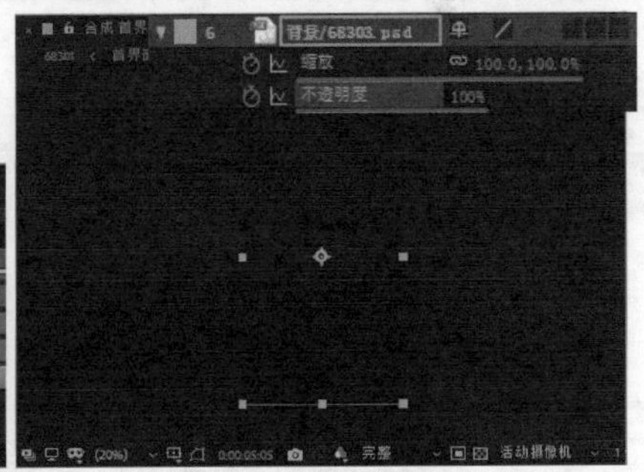

图6-317 设置属性值

22 选择并显示“标题栏”图层，按快捷键【P】，显示该图层的“位置”属性，将“时间指示器”移至5秒10帧的位置，插入“位置”属性关键帧，如图6-318所示。将“时间指示器”移至5秒05帧的位置，在“合成”窗口中将该图层内容向上移至合适的位置，如图6-319所示。

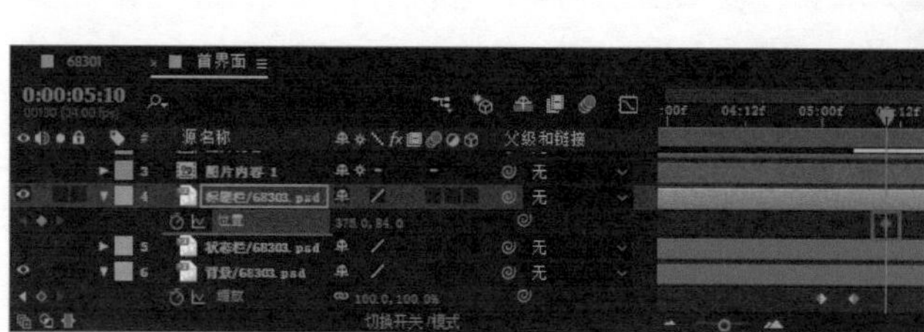
图6-318 插入“位置”属性关键帧

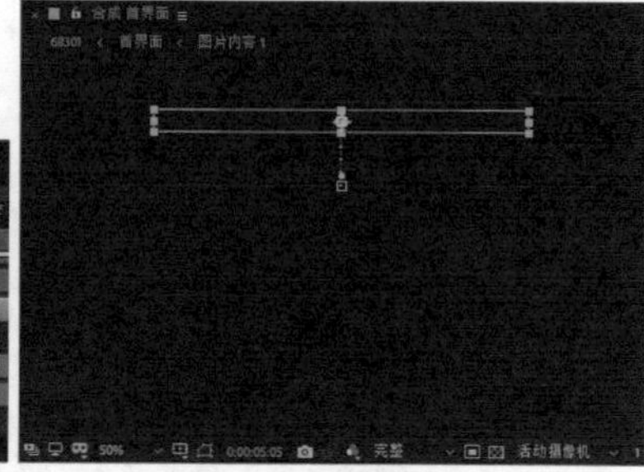
图6-319 移动元素位置

23 选择并显示“状态栏”图层，使用与“标题栏”图层相同的制作方法，完成该图层中动画效果的制作，效果如图6-320所示，“时间轴”面板如图6-321所示。

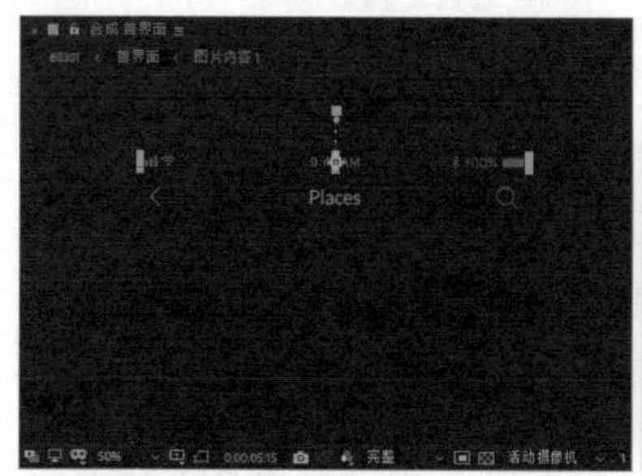

图6-320 “合成”窗口中的效果

图6-321 “时间轴”面板

24 选择并显示“图片内容1”图层，使用“向后平移（锚点）工具”，调整锚点至该图层内容的中心位置，如图6-322所示。将“时间指示器”移至6秒01帧的位置，按快捷键【P】，显示该图层的“位置”属性，插入该属性关键帧，如图6-323所示。

图6-322 调整锚点至元素中心

图6-323 插入“位置”属性关键帧

25 将“时间指示器”移至5秒15帧的位置，在“合成”窗口中将该图层内容垂直向下移至合适的位置，如图6-324所示。同时选中该图层的2个属性关键帧，按快捷键【F9】，应用“缓动”效果，如图6-325所示。

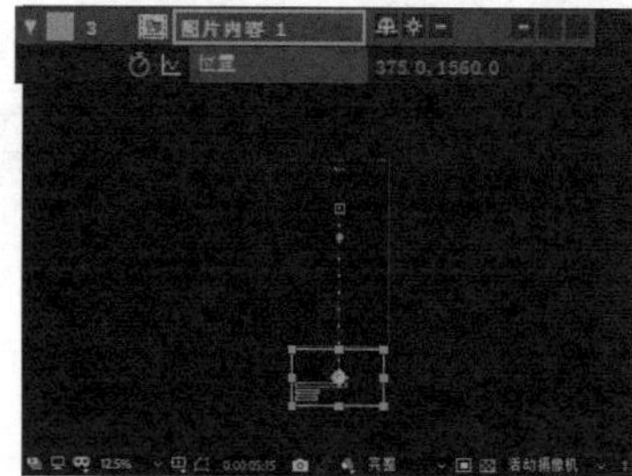

图6-324 移动元素位置

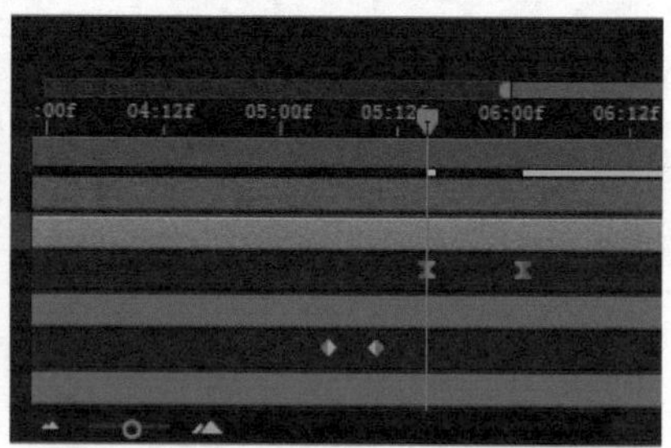

图6-325 应用“缓动”效果

26 单击“时间轴”面板上的“图表编辑器”按钮，进入图表编辑器状态，如图6-326所示。拖动方向线调整运动速度曲线，使该元素入场的动画表现为先快后慢的效果，如图6-327所示。

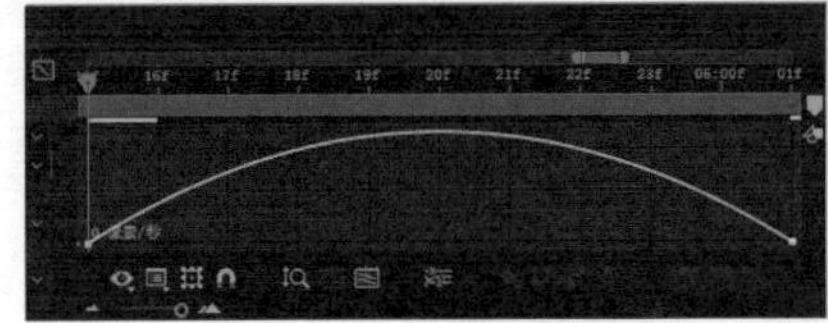

图6-326 图表编辑器状态

图6-327 调整运动速度曲线

27 再次单击“图表编辑器”按钮，返回到默认状态。使用相同的制作方法，完成“图片内容2”和“图片内容3”这两个图层中动画效果的制作，效果如图6-328所示，“时间轴”面板如图6-329所示。

图6-328 “合成”窗口中的效果

图6-329 “时间轴”面板

28 返回到“68301合成”的编辑状态中，完成该登录转场动效的制作，单击“预览”面板上的“播放/停止”按钮，可以在“合成”窗口中预览该动画效果。也可以将该动画渲染输出为视频文件，再使用Photoshop将其输出为GIF格式的动画，效果如图6-330所示。

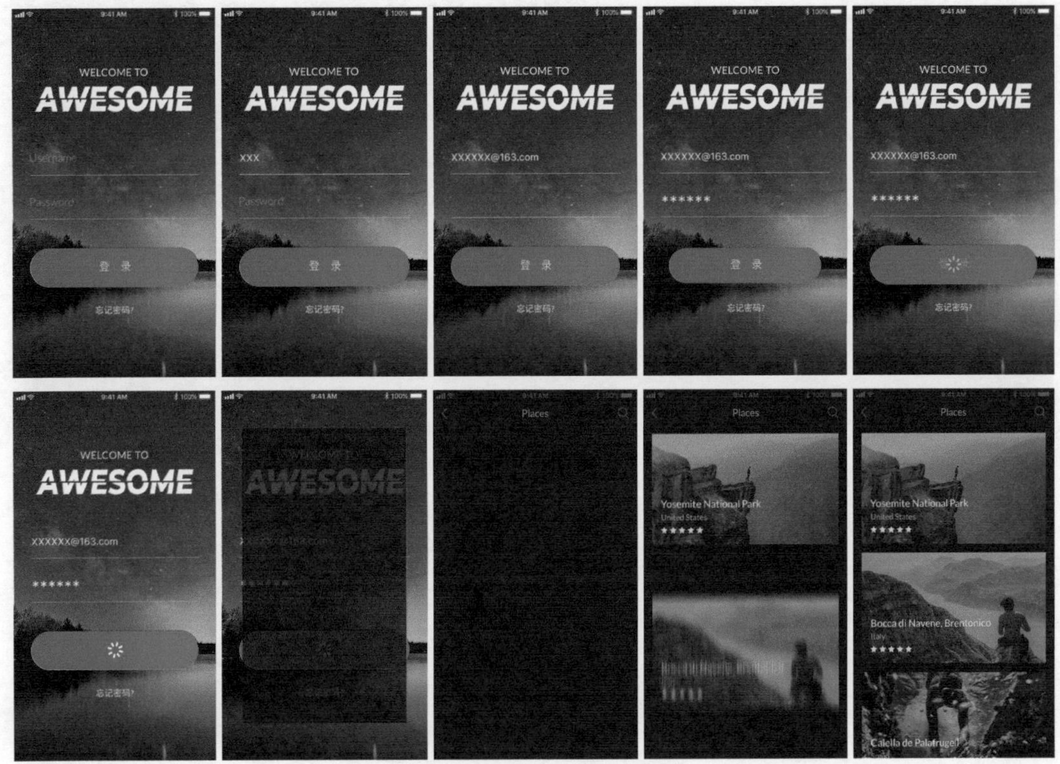

图6-330 登录转场动效

6.9 本章小结

UI中各种各样的交互动效非常多，很多动效无非就是多种基础动效的组合，本章我们向读者详细地介绍了UI交互动效设计制作的相关知识，并带领读者完成了几个界面交互动效的制作。通过本章的学习，希望读者能够掌握UI交互动效的制作方法和技巧，并能够举一反三，制作出更多、更精美的交互动效。

读书笔记